HOW LINUX WORKS

碁碩文化

邁向LINUX工程師之路

Superuser一定要懂的技術與運用

Brian Ward 著 · 邱世華 譯

U0077672

no starch press

本書如有破損或裝訂錯誤，請寄回本公司更換

作　　者：Brian Ward
譯　　者：邱世華
責任編輯：盧國鳳

董 事 長：陳來勝
總 編 輯：陳錦輝

出　　版：博碩文化股份有限公司
地　　址：221 新北市汐止區新台五路一段 112 號 10 樓 A 棟
電話 (02) 2696-2869　傳真 (02) 2696-2867

發　　行：博碩文化股份有限公司
郵撥帳號：17484299　戶名：博碩文化股份有限公司
博碩網站：http://www.drmaster.com.tw
讀者服務信箱：dr26962869@gmail.com
訂購服務專線：(02) 2696-2869 分機 238、519
（週一至週五 09:30 ～ 12:00；13:30 ～ 17:00）

版　　次：2023 年 3 月初版一刷

建議零售價：新台幣 780 元
I S B N：978-626-333-412-0
律師顧問：鳴權法律事務所 陳曉鳴律師

國家圖書館出版品預行編目資料

邁向 Linux 工程師之路：Superuser 一定要懂的技術與運用 / Brian Ward 著；邱世華譯. -- 新北市：博碩文化股份有限公司, 2023.03
面；　公分
譯　自：How Linux works : what every superuser should know, 3rd ed.

ISBN 978-626-333-412-0 (平裝)

1.CST: 作業系統

312.954　　112002383

Printed in Taiwan

商標聲明

本書中所引用之商標、產品名稱分屬各公司所有，本書引用純屬介紹之用，並無任何侵害之意。

有限擔保責任聲明

雖然作者與出版社已全力編輯與製作本書，唯不擔保本書及其所附媒體無任何瑕疵；亦不為使用本書而引起之衍生利益損失或意外損毀之損失擔保責任。即使本公司先前已被告知前述損毀之發生。本公司依本書所負之責任，僅限於台端對本書所付之實際價款。

著作權聲明

博碩粉絲團

齊聲讚譽

『如果你對 Linux 有興趣，那麼這本書絕對該在你的書單中。』

—— LinuxInsider

『這本書充分介紹了 Linux 架構的每一個面向。』

—— Everyday Linux User

『你會對系統背後的處理過程有一個基本的認識，不會被一些瑣碎的細節困擾——因此，這本書是眾多 Linux 文獻中一個非常令人耳目一新（超級推薦）的補充。』

—— Phil Bull，《*Ubuntu Made Easy*》的共同作者，
他也是 Ubuntu Documentation Team 的成員

『直接深入到以 Linux 為基礎的作業系統的架構深處，並展示給我們看這些零散的部分是如何結合在一起的。』

—— DistroWatch

『這本書會是書架上必不可缺的一本參考書籍。』

—— The MagPi Magazine

作者簡介

Brian Ward 從 1993 年開始接觸並研究 Linux。Brian 的其他著作包括《*The Linux Kernel HOWTO*》、《*The Book of VMware*》（No Starch Press 出版）以及《*The Linux Problem Solver*》（No Starch Press 出版）。

技術審校者簡介

Jordi Gutiérrez Hermoso 是一位 GNU/Linux 使用者和開發人員，擁有近 20 年的經驗，偶爾會在自由軟體社群的各個圈子中做出貢獻，例如 GNU Octave 和 Mercurial。他的專業工作讓他能夠與不同領域的人們共同合作，並了解各種主題，例如數位加密簽章、醫學影像，以及最近的溫室氣體盤查和生態地圖資料，所有這些都完全使用 Linux 和其他自由軟體建置而成。當他不在電腦前時，他喜歡游泳、數學和編織。

Petros Koutoupis 目前是 HPE（前身為 Cray Inc.）Lustre High Performance File System 部門的資深效能軟體工程師。他也是 RapidDisk 專案（www.rapiddisk.org）的創辦人和維護者。Petros 在資料儲存產業工作了 10 多年，幫助開拓了許多目前正在市場上的新技術。

譯者簡介

邱世華目前在 DELL Technologies 的伺服器事業群擔任 Principle Engineer，在業界擁有將近 20 年的 Linux 相關經驗，也曾在 Ubuntu Linux 的上游廠商（Canonical）有超過 5 年的 Technical Lead 資歷，同時在數間科技大學擔任業界講師，以 Linux 作業系統和 TCP/IP 網路為主要的授課課程，在教育領域上的服務也已滿 20 年。

簡易目錄

目錄

2 基礎指令和目錄結構 13

3
設備管理 57

4
磁碟和檔案系統 83

7
系統設定日誌、系統時間、批次處理任務和使用者 195

8 程序與資源利用詳解 233

9 網路與設定 261

11 Shell Script 341

12 在網路上傳輸檔案 369

13 使用者環境 393

14 Linux 桌面系統與列印概覽 407

16 從 C 程式碼編譯出軟體 451

17 虛擬化 469

致謝

感謝那些參與本書製作過程的人，還有那些沒有他們我將對 Linux 一無所知的人。感謝 James Duncan、Douglas N. Arnold、Bill Fenner、Ken Hornstein、Scott Dickson、Dan Ehrlich、Felix Lee 以及 Gregory P. Smith。這本書的前兩個版本也得到許多人的幫忙，感謝 Karol Jurado、Laurel Chun、Serena Yang、Alison Law、Riley Hoffman、Scott Schwartz、Dan Sully、Dominique Poulain、Donald Karon 以及 Gina Steele。

第三版也獲得許多卓越的協助，感謝 Barbara Yien、Rachel Monaghan、Jill Franklin、Larry Wake、Jordi Gutiérrez Hermoso 和 Petros Koutoupis。特別感謝 No Starch Press 的創辦人 Bill Pollock 從第一版開始就大力支持我。還要感謝 Hsinju Hsieh 一如既往地在我寫作期間對我的寬容。

前言

你的系統不該是一個謎。你應該要能夠控制你的軟體去做你想做的事情，而不需要透過「魔法」咒語或儀式才能達成。取得這種能力的關鍵在於理解基礎知識：了解軟體的功能和工作原理，而這些正是本書的全部內容。你永遠不該與電腦搏鬥。

Linux 是一個很好的學習平台，因為它不會試圖向你隱瞞任何事情。更重要的是，你可以在容易閱讀的純文字檔案中找到絕大多數系統設定相關的詳細資訊，唯一棘手的部分是需要弄清楚哪些部分負責什麼，以及它們是如何整合在一起的。

目標讀者

我們之所以對 Linux 的運作原理產生興趣，動機可能來自許多方面。在專業領域中，例如維運人員和 DevOps 人員，他們需要了解本書中的幾乎所有內容。Linux 軟體架構工程師和開發人員也應該了解這些資訊，以便充分利用作業系統。經常運行自己的 Linux 系統的研究人員和學生也會發現，這本書提供了有用的解釋，說明為什麼很多事情會這樣設定。

然後是那些對 Linux 感到好奇、樂於動手實作的人——他們只是喜歡為了樂趣、利益或兩者皆是而整天摸電腦。想知道為什麼某些事情有效而其他事情卻沒有效果？想知道如果你把檔案搬來搬去會發生什麼事情嗎？你可能就是其中一位對 Linux 感到好奇的人。

先備條件

儘管 Linux 深受程式開發人員的喜愛，但你不需要是開發人員也能閱讀本書。你只需要知道基礎的電腦知識即可。也就是說，你需要熟悉 GUI（尤其是 Linux 發行版的安裝流程和設定介面），你也需要知道檔案和目錄（資料夾）是什麼。你還要有心理準備，隨時查閱系統和網頁上的其他資料。當然，你需要做的最重要的事情就是準備好，並願意動手探索你的系統。

閱讀方法

建立「必要的知識」是解決任何技術主題的挑戰。解釋「軟體系統如何運作」可能會變得非常複雜。太多的細節會讓讀者陷入困境，讓重要的概念難以理解（人腦無法同時處理這麼多新想法），但太少的細節會讓讀者一頭霧水，對後面的話題毫無準備。

我設計的每一章，大部分都是把重點先放在最重要的主題上：也就是那些為了讓你進步所需要的基本概念。在某些地方我簡化了許多內容，以保持話題的重心。隨著每一章的進展，你會看到更多細節，尤其是在最後幾節中。你需要立即了解（吸收）這些資訊嗎？在大多數情況下是不用的，而我會在適用的地方註明這一點。如果剛剛學到的概念有些枯燥難懂、如果大量的額外細節讓你不知所措，你可以隨時跳到下一章，或者稍微休息一下。這些內容仍會在原地等待著你。

實作方式

無論你選擇如何閱讀本書，你身旁都應該有一台 Linux 主機，最好是你放心用來進行實驗的機器。你可能會偏好嘗試虛擬安裝——我是使用 VirtualBox 來測試本書中大部分的內容。你還應該擁有超級使用者（superuser）root 的存取權限，但大多數時候，請盡量利用一般使用者的帳號。你會花很多時間在命令列、終端機視窗或遠端對話視窗中工作。如果你在那種環境中工作的經驗不多，也沒問題，「第 2 章」將帶你快速上手。

本書中的指令通常會用這樣的方式呈現：

```
$ ls /
[some output]
```

以粗體表示輸入的文字；接下來的非粗體文字是機器回應的內容。$ 是一般使用者帳號的提示字元（prompt）。如果你看到的提示字元是 # 的話，那麼你就是超級使用者。（更多說明請見「第 2 章」。）

本書結構

我將本書的章節分為三個主要部分。第一個部分是介紹性的，給出了系統的鳥瞰圖，然後提供一些工具的實作經驗，只要你使用 Linux，你就會需要這些工具。接下來，你將按照系統啟動的一般順序，更深入地探索系統的每個部分，從設備管理到網路設定。最後，你將瀏覽正在運行的系統的諸多部分，學習一些基本技能，並深入了解程式開發人員所使用的工具。

除了「第 2 章」之外，前面的大部分章節都大量涉及 Linux 的核心（kernel），但是隨著本書的進展，你將逐步進入到使用者空間（user space）。（如果你不知道我在說什麼，別擔心，我會在「第 1 章」中解釋這些概念。）

這邊的話題會盡量保持和發行版無關（distribution-agnostic）。不過話雖如此，涵蓋系統軟體的所有版本實在太過繁瑣，因此我嘗試把重點放在兩個主要的發行版系列：Debian（包括 Ubuntu）和 RHEL/Fedora/CentOS。我還專注於桌面與伺服器安裝。許多討論也涉及嵌入式系統，例如 Android 和 OpenWRT，但是你可以自行決定是不是需要了解這幾個平台上的差異。

第三版的新內容

第二版是在 Linux 系統過渡期間出版的，幾個傳統的元件正在被替換，這使得處理某些主題變得棘手，因為讀者可能會遇到各式各樣的設定。然而，現在這些新產品（尤其是 systemd）幾乎得到了普遍的採用，所以我已經能夠簡化相當多的討論。

我一直強調「核心」在 Linux 系統中的作用。這個話題已被證明很受歡迎，而且你和核心的溝通可能比你意識到的還要多更多。

我在這一版加入了介紹「虛擬化」的新章節。儘管 Linux 在虛擬機器（如雲端服務）上一直很普及，但這種類型的虛擬化並不在本書的討論範圍之內，因為系統在「虛擬機器」上的運行方式與在「裸機」硬體上的運行方式幾乎相同。因此，這裡的討論主要集中在解釋你會遇到的術語上。然而，自第二版出版以來，「容器」已經流行起來，它們也適合在這裡討論，因為它們基本上包含了一堆 Linux 的特性，也就是本書其餘部分所描述的那些特性。容器大量使用 cgroup，這在第三版中也得到了更好的處理。

我很開心能夠延伸一些其他主題（不一定與容器相關），其中包含邏輯卷冊管理程式（Logical Volume Manager，LVM）、journald 日誌記錄系統，以及網路話題中的 IPv6。

儘管我新增了大量的話題，但這本書的內容多寡（厚度）依然合理。我想提供你進入快速通道所需的資訊，這包括沿途解釋一些可能難以融會貫通的細節，但我不希望你為了「掌握」這本書的內容而變成了舉重選手。一旦你學會應用這裡的重要主題，你應該可以毫不費力地尋找更多資料和理解更多細節。

第一版所涵蓋的歷史介紹被我刪除了，目的是為了強調重點。如果你對 Linux 的歷史及其與 Unix 的關係感興趣，你可以閱讀 Peter H. Salus 的《*The Daemon, the Gnu, and the Penguin*》（Reed Media Services, 2008），這本書詳細解釋了我們使用的各種軟體是如何隨著時間演變的。

術語說明

作業系統中的某些元素，它們的名稱（名字）在歷史上引起了相當多的爭論——甚至「Linux」這個詞彙本身也是如此。應該叫作「Linux」嗎？還是應該叫作「GNU/Linux」，因為作業系統也使用了 GNU 專案的成果？在整本書中，我盡量使用最常見、最不尷尬的名字。

1

概述

乍看之下，Linux 這樣的現代作業系統非常複雜，內部有多得令人眼花繚亂的各種元件在同步執行和相互溝通。舉例來說，一個 Web 伺服器可以連接到一個資料庫伺服器，後者還有可能用到很多其他程式也在使用的共用元件。那麼，整個系統究竟是怎樣運作的，以及你該如何去理解呢？

理解作業系統工作原理最好的方法是**抽象思維**（**abstraction**），換句話說，你可以暫時忽略大部分的細節，而把所有專注力放在基本的概念與運作之上。就像坐車一樣，通常你不會去在意車子內部固定發動機的裝配螺栓，也不會關心你走的路是誰修建的。你可能只關心車子要做的事情（例如車子要把你帶到哪裡），以及車子的一些基本操作（例如如何打開車門、怎樣繫好安全帶）。

如果你是一位乘客的話，這種程度的抽象思維就足夠了。但如果你在開車的話，就需要了解更多細節。舉例來說，你可以把你對開車的理解分為三個領域：車子本身（像是車子的大小和能力）、如何操控（方向盤、加速踏板等等），以及道路的特性。

如果我們覺得開車這件事情太複雜，就可以運用抽象思維來幫助理解。舉例來說，如果你正在駕駛一輛汽車，但操作時顛簸起伏，你可以很迅速地利用抽象思維的方式將「問題」定義為剛剛提到的三個部分：汽車、駕駛操控和道路特性。這樣有助於將複雜的問題分解開來。基本上，我們應該可以簡單排除掉前兩個因素（車子或是你開車的方式），如果這兩者都不是問題，那麼就能將問題縮小到道路本身，你可能會發現是路面破損的問題。現在，如果你願意，你可以更深入一點，進入到道路的抽象思維去理解路面損壞的原因，或者如果這是一條新修的路，那麼施工人員的工作做得可真夠糟糕的。

軟體開發人員運用抽象思維來開發作業系統和應用程式。在電腦軟體領域有許多術語來描述抽象的子系統，例如**子系統**（**subsystem**）、**模組**（**module**）、**套件**（**package**）等等。本書中我們使用**元件**（**component**）這個相對簡單的詞彙。在軟體開發過程中，開發人員通常不用太關心他們需要使用的元件的內部結構，他們只關心能使用哪些元件（這樣他們就不需編寫任何額外的、不必要的軟體了），以及如何使用。

本章概述了 Linux 作業系統涉及的主要元件。雖然每一個元件都包含繁雜的技術細節，但我們將暫時忽略這些細節，而專注於這些元件在系統中發揮的功能。我們會在後續章節中再討論這些細節。

1.1 Linux 作業系統中的抽象級別和層次

在組織得當的前提下，透過抽象思維將系統分解為元件，有助於我們了解其工作機制。我們將元件劃分為層次或級別。元件的**層次**（**layer**）（或**級別**（**level**））代表它在使用者和硬體系統之間所處的位置。Web 瀏覽器、遊戲等應用程式處於最高層，底層則是電腦硬體系統，如記憶體。作業系統處於這兩層之間。

Linux 作業系統主要分為三層。如圖 1-1 所示，在每一層中都有許多的元件。最底層是**硬體**（**hardware**）。硬體層包括記憶體和中央處理器

（CPU，用於計算和從記憶體中讀寫資料），此外，磁碟和網路介面也是硬體系統的一部分。

硬體層之上是**核心程式**（**kernel**），它是作業系統的核心（core）。核心是常駐在記憶體中的軟體，它會指示中央處理器到哪裡去尋找下一個任務。作為一個中間的調度者，核心需要管理硬體（尤其是主記憶體），同時也是「硬體層」和「執行中之應用程式」之間溝通的主要介面。

程序（**processes**）是指電腦中執行的所有程式，由核心統一管理，它們組成了最頂層，稱為**使用者空間**（**user space**）。（另一個更確切的術語是**使用者程序**（**user process**），無論它們是否直接和使用者互動。例如，所有的 Web 伺服器都是以使用者程序的形式執行的。）

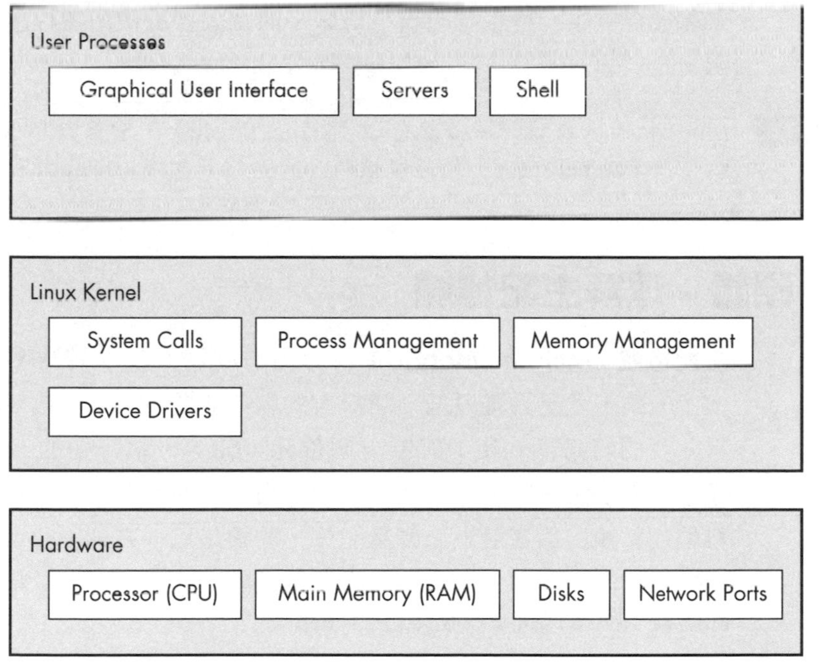

圖 1-1：Linux 系統的基本架構

核心和使用者程序之間最主要的區別是：核心在**核心模式**（**kernel mode**）中執行，而使用者程序則在**使用者模式**（**user mode**）中執行。在核心模式中執行的程式碼，可以不受限地存取中央處理器和記憶體，這種模式功能非常強大，但也非常危險，因為核心可以輕而易舉地使整個系統崩潰。那些只有核心可以存取的空間，我們稱為**核心空間**（**kernel space**）。

相對於核心模式，使用者模式對記憶體和中央處理器的存取，有一定程度的限制，可存取的記憶體空間通常很小，對 CPU 的操作也很安全。**使用者空間**（**user space**）指的是那些使用者程序能夠存取的記憶體空間。如果一個使用者程序出錯並崩潰的話，其導致的後果也相對有限，並且能夠被核心清理掉。舉例來說，如果你的 Web 瀏覽器崩潰了，不會影響到你正在執行的其他程式。

理論上來說，一個使用者程序出問題，並不會對整個系統造成嚴重的影響。當然這取決於我們如何定義「嚴重的影響」，並且還取決於該程序擁有的權限。因為不同的程序擁有的權限可能不同，一些程序能夠執行一些別的程序無權執行的操作。舉個例子，如果擁有足夠的權限，使用者程序可以將磁碟上的資料全部清除。也許你會覺得這樣太危險，但好在作業系統提供了一些相關的安全措施，而且大多數使用者程序並沒有這個權限。

NOTE Linux 核心可以執行核心執行緒（kernel thread），它跟程序很像，但擁有核心空間（kernel space）的存取權限，一些例子包括 `kthreadd` 和 `kblockd`。

1.2 硬體：理解主記憶體

主記憶體（**main memory**）或許是所有硬體系統中最為重要的部分。基本上來講，主記憶體只是一個很大的儲存空間，用來存放 0 和 1 這樣的資料。我們將每個 0 和 1 稱為一個**位元**（**bit**）。執行中的「核心」和「程序」就在主記憶體中，它們就是一系列位元的大合集。所有外圍設備的資料輸入和輸出都透過主記憶體完成，同樣是以一系列 0 和 1 的形式。中央處理器就像一個操作員一樣，處理記憶體中的資料，它從記憶體讀取指令和資料，然後將運算結果寫回記憶體。

在我們談論記憶體、程序、核心和其他內容時，你會經常看到**狀態**（**state**）這個詞彙。嚴格說來，一個狀態就是一組特定排列的位元。例如，記憶體中 0110、0001 和 1011 這三組位元值，即表示三個不同的狀態。

一個程序動輒由幾百萬個位元值組成，因而使用抽象詞彙來描述狀態，可能比使用位元值更簡單一些。我們可以使用程序已經完成的任務，或者目前正在執行的任務來描述其狀態，如「程序正在等待使用者輸入」或者「程序正在執行啟動任務的第二個階段」。

NOTE 我們通常使用抽象詞彙而非位元值來描述狀態，**映像**（image）這個詞彙用來表示位元值在記憶體中的特定實體排列。

1.3 核心

我們之所以介紹主記憶體和狀態，是因為核心的幾乎所有操作都和主記憶體相關。其中之一是將記憶體劃分為很多區塊，並且一直維護著這些區塊的狀態資訊。每一個程序擁有自己的記憶體區塊，且核心必須確保每個程序只使用它自己的記憶體區塊。

核心負責管理以下四個方面：

- **程序**：核心決定哪個程序可以使用 CPU。
- **記憶體**：核心管理所有的記憶體——為程序分配記憶體，管理程序之間的共享記憶體以及空閒記憶體。
- **設備驅動程式（Device Drivers）**：核心作為硬體（如磁碟）和程序之間的介面，並且負責操控硬體設備。
- **系統呼叫（System Calls）和支援**：程序通常使用系統呼叫和核心進行通訊。

下面我們詳細介紹一下這四個方面。

NOTE 如果你對核心的詳細工作原理感興趣，你可以參考這兩本書：

- Abraham Silberschatz、Peter B. Galvin 和 Greg Gagne 的著作《*Operating System Concepts, 10th edition*》（Wiley, 2018）
- Andrew S. Tanenbaum 和 Herbert Bos 的著作《*Modern Operating Systems, 4th edition*》（Prentice Hall, 2014）

1.3.1 程序管理

程序管理（process management）涉及程序的啟動、暫停、恢復、排程和終止。啟動和終止程序比較符合直覺，但是要解釋清楚程序在執行過程中如何使用 CPU，則相對複雜一些。

在現代作業系統中，很多程序貌似都是「同時」執行的。例如，你可以同時在桌面打開 Web 瀏覽器和試算表應用程式。然而，雖然它們表面上看似同時執行，但實際上這些應用程式背後的程序，並不完全是同時執行的。

我們設想一下，在只有單核（one core）CPU 的電腦系統中（譯註：目前的單顆 CPU 往往也擁有多核的能力），可能會有很多程序可以使用 CPU，但是在任何一個特定的時間段內，只能有一個程序可以使用 CPU。所以實際上是多個程序輪流使用 CPU，每個程序使用一段時間後就暫停，然後讓另一個程序使用，依次輪流，時間單位是毫秒級。一個程序讓出 CPU 使用權給另一個程序，稱為 **context switch**（**上下文切換**）。

程序在其時間段內（稱為 **time slice**）有足夠的時間完成主要的計算工作（實際上，程序通常在單一時間段內就能完成它的工作）。由於時間段非常短，短到我們根本察覺不到，所以在我們看來，系統是在同時執行多個程序（我們稱之為**多工**（**multitasking**））。

核心負責 context switch 的工作。為了理解它是如何運作的，我們先試想一下一個場景，當一個程序在「使用者模式」中執行，但它的時間段已經到了，這就是它發生的經過：

1. CPU（實際的硬體）為每個程序計時，到時即停止程序，並切換至「核心模式」，由核心接管 CPU 控制權；
2. 核心記錄下目前 CPU 和記憶體的狀態資訊，這些資訊在「恢復」被停止的程序時需要用到；
3. 核心執行上一個時間段內的任務（例如從輸入輸出設備獲得資料、磁碟讀寫操作等等）；
4. 核心準備執行下一個程序，從準備就緒的程序中選擇一個執行；
5. 核心為新程序準備 CPU 和記憶體；
6. 核心將新程序執行的時間段通知 CPU；
7. 核心將 CPU 切換至使用者模式，將 CPU 控制權移交給新程序。

context switch 回答了一個十分重要的問題，即核心是在**什麼時候**（**when**）執行的。答案就是，核心是在「context switch 時的時間段間隙中」執行的。

在多 CPU 系統中（如同現在大多數的電腦系統），情況要稍微複雜一些。如果新程序將在另一個 CPU 上執行，核心就不需要讓出目前 CPU 的使用權，且多個程序可以同時執行。不過，為了將所有 CPU 的使用效率最大化，核心一般還是會執行這些步驟（只是可能會使用一些其他小技巧，為自己獲取多一點的 CPU 使用時間）。

1.3.2 記憶體管理

核心在 context switch 過程中管理記憶體，這是一項十分複雜的工作，因為核心要保證以下所有條件：

- 核心需要自己的專有記憶體空間，其他的使用者程序無法存取。
- 每個使用者程序有自己的專有記憶體空間。
- 一個使用者程序不能存取另一個程序的專有記憶體空間。
- 使用者程序之間可以共享記憶體。
- 某些使用者程序的記憶體空間可以是唯讀的。
- 透過使用磁碟空間（disk space）作為輔助，系統可以使用比「實際記憶體容量」更多的記憶體空間。

新型的 CPU 提供了 **MMU**（**Memory Management Unit**，**記憶體管理單元**），MMU 使用了一種叫作**虛擬記憶體**（**virtual memory**）的記憶體存取機制，即程序不是直接存取記憶體的實際實體位址，而是透過核心，使得每個程序看起來可以使用整個系統的記憶體。當程序存取某些記憶體時，MMU 會先截獲存取請求，然後透過「記憶體映射表」將程序所需存取的記憶體位址轉換為系統實際的實體記憶體位址。核心需要初始化、維護和更新這個位址映射表。例如，在 context switch 時，核心將記憶體映射表從「被移出程序」轉給「被移入程序」使用。

NOTE 記憶體位址映射（memory address map）透過記憶體的**頁面表**（**page table**）來實作。

關於記憶體效能，我們將在「第 8 章」詳細介紹。

1.3.3 設備驅動程式和設備管理

對於設備來說，核心的角色比較簡單。通常設備只能在核心模式中被存取，因為設備存取不當（例如使用者程序請求關閉系統電源），有可能會讓系統崩潰。另一個原因是不同設備之間，沒有一個統一的程式設計介面，即使同類設備也如此，例如兩個不同的網卡。所以在傳統意義上來說，設備驅動程式是核心的一部分，它們盡可能為使用者程序提供統一的介面，以簡化開發人員的工作。

1.3.4 系統呼叫和系統支援

核心還對使用者程序提供其他功能。例如，**系統呼叫**（**system call** 或 **syscall**）為使用者程序執行一些它們不擅長或無法完成的工作。舉例來說，打開、讀取和寫入檔案這些操作都涉及系統呼叫。

fork() 和 exec() 這兩個系統呼叫對於我們了解程序如何啟動很重要：

- **fork()**：當程序呼叫 fork() 時，核心會建立一個和該程序幾乎一模一樣的副本。
- **exec()**：當程序呼叫 exec(program) 時，核心會載入並啟動 program 來替換目前的程序。

除了 init（參見「第 6 章」）以外，Linux 系統中所有新的使用者程序都是透過 fork() 來啟動的，並且大多數情況下，你也透過執行 exec() 來啟動一個新的程式，而非複製一個現有的程序來執行。一個簡單的例子是，你在命令列執行 ls 指令來顯示目錄內容。當你在終端機視窗中輸入 ls 時，終端機視窗中的 shell 呼叫 fork() 建立一個 shell 的副本，然後該 shell 的新副本會呼叫 exec(ls) 來執行 ls。圖 1-2 顯示，啟動像是 ls 這樣的指令時，程序和系統呼叫的流程。

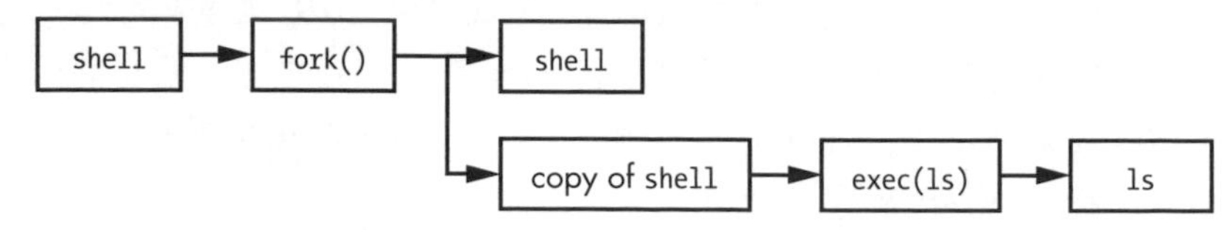

圖 1-2：新程序的啟動

NOTE 系統呼叫通常使用「括號」來標記。圖 1-2 的範例中，程序請求核心務必使用 fork() 系統呼叫來建立一個新的程序。這樣的標記源於 C 程式設計語言。閱讀本書時，你不需要有 C 語言的知識，只需要記住系統呼叫是程序和核心之間的互動方式。此外，本書中我們簡化了很多系統呼叫。例如 exec() 實際上是一系列具有相似功能的系統呼叫，只是程式碼實作有所不同。程序也有另一種變形，稱為執行緒（thread），這個我們會在「第 8 章」再進行討論。

除了傳統的系統呼叫之外，核心還為使用者程序提供很多其他功能，最常見的是**虛擬設備**（**pseudodevices**）。虛擬設備對於使用者程序而言是實體設備，但其實它們都是透過軟體實作的。因此從技術角度來說，它們並不需要存在於核心中，但為了某些實際的需求，一般它們都存在於核心中。舉例來說，像核心的亂數產生器（/dev/random）這樣的虛擬設備，如果由使用者程序來實作的話，安全上難度要大很多。

NOTE 從技術上來說，使用者程序還是需要透過使用系統呼叫打開設備的方式，來存取虛擬設備，所以程序總是避免不了要和系統呼叫打交道。

1.4 使用者空間

前面提到過，核心分配給使用者程序的記憶體，我們稱之為**使用者空間**（**user space**）。因為一個程序簡單來說就是記憶體中的一個狀態（或是映像），使用者空間也可以指「所有執行中的程序」所佔用的所有記憶體。（使用者空間還有一個不太正式的名稱，叫作 **userland**，有時候這也代表那些正在使用者空間內執行的程式。）

Linux 中大部分的操作都發生在使用者空間中。雖然從核心的角度來說，所有程序都是一樣的，但是實際上它們執行的是不同的任務。相對於系統元件，使用者程序位於一個基礎服務層中。圖 1-3 就展示了一組元件在 Linux 系統中，是如何互動工作的。其中最底層是基礎服務層（最靠近核心程式），工具服務在中間，使用者會觸及到的應用程式在最上層。圖 1-3 是一個簡化為 6 個元件的版本，你可以看到頂層距離使用者最近（例如「使用者介面」和「Web 瀏覽器」）。中間一層有供 Web 瀏覽器使用的「網域名稱快取伺服器」（a domain name caching server）這樣的元件。最下層是一些更小的服務元件。

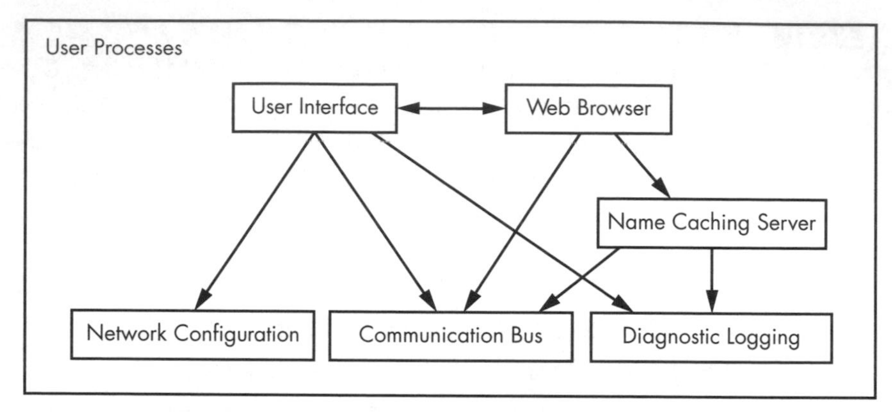

圖 1-3：程序的類型和互動

最下層通常是由一些小的元件組成，它們比較精巧，專注完成某一個特定功能。中間層的元件比較大一些，如郵件、列印和資料庫服務。最後是頂層元件，它們可以完成使用者直接控制的複雜工作。元件之間也可以相互使用。一般來說，如果「元件 A」呼叫了「元件 B」的功能，我們可以視為「元件 A」和「元件 B」在同一層級，或者 B 在 A 之下。

然而，圖 1-3 只是一個使用者空間規劃的粗略圖，實際上使用者空間裡面沒有很明顯的界限。舉例來說，許多應用程式和服務會將「系統診斷資訊」寫入**日誌**（**logs**），大部分程式使用「標準的 syslog 服務」來寫入日誌，但也有一些程式是自己實作日誌功能。

此外，很多使用者空間元件比較難分類，像「Web 伺服器」和「資料庫伺服器」這樣的服務元件，因為它們複雜度很高，你可以認為它們是非常高級別的應用程式，因此在圖 1-3 中會被放到頂層的位置。然而使用者應用程式會經常需要依賴這些服務來完成他們的工作，而不用使用者應用程式自己處理，所以你也可以將它們歸入中級別元件。

1.5 使用者

Linux 核心支援「傳統的 Unix 使用者」這樣的概念。一個使用者代表一個實體（entity），它有權限執行使用者程序，對檔案擁有所有權。和使用者最相關的就是**使用者名稱**（**username**），舉例來說，系統可以有一個叫作 **billyjoe** 的使用者。然而核心並不會管理使用者名稱，而是透過**使用者編號**

（**user ID**）來辨認使用者的，user ID 是一串數字識別碼（「第 7 章」會聊到更多使用者名稱如何與 user ID 建立關聯）。

使用者機制主要用於權限管理以及劃清彼此之間的界限。每一個使用者程序都有一個使用者作為**擁有者**（**owner**），我們稱其為以「該使用者」執行的程序。在一定限制條件下，使用者可以終止和改變他的程序的行為。但是對其他使用者的程序無權干預。此外，使用者可以決定是否將「屬於自己的檔案」和其他使用者共享。

Linux 作業系統的使用者，包括系統內建使用者和供人使用的使用者，詳情見「第 3 章」。其中最關鍵的使用者是 **root** 使用者。root 使用者不受前面提到的種種權限的限制，它可以終止其他使用者的程序，讀取系統中的任何檔案。因此 root 也被稱作**超級使用者**（**superuser**）。如果一個人可以用 root 身分去操作系統（就是擁有 root 權限），那麼他就是在傳統的 Unix 系統中的管理員（administrator）。

NOTE 使用 root 權限操作系統是一件很危險的事情，因為使用者擁有最高權限，可以為所欲為，一旦出錯，很難定位和恢復。因此系統設計者會盡量不讓 root 權限被濫用，比如說，在筆記型電腦中切換無線網路就不需要 root 權限。而且，root 使用者雖然權限很高，但是還是在使用者模式而非核心模式中執行。

群組（**groups**）是指一組使用者的集合。群組的主要作用是，允許一個使用者將檔案權限分享給同群組內的其他使用者。

1.6 學習前導

至此我們對**執行中的 Linux 系統**的組成有了一個大致的了解。使用者程序構成了與你直接互動的環境，核心管理程序和硬體。核心和程序都在記憶體中執行。

這些基礎知識固然很重要，但如果想要了解更多的細節，你需要實際操作一番。下一章你會學到一些使用者空間的基礎知識，還有本章沒有提及的永久儲存裝置（磁碟、檔案等等），畢竟你需要一個存放應用程式和資料的地方。

2

基礎指令和目錄結構

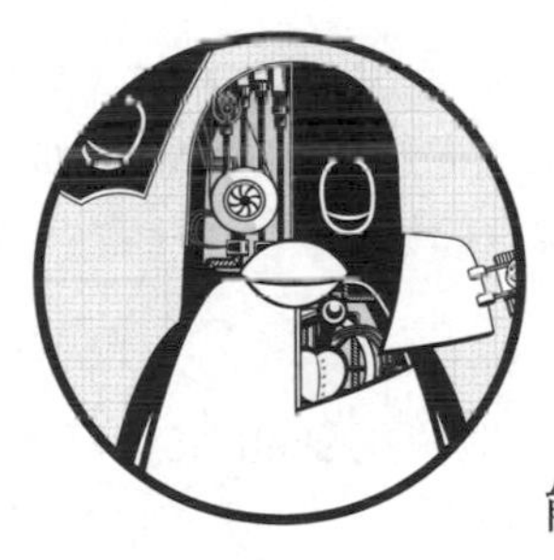

本章我們將介紹 Unix 系統指令和工具程式，它們在本書中會經常被用到。這些都是基本知識，你可能已經對它們有所了解，不過我還是建議你花些時間再閱讀一遍，特別是 2.19 節關於目錄結構的闡述。

你也許會問，為什麼是介紹 Unix 的指令？這本書不是關於 Linux 是如何運作的嗎？沒錯，Linux 其實是 Unix 的一個變形，它的本質還是 Unix。**Unix** 一詞在本章中出現的頻率，甚至會高於 **Linux**，且你可將本章的知識直接應用到 BSD 或其他基於 Unix 的作業系統。我們儘量避免介紹太多 Linux 特有使用者介面的內容，一方面可以讓你多了解一點其他的作業系統，另一方面也因為那些只對 Linux 適用的擴充功能，往往不太穩定可靠。掌握核心指令能夠讓你在很短的時間內對「新發布的 Linux 作業系統」上手，除此之外，了解這些指令也可以加速你對「核心程式」的理解，因為很多指令都會和系統呼叫有直接的關聯。

NOTE Unix 初學者若想了解更多細節，可以參考這幾本書：

- 《*The Linux Command Line, 2nd edition*》（No Starch Press, 2019）（編註：博碩文化出版繁體中文版《*Linux* 指令大全：工程師活用命令列技巧的常備工具書（全新升級版）》。）
- 《*UNIX for the Impatient, 2nd edition*》（Addison-Wesley Professional, 1995）
- 《*Learning the UNIX Operating System, 5th edition*》（O'Reilly, 2001）

2.1 Bourne shell: /bin/sh

shell 是 Unix 作業系統中最重要的部分之一。shell 是用來執行指令的應用程式，就像是在終端機視窗中輸入指令一般，這些指令可能是其他的程式或是 shell 內建的功能。同時它為 Unix 程式設計師提供了一個小型的程式設計環境，在這裡 Unix 程式設計師可以將常用的任務分解為一些更小的元件，然後使用 shell 來管理和組織它們。

Unix 作業系統中很多重要的部分其實都是 **shell script（shell 腳本）**，它們是包含一系列 shell 指令的文字檔案。如果你用過 MS-DOS，你可以將 shell script 理解為功能強大的 **.bat** 批次處理檔案。我們將在「第 11 章」詳細介紹 shell script。

透過本書的閱讀和練習，你將會逐漸熟練地使用 shell 來執行各種指令。shell 最大的一個好處是，一旦出現了錯誤操作，你可以清楚地看到你的輸入錯誤，然後進行修正並再重新嘗試。

Unix 的 shell 有很多種，它們都是基於 Bourne shell（/bin/sh）這個貝爾實驗室（Bell Labs）為 Unix 早期版本所開發的標準 shell。早期的 Unix 作業系統需要 Bourne shell 才能正常運作，就像你之後在這本書所看到的。

Linux 使用了一個增強版本的 Bourne shell，我們稱之為 `bash` 或「Bourne-again」 shell。大部分 Linux 版本中的預設 shell 是 `bash`，/bin/sh 在 Linux 系統中通常只是一個連結，連到 `bash`。你需要使用 `bash` 來執行本書中的例子。

NOTE 當你使用本章節作為「你的 Unix 帳號」的參考指南時，如果在組織中你並不是系統管理者，那麼你的 Unix 系統管理者為你設定的「預設 shell」可能不是 `bash`。你可以使用 `chsh` 指令來更改，或請系統管理者幫忙。

2.2 shell 的使用

安裝 Linux 時，除了預設的 root 帳號之外，你還需要為自己建立至少一個一般使用者帳號，這些帳號將會是你的個人帳號。本章中，你需要使用一般使用者帳號登入。

2.2.1 shell 視窗

登入系統後，打開一個 shell 視窗（也叫作**終端機（terminal）**）。打開 shell 視窗最簡單的方法是，在 Gnome 或 KDE 這樣的圖形使用者介面（Graphical User Interface，以下簡稱 GUI）中執行終端機程式，這樣就可以在新的視窗中啟動 shell。當你打開了 shell，通常在視窗的頂端你能看到一個 `$` 提示字元。在 Ubuntu 上，提示字元長得像是 `name@host:path$`。在 Fedora 上，提示字元則是這樣：`[name@host path]$`。這邊的 `name` 是你的使用者名稱，`host` 是你的主機名稱，`path` 則是你現在的工作目錄（參考 2.4.1 節）。如果你比較熟悉 Windows，shell 視窗類似 Windows 上的 DOS 命令提示字元（command prompt）；在 macOS 系統上的終端機（Terminal）應用程式，本質上和 Linux 中的 shell 視窗一樣。

本書中的很多指令都可以在「shell 提示字元」上執行，都會在最開頭以單一的 `$` 來表示 shell 的提示字元，例如你可以輸入以下指令（只需粗體部分，不用輸入前面的 `$`），然後按 Enter：

```
$ echo Hello there.
```

NOTE 本書中的許多指令都是以 # 為開頭。當執行這些指令時，你需要以超級使用者（root）的身分執行，因此需要格外小心。最佳的做法會是採取 sudo 的模式，這樣可以給系統多一點的保護，且若有狀況發生時，也有日誌可以查看。我們將在 2.20 節看到怎麼運作。

現在試試下面這個指令：

```
$ cat /etc/passwd
```

這個指令是將檔案 /etc/passwd 中的內容顯示到 shell 視窗中，然後回到 shell 提示字元的位置。先不用擔心這個檔案的用處。有關這個檔案的內容我們會在「第 7 章」詳細介紹。

指令通常會以一個程式作為開頭來執行，其後會跟著**參數**（**arguments**）來告訴程式所要執行的東西有哪些，以及如何執行。在這個範例中的程式就是 `cat`，並且有一個參數 `/etc/passwd`。許多參數是用來修改程式預設行為的選項（option），通常以破折號（dash）（-）開頭，你很快就可以在 `ls` 指令的討論中看到這一點。但是也有一些例外，它們並不遵循這種正常的指令結構，例如 shell 內建的程式和臨時使用的環境變數。

2.2.2 cat

`cat` 指令在 Unix 系統中是數一數二好理解的程式之一。`cat` 指令很簡單，它顯示（輸出）一個或多個檔案的內容，或顯示（輸出）另一個輸入來源的內容。`cat` 指令的一般語法如下所示：

```
$ cat file1 file2 ...
```

當你執行時上面這個 `cat` 指令時，會顯示 *file1* 和 *file2* 等等在參數中有被指定的檔案的內容（範例中是以 ... 表示），然後離開。這個程式之所以叫 `cat`，是因為如果有多個檔案的話，它會把這些檔案的內容連接起來（concatenate）顯示。有很多方法可以用來執行 `cat`；讓我們使用 `cat` 指令來學習 Unix 的輸入和輸出吧（以下簡稱 I/O）。

2.2.3 標準輸入和標準輸出

Unix 程序使用 **I/O 資料流**（**I/O streams**）來讀寫資料。程序從輸入流（input streams）中讀取資料，向輸出流（output streams）寫出資料。資料流非常靈活，例如輸入流的來源端可以是檔案、設備、終端機視窗，甚至還可以是來自其他程序的輸出流。

想知道輸入流的工作原理，只需要輸入 `cat` 指令（不加任何參數）並按下 Enter，這時候你會看到螢幕上沒有顯示任何結果，因為 `cat` 指令仍在執行中。現在你輸入幾個字元，然後在每一行的最後再按下 Enter，這樣的使用下，你會看到 `cat` 指令在螢幕上顯示出你剛剛輸入的字元。最後你可以在任意空白行按 CTRL-D，來終止 `cat` 指令的執行並回到 shell 提示字元。

你剛剛和 cat 指令進行的一系列互動，就是透過資料流機制來實現的。因為你沒有指定輸入的檔案名稱，cat 指令就從 Linux 核心提供的**標準輸入**（**standard input**）流中獲得輸入資料，而非一個檔案，這時執行 cat 指令的終端機介面就成為標準輸入。

NOTE 在空白行按 CTRL-D 會終止目前終端機的標準輸入，並產生一個 EOF（end-of-file）訊息（通常會終止一個程式）。這和 CTRL-C 不一樣。CTRL-C 是終止目前程式的執行，無論是輸入或輸出。

標準輸出（**standard output**）也與之類似。核心為每個程序提供一個標準輸出流供它們寫入所需要的輸出資料。cat 指令永遠都會將它的輸出寫到標準輸出。當 cat 在終端機執行的時候，標準輸出就和該終端機建立連結，這就是你在螢幕上看到的輸出結果。

標準輸入和標準輸出通常簡寫為 **stdin** 和 **stdout**。很多指令的執行方式和 cat 一樣，如果你不為它們指定輸入檔案，它們就直接讀取來自 stdin 的資料。輸出則有點不同，一部分指令（如 cat）只會將輸出傳送到 stdout，但有些其他的指令可以將輸出直接傳送到檔案。

除了標準輸入和標準輸出之外，還有第三種標準 I/O 資料流，也就是**標準錯誤**（**standard error**）資料流，我們將在 2.14.1 節介紹。

標準資料流的一個優點是你可以隨心所欲地指定除了終端機以外的資料輸入輸出來源，在 2.14 節中，我們會介紹如何將資料流連接到檔案和其他程序。

2.3 基礎指令

本節將介紹更多的 Unix 指令，它們大都需要輸入多個不同的參數，也可以支援不同選項和格式（由於數量太多，在此就不一一列出）。下面是一些基礎指令的簡單介紹，我們暫不深入講解。

2.3.1 ls

ls 指令顯示指定目錄的內容，預設參數為目前目錄，但也可以加入任何的目錄或檔案作為參數使用，並且有很多實用的選項。舉例來說，ls -l 顯示詳細（長）的清單，ls -F 顯示檔案類型資訊（檔案類型和權限將在 2.17 節介紹）。下面是檔案詳細清單（long listing）的一個範例，其中第 3 個欄位（column）是檔案的擁有者（owner），第 4 個欄位是群組（group），第 5 個欄位是檔案大小，後面是檔案更改的日期、時間以及檔案名稱：

```
$ ls -l
total 3616
-rw-r--r-- 1 juser users 3804    May 28 10:40  abusive.c
-rw-r--r-- 1 juser users 4165    Aug 13 10:01  battery.zip
-rw-r--r-- 1 juser users 131219  Aug 13 10:33  beav_1.40-13.tar.gz
-rw-r--r-- 1 juser users 6255    May 20 14:34  country.c
drwxr-xr-x 2 juser users 4096    Jul 17 20:00  cs335
-rwxr-xr-x 1 juser users 7108    Jun 16 13:05  dhry
-rw-r--r-- 1 juser users 11309   Aug 13 10:26  dhry.c
-rw-r--r-- 1 juser users 56      Jul  9 15:30  doit
drwxr-xr-x 6 juser users 4096    Feb 20 13:51  dw
drwxr-xr-x 3 juser users 4096    Jul  1 16:05  hough-stuff
```

輸出中的第 1 個欄位我們將在 2.17 節詳細介紹。目前可以先忽略第 2 個欄位，那是檔案的實體連結數目，這部分會在 4.6 節解釋。

2.3.2 cp

cp 指令最簡單的用法就是用來複製（copy）檔案。下面的範例會將檔案 *file1* 複製到檔案 *file2*：

```
$ cp file1 file2
```

你也可以將檔案複製到其他目錄，在目標目錄下，檔案名稱將會保留原本的名稱：

```
$ cp file dir
```

如果想要將多個檔案複製到某個叫做 *dir* 的目錄（資料夾）下，可以試試看這個例子，這會將 3 個檔案複製到目錄 *dir*：

```
$ cp file1 file2 file3 dir
```

2.3.3 mv

mv（move）指令的工作模式有點類似 cp，最基本的用法就是用來重新命名檔案。若要將檔案名稱從 *file1* 重新命名為 *file2*，請輸入下面的指令：

```
$ mv file1 file2
```

你也可以使用和剛剛 cp 相同的方式，讓 mv 來搬移（move）多個檔案到其他目錄下。

2.3.4 touch

touch 指令可以用來建立檔案。如果目標檔案已經存在，touch 指令不會更改檔案本身，卻會更新檔案的修改時間戳記（modification timestamp），舉例來說，若要建立一個空檔案，可以輸入下面的指令：

```
$ touch file
```

如果我們對該檔案執行 **ls -l**，你將會看到下面的顯示結果，其中的日期和時間就是你執行 touch 的時間點：

```
$ ls -l file
-rw-r--r-- 1 juser users 0  May 21 18:32  file
```

如果想看看如何更新時間戳記，至少等一分鐘後重新執行一次一樣的 touch 指令，當再次使用 ls -l 指令時，就可以看到更新的時間戳記了。

2.3.5 rm

rm 指令用來刪除（移除）檔案。檔案被移除（remove）之後，通常在系統中就找不到了，而且一般來說被刪除的檔案也無法復原，除非你是從備份檔案中還原它：

```
$ rm file
```

2.3.6 echo

echo 指令將它的參數顯示到標準輸出：

```
$ echo Hello again.
Hello again.
```

當你需要尋找一些 shell 萬用字元（像是 *）的擴展結果和變數（如 $HOME）的時候，echo 指令是非常有用的，在本章節後面也會遇到這樣的情況。

2.4 瀏覽目錄

Unix 的目錄階層是從 / 開始，有時候也叫作 **root 目錄**（**root directory**）。目錄之間使用斜線 /（slash）分隔，而**不是** Windows 中的反斜線 \（backslash）。root 目錄下有些標準的子目錄，如 /usr，詳見 2.19 節。

當你要參考一個檔案或目錄時，你會先指定一個**路徑**（**path**）或是**路徑名稱**（pathname）。以 / 開頭的路徑（如 /usr/lib）叫作**絕對路徑**（**full path** or **absolute path**）。

兩個點（..）代表一個目錄的上層目錄。舉例來說，如果你目前在 /usr/lib 目錄中，那麼 .. 就代表 /usr，一樣的意思，../bin 則代表 /usr/bin。

一個點（.）代表目前目錄。舉例來說，如果你目前在 /usr/lib 目錄中，那麼 . 就代表 /usr/lib，一樣的意思，./X11 則代表 /usr/lib/X11。通常我們不需要使用 .，因為大部分的指令，當遇到路徑名稱不是 / 開頭的時候，預設會直接使用當下的目錄（所以在剛剛的例子中，X11 效果和 ./X11 一樣）。

不以 / 開頭的路徑叫作**相對路徑**（**relative path**）。我們大部分時候都在使用相對路徑，因為通常你都在當下的目錄工作，或是離你所需要使用到的路徑很近。

現在你對目錄結構有些理解了，這邊有一些必要的目錄指令介紹給你。

2.4.1 cd

目前工作目錄（**current working directory**）是程序（例如 shell）當下所在的目錄。除了大多數 Linux 發行版中「預設的 shell 提示字元」之外，你還可以使用 pwd 指令來查看目前的目錄，如 2.5.3 節所述。

每個程序都可以獨立設定自己的目前工作目錄。cd 指令則可以更改 shell 的目前工作目錄：

```
$ cd dir
```

如果不帶 *dir* 參數，cd 指令會讓 shell 返回到你的**家目錄**（**home directory**），指的是你登入系統後進入的目錄。有些程式會將你的家目錄縮寫為 ~ 符號（波浪號）。

NOTE cd 指令是 shell 內建的程式（a shell built-in），並不會以抽離的程式模式執行，因為如果該程式以「子程序」的方式執行，那麼就沒辦法（正常情況下）更改它「父程序」的目前工作目錄。目前看來，這似乎不是一個特別重要的差異，但有時候知道這一事實可以消除一些疑慮。

2.4.2 mkdir

mkdir 指令可以建立新目錄 *dir*：

```
$ mkdir dir
```

2.4.3 rmdir

rmdir 指令可以將 *dir* 目錄刪除：

```
$ rmdir dir
```

如果「要刪除的 *dir* 目錄」裡面有內容（檔案和其他目錄），上面的指令會執行失敗。如果你很沒耐心，你可能不想先費力地刪除 *dir* 中的所有檔案和子目錄。這時候，你可以使用 rm -r *dir* 來刪除一個目錄以及其中的所有內容。不過，使用這個指令時要非常小心！這是少數幾個對你系統有嚴重破壞力的指令之一，尤其當你是以「超級使用者」來執行的時候。因為 -r 選項會**遞迴刪除**（**recursive delete**）*dir* 目錄中的所有檔案和子目錄，所以使用 -r 時，儘量不要在參數裡使用萬用字元（如 *），且執行指令前最好檢查指令及參數是否正確。

2.4.4 shell 萬用字元

shell 可以使用萬用字元來配對（match）檔案名稱和目錄名稱，這個功能有時也稱作 **globbing**。其他的作業系統也有萬用字元（wildcards）這個概念，其中最明顯的例子就是字元 *，它可以代表任意字元和數字。舉例來說，下面的指令會列出目前目錄中的所有檔案：

```
$ echo *
```

shell 根據參數中的萬用字元來配對檔案名稱，再來 shell 會將指令中的參數替換為實際的檔案名稱，接著再執行更新過的命令列，這個過程我們稱為**擴展**（**expansion**）。這邊有一些使用 * 來擴展檔案名稱的例子：

- at* 擴展為所有以 at 開頭的檔案名稱。
- *at 擴展為所有以 at 結尾的檔案名稱。
- *at* 擴展為所有包含 at 的檔案名稱。

如果萬用字元沒有配對到檔案名稱，shell 就不進行任何的擴展，指令則會照原本的字元來執行，例如你可以試試看執行 echo *dfkdsafh。

NOTE 如果你習慣使用 Windows 的 MS-DOS，你可能會下意識地使用 *.* 來配對所有檔案。打破這個習慣吧！在 Linux 系統和其他 Unix 系統中，你必須使用 * 來配對所有檔案。在 Unix shell 中，*.* 只配對那些包含 . 的檔案名稱和目錄名稱，而 Unix 檔案名稱是不需要副檔名的，自然就不會有 . 這個字元的存在。

另外一個 shell 萬用字元是問號（?），幫助 shell 確切配對任意一個字元，例如 b?at 與 boat 和 brat 相配對。

如果不想讓 shell 擴展萬用字元，你可以使用單引號（''）框住萬用字元。例如執行 echo '*' 將顯示一個 *。在下一節會介紹到的一些指令中，如 grep 和 find，這會是非常方便的用法（在 11.2 節中我們將詳細介紹如何利用引號（quoting））。

NOTE 需要記住的一個重點是，shell 是**先執行**擴展，**然後才執行**指令的。所以如果 * 傳遞到命令列的時候仍然未能擴展開來，那麼 shell 對此是無能為力的，一切都將取決於指令本身會如何處理。

shell 的模式配對能力並不僅限於此，但 * 和 ? 這兩種是你必須要掌握的。在 2.7 節中，我們會討論萬用字元在遇到「那些 . 開頭的有趣檔案」時的行為。

2.5 進階指令

在這一節中，我們會介紹一些常用的、進階的 Unix 指令。

2.5.1 grep

grep 指令會顯示檔案和輸入流中，和表示法（expression）配對的所有行。舉例來說，如果要列印出在 /etc/passwd 檔案中包含 root 這個字的所有行，我們可以這樣輸入：

```
$ grep root /etc/passwd
```

在對多個檔案進行批次操作的時候，grep 指令非常好用，因為它會顯示檔案名稱和配對出來的內容。舉例來說，如果你想查看目錄 /etc 中包含 root 這個字的所有檔案，可以執行以下指令：

```
$ grep root /etc/*
```

grep 指令有兩個比較重要的選項，一個是 -i（配對中不區分大小寫），一個是 -v（反轉配對，就是顯示所有**不配對**的行）。grep 還有一個功能強大的變形叫作 egrep（實際上就是 grep -E）。

grep 可以辨識出**正規表示法（regular expression）**，正規表示法是基於電腦科學理論的模式，它們在 Unix 工具程式中非常常見。正規表示法比萬用字元風格的模式更強大，且它們具有不同的語法。關於正規表示法，需要記住三件重要的事情：

- .* 會配對任意多個字元，包含空的字元（類似萬用字元中的 *）。
- .+ 會配對一個或多個字元。
- . 會配對任意一個字元（剛好一個）。

NOTE 說明手冊 grep(1) 中有關於正規表示法的詳細說明，不過對於讀者來說可能比較不方便理解。如果你想了解更多，你可以參考這兩本書：

- Jeffrey E. F. Friedl 的著作《*Mastering Regular Expressions, 3rd edition*》（O'Reilly, 2006）；
- 或是 Tom Christensen et al. 的著作《*Programming Perl, 4th edition*》（O'Reilly, 2012），閱讀其中關於正規表示法的章節。
- 如果你對數學和正規表示法的歷史感興趣，可以參閱 Jeffrey Ullman 和 John Hopcroft 的《*Introduction to Automata Theory, Languages, and Computation, 3rd edition*》（Prentice Hall, 2006）。

2.5.2 less

當要查看的檔案過大或內容多得需要滾動螢幕的時候，`less` 指令這時候就會非常方便。

如要查看像 /usr/share/dict/words 這樣的大型檔案，我們可以使用 `less /usr/share/dict/words` 指令。當 `less` 執行時，你可以看到檔案的內容以每次一頁的方式呈現在螢幕上，按空格鍵即可查看該檔案的下一頁，b 鍵（小寫）查看上一頁，要離開就按 q。

NOTE `less` 指令實際上是另一個古老程式 `more` 的進階版本。絕大多數 Linux 桌面和伺服器版本的系統中都有這個指令，但是在一些 Unix 系統和嵌入式系統中不被列為預設的套件。如果你遇到類似情況卻無法使用 `less`，這時你就可以使用 `more` 指令。

你可以在 `less` 指令的輸出結果中進行文字搜尋。例如：使用 */word*，可以從目前位置往下搜尋 word 這個字；使用 *?word*，則可以從目前位置往上搜尋。當找到一個配對的時候，按 n 鍵可以跳到下一個配對。

你幾乎可以將所有程式的標準輸出作為另一個程式的標準輸入，我們將在 2.14 節詳細介紹。當你執行的指令涉及很多輸出，或是你想使用 `less` 來查看輸出結果的時候，這個方法非常管用。這裡有一個範例，可以將 `grep` 指令的輸出傳送給 `less`：

```
$ grep ie /usr/share/dict/words | less
```

你可以自己親身實踐一下這個指令，類似這樣的 `less` 使用方式非常多。

2.5.3 pwd

`pwd`（print working directory）指令僅輸出「目前工作目錄」的名稱。你可能會想，既然大部分的 Linux 版本都會將「目前工作目錄」顯示在 shell 的提示字元中，為何還需要這個指令呢？這邊列出兩個原因供你參考。

首先，並不是所有的提示字元都顯示「目前工作目錄」的名稱，甚至有時候在設定自己的提示字元時會需要擺脫它，因為它佔了很大的空間，這時候就需要使用 `pwd` 來解決。

其次，使用符號連結（我們將在 2.17.2 節介紹）的時候，通常很難獲知「目前工作目錄」的完整路徑名稱，這時我們可以使用 `pwd -P` 來查看。

2.5.4 diff

`diff` 指令用來查看兩個文字檔案之間的差異處，例如：

```
$ diff file1 file2
```

該指令有幾個選項可以讓你設定輸出結果的格式，不過預設的格式對於我們來說已經足夠清晰易讀了。當需要把輸出結果寄給別人參考時，很多開發人員喜歡用 `diff -u` 的格式，因為許多自動化的工具程式能夠很好地識別這個格式。

2.5.5 file

如果你看到一個檔案卻不知道該檔案的格式資訊，可以試著使用 `file` 指令讓系統去判斷：

```
$ file file
```

這個看似平淡無奇的指令會為你提供很多有用的資訊。

2.5.6 find 和 locate

我們有時候會碰到一種讓人抓狂的情況，就是明明知道有那麼一個檔案，但就是不知道它在哪個目錄。別急，可以像下面的用法，使用 `find` 指令幫你在 *dir* 目錄中尋找 *file* 檔案：

```
$ find dir -name file -print
```

和這一節所提到的大多數程式一樣，find 指令能做很多酷炫的事情，但是在你確定真心了解 -name 和 -print 選項之前，不要嘗試諸如 -exec 這樣的選項。find 指令可以使用模式配對的字元（如 *），但是必須加上單引號（'*'），以免被 shell 的擴展功能影響。（回想一下 2.4.4 節的討論，shell 在執行指令**之前**，會先對萬用字元處理擴展的動作。）

大部分的系統都會有另外一個尋找檔案的 locate 指令。和 find 不同的是，locate 並不是即時的尋找檔案，而是預先定期在系統中建立索引檔（index），並透過索引檔尋找檔案。利用 locate 搜尋檔案的速度會比 find 更快，但是 locate 對於尋找「新建立的檔案」可能會無能為力，因為它們有可能還沒有被加入到索引中。

2.5.7 head 和 tail

head 和 tail 指令可以讓你很快地看到檔案或是資料流的一部分，例如 head /etc/passwd 可以顯示 passwd 檔案的前 10 行內容，tail /etc/passwd 則可以顯示 passwd 檔案的最後 10 行內容。

如果想改變顯示的行數，你可以使用 -*n* 選項來設定，*n* 是你想要看到的行數（例如：head -5 /etc/passwd）。如果要從「第 *n* 行」開始顯示所有內容，使用 tail +n。

2.5.8 sort

sort 指令將檔案內的所有行按照字母順序快速排序。如果檔案中的每一行是由數字開頭，你也想用數字進行排序的話，你可以使用 -n 選項，就可以按照數字順序排序了。使用 -r 選項則會進行反向排序。

2.6 更改密碼和替換 shell

你可以使用 passwd 指令來更改密碼。你需要輸入一遍你的舊密碼和兩遍新密碼。

密碼最好是一些很長且「無意義」的句子，又方便記得。（就字元長度來說）密碼越長越好；你可以試試看 16 個字元或以上。（在早期的系統中，你可以使用的字元數目是受限制的，所以你會被建議加一些奇怪的字元或類似要求。）

你可以用 chsh 指令去替換你的 shell（換成一些其他程式，如改為 zsh、ksh 或 tcsh），但要記得本書中是使用 bash，所以如果你替換成其他的 shell，有些範例可能無法使用。

2.7 dot 檔案

現在跳轉到你的家目錄（home directory），分別執行 ls 和 ls -a 兩個指令，你應該能夠注意到一些區別。當你執行 ls 卻沒有搭配 -a 選項時，你無法看到那些叫作 **dot 檔案**（**dot files**）的設定檔案（configuration files），這些檔案或是目錄都是以 . 開頭。比較常見的 dot 檔案有 .bashrc 和 .login，還有以 . 開頭的 dot 目錄，如 .ssh。

這些 dot 檔案和 dot 目錄沒有什麼特別之處。有些指令在預設情況下不會顯示它們，是為了讓你的家目錄在內容顯示時看起來更簡潔。例如，除非使用 -a 選項，否則 ls 指令不會顯示 dot 檔案。此外，shell 萬用字元也不會去配對 dot 檔案，除非明確指定，像是 .*。

NOTE 在萬用字元中使用 .* 可能會導致一些問題，因為 .* 也會配對到 . 和 ..（目前目錄和上層目錄）。你可以會想要使用正規表示法，也就是利用 .[^.]* 或 .??* 這兩種模式得到你需要的所有 dot 檔案，並**排除**這兩個目錄。

2.8 環境變數和 shell 變數

shell 中可以保存一些臨時變數，稱作 **shell 變數**（**shell variable**），它們是一些字串的值。shell 變數對於追蹤 script 中的值來說非常有用，此外，一些 shell 變數會控制 shell 的行為模式（例如，bash shell 在顯示提示字元之前會讀取變數 PS1 的值）。

要將一個值賦予 shell 變數時，我們可以使用等號（=）為 shell 變數賦值，這邊有個簡單的例子：

```
$ STUFF=blah
```

以上指令將 `blah` 這個值賦予給變數 `STUFF`。我們可以使用 `$STUFF` 來取得該變數的值（例如你可以嘗試一下 `echo $STUFF` 這個指令），我們將在「第 11 章」介紹更多的 shell 變數。

NOTE 在指定變數時，在 = 周圍不要放任何的空格。

環境變數（**environment variable**）與 shell 變數類似，但其不僅僅針對 shell。Unix 系統中所有的程序都有著環境變數的儲存空間。環境變數和 shell 變數最大的區別是，作業系統讓「shell 執行的程式」存取所有你的 shell 的環境變數，然而 shell 變數卻無法被「你執行的指令」存取。

環境變數可以透過 shell 的 `export` 指令來設定。舉例來說，如果想將 shell 變數 `$STUFF` 變成環境變數，可以執行如下指令：

```
$ STUFF=blah
$ export STUFF
```

因為子程序會從父程序那邊繼承它們的環境變數，所以許多程式都會透過讀取環境變數作為設定和選項資訊。例如，你可以使用 `LESS` 這個環境變數來預先設定你最愛的 `less` 指令參數（許多指令的說明手冊裡都有 ENVIRONMENT 這一節，教你如何使用環境變數來設定該指令的參數和選項）。

2.9 指令路徑

`PATH` 是一個特殊的環境變數，它定義了**指令路徑**（**command path**），或簡稱為**路徑**（**path**）。指令路徑是一個系統目錄清單，shell 在執行一個指令的時候，會去這些目錄中尋找這個指令。例如：執行 `ls` 指令時，shell 會在 `PATH` 中定義的所有目錄裡尋找 `ls`，如果 `ls` 出現在多個目錄中，shell 會執行第一個配對的程式。

如果你執行 `echo $PATH`，你會看到所有的路徑元件，它們之間以冒號（:）分隔。例如：

```
$ echo $PATH
/usr/local/bin:/usr/bin:/bin
```

你可以設定 PATH 變數，為 shell 尋找指令加入更多的路徑。例如，使用以下指令可以將路徑 *dir* 加入到 PATH 的最前面，這樣 shell 會先尋找 *dir* 路徑，然後再尋找 PATH 中的其他路徑：

```
$ PATH=dir:$PATH
```

或者你也可以將路徑加入到 PATH 變數的最後面，這樣 shell 會最後尋找 *dir* 路徑：

```
$ PATH=$PATH:dir
```

NOTE 在更改 PATH 時需要特別小心，因為你有可能會不小心將 PATH 中所有的路徑刪除掉。不過也不用太擔心，這個問題不會是永久的（要達到永久的效果，你必須在特定的設定檔案中「刻意輸入錯誤」該變數的值，但即使如此也不是很難解決），你只需要啟動一個新的 shell 就可以找回原來的 PATH。最簡單的解決辦法是，關閉目前的終端機視窗並啟動一個新的視窗。

2.10 特殊字元

在談論 Linux 的時候，我們需要了解一些你可能會遇到的特殊字元。如果你有興趣了解，可以參考「Jargon File」（http://www.catb.org/jargon/html/）或它的印刷版本：Eric S. Raymond 的《*The New Hacker's Dictionary, 3rd edition*》（MIT Press, 1996）。

表 2-1 列出了一些特殊字元，其中很多本章已經介紹過。一些工具程式，例如 Perl 程式設計語言，幾乎用到所有這些特殊字元！（小提醒，這些字元都是採用美國名稱。）

表 2-1：特殊字元

字元	名稱	用途
*	星號（star 或 asterisk）	正規表示法，萬用字元
.	句號（dot）	目前目錄，檔案／主機名稱的分隔符號
!	驚嘆號（bang）	邏輯非運算子，歷史紀錄
|	管線（pipe）	管線指令
/	斜線（(forward) slash）	目錄分隔符號，搜尋指令
\	反斜線（backslash）	常數，巨集（非目錄）

字元	名稱	用途
$	美元符號（dollar）	變數符號，行尾
'	單引號（tick 或 (single) quote）	字串常數
`	反引號（backtick 或 backquote）	指令替換
"	雙引號（double quote）	半字串常數
^	跳脫字元（caret）	邏輯非運算子，行頭
~	波浪字元（tilde 或 squiggle）	邏輯非運算子，目錄快捷方式
#	井號（hash 或 sharp 或 pound）	註釋，預處理，替換
[ ]	中括號（(square) brackets）	範圍
{ }	大括號（braces 或 (curly) brackets）	語句區塊（敘述區塊），範圍
_	下底線（underscore 或 under）	空格的簡易替代，使用時機是當空格不被允許或不需要時，或是當自動填補演算法會搞混時

NOTE 控制鍵我們通常用 ^ 來表示，如 ^C 代表 CTRL-C。

2.11 命令列編輯

在使用 shell 時，你應該能注意到可以使用左右箭頭來編輯命令列，並且透過上下箭頭來查看之前的指令。這是大部分 Linux 系統的標準操作。

但使用 CTRL 鍵來代替箭頭鍵會更加方便。表 2-2 中的指令是 Unix 系統的文字編輯標準指令，掌握了這些，你就可以很方便地在任何 Unix 系統中編輯文字。

表 2-2：命令列按鍵

按鍵	動作
CTRL-B	左移游標
CTRL-F	右移游標
CTRL-P	查看上一條指令（或上移游標）
CTRL-N	查看下一條指令（或下移游標）
CTRL-A	移動游標至行首
CTRL-E	移動游標至行尾
CTRL-W	刪除前一個字

按鍵	動作
CTRL-U	刪除從游標至行首的內容
CTRL-K	刪除從游標至行尾的內容
CTRL-Y	貼上已刪除的文字（例如貼上 CTRL-U 所刪除的內容）

2.12 文字編輯器

說到文字編輯，不得不提文字編輯器。要好好使用 Unix，你必須能夠編輯文字檔案，並且不對其造成損壞。Unix 系統使用純文字檔案來保存設定資訊（如目錄 /etc 中的檔案）。編輯檔案並不是難事，但由於要經常性地編輯這些檔案，因此你需要一個強大的文字編輯器。

在眾多文字編輯器中，你需要掌握 vi 和 Emacs 二者之一，它們是 Unix 系統中約定俗成所用的標準編輯器。很多 Unix 的設定精靈對編輯器的選擇很挑剔，但沒關係，你可以自己選擇，當你發現你選擇的編輯器適合你工作使用，你就會發現學習得很快。基本上選擇的標準不外乎下面幾種：

- 如果你想要一個萬能的編輯器，功能強大，有線上說明，你可以試試 Emacs。不過它需要你進行一些額外的手動編輯。
- 如果想要高效快速，那麼 vi 比較適合你，操作上會有點像是在玩遊戲。

關於 vi 的詳細知識，你可以參考這本書：Arnold Robbins、Elbert Hannah 以及 Linda Lamb 的《*Learning the vi and Vim Editors: Unix Text Processing, 7th edition*》（O'Reilly, 2008）。

關於 Emacs，你可以參考線上使用教學（Emacs Tutorial）：打開 Emacs，按 CTRL-H，然後按 T，或是參考 Richard M. Stallman 的《*GNU Emacs Manual, 18th edition*》（Free Software Foundation, 2018）。

當你剛開始嘗試的時候，你可能會想試試看其他介面比較友善的編輯器，像是 Pico 和無數的圖形使用者介面（GUI）編輯器中的其中一個，不過，一旦你習慣了 vi 和 Emacs 其中一個之後，你就不會想再這樣繞一圈學習了。

NOTE 你在進行文字編輯的時候，可能是你第一次注意到了終端機介面和 GUI 的區別。vi 這樣的編輯器執行在終端機視窗中，使用標準輸入輸出介面。GUI 編輯器啟動自己的視窗並有自己的視窗介面，與終端機視窗是相互獨立的。Emacs 預設會有圖形介面，但也可以在終端機介面執行。

2.13 取得線上說明

Linux 系統的說明文件非常豐富。對於基本的指令操作，**使用說明**（**manual page**）或是**線上手冊**（**man page**）會提供指令的使用說明。舉例來說，你若是想了解 `ls` 指令的用法，只需執行 `man` 指令，如下所示：

```
$ man ls
```

大部分的說明手冊旨在提供基礎知識和參考資訊，有時會有一些實例和交互參照（Cross-Reference），基本上就是這些，沒有那種教學的文件，也不要指望是那種引人入勝的文學風格。

當程式有很多選項時，說明手冊會按系統排序方式（如按照字母順序）列出指令的所有選項，但是不會告訴你哪些比較重要（例如那些經常被使用的選項）。如果你有足夠的耐性，一般都可以在說明手冊中找到你所需要的；如果沒耐心，那可能需要問朋友，或是付錢給別人來當你的小顧問。

下面的指令可以幫你借助關鍵字來尋找相關說明手冊：

```
$ man -k keyword
```

如果你只知道某個功能，但是不知道指令名，你可以很方便地透過關鍵字來尋找。例如你若想使用排序功能，就可以執行下面的指令來列出所有和排序有關的指令：

```
$ man -k sort
--snip--
comm (1) - compare two sorted files line by line
qsort (3) - sorts an array
sort (1) - sort lines of text files
sortm (1) - sort messages
```

```
tsort (1) - perform topological sort
--snip--
```

輸出結果包括說明手冊的名稱、所屬的章節（就是接下來提到的）以及內容的簡要描述。

NOTE 如果你對本書到目前為止所介紹的指令有疑問，可以使用 man 指令查閱它們的說明手冊。

說明手冊被分為很多個章節，當需要參考說明手冊時，一般都會在名稱後面加上章節編號，例如 ping(8)。表 2-3 中列出了各章節和它們的編號。

表 2-3：線上說明手冊的章節規劃

章節	簡介
1	使用者指令
2	核心系統呼叫（kernel system call）
3	Unix 高階程式設計函式庫文件
4	設備介面和驅動程式資訊
5	檔案描述符（系統設定檔案）
6	遊戲
7	檔案格式、規範和編碼（ASCII 編碼和檔案副檔名等等）
8	系統指令和伺服器

章節 1、5、7 和 8 對本書的內容是很好的補充參考。章節 4 用到的不多，章節 6 的內容稍微有些單薄。章節 3 主要是供開發人員參考。在閱讀完本書有關系統呼叫的部分後，你或許能對章節 2 的內容有部分的理解。

一些常用的專業術語在許多說明手冊的不同章節中都會使用到。預設情況下，man 指令會顯示出它找到的第一頁。你可以在說明手冊中選擇章節，這會讓搜尋結果更加精確。舉例來說，假設你要搜尋有關 /etc/passwd 的檔案描述符（file description）（而不是 passwd 指令），你可以在手冊名稱前面加入章節編號，如下所示：

```
$ man 5 passwd
```

說明手冊涵蓋的是基本內容，有很多其他方法可以得到線上幫助（除了上網搜尋之外）。如果只是想查詢指令的特定選項，可以試試在指令後輸入 --help 或 -h 選項（視不同指令而定）來取得說明資訊。你可能會被資訊淹沒（如 ls --help），或是剛好找到你所需要的。

曾經，GNU 專案因為不喜歡說明手冊這種方式，導入了 **info**（或 **texinfo**）。通常 info 這類文件的內容會更加豐富，但同時也更複雜一些。若想參考 info 文件，可以使用 info 指令查看內容：

```
$ info command
```

如果你不喜歡 info 的呈現方式，你可以將輸出導到 less 指令（只需加 | less）。

有一些程式把它們的文件放到 /usr/share/doc 目錄中，而不是 man 和 info 的線上文件系統裡。你可以在系統中的這個目錄下，搜尋你所需要的文件，當然別忘了還有網際網路。

2.14 shell 輸入和輸出

至此你已經理解了 Unix 的基本指令、檔案和目錄，現在我們可以介紹標準輸入輸出的重新導向（redirection）了。讓我們從標準輸出開始吧。

如果想將「指令的執行結果」輸出到檔案（預設是終端機螢幕），我們可以使用重新導向字元 >：

```
$ command > file
```

如果檔案 *file* 不存在，shell 會建立一個新檔案 *file*。如果 *file* 檔案已經存在，shell 會先清空（erase，**重寫**（**clobber**））檔案的內容。（一些 shell 可以透過設定參數來防止檔案被清空，例如：bash 中的 set -C 指令。）

如果不想把原檔案覆蓋，你可以使用 >> 重新導向的語法，將「指令的輸出結果」附加到檔案末尾：

```
$ command >> file
```

這個方法在收集多個指令的執行結果時非常有用。

你還可以使用管線字元（|）將一個指令的執行結果輸出到另一個指令，例如：

```
$ head /proc/cpuinfo
$ head /proc/cpuinfo | tr a-z A-Z
```

你可以使用任意多個管線字元，只需要在每個額外的指令前各加一個管線符號即可。

2.14.1 標準錯誤

有的時候你會發現，即使將標準輸出進行了重新導向的處理，終端機螢幕上還是會顯示一些資訊，其實這是所謂的**標準錯誤**（**standard error，stderr**），是用來顯示系統錯誤和除錯（debug）資訊的一種額外的輸出資訊流。例如，執行下面的指令時會產生一些錯誤：

```
$ ls /ffffffffff > f
```

輸出完成後，f 檔案應該是空的，但你會在終端機螢幕上看到以下錯誤訊息，即標準錯誤的訊息：

```
ls: cannot access /ffffffffff: No such file or directory
```

如果有必要，你也可以將標準錯誤進行重新導向。例如，將標準輸出傳送到 f，而利用 2> 的語法，將標準錯誤傳送到 e：

```
$ ls /ffffffffff > f 2> e
```

這裡的數字 2 是由 shell 修改的**資料流編號**（**Stream ID**），資料流編號 1 是標準輸出（shell 使用的預設編號），編號 2 是標準錯誤。

你也可以使用 >& 這個符號，將標準輸出和標準錯誤同時重新導向到同一個地方。舉例來說，如果要把標準輸出和標準錯誤同時重新導向到檔案 f 中，可執行以下指令：

```
$ ls /ffffffffff > f 2>&1
```

2.14.2 標準輸入重新導向

如果想要把檔案的內容串聯到某個程式的標準輸入，可以使用 < 運算子：

```
$ head < /proc/cpuinfo
```

你偶爾會遇見要求「這種類型的重新導向」的程式，但因為很多 Unix 指令可以使用檔案名稱作為參數，所以不太常需要使用 < 來對檔案做重新導向。例如，上述指令也可以寫成 `head /proc/cpuinfo`。

2.15 理解錯誤訊息

當你在 Unix-like 的作業系統（像是 Linux）中遇到問題的時候，你要做的第一件事情一定會是先查看錯誤訊息，因為大多數情況下，Unix 的具體出錯原因都能在錯誤訊息裡找到。這一點 Unix 系統做得比其他作業系統來得好。

2.15.1 解析 Unix 的錯誤訊息

絕大部分 Unix 上的應用程式，都使用類似的方式產生和回報一些基本的錯誤訊息，但在任意兩個程式的輸出結果之間，可能會存在些微的差別。例如，你可能會經常遇到這種情況：

```
$ ls /dsafsda
ls: cannot access /dsafsda: No such file or directory
```

該資訊可以分為以下三個部分：

- 程式名稱：`ls`。一些程式不會顯示這個用來辨識的資訊，這對於 shell script 的除錯來說很不方便。但這也不是問題的關鍵。
- 檔案名稱：`/dsafsda`。這是一條更為具體的資訊，而問題就出在這個檔案路徑上。
- 錯誤訊息：`No such file or directory`。這個訊息告訴我們錯誤出在檔案名稱上。

將以上的資訊綜合起來看，你就能得出結論：ls 想要存取檔案 /dsafsda，但是檔案不存在。在這個例子中，錯誤的原因看來很顯而易見，但如果這個錯誤訊息是發生在你執行的 script 中，且這個 script 包含名稱不同的錯誤指令時，那麼這些錯誤資訊會變得很複雜難懂。

在排除錯誤時，務必從第一個錯誤開始入手。有些程式會回報說，在沒有解決其他問題之前，它是無法進行其他操作的。例如我們虛構這樣一個場景：

```
scumd: cannot access /etc/scumd/config: No such file or directory
```

後面可能還會跟著一大串的錯誤訊息，看起來問題好像很嚴重。但先不要讓這些錯誤訊息影響到你的判斷。專注於第一個錯誤訊息你就知道，要解決的問題只不過是建立一個 /etc/scumd/config 檔案而已。

NOTE 不要把錯誤訊息（error messages）和警告訊息（warning messages）混為一談。警告訊息看起來像是錯誤訊息，但是它們包含了「警告」兩個字，也就是說，儘管它告訴我們程式出了問題，但還是會嘗試繼續執行。要解決警告訊息的問題，你可能需要找出（hunt down）目前這個程序，並且在做其他任何事之前終止它。（有關查看和終止程序的內容，我們將在 2.16 節介紹。）

2.15.2 常見錯誤

你在 Unix 程式中遇到的許多錯誤，其實都與檔案和程序有關。這些錯誤大多是直接從核心系統呼叫所產生的，你可以透過觀察這些錯誤訊息，來理解核心是如何將這些問題傳回給這些程序的。

No such file or directory

這可能是我們最常遇到的錯誤：存取一個不存在的檔案或目錄。由於 Unix 的 I/O 系統對檔案和目錄不做區分，所以當你試圖存取一個不存在的檔案、進入一個不存在的目錄，或寫入一個不存在於某個目錄的檔案時，都會出現這個錯誤。這個錯誤訊息也被稱作 ENOENT，是 Error NO ENTity 的縮寫。

NOTE 如果你對系統呼叫有興趣，這通常是 open() 傳回 ENOENT 的結果。可以參考 open(2) 的線上說明手冊，獲得更多與這個錯誤訊息相關的資訊。

File exists

如果新建檔案的名稱和現有的檔案或目錄名稱重複，就會出現這個錯誤。

Not a directory, Is a directory

這個錯誤出現在：當你把檔案當作目錄或反之，把目錄當作檔案。例如：

```
$ touch a
$ touch a/b
touch: a/b: Not a directory
```

錯誤出在第二個指令的 a/b 這裡，將檔案 a 當成了目錄。當發生這樣的問題時，很多時候你可能需要花點時間來檢查檔案路徑。

No space left on device

說明磁碟空間不足。

Permission denied

當你試圖讀或寫一個沒有存取權限（或是權限不足）的檔案或目錄時，會遇到這個錯誤。當你試圖執行一個你無權執行（即使你有讀的權限）的檔案時，也會出現這個錯誤。我們會在 2.17 節詳細介紹。

Operation not permitted

通常發生在你試圖終止一個你無權終止的程序時（你不是該程序的擁有者），會出現這個錯誤。

Segmentation fault, Bus error

區段故障（**segmentation fault**）這個錯誤通常是告訴你，你執行的程式出了問題。可能你的程式試圖存取它無權存取的記憶體空間，這時作業系統就會將其終止。**匯流排錯誤**（**bus error**）說明你的程式試圖存取不屬於該程式的記憶體位置。當遇到這類錯誤時，通常是因為程式的輸入資料有問題。在一些特殊情況下，有可能是記憶體的硬體問題。

2.16 查看和操控程序

我們在「第 1 章」介紹過，程序就是執行在記憶體中的程式。每個程序都有一個數字的 ID，叫**程序 ID**（**Process ID**，以下簡稱 **PID**）。若想很快地列出正在執行中的程序，可以直接在命令列執行 ps 指令：

```
$ ps
  PID TTY STAT TIME COMMAND
  520 p0  S    0:00 -bash
  545  ?  S    3:59 /usr/X11R6/bin/ctwm -W
  548  ?  S    0:10 xclock -geometry -0-0
 2159 pd  SW   0:00 /usr/bin/vi lib/addresses
31956 p3  R    0:00 ps
```

每行的欄位依次代表以下內容：

- PID：程序 ID。
- TTY：程序所在的終端機設備，稍後詳述。
- STAT：程序狀態，就是程序在記憶體中的行為以及位置。例如，S 表示程序正在休眠，R 表示程序正在執行。（完整的狀態清單請參閱說明手冊 ps(1)。）
- TIME：程序到目前為止所用 CPU 時長，換句話說，就是該程序總共花多長時間在處理器上執行指令。但是要記得，因為程序並不是持續在運行的，所以這個時間並不會是從程序開始到結束的時間（或是稱為 wall-clock time，經過時間）。
- COMMAND：這一欄看起來很明顯就是用來執行程式的指令名稱，但要注意的是，程序有可能將其由初始值改為其他值。進一步解釋的話，就是當 shell 在利用萬用字元進行擴展時，這個欄位就會反映出擴展後的指令，而不是你原本在提示字元輸入的內容。

NOTE PID 的值對於每一個在系統上執行的程序來說，都是獨一無二的。但是當程序被終止後，核心是可以將這些 PID 值回收再給新的程序使用的。

2.16.1 ps 指令選項

ps 指令有很多選項，更麻煩的是，你可以使用三種方式來設定選項：Unix 方式、BSD 方式和 GNU 方式。BSD 方式被認為是較方便的一種（因為它相對不用打那麼多字），因此本書也將使用 BSD 這種方式。下面是一些比較實用的選項組合：

- **ps x**：顯示目前使用者執行的所有程序。
- **ps ax**：顯示系統目前執行的所有程序，包括其他使用者的程序。
- **ps u**：顯示更詳細的程序資訊。
- **ps w**：顯示指令的全名，而非僅顯示一行以內的內容。

和對其他程式一樣，你可以對 ps 使用選項組合，例如 ps aux 和 ps auxw。

你可以把 PID 當作 ps 指令的一個參數，用來查看該特定程序的資訊，例如 ps u $$（其中 $$ 是一個 shell 變數，表示目前 shell 程序的 PID）。我們會在「第 8 章」介紹 top 和 lsof 等管理者指令（administration commands），這些指令對於定位程序很有用，即使你在做系統維護以外的事情。

2.16.2 終止程序

要終止一個程序，可以使用 kill 指令向其發送一個**訊號**（**signal**，核心給程序的一個訊息）。大多數情況下，你只需要執行下面的指令：

```
$ kill pid
```

訊號的種類有很多，預設情況下（如上面的範例）是 TERM（或 terminate）。你可以設定額外的選項來發送不同類型的訊號。例如，發送 STOP 訊號可以讓程序暫停，而不是終止：

```
$ kill -STOP pid
```

被暫停的程序仍然駐留在記憶體，等待被繼續執行。使用 CONT 訊號可以繼續執行該程序：

```
$ kill -CONT pid
```

NOTE 你可以使用 CTRL-C 來終止目前正在終端機上執行的程序，這和「使用 kill 指令加上 -INT（interrupt）訊號來終止程序」是一樣的意思。

核心（kernel）讓大多數的程序有機會在接收到訊號後自行清理（使用**訊號處理程式**（signal handler）機制）。然而，一些程序可能會選擇一個非終止的動作來回應一個信號，陷入試圖處理它的行為中，或者乾脆忽略它，所以你可能會發現某些程序在你試圖終止它之後仍在運行。如果發生這種情況，且你真的需要終止一個程序，最殘酷的終止方法是使用 KILL 訊號。與其他訊號不同的地方在於 KILL 不能被忽略；事實上，作業系統甚至不會給這個程序機會。核心會終止程序，並強行將其從記憶體中刪除，所以只能將這個處理方式當作是最後的手段。

不要隨便終止一個你不知道或不清楚「執行目的」的程序，不然很有可能會演變成自己拿磚頭砸了自己的腳。

你可能看過其他使用者在使用 kill 指令時用數字取代訊號名稱，例如 kill -9 代表 kill -KILL，這是因為核心可以使用數字來代表不同的訊號。如果你知道你想要發送的訊號的數字號碼，就可以使用這種方式來傳送訊號。你可以試著執行 **kill -l** 來得到訊號名稱和數字的對應表。

2.16.3 任務控制

shell 也支援**任務控制**（**Job Control**），是透過不同的按鍵和指令向程序發送 TSTP（類似 STOP）和 CONT 訊號的一種方式，這可以讓你在「正在執行的不同任務」之間暫停和切換。舉例來說，你可以使用 CTRL-Z 發送 TSTP 訊號來暫停程序，然後鍵入 fg（將程序置於前景）或 bg（將程序移入背景，見下一小節）繼續執行程序。儘管蠻實用的，很多資深使用者也習慣這種用法，但是對於初學者來說任務控制的方式並不是必要的，而且可能會混淆初學者的概念：最常見的問題就是如果習慣使用 CTRL-Z 而不是 CTRL-C，然後又置之不理，最終會形成大量處於暫停狀態的程序。

NOTE 你可以使用 jobs 指令來查看你暫停了那些程序。

如果你想要執行多個程式，可以分開在各自獨立的終端機視窗中執行，將「非互動性質的程序」置於背景執行（下一小節將會介紹），或是學習如何使用 screen 和 tmux 這類的工具程式。

2.16.4 背景程序

一般當你在 shell 上執行 Unix 指令時，命令列提示字元會暫時消失，要等到指令執行完成後才會又重新顯示。但是，你可以使用 & 符號將程序設定為「背景」執行，這樣提示字元會一直顯示，你在程序執行過程中可以繼續其他操作。舉例來說，如果你要使用 gunzip 指令（我們將在 2.18 節介紹）解壓縮一個很大的檔案，同時又不想乾等執行結果，你就可以使用下面的指令：

```
$ gunzip file.gz &
```

shell 會顯示背景新程序的 PID，然後直接將命令列提示字元顯示回來，以便你繼續進行其他操作。如果程序花的時間太久，甚至可以在你登出系統後繼續一直執行，這對於「那些耗時很長的程序」來說，真的是非常方便。如果該程序在你登出或是關閉終端機視窗之前執行完畢，shell 通常都會提醒你，但也是視你的設定而定。

NOTE 如果你是遠端登入一台主機並且希望某個程式在你登出後可以繼續執行，那麼你可能會需要用到 nohup 指令，細節可以參考它的線上說明手冊。

執行背景程序（background processes）有一個缺點，就是這些程序可能會想要得到標準輸入的資料（更糟的是想要直接從終端機讀取資料）。如果某個在背景的程式試圖讀取來自標準輸入的資料，它會被凍結（freeze）（可以試著用 fg 將它帶回來）或是終止。類似的問題，如果程式要將資料寫入到標準輸出或是標準錯誤，那麼這些輸出將會不管現在終端機視窗螢幕上的狀態，直接顯示出來，這表示若你正在工作或其他事務中，你會看到「不是你期待的輸出」（被該背景程序的輸出打亂）。

為了保證背景程序不會打擾你，最好的方式是將它的輸出進行重新導向（redirect）（或是輸入也可以），例如重新導向到檔案或別的地方（我們已經在 2.14 節介紹過），這樣螢幕上就不會出現雜亂無章的輸出資料。

如果背景程序的輸出結果雜亂無章，你需要知道如何整理你的終端機視窗內容。bash shell 和大多數有全螢幕互動的程式支援 CTRL-L 指令，它會清空你的螢幕。程序在從標準輸入讀取資料之前，經常先使用 CTRL-R 清空目前的行，但是如果在錯誤的時間按了錯誤的鍵，會讓情況更糟。舉例來說，如果不小心在 bash 提示字元下按了 CTRL-R，你就會被切換到 shell 下的逆向搜尋模式（reverse-i-search mode），這時你可以按 ESC 結束。

2.17 檔案模式和權限

Unix 系統中的每一個檔案都有一組**權限值**（**permissions**），用來控制你是否能讀、寫和執行檔案。可以使用指令 `ls -l` 來查看這些資訊。例如：

```
-rw-r--r--❶ 1 juser somegroup 7041  Mar 26 19:34  endnotes.html
```

❶ 是檔案**模式**（**mode**），顯示權限及其他附加資訊。檔案模式由四個部分組成，如圖 2-1 所示。

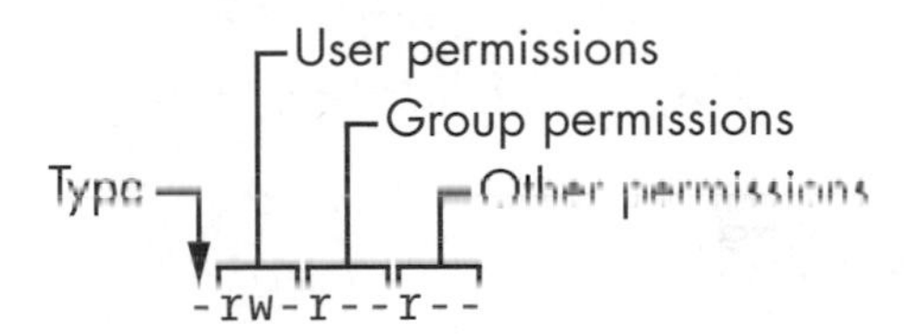

圖 2-1：檔案模式資訊

檔案模式中的第一個字元是**檔案類型**（**file type**），這個位置如果是一個破折號（dash）（-），則代表一般（**regular**）檔案，意思是這個檔案沒有特別的地方，只是二進位資料或文字資料；一般檔案也是最常見的一種檔案類型。另一種常見類型是目錄，在檔案類型欄位中用 `d` 代表。（3.1 節中會介紹其餘的檔案類型。）

檔案模式中的其餘部分是檔案權限資訊，可以拆分成三個部分：**使用者**（**user**）、**群組**（**group**）和**其他**（**other**）。例如，`rw-` 字元是使用者權限，後面的 `r--` 是群組權限，最後的 `r--` 是其他權限。

每一組的權限資訊可以包含四種表示方式：

- `r`：檔案可讀
- `w`：檔案可寫
- `x`：檔案可執行（可以當作程式執行）
- `-`：無（更精確的意思是，在該字元欄位中是沒有被授予該權限的）

使用者權限部分（第一組）是針對檔案的擁有者，在上面的範例中是 `juser`。群組權限部分（第二組）是針對檔案的擁有群組（範例中是 somegroup），在該群組中的任何人都可以使用到這裡的權限設定。（groups 指令可以顯示你所在的群組，詳細內容在 7.3.5 節介紹。）

其他權限部分（第三組）是針對系統中的所有其他使用者，又稱為**全域**（**world**）權限。

> **NOTE** 權限資訊中代表讀、寫和執行的這三個部分我們稱為**權限位元**（**permission bit**），如：讀位元（the read bits）指的是所有三個代表「讀」的部分。

有些「可執行檔案」在使用者權限部分的執行位元是 s（**setuid**）而不是 x，表示你將以「檔案擁有者」的身分執行該檔案，而不是你自己。很多程式使用 s，例如 passwd 指令，因為該指令需要更新 /etc/passwd 檔案，所以必須以「檔案擁有者」（即 root 使用者）的身分執行。

2.17.1 更改檔案權限

使用 chmod 指令可以更改檔案或是目錄的權限。首先，選出你想要更改的權限部分，接著找出需要更改的字元。例如，針對檔案 *file*，要為群組（g）和其他使用者（o）加上可讀權限（r），可以執行以下兩個指令：

```
$ chmod g+r file
$ chmod o+r file
```

也可以使用一行指令：

```
$ chmod go+r file
```

如果要取消這些權限，則使用 go-r。

> **NOTE** 不要將全域權限設定為可寫，因為這樣任何人都能夠修改檔案。但是這樣會讓網際網路上的人更改你的檔案嗎？恐怕不能，除非你的系統有網路安全漏洞。果真是這樣的話，檔案權限也無能為力。

有時你會看到下面這樣的指令，使用數字來代表權限：

```
$ chmod 644 file
```

這個指令會設定所有的權限位元，我們稱為**絕對**（**absolute**）權限設定。要理解這是如何運作的，首先需要搞懂權限是如何透過「八進位」來表示的（每一個欄位都會有一個八進位的數字（0 到 7），並對應到一個權限的組合）。詳情可以參考 chmod(1) 的線上說明手冊或是 info 文件。

如果你只是想要使用它們，那麼你並不需要真的理解這些絕對權限模式是如何建構出來的，只要把「你常用到的模式」所對應到的數字組合背起來就可以了。表 2-4 列出常用的幾種組合。

表 2-4：絕對權限模式

模式	詳情	用途
644	使用者：讀／寫； 群組、其他：讀	檔案
600	使用者：讀／寫； 群組、其他：無	檔案
755	使用者：讀／寫／執行； 群組、其他：讀／執行	目錄、程式
700	使用者：讀／寫／執行； 群組、其他：無	目錄、程式
711	使用者：讀／寫／執行； 群組、其他：執行	目錄

和檔案一樣，目錄也有權限。如果你對目錄有「讀」的權限，你就可以列出目錄中的內容，但是如果要存取目錄中的某個檔案，你就必須對目錄有「可執行」的權限。大部分情況下，你會同時需要這兩種權限；大家常犯的一個錯誤，是在使用絕對值模式設定權限的時候，目錄的可執行權限常常會被不小心取消。

最後一點，你還可以使用 shell 提供的 `umask` 指令來為「你建立的新檔案」設定預定義的預設權限。一般來說，如果你想讓任何人能看到你建立的檔案和目錄，可以使用 `umask 022`，反之，如果不想讓你的檔案和目錄可讀，則使用 `umask 077`。如果你想讓「你希望的權限遮罩」套用到新的視窗以及後續的 session（工作階段），你會需要在系統的啟動檔案（startup files）中加入 `umask` 指令和你所希望的遮罩值，在「第 13 章」中我們將詳細介紹。

2.17.2 如何使用符號連結

符號連結（**symbolic link**）是指向檔案或目錄的一個檔案，相當於檔案的別名（類似 Windows 中的捷徑）。符號連結為複雜的目錄提供了便捷快速的存取方式。

在一個長目錄清單中，符號連結如下面的範例所示（請注意，在檔案模式中的檔案類型是 `l`）：

```
lrwxrwxrwx 1 ruser users  11 Feb 27 13:52  somedir -> /home/origdir
```

如果你嘗試存取 somedir 目錄，其實系統讓你實際存取的是 /home/origdir 目錄。符號連結僅僅是指向另一個名稱的簡易檔案名稱，這些名稱和指向的路徑並沒有任何意義，因此在上面的範例中，/home/origdir 這個目錄即使不存在也沒有關係。

實際上如果 /home/origdir 不存在的話，當程式在存取 somedir 的時候，系統會回傳錯誤以告知 somedir 不存在（除了 `ls somedir` 例外，這個指令只會很傻地告訴你 somedir 就是 somedir）。這個情況可能會讓人覺得有點莫名其妙，因為你可以很清楚地看到有一個名稱叫作 somedir 的就在眼前。

這不是符號連結唯一一個會讓人感到混亂的地方。另一個問題是你也無法透過這個連結名稱去辨認該目標檔案的詳細資料；你只能自己打開這個連結，看看它指向的究竟是檔案還是目錄。有時候你的系統中甚至會有一些符號連結是指向另一個符號連結，我們稱為**鏈式符號連結**（**chained symbolic links**），這在當你要追查檔案時變成困擾。

若要讓 target 對應到 linkname，可以使用 `ln -s` 指令建立符號連結：

```
$ ln -s target linkname
```

`linkname` 參數是符號連結名稱，*`target`* 參數是連結要指向的「目標檔案或目錄」的路徑，`-s` 選項表示這是一個符號連結（請見稍後的 WARNING 警告）。

執行這個指令產生符號連結之前請反覆確認，如果你不小心調換了 target 和 linkname 這兩個參數的位置，指令變成了 `ln -s` *`linkname target`*

的話，假如 target 這個路徑已經存在，一些有趣的事情就會發生。如果是這種情況（而且經常如此），ln 會在 target 中建立一個名為 linkname 的連結，除非 linkname 是完整路徑（full path），不然該連結將指向自己。當你在建立符號連結指向「目錄」時，如果出現問題，請檢查該目錄是否有「錯誤的符號連結」並把它們刪除。

如果不知道符號連結已經存在的話，就會帶來很多麻煩。例如，你有可能無意中會將符號連結檔案，當作是「複製出來的普通檔案」（像是備份檔案）進行編輯，但實際上這個符號連結是指向原始檔案的。

WARNING 警告：建立符號連結的時候，請注意不要忘記 -s 選項。沒有這個選項的話，ln 指令會建立一個實體連結（hard link），這會為單一檔案提供額外的真實檔案名稱。新檔案名稱擁有舊檔案的所有狀態資訊，它會直接對應（連結）到該檔案的實體資料，而不是和符號連結一樣只對應到檔案名稱，所以實體連結更容易把你搞混。除非你掌握了 4.5 節的內容，否則不要使用實體連結。

看過這些關於符號連結的警告之後，你可能想知道為什麼還有人要使用它們。實際上你會發現，它們方便我們組織檔案，它們也讓我們輕鬆修補小問題，這些能力遠遠超過了它們的缺陷。一個常見的案例，就是當程序要找到系統中在其他地方已經存在的特定檔案或目錄時，若你不想複製出來，而且你也不能改變程序，那麼你可以建立一個指向實際檔案或目錄位置的符號連結。

2.18 歸檔和壓縮檔案

學會檔案、權限和相關錯誤訊息之後，讓我們來了解一下 gzip 和 tar 吧，這兩個是在壓縮和統合檔案及目錄時會常用到的工具。

2.18.1 gzip

gzip（GNU Zip）程式是 Unix 上眾多標準壓縮程式中的一個。GNU Zip 產生的壓縮檔案帶有副檔名 .gz。若要解壓縮 <file>.gz 檔案，可以使用 gunzip *file*.gz 指令，結束時會一併移除 .gz 這個副檔名；若要將檔案再進行壓縮，則使用 gzip *file* 指令。

2.18.2 tar

和其他作業系統中的 ZIP 程式不太一樣，gzip 指令只能壓縮單一檔案，並無法將多個檔案和目錄打包進一個單一檔案。若要壓縮和歸檔多個檔案和目錄，可以使用 tar 指令：

```
$ tar cvf archive.tar file1 file2 ...
```

tar 指令所產生的檔案一般會帶有副檔名 .tar（這只是一種慣例，不是必要的）。舉例來說，在剛剛的範例中，<archive>.tar 是產生的歸檔檔案名，*file1*、*file2* 等則是要歸檔的檔案和目錄清單。選項 c 代表**建立檔案**（create mode）。選項 v 和 f 的作用則更加具體。

選項 v 用來顯示詳細的指令執行資訊（例如正在歸檔的檔案和目錄名稱）。再加一個 v 選項可以顯示檔案大小和權限等資訊。如果你不想看到這些資訊，可以不用加 v 選項。

選項 f 代表指定檔案，後面需要指定一個歸檔檔案名稱（如前面範例中的 <archive>.tar）。**你一定要使用這個選項**，並在後面加上檔案名稱，除非你是使用磁帶設備。如果檔案名稱為 - 則是歸檔到標準輸入或標準輸出。

解壓縮 tar 檔案

使用 tar 指令解壓縮 .tar 檔案，要加上 x 選項：

```
$ tar xvf archive.tar
```

在這個指令中，選項 x 代表**解壓縮模式**（extract (unpack) mode）。你還可以只解壓縮「歸檔檔案中的某幾個檔案」，只需要在指令後面加上這些檔案的檔案名稱即可（若要確認這些名稱，可以先參考等一下會提到的「內容預覽表模式」）。

NOTE 使用解壓縮模式的時候，請記得 tar 指令並不會在解壓縮成功之後將「原本的 archived.tar 檔案」移除掉。

內容預覽表模式（Table-of-Contents Mode）

在解壓縮一個歸檔檔案之前，通常建議在使用 `x` 選項之前，先使用 `t` 選項利用**內容預覽表模式**查看 .tar 歸檔檔案中的內容，它會顯示歸檔的檔案清單，並且驗證歸檔資訊的完整性。如果你不做檢查，直接解壓縮歸檔檔案，有時會在現在的目錄中解壓縮出一些很難清理的垃圾內容。

在使用 `t` 模式檢查歸檔檔案的時候，先確認是不是所有的東西都在一個合理的目錄結構之下，也就是說，所有歸檔中的檔案路徑名稱都是在同一個目錄之下產生的。如果你不確定，你可以建立一個臨時目錄，先進入到臨時目錄中，在其中試著解壓縮看看（如果歸檔被解壓縮出來的結果不會太混亂，那麼你就可以使用 `mv * ..` 指令搬移檔案）。

解壓縮時，你可以使用選項 `p` 來保留被歸檔檔案的權限資訊。解壓縮時使用這個選項，會覆蓋掉你的 `umask` 設定，得到和歸檔中完全一樣的權限值。當你使用超級使用者執行解壓縮指令時，選項 `p` 預設是開啟的。如果你是超級使用者，但在解壓縮過程中遇到權限和所有權相關的問題，請確保你等到 `tar` 指令執行完畢並重新顯示提示字元。即使你可能只是想要解壓縮檔案中的某個部分，但 `tar` 指令每次都會處理整個歸檔檔案，而你是不可以中斷這個程序的，因為權限的設定是在完成歸檔檢查**之後**才會進行的。

在這一小節中介紹的所有 `tar` 選項和模式最好都要記住。如果擔心記不牢，那最好是能寫在一張便利貼上。這聽起來好像是在教小學生，但主要是因為這個指令需要非常小心的使用。

2.18.3 壓縮歸檔檔案（.tar.gz）

許多初學者對被壓縮後的歸檔檔案（副檔名為 .tar.gz）比較費解。我們可以按照從右到左的順序處理，先拿掉 .gz，再處理 .tar 就可以了。例如，下面這兩個指令會對 <file>.tar.gz 進行解壓縮（decompress）和解包（unpack）：

```
$ gunzip file.tar.gz
$ tar xvf file.tar
```

剛開始的時候，可以一步一步地來，先執行 gunzip 來解壓縮，再執行 tar 來確認和解包。如果需要歸檔並壓縮，則按照相反順序，先執行 tar 指令歸檔，然後執行 gzip 指令壓縮。多做幾次，你就會記得這個歸檔和壓縮流程的順序。你可能會逐漸覺得這兩個步驟很麻煩，下面我們介紹一些更簡便的方法。

2.18.4 zcat

上面的指令缺點是速度不快，也不是 tar 指令處理壓縮檔案效率最高的方式，並且會浪費一些磁碟空間和核心的 I/O 時間。一個比較好的方式，是使用管線指令來合併歸檔和壓縮的功能，例如下面的管線和指令組合可以解壓縮 <file>.tar.gz 檔案：

```
$ zcat file.tar.gz | tar xvf -
```

zcat 指令等同於 gunzip -dc 指令，選項 d 代表解壓縮，選項 c 代表將執行結果輸出到標準輸出（本例中是輸出到 tar 指令）。

因為 tar 指令很常用，所以 Linux 中的 tar 指令有一個捷徑，你可以使用選項 z 對歸檔檔案自動執行 gzip；這個選項對歸檔的壓縮（c 選項）和解壓縮（x 或是 t 選項）都適用。例如，使用以下指令來驗證一個壓縮檔案：

```
$ tar ztvf file.tar.gz
```

然而，在走捷徑以前，最好還是記得實際上是執行兩個步驟。

NOTE .tgz 檔案和 .tar.gz 檔案沒有區別，副檔名 .tgz 主要是針對 MS-DOS 的 FAT 檔案系統。

2.18.5 其他的壓縮工具程式

另外有兩個壓縮程式，分別是 xz 和 bzip2，其壓縮檔案分別以 .xz 和 .bz2 作為副檔名。這些指令執行效率比 gzip 稍慢，主要用來壓縮文字檔案。相應的解壓縮指令是 unxz 和 bunzip2，可用選項和 gzip 幾乎相同，沒什麼新選項需要記的。

Linux 上的 `zip` 和 `unzip` 與 Windows 上的 ZIP 檔案格式大部分是相容的，包括 .zip 和自動解壓縮 .exe 檔案。不過，如果你遇到一個檔案，它使用 .Z 這個副檔名，那是屬於一個很古老的 Unix 指令 `compress` 所支援的，`gunzip` 指令能夠解壓縮 .Z 檔案，但是 `gzip` 不支援此格式檔案的建立。

2.19 Linux 目錄結構基礎

現在你已經知道如何檢視檔案、切換目錄以及閱讀說明手冊，現在可以開始來看看系統檔案和目錄了。Linux 目錄結構的概要可以參考「檔案系統階層標準」（Filesystem Hierarchy Standard）或是 FHS（https://refspecs.linuxfoundation.org/fhs.shtml），但就目前來說，簡單說明一下目錄結構應該就足夠了。

圖 2-2 為我們展示了 Linux 的基本目錄結構，包括目錄 /、/usr 和 /var 下的子目錄。請注意 /usr 下的子目錄有些和 / 下的子目錄一樣。

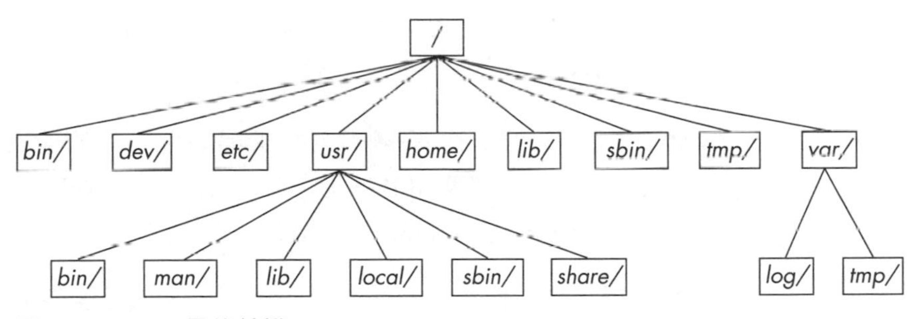

圖 2-2：Linux 目錄結構

下面這些 root 目錄（/）下的子目錄需要重點介紹：

- **/bin** 目錄中存放的是**可執行檔案**（**executables**），包括大部分基礎的 Unix 指令（如 `ls` 和 `cp`）。該目錄中大部分是已經由 C 編譯器所建立好的二進位檔案，還有一些現代系統的 shell script 檔案。
- **/dev** 目錄中是設備檔案，將在「第 3 章」詳細介紹。
- **/etc** 目錄（讀作 ET-see）存放重要的系統設定檔案，如使用者密碼檔案、啟動檔案、設備、網路和其他設定檔案。
- **/home** 目錄中是使用者的家目錄（個人目錄）。大多數 Unix 系統都遵循這個規範。

- **/lib** 目錄是 **library** 的縮寫，目錄中是供「可執行檔案」使用的各種程式碼函式庫。程式碼函式庫分為兩種：靜態（static）函式庫和共享（shared）函式庫。/lib 目錄中一般只有共享函式庫。其他程式碼函式庫目錄，例如 /usr/lib 中會有靜態函式庫和動態函式庫，以及其他的輔助檔案（將在「第 15 章」詳細介紹）。

- **/proc** 目錄透過一種瀏覽式（browsable）的目錄與檔案介面，來提供一些系統相關的資訊及統計數據。Linux 上大部分的 /proc 子目錄結構是獨一無二的，但許多 Unix 衍生的系統也有相似的特性。/proc 目錄中包含了「目前正在執行的程序」的資訊以及一些核心參數（kernel parameters）。

- **/run** 目錄中包含此系統執行中的資料，像是程序的 ID、網路介面檔案、狀態紀錄，以及某些情況下會有系統日誌。這個目錄在 root 目錄中是相對比較新的子目錄；在舊的系統版本中，可以參考 /var/run，而 /var/run 在新的系統中會成為一個符號連結對應到 /run。

- **/sys** 目錄類似 /proc 目錄，裡面是設備和系統的介面。「第 3 章」將詳細介紹 /sys。

- **/sbin** 目錄中是可執行的系統檔案，在 /sbin 目錄中的程式都與「系統管理」相關。所以一般使用者在指令路徑中不會有 /sbin 的目錄元件。這裡的指令大部分只能由 root 管理者執行。

- **/tmp** 目錄用來存放一些無關緊要的小型檔案或是暫存檔案，所有使用者對該目錄都有讀和寫的權限，不過可能對別人的檔案沒有存取權限。許多程式會使用這個目錄，把它當作一個工作區域來使用。但如果資料很重要的話，請不要存放在 /tmp 目錄中，因為很多系統會在啟動時清空 /tmp 目錄，甚至是經常性地清理這個目錄裡的舊檔案。也注意不要讓 /tmp 目錄裡的垃圾檔案佔用太多的磁碟空間，因為這個目錄通常會和其他重要目錄分享同樣的磁碟空間（像是 / 的其他目錄）。

- **/usr** 目錄雖然讀作「user」，但裡面並沒有使用者檔案，而是存放著許多 Linux 系統檔案。/usr 目錄中的很多目錄名稱，和 root 目錄中的相同（如 /usr/bin 和 /usr/lib），裡面存放的檔案類型也相同。（這是有歷史典故的，因為需要讓 root 檔案系統佔用盡可能少的空間，因此許多系統檔案並沒有存放在系統 root 目錄下。）

- **/var** 目錄是變動（variable）的子目錄，主要是讓程式存放那些會隨著時間變化的紀錄檔案，如系統日誌、使用者資訊、快取或系統程式建立和管理的檔案。（你可能會注意到這裡有一個子目錄 /var/tmp，和 /tmp 不同的是，系統不會在啟動時清空它。）

2.19.1 root 目錄下的其他目錄

root 目錄下還有以下這些子目錄：

- **/boot** 目錄存放核心載入檔案（開機載入程式（boot loader））。目錄的用途在於提供 Linux 啟動過程中最初始階段（the very first stage）所需要的檔案，至於 Linux 如何啟動服務的相關資訊並不保存在這裡。詳細的討論請見「第 5 章」。
- **/media** 目錄是掛載「可移除設備」的地方，像是隨身碟，現在很多 Linux 版本都已經這樣處理（譯註：以前是利用 /mnt 當掛載點）。
- **/opt** 目錄一般存放第三方軟體，許多系統並沒有這個目錄。

2.19.2 /usr 目錄

乍看之下會以為 /usr 目錄很簡潔，但其實你看一看 /usr/bin 和 /usr/lib 的內容就會知道裡面內容超多；/usr 目錄存放那些 user-space programs（使用者層級的程式）和資料。除了 /usr/bin、/usr/sbin 和 /usr/lib 之外，/usr 中還包括以下內容：

- **/include** 目錄存放 C 編譯器需要使用的表頭檔案（header files）。
- **/local** 目錄是系統管理者安裝軟體的地方，它的結構和 / 及 /usr 類似。
- **/share** 目錄中包含應該在其他類型的 Unix 系統上可以運作且不會遺失功能的檔案。這些通常是程式和函式庫需要讀取的輔助用資料檔案。過去這個目錄通常是透過「檔案伺服器」共享的方式分享出來，現在已經越來越少見，因為現在的系統中，磁碟空間不再是一個大問題。取而代之的是，在很多的 Linux 版本中你可以看到 /man、/info 和其他相關的子目錄，因為這樣的設定可以讓使用者更好理解。

2.19.3 核心位置

在 Linux 系統中，核心檔案一般都是已經被編譯過並被儲存為 /vmlinuz 或 /boot/vmlinuz。系統啟動時，**開機載入程式**（**boot loader**）會將這個檔案載入到記憶體中並執行（我們將在「第 5 章」詳細介紹開機載入程式）。

當開機載入程式將核心檔案載入到記憶體後，系統就不再需要存在硬碟中的核心檔案了。不過，通常在系統運作中，核心會根據需要載入（load）和移除（unload）許多模組，我們稱之為**可載入核心模組**（**loadable kernel modules**），可以在 /lib/modules 目錄下找到它們。

2.20 以超級使用者的身分執行指令

繼續新內容之前，你需要了解如何以超級使用者的身分執行指令。你可能已經知道使用如何啟動一個 root 的 shell，不過這個方法有以下幾個缺點：

- 對「更改系統的指令」沒有記錄資訊。
- 對「執行上述指令的使用者身分」沒有記錄資訊。
- 無法存取普通 shell 環境。
- 必須輸入 root 密碼（前提是你有 root 帳號）。

2.20.1 sudo

大部分 Linux 系統中，管理者可以使用自己的使用者帳號登入，然後使用 `sudo` 來以 root 使用者身分執行指令。例如，在「第 7 章」中，我們會介紹如何使用 `vipw` 指令編輯 /etc/passwd 檔案，如下所示：

```
$ sudo vipw
```

當你執行上述的指令時，`sudo` 會利用 syslog 把這個動作登記在 local2 的類別之下。我們將在「第 7 章」詳細介紹系統日誌（system logs）。

2.20.2 /etc/sudoers

系統當然不會允許任何使用者都能夠以超級使用者的身分執行指令，你需要在 /etc/sudoers 檔案中加入指定的使用者。`sudo` 指令有很多選項（很多你可能都不會用到），這讓 /etc/sudoers 檔案中的語法變得比較複雜。例如，下面的設定允許使用者 *user1* 和 *user2* 不用輸入密碼，即可以「超級使用者的身分」執行任何指令：

```
User_Alias ADMINS = user1, user2

ADMINS ALL = NOPASSWD: ALL

root ALL=(ALL) ALL
```

第一行為 user1 和 user2 指定一個 ADMINS 別名，第二行賦予它們權限。ALL = NOPASSWD: ALL 表示「在 ADMINS 別名中的所有使用者」可以利用 sudo 指令以 root 身分執行指令。該行中第二個 ALL 代表允許執行「任何指令」，第一個 ALL 表示允許在「任何主機」執行指令（如果你有多個主機，你可以針對某個主機或某一組主機設定，這個我們在這裡不詳細介紹）。

root ALL=(ALL) ALL 表示 root 使用者能夠使用 sudo 在任何主機上執行任何指令。其中的 (ALL) 表示 root 使用者能以「任何使用者的身分」執行指令。你可以透過以下方式，將 (ALL) 權限賦予「有 ADMINS 別名的使用者」，將 (ALL) 加入到 /etc/sudoers 的第二行，如下所示：

```
ADMINS ALL = (ALL) NOPASSWD: ALL
```

NOTE 可以使用 visudo 指令來編輯 /etc/sudoers 檔案，該指令會在儲存時進行檔案語法錯誤的檢查。

2.20.3 sudo 的日誌檔案

雖然晚一點我們會對日誌檔案有更詳細的介紹，還是可以先了解一下，在大多數的系統中可以利用下面這個指令找到 sudo 的日誌檔案：

```
$ journalctl SYSLOG_IDENTIFIER=sudo
```

在比較舊的系統版本中，你需要在 /var/log 目錄中找到日誌檔案（logfile），像是 /var/log/auth.log。

關於 sudo 指令我們現在就介紹到這裡。詳細的使用方法請參考 sudoers(5) 和 sudo(8) 說明手冊。（使用者切換的詳細內容我們將在「第 7 章」介紹。）

2.21 學習前導

目前為止你對以下這些指令已經有所了解：執行程式、重新導向輸出、檔案和目錄操作、查看程序清單、查看說明手冊，以及如何在 Linux 系統的使用者空間中運作。你應該也學會了以超級使用者身分執行指令。關於使用者空間元件和核心的詳細內容，你可能還不甚了解，但掌握了檔案和程序的基礎知識後，這些也不再是難事。在後續的章節中，我們就來介紹如何利用剛剛學到的這些指令，在核心與使用者空間的系統元件做使用。

3

設備管理

本章介紹與 Linux 系統核心提供的設備相關的基礎設施。縱觀 Linux 發展史，核心向使用者呈現設備的方式發生了很大變化。我們將從傳統的設備檔案系統開始，介紹核心如何透過 sysfs 來提供設備設定資訊。我們的目標是能夠透過在系統上收集設備資訊，來了解一些基本操作。後面的章節將進一步介紹一些具體設備的管理。

理解核心怎樣在使用者空間呈現新設備很關鍵。udev 系統讓使用者空間的程式能夠自動設定和使用新設備。我們將介紹核心如何透過 udev 向使用者空間程序發送訊息，以及程序如何處理這些訊息。

3.1 設備檔案

在 Unix 系統中，操縱大多數設備都很容易，因為很多 I/O 介面都是以檔案的形式由核心呈現給使用者程序的。這些**設備檔案**（**device files**）有時又叫作**設備節點**（**device nodes**）。開發人員可以像操作檔案一樣來操作設備，一些 Unix 標準指令（如 `cat`）也可以存取設備，所以不僅僅開發人員，普通使用者也能夠存取設備。然而對檔案介面所能執行的操作是有限制的，所以並不是所有設備或設備功能都能夠透過標準檔案 I/O 方式來存取。

Linux 處理設備檔案的方式和 Unix 一樣。設備檔案存放在 /dev 目錄中，可以使用 `ls /dev` 指令來查看。我們從下面這個指令開始：

```
$ echo blah blah > /dev/null
```

和許多指令將輸出重新導向的做法相同，這個指令將執行結果從標準輸出重新傳送到一個檔案。不過這個檔案是 /dev/null，它是一個設備，核心會跳過一般檔案的作業方式，利用設備驅動程式的方式將資料寫入該設備中。對於 /dev/null 來說，核心很單純地接受這些輸入的資料，並直接把它丟掉。

你可以使用 `ls -l` 來查看設備及其權限，這邊有一些範例：

```
$ ls -l
brw-rw----   1 root disk 8, 1 Sep  6 08:37 sda1
crw-rw-rw-   1 root root 1, 3 Sep  6 08:37 null
prw-r--r--   1 root root    0 Mar  3 19:17 fdata
srw-rw-rw-   1 root root    0 Dec 18 07:43 log
```

請注意上面每一行的第一個字元（也就是檔案模式的第一個字元）：如果是 `b`、`c`、`p` 或 `s` 其中一個，那麼檔案就是設備；`b` 代表 block（區塊）、`c` 代表 character（字元）、`p` 代表 pipe（管線）、`s` 代表 socket（插座），它們代表設備檔案。下面是詳細介紹。

區塊設備

程式從區塊設備（block device）中按固定的區塊大小讀取資料。前面的例子中，`sda1` 是一個**磁碟設備**（**disk device**），它是區塊設備的一種。我們能夠輕鬆地將磁碟劃分成資料區塊。因為區塊設備（像是磁碟）的總容量是固定的，索引起來也很方便，所以程序能夠透過核心存取磁碟上的任意區塊。

字元設備

字元設備（character device）處理資料流。你只能對字元設備讀取和寫入字元資料，如前面例子中的 /dev/null。字元設備沒有固定容量，當你對字元設備進行讀寫時，核心對相應的設備進行讀寫操作。字元設備的一個例子是印表機。值得注意的是，在字元設備溝通過程中，核心在資料流送達設備和程序之後，並不會備份和再次驗證。

管線設備

具名管線（named pipe）設備和字元設備類似，不同的是輸入輸出端不是核心驅動程式，而是另外一個程序。

socket 設備

socket 設備是跨程序通訊經常用到的特殊介面。它們經常會存放於 /dev 目錄之外。socket 檔案代表 Unix 網域 socket，我們將在「第 10 章」詳細介紹。

在剛剛 `ls -l` 指令針對區塊設備和字元設備所產生的清單中，日期前面的兩個數字代表**主要**（major）設備編號和**次要**（minor）設備編號，它們是核心用來識別設備的數字。相同類型的設備一般擁有相同的主要設備編號，例如 sda3 和 sdb1（它們都是磁碟分割區）。

NOTE 並不是所有的設備都有對應的設備檔案，因為區塊設備和字元設備並不是適合所有場合的。例如，網路介面沒有設備檔案，雖然其理論上可以使用字元設備來代表，但是實作起來實在很困難，所以核心採用了其他的 I/O 介面。

3.2 sysfs 設備路徑

傳統 Unix 的 /dev 目錄為使用者程序與核心所支援的設備提供了便利的參照與互動方式，但是它的結構過於簡單。/dev 目錄中的檔案名稱包含有關設備的一些資訊，但不是很詳盡也沒有太大的幫助。另一個問題是核心根據其找到設備的順序為設備檔案命名，所以同一個設備可能會因為系統的重新開機而有不同的名稱。

Linux 核心透過一個檔案和目錄系統提供 **sysfs** 介面，旨在基於硬體屬性統一顯示設備的相關資訊。設備以 /sys/devices 為基礎路徑（base path）。例如，/dev/sda 代表的 SATA 硬碟在 sysfs 中的路徑可能是：

```
/sys/devices/pci0000:00/0000:00:17.0/ata3/host0/target0:0:0/0:0:0:0/block/sda
```

你可以看到，這個路徑比原本的檔案名稱 /dev/sda 長很多，後者也是一個目錄。但你實際上不能對比這兩個路徑，因為它們的作用不一樣。/dev 目錄中的檔案是供「使用者程序」使用設備的，而 /sys/devices 中的檔案是用來查看設備資訊和管理設備用的。如果你將上述的設備路徑打開來看，就能夠看到類似下面的內容：

```
alignment_offset  discard_alignment  holders   removable  size       uevent
bdi               events             inflight  ro         slaves
capability        events_async       power     sda1       stat
dev               events_poll_msecs  queue     sda2       subsystem
device            ext_range          range     sda5       trace
```

這些檔案和子目錄一般都是供「程式」而不是「使用者」存取的，但你可以透過諸如 /dev 檔案這樣的例子來了解它們包含和代表的內容。在這目錄中執行指令 `cat dev` 會顯示數字 `8:0`，這剛好是 /dev/sda 的主要和次要設備編號。

/sys 目錄下有幾個快捷方式。例如，/sys/block 目錄中包含系統中的所有區塊設備檔案，不過它們都是符號連結。執行指令 `ls -l /sys/block` 可以顯示指向 sysfs 的實際路徑。

在 /dev 目錄中查看設備檔案的 sysfs 路徑不太方便，可以使用 `udevadm` 指令來查看路徑和其他屬性：

```
$ udevadm info --query=all --name=/dev/sda
```

`udevadm` 和 udev 系統將在 3.5 節詳細介紹。

3.3 dd 指令和設備

dd 指令對於區塊設備和字元設備非常有用，它的主要功能是從輸入檔案和輸入流中讀取資料，然後寫入輸出檔案和輸出流，在此過程中可能涉及到編碼轉換（encoding conversion）。dd 指令其中一個非常有用的功能，就是可以處理整個檔案中的其中一段資料，而不用顧慮該區塊的前後資料。

WARNING dd 非常強大，所以使用它時，要非常確定你知道你要做什麼，否則一個不小心就很容易將設備中的檔案和資料毀掉。如果不太了解，通常它的作用就是將輸出寫入到一個新的檔案。

dd 是以固定大小的區塊來複製檔案。這裡有個範例，讓 dd 指令借助字元設備並搭配幾個常用的選項：

```
$ dd if=/dev/zero of=new_file bs=1024 count=1
```

你可以看到，dd 指令的格式選項和大多數其他 Unix 指令不同，它沿襲了從前的 IBM Job Control Language（JCL）的風格。它使用等號 = 而不是破折號 - 來設定選項和參數值。上面的例子是從 /dev/zero 複製一個大小為 1024 位元組的資料區塊到檔案 new_file。

以下是 dd 指令的一些重要選項：

- if=*file*：代表輸入檔案，預設是標準輸入。
- of=*file*：代表輸出檔案，預設是標準輸出。
- bs=*size*：代表資料區塊大小，也就是 dd 指令一次讀取或寫入資料的大小。對於巨量資料，你可以在數字後設定 b 和 k 來分別代表 512 位元組和 1024 位元組。所以在前面的範例中，我們也可以用 bs=1k 來取代原本的 bs=1024。
- ibs=*size*，obs=*size*：代表輸入和輸出區塊大小。如果輸入輸出區塊大小相同，你可以使用 bs 選項，如果不相同的話，可以使用 ibs 和 obs 來分別指定輸入和輸出的大小。
- count=*num*：代表複製區塊的總數。在處理大型檔案或無限資料流（像是 /dev/zero）的時候，你可能會需要在某個地方停止 dd 複製，不然的話，將會消耗大量磁碟空間和 CPU 時間。這時你可以使用 count 和 skip 選項，從大型檔案或設備中複製一小部分資料。

- skip=*num*：代表跳過輸入檔案或資料流中「前面的 *num* 個區塊」，不將它們複製到輸出。

3.4 設備名稱總結

有時候尋找設備的名稱不是很方便（例如在為磁碟做分割區的時候），下面我們介紹一些簡便的方法：

- 使用 udevadm 指令來查詢 udevd（見 3.5 節）。
- 在 /sys 目錄下尋找設備。
- 從 journalctl -k 指令的輸出（會列印出核心訊息）或是核心系統日誌（詳見 7.1 節）中，去推敲名稱。這些輸出可能會包含你的系統設備的描述資訊。
- 針對系統已經找到的磁碟設備，可以使用 mount 指令查看結果。
- 執行 cat /proc/devices 指令，以查看系統為之配備了驅動程式的區塊設備和字元設備。輸出結果中的每一行包含設備的主要編號和名稱（見 3.1 節）。如果你可以從名稱猜到對應的設備，那麼你就可以在 /dev 目錄中，去根據主要編號尋找對應的區塊設備和字元設備檔案。

這些方法中只有第一個方法比較可靠，但是它需要 udev。如果你的系統中沒有 udev 的話，你可以嘗試其他幾個方法，儘管有時候核心並沒有一個設備檔案來對應你要找的設備。

下面我們列出一些最常見的 Linux 設備及其命名規範。

3.4.1 硬碟：/dev/sd*

目前 Linux 系統中的硬碟（hard disks）設備大部分都以 sd 為前置（prefix）來命名，例如 /dev/sda、/dev/sdb 等等。這些設備代表整顆硬碟；核心使用單獨的設備檔案名稱來代表硬碟上的分割區，如 /dev/sda1、/dev/sda2。

這裡需要進一步解釋一下命名規範。sd 代表 SCSI disk。**小型電腦系統介面**（**Small Computer System Interface**，以下簡稱 **SCSI**）最初是作為設備之間「通訊」的硬體和協定標準而開發的（設備的例子有磁碟或是其他周邊硬體）。雖然現在的電腦並沒有使用傳統的 SCSI 硬體，但是 SCSI

協定的相容性很好，因此運用非常廣泛。例如，USB 儲存設備就使用 SCSI 協定進行通訊。SATA（Serial ATA，在個人電腦上很常見的儲存用匯流排）硬碟的情況相對複雜一些，但是 Linux 核心仍然在某些場合使用 SCSI 指令和它們通訊。

想要列出系統中的 SCSI 設備，可以使用工具程式來查看 sysfs 系統提供的設備路徑名稱。最常用的指令之一是 lsscsi。執行結果如下所示：

```
$ lsscsi
[0:0:0:0]❶  disk❷  ATA     WDC WD3200AAJS-2  01.0  /dev/sda❸
[2:0:0:0]   disk   FLASH   Drive UT_USB20    0.00  /dev/sdb
```

上面的範例中，欄位 ❶ 是指設備在系統中的位址，欄位 ❷ 是設備的描述資訊，欄位 ❸ 則是設備檔案的路徑。其餘的是設備提供商的相關資訊。

Linux 按照設備驅動程式檢測到設備的順序來分配設備檔案。在前面的例子中，核心先檢測到磁碟，然後才是隨身碟。

不幸的是，這種指派設備的方式在重新設定硬體時會導致一些問題。舉例來說，假設你的系統有三顆硬碟：/dev/sda、/dev/sdb、/dev/sdc。如果 /dev/sdb 損壞了，你必須將 /dev/sdb 移除才能使系統正常工作，如此一來，/dev/sdc 就會轉換成 /dev/sdb，這樣之前的 /dev/sdc 就不存在了。如果你在 fstab 檔案（見 4.2.8 節）中直接參照了 /dev/sdc 這個設備名稱，你就必須更新此檔案，才能讓與原本 /dev/sdc 相關的系統運作恢復正常。為了解決這個問題，大部分現代的 Linux 系統會使用「通用唯一識別碼」（Universally Unique Identifier，以下簡稱 UUID，見 4.2.4 節）或是「邏輯卷冊管理程式」（Logical Volume Manager，以下簡稱 LVM，見 4.4 節）來固定磁碟設備的對應名稱。

這裡提到的內容不涉及硬碟和其他儲存設備的使用細節，相關內容我們將在「第 4 章」介紹。在本章稍後我們會檢視在 Linux 核心中 SCSI 支援是如何運作的。

3.4.2 虛擬磁碟：/dev/xvd*、/dev/vd*

有些磁碟設備是為了虛擬機器（像是 AWS 的執行個體（instance）或是 VirtualBox）去優化的。Xen 的虛擬系統會使用 /dev/xvd 作為前置（prefix），而 /dev/vd 是相似的類型。

3.4.3 非揮發性（Non-Volatile）記憶體設備：/dev/nvme*

現在很多的作業系統會使用「非揮發性記憶體通道」（Non-Volatile Memory Express，NVMe）介面來和一些 SSD 相關的儲存體（storage）溝通，這些設備在 Linux 下都會以 /dev/nvme* 的設備檔案存在。你可以使用 `nvme list` 指令列出你系統上現有的這些設備清單。

3.4.4 裝置映射（裝置對應）：/dev/dm-*、/dev/mapper/*

如果把磁碟和其他直接連接在系統上的區塊儲存設備往上提升一個層次，那就是所謂的 LVM，它採用了核心系統中所謂的「裝置映射」（device mapper）機制。如果你看到某些區塊設備的檔名是以 /dev/dm- 開頭，並以符號連結的方式對應到 /dev/mapper 下的檔案，那麼你的系統應該正在使用這個機制。「第 4 章」會有更多的討論。

3.4.5 CD 和 DVD：/dev/sr*

Linux 系統能夠將大多數光學儲存設備識別為 SCSI 設備，如 /dev/sr0、/dev/sr1 等等。但是如果光碟機使用的是舊介面的話，可能會被識別為 PATA 設備，也就是下一節提到的內容。/dev/sr* 設備是唯讀的，它們只用於從光碟上讀取資料。可讀寫光碟驅動使用像是 /dev/sg0 這樣的設備檔案表示，g 代表「generic」。

3.4.6 PATA 硬碟：/dev/hd*

PATA（Parallel ATA）是一種舊式的儲存體匯流排（storage bus）。舊版本的 Linux 核心常用設備檔案 /dev/hda、/dev/hdb、/dev/hdc、/dev/hdd 來代表舊的區塊設備，這是根據連接到介面 0 和 1 而被固定分配到的設備編號。有時候你會發現 SATA 設備也會被這樣識別，這表示 SATA 設備在相容模式中執行，會造成效能損失。你可以檢查你的 BIOS 設定，看看能否將 SATA 控制器切換到它原有的模式。

3.4.7 終端機：/dev/tty/*、/dev/pts/* 和 /dev/tty

終端機設備負責在使用者程序和輸入輸出設備之間傳送字元，通常是在終端機顯示螢幕上顯示文字。終端機設備介面（terminal device interface）由來已久，一直可以追溯到手動打字機時代，當時很多都是連接在單一主機上。

大部分的終端機都是**虛擬終端機**（**pseudoterminal**）設備，主要用來模擬真實終端機的輸入和輸出功能。由核心為程式提供 I/O 介面，而不是真實的 I/O 設備，shell 終端機視窗就是你最常在上面輸入指令的虛擬終端機設備。

常見的兩個終端機設備是 /dev/tty1（第一虛擬控制台）和 /dev/pts/0（第一虛擬終端機設備）。/dev/pts 目錄中有一個專門的檔案系統。

/dev/tty 代表目前程序正在使用的終端機設備。如果有一個程式正在從一個終端機讀取資料，那麼這個設備就會是該終端機的代號。不過並不是每個程序都需要連接到一個終端機設備。

顯示模式和虛擬控制台

Linux 系統有兩種主要的顯示模式（display mode）：**文字模式**（**text mode**）和圖形模式（graphical mode）（「第 14 章」介紹的視窗系統就是使用這種模式）。雖然傳統上 Linux 系統都是在文字介面下開機，但是很多 Linux 發行版透過「核心參數」和「圖形顯示轉換機制」（稱作 bootsplash，plymouth 是其中一種），將文字模式在開機時完全隱藏起來，在這樣的情況下，系統就會很像是從始至終都以圖形模式啟動。

Linux 系統支援虛擬控制台（virtual console）來實現多個終端機的顯示。虛擬控制台可以在文字模式和圖形模式下執行。在文字模式下，你可以使用 ALT- 功能鍵（Fn+ 數字）在控制台之間進行切換，例如 ALT-F1 切換到 /dev/tty1，ALT-F2 切換到 /dev/tty2 等等。這些控制台通常會被 getty 程序佔用，以顯示登入提示字元，詳見 7.4 節。

被圖形模式所佔用的虛擬控制台則稍微有些不同，它不是從 init 設定中獲得虛擬控制台，而是由圖形環境直接接管一個空閒的虛擬控制台，除非是另外指定。例如，如果 tty1 和 tty2 上執行著 getty 程序，圖形環境就會直接使用 tty3。此外，當虛擬控制台切換成圖形模式後，就需要按「CTRL-ALT- 功能鍵」而不是「ALT- 功能鍵」來切換到其他虛擬控制台。

剛剛說明的結果是，如果你想在系統啟動後使用文字模式的控制台，可以按 CTRL-ALT-F1。若要回到圖形環境，就需要按 ALT-F2、ALT-F3 等等，直到你找到圖形環境的控制台。

NOTE 有些發行板會使用 tty1 作為圖形模式，在這樣的情況下，你就必須試試看其他編號的控制台。

如果在切換控制台的時候遇到問題，你可以嘗試 `chvt` 指令強制系統切換工作台。例如使用 root 執行以下指令切換到 tty1：

```
# chvt 1
```

3.4.8 串列連接埠（Serial Ports）：/dev/ttyS*、/dev/ttyUSB*、/dev/ttyACM*

舊式的 RS-232 和串列連接埠都是真正的終端機設備。串列連接埠設備在命令列上運用不太廣，因為有太多設定上的問題需要考慮，諸如波特速率（baud rate）和流程控制（flow control）等參數的設定。不過，你可以嘗試使用 `screen` 指令加上設備路徑當作參數來連接該終端機設備，這時可能會需要有該設備的讀寫權限，可以試試看將你自己加入到像是 `dialout` 這樣特定的群組中。

Windows 上的 COM1 連接埠在 Linux 中表示為 /dev/ttyS0，COM2 表示為 /dev/ttyS1，以此類推。可插拔 USB 串列配接器（plug-in USB serial adapters）在 USB 和 ACM 模式下分別表示為：/dev/ttyUSB0、/dev/ttyACM0、/dev/ttyUSB1、/dev/ttyACM1 等等。

一些與串列連接埠相關的、最有趣的應用程式是基於微控制器的板卡（microcontroller-based board），你可以把它們插入 Linux 系統中，以此進行開發和測試。舉例來說，你可以透過 USB 串列連接埠存取 CircuitPython 板的控制台和 read-eval-print loop。你唯一要做的就是把板卡插進去，然後尋找該設備（通常是 /dev/ttyACM0），接著用 `screen` 指令連接到它。

3.4.9 平行連接埠（Parallel Ports）：/dev/lp0 和 /dev/lp1

現在介紹的這種介面類型已經被 USB 廣泛取代了，它們就是單向平行連接埠設備，表示為：/dev/lp0 和 /dev/lp1，分別代表 Windows 中的 LPT1: 和 LPT2:。你可以使用 `cat` 指令將整個檔案（例如說要列印的檔案）發送到平行連接埠，執行完畢之後，你可能需要向印表機發送另外的指令（`form feed` 或 `reset`）。像 CUPS 這樣的列印伺服軟體提供了更好的、與印表機溝通的使用者互動體驗。

雙向平行連接埠表示為：/dev/parport0 和 /dev/parport1。

3.4.10 聲音設備：/dev/snd/*、/dev/dsp、/dev/audio 和其他

Linux 系統有兩組聲音設備，分別是「進階 Linux 聲音架構」（Advanced Linux Sound Architecture，以下簡稱 ALSA）和「開放聲音系統」（Open Sound System，以下簡稱 OSS）。與 ALSA 相關的設備檔案在 /dev/snd 目錄下，要直接使用不太容易。如果 Linux 系統中載入了 OSS 核心支援，則 ALSA 可以向下相容 OSS 設備。

OSS 所提供的 dsp 和 audio 設備檔案可以支援一些基本的操作。例如，可以將 WAV 檔案發送給 /dev/dsp 來播放。然而如果頻率無法配對的話，硬體有可能無法正常工作。並且在大多數系統中，聲音設備在你登入時通常處於忙碌狀態。

NOTE Linux 的聲音處理非常複雜，因為涉及很多層細節。我們剛剛介紹的是核心層級的設備，通常在使用者空間中還有 PulseAudio 這樣的服務，來負責處理不同來源的聲音，以及扮演「聲音設備的使用者」與「聲音相關軟體」之間的橋梁。

3.4.11 建立設備檔案

在現代 Linux 系統中，你不需要建立自己的設備檔案，這項工作是由 devtmpfs 和 udev（見 3.5 節）來完成的。不過了解一下這個過程總是有益的，以備不時之需，有時候你也需要建立具名管線或是網路用的 socket 檔案。

mknod 指令用來建立單一設備。你必須知道設備名稱以及主要編號和次要編號。例如，可以使用以下指令建立設備 /dev/sda1：

```
# mknod /dev/sda1 b 8 1
```

參數 b 8 1 分別代表區塊設備、主要編號 8 和次要編號 1。字元設備使用 c，具名管線使用 p（具名管線部分可忽略主要編號和次要編號）。

在舊版本的 Unix 和 Linux 系統中，維護 /dev 目錄不是一件容易的事情。核心每次更新和增加新的驅動程式，能支援的設備就更多，同時也意味著一些新的主要和次要編號被指定給設備檔案。為了方便維護，系統使用 /dev 目錄下的 MAKEDEV 程式來建立設備組。在系統升級的時候，你可以看看有沒有新版本的 MAKEDEV，如果有的話，可以執行它來建立新設備。

這樣的靜態管理系統非常不好用，所以出現了一些新的選擇。首先是 devfs，它是 /dev 在核心空間的一個實作版本，包含核心支援的所有設備。但是它的種種侷限使得人們又開發了 udev 和 devtmpfs。

3.5 udev

我們已經介紹過，核心中的一些毫無必要的複雜功能會降低系統的穩定性。設備檔案管理就是一個很好的例子：如果你可以在使用者空間內建立設備檔案的話，就不需要在核心空間做。Linux 系統核心在檢測到新設備的時候（例如發現一個 USB 儲存器），會向使用者空間的一個程序（稱為 udevd）發送通知訊息。這個 udevd 程序會驗證新設備的屬性，建立設備檔案，執行初始化。

NOTE 絕大多數的 Linux 都會讓 udevd 透過 systemd-udevd 的方式在系統中執行，因為它是系統啟動機制中的一部分，詳見「第 6 章」。

理論上是如此，但實際上這個方法有一些問題：系統啟動前期即需要設備檔案，所以 udevd 需要在其之前啟動。但若是要 udevd 在此期間建立設備檔案，udevd 就不能依賴於那些原本就期待被建立的設備，而它也必須儘快啟動以免拖延整個系統。

3.5.1 devtmpfs

devtmpfs 檔案系統正是為了解決上述那個「開機期間的設備可用性（device availability）問題」而開發的（詳見 4.2 節的檔案系統）。這個檔案系統類似舊的 devfs 系統，但是更簡單。核心根據需要建立設備檔案，並且在新設備可用時通知 udevd。udevd 在收到通知後並不建立設備檔案，而是進行設備初始化、設定權限以及發送訊息通知給其他的程序，告訴它們設備已經可以使用了。此外還在 /dev 目錄中為設備建立符號連結檔案來幫助辨認這些設備。你可以在 /dev/disk/by-id 目錄中找到一些實例，其中每個連接系統的磁碟對應一個或多個檔案。

例如下面的例子，這些在 /dev/disk/by-id 中的連結就是一個標準磁碟（連接到 /dev/sda），以及它的所有分割區：

```
$ ls -l /dev/disk/by-id
lrwxrwxrwx 1 root root  9 Jul 26 10:23 scsi-SATA_WDC_WD3200AAJS-_WD-WMAV2FU80671 -> ../../sda
lrwxrwxrwx 1 root root 10 Jul 26 10:23 scsi-SATA_WDC_WD3200AAJS-_WD-WMAV2FU80671-part1 ->
../../sda1
lrwxrwxrwx 1 root root 10 Jul 26 10:23 scsi-SATA_WDC_WD3200AAJS-_WD-WMAV2FU80671-part2 ->
../../sda2
lrwxrwxrwx 1 root root 10 Jul 26 10:23 scsi-SATA_WDC_WD3200AAJS-_WD-WMAV2FU80671-part5 ->
../../sda5
```

udevd 使用介面類型（interface type）、廠商（manufacturer）、型號（model information）、序號（serial number）以及分割區（partition）（如果有的話）的組合來命名符號連結。

NOTE devtmpfs 中的「tmp」，意思是它的檔案系統會以「使用者空間程序」可讀寫的方式存在於主記憶體中，這個特點讓 udevd 可以產生這些符號連結。我們在 4.2.12 節中會看到更多細節。

但是 udevd 如何知道哪些符號連結需要被產生，以及如何去產生？下一節會解釋 udevd 是如何運作的，不過你現在並不需要馬上了解。實際上，如果你是第一次接觸 Linux 設備管理的話，你可以直接跳到下一章去了解如何使用磁碟。

3.5.2 udevd 的操作和設定

udevd 常駐程式或背景程序（以下簡稱 daemon）是這樣工作的：

1. 核心透過一個內部網路連結向 udevd 發送一個通知事件，稱作 **uevent**；
2. udevd 載入 uevent 中的所有屬性資訊；
3. udevd 解析其規則，根據這些規則過濾和更新 uevent，並相應地採取行動或設置更多屬性。

udevd 從核心接收到的 uevent 看起來會像下面這段訊息（在 3.5.4 節中你會學到如何利用 `udevadm monitor --property` 指令來得到這段輸出訊息）：

```
ACTION=change
DEVNAME=sde
DEVPATH=/devices/pci0000:00/0000:00:1a.0/usb1/1-1/1-1.2/1-1.2:1.0/host4/
target4:0:0/4:0:0:3/block/sde
DEVTYPE=disk
DISK_MEDIA_CHANGE=1
MAJOR=8
MINOR=64
SEQNUM=2752
SUBSYSTEM=block
UDEV_LOG=3
```

此特定事件是對設備的更改。udevd 接收到 uevent 後，就知道了設備的名稱、sysfs 的設備路徑，以及與屬性（property）相關的一些其他屬性（attribute）資訊；現在可以開始處理規則了。

規則檔案（rules files）位於 /lib/udev/rules.d 和 /etc/udev/rules.d 目錄中。預設規則在 /lib 目錄中，會被 /etc 中的規則所覆蓋。有關規則的詳細內容非常多，你可以參考 udev(7) 說明手冊。不過這邊先解釋一下 udevd 讀這些規則的基本概念：

1. udevd 會將規則檔案中的所有規則從頭一直讀到結尾；
2. 在讀完一筆規則後（可能已執行該動作），udevd 會繼續讀取目前的規則檔案中適用的其他規則；

3. 如果需要，有些指令（像是 GOTO）可以跳過規則檔案中的某些部分。這樣的指令一般都會放在規則檔案的最上面，當 udevd 被設定為針對某些特定設備不相關時，可以跳過整份規則檔案。

現在讓我們看一下 3.5.1 節中，/dev/sda 一例中的符號連結。這些連結是在 /lib/udev/rules.d/60-persistent-storage.rules 中定義的。你能夠在其中找到如下內容：

```
# ATA
KERNEL=="sd*[!0-9]|sr*", ENV{ID_SERIAL}!="?*", SUBSYSTEMS=="scsi", ATTRS{vendor}=="ATA",
IMPORT{program}="ata_id --export $devnode"

# ATAPI devices (SPC-3 or later)
KERNEL=="sd*[!0-9]|sr*", ENV{ID_SERIAL}!="?*", SUBSYSTEMS=="scsi", ATTRS{type}=="5",
ATTRS{scsi_level}=="[6-9]*", IMPORT{program}="ata_id --export $devnode"
```

這些規則透過「核心的 SCSI 子系統」可以配對到 ATA 硬碟和光碟機（參見 3.6 節）。你可以看到 udevd 嘗試以不同的規則，去配對那些可能會出現的設備。配對的方式，會以 sd 或 sr 開頭，但是不包含數字的設備名稱（透過表示法：KERNEL=="sd*[!0-9]|sr*"），再來是子系統（SUBSYSTEMS=="scsi"）和其他一些屬性，這些要看設備的類型來決定。如果上述所有條件都滿足，那麼 udevd 會進行下一步，以及進入到最後的表示法：

```
IMPORT{program}="ata_id --export $tempnode"
```

這不是一個條件，而是一個指令，它從 /lib/udev/ata_id 指令導入變數。如果你有配對的設備，可以試著執行以下命令列，它會得到和下面類似的結果：

```
# /lib/udev/ata_id --export /dev/sda
ID_ATA=1
ID_TYPE=disk
ID_BUS=ata
ID_MODEL=WDC_WD3200AAJS-22L7A0
ID_MODEL_ENC=WDC\x20WD3200AAJS22L7A0\x20\x20\x20\x20\x20\x20\x20\x20
\x20\x20\x20\x20\x20\x20\x20\x20\x20\x20\x20
ID_REVISION=01.03E10
ID_SERIAL=WDC_WD3200AAJS-22L7A0_WD-WMAV2FU80671
--snip--
```

導入（import）的部分現在開始會設置環境，以便此輸出中的所有變數名稱都會被設置為你看到的值。舉例來說，ENV{ID_TYPE} 的值對後面的規則來說都會被辨識為 disk。

在我們看到的這兩條規則中，需要特別注意一下 ID_SERIAL，在每一個規則中都有這個條件行：

```
ENV{ID_SERIAL}!="?*"
```

意思是如果 ID_SERIAL 變數沒有被設定，條件語句會回傳 true；反之，如果變數 ID_SERIAL 被設定，則條件為 false，目前的整條規則便無法被套用，udevd 繼續解析下一規則。

這兩條規則的目的是運行 ata_id 來尋找硬碟設備的序號，然後將這些屬性新增到 uevent 當前的工作副本中。你會在許多 udev 規則中找到這種通用模式。

如果 ENV{ID_SERIAL} 被設定，udevd 就可以稍後在規則檔案中評估此規則，該檔案會尋找任何已連接的 SCSI 磁碟：

```
KERNEL=="sd*|sr*|cciss*", ENV{DEVTYPE}=="disk", ENV{ID_
SERIAL}=="?*",SYMLINK+="disk/by-id/$env{ID_BUS}-$env{ID_SERIAL}"
```

你可以看到這個規則要求 ENV{ID_SERIAL} 被賦值，它有如下指令：

```
SYMLINK+="disk/by-id/$env{ID_BUS}-$env{ID_SERIAL}"
```

執行這個指令（directive）時，udevd 為新加入的設備建立一個符號連結。現在我們終於知道設備符號連結是怎麼出現的了。

你也許會問如何在指令中判斷條件表示法（a conditional expression）。條件表示法使用 == 或 !=，而指令使用 =、+= 或 :=。

3.5.3 udevadm

udevadm 程式是 udevd 的管理工具，你可以使用它來重新載入 udevd 規則，觸發事件。它功能強大之處在於搜尋和瀏覽系統設備，以及監控 udevd 從核心接收的 uevent 訊息。不過使用 udevadm 需要掌握一些較複雜的命令列語法。大部分的選項都有長和短的格式，我們這邊會使用長格式。

我們首先來看看如何檢驗系統設備。回顧一下 3.5.2 節中的例子，我們可以使用以下指令來查看設備（如 /dev/sda）的 udev 屬性和規則：

```
$ udevadm info --query=all --name=/dev/sda
```

執行結果如下：

```
P: /devices/pci0000:00/0000:00:1f.2/host0/target0:0:0/0:0:0:0/block/sda
N: sda
S: disk/by-id/ata-WDC_WD3200AAJS-22L7A0_WD-WMAV2FU80671
S: disk/by-id/scsi-SATA_WDC_WD3200AAJS-_WD-WMAV2FU80671
S: disk/by-id/wwn-0x50014ee057faef84
S: disk/by-path/pci-0000:00:1f.2-scsi-0:0:0:0
E: DEVLINKS=/dev/disk/by-id/ata-WDC_WD3200AAJS-22L7A0_WD-WMAV2FU80671 /dev/
disk/by-id/scsi
-SATA_WDC_WD3200AAJS-_WD-WMAV2FU80671 /dev/disk/by-id/wwn-0x50014ee057faef84 /
dev/disk/by
-path/pci-0000:00:1f.2-scsi-0:0:0:0
E: DEVNAME=/dev/sda
E: DEVPATH=/devices/pci0000:00/0000:00:1f.2/host0/target0:0:0/0:0:0:0/block/
sda
E: DEVTYPE=disk
E: ID_ATA=1
E: ID_ATA_DOWNLOAD_MICROCODE=1
E: ID_ATA_FEATURE_SET_AAM=1
--snip--
```

其中每一行的前置代表設備的屬性值或是其他特性，例如：最上面一行的 P: 代表 sysfs 設備路徑，N: 代表設備節點（/dev 下的設備檔案名稱），S: 代表指向設備節點的符號連結，由 udevd 在 /dev 目錄中根據其規則產生，E: 代表從 udevd 規則中獲得的額外設備資訊。（另外還有很多其他的資訊，你可以自己執行指令看一看。）

3.5.4 設備監控

在 udevadm 中監控 uevent 可以使用 monitor 指令：

```
$ udevadm monitor
```

例如，如果你插入一個隨身碟，該指令執行結果如下：

```
KERNEL[658299.569485] add /devices/pci0000:00/0000:00:1d.0/usb2/2-1/2-1.2 (usb)
KERNEL[658299.569667] add /devices/pci0000:00/0000:00:1d.0/usb2/2-1/2-1.2/2-1.2:1.0 (usb)
KERNEL[658299.570614] add /devices/pci0000:00/0000:00:1d.0/usb2/2-1/2-1.2/2-1.2:1.0/host15
(scsi)
KERNEL[658299.570645] add /devices/pci0000:00/0000:00:1d.0/usb2/2-1/2-1.2/2-1.2:1.0/
host15/scsi_host/host15 (scsi_host)
UDEV [658299.622579] add /devices/pci0000:00/0000:00:1d.0/usb2/2-1/2-1.2 (usb)
UDEV [658299.623014] add /devices/pci0000:00/0000:00:1d.0/usb2/2-1/2-1.2/2-1.2:1.0 (usb)
UDEV [658299.623673] add /devices/pci0000:00/0000:00:1d.0/usb2/2-1/2-1.2/2-1.2:1.0/host15
(scsi)
UDEV [658299.623690] add /devices/pci0000:00/0000:00:1d.0/usb2/2-1/2-1.2/2-1.2:1.0/
host15/scsi_host/host15 (scsi_host)
--snip--
```

上面結果中，每個訊息對應有兩行資訊，因為指令預設顯示「從核心接收的輸入訊息」（用 KERNEL 標記）和「udevd 正在處理的訊息」。若只想看核心相關的事件，可以使用 --kernel 選項；若只想看 udev 正在處理的訊息，可以使用 --udev 選項。若要查看所有輸入訊息的屬性（見 3.5.2 節），可以使用 --property 選項。當 --udev 選項和 --property 選項被同時使用時，會只顯示那些被處理過後的 uevent。

你還可以使用子系統來過濾訊息。舉例來說，如果只想看到與「SCSI 子系統中的更動」有關的核心訊息，可以使用下面的指令：

```
$ udevadm monitor --kernel --subsystem-match=scsi
```

udevadm 的更多內容可以參考 udevadm(8) 說明手冊。

關於 udev 還有很多內容，例如，有一個名為 udisksd 的 daemon 專門負責監聽所有事件，以便自動連接磁碟，並通知其他程序有其他可以使用的新硬碟。

3.6 詳解 SCSI 和 Linux 核心

在本節中，我們將看看 Linux 核心中對 SCSI 的支援，以此來探索 Linux 核心架構的一部分。使用硬碟時，其實你並不需要知道任何這些資訊，所以如果你急於使用硬碟，請跳到「第 4 章」。此外，本節的討論偏理論，比迄今為止學到的內容要更進階，所以如果你想直接動手嘗試看看，非常建議你直接跳到下一章。

讓我們先從一些背景故事開始吧。傳統的 SCSI 硬體配置是主控制器（host adapter）透過 SCSI 匯流排（bus）與一連串的設備連接，如圖 3-1 所示。主控制器連接到電腦。主控制器和所有設備都有一個 SCSI ID，每個匯流排可以有 8 個或 16 個 ID，具體取決於 SCSI 版本。一些管理者可能會使用 SCSI **target**（**目標端**）這個術語，來指向某個設備及其 SCSI ID，這是因為 SCSI 協定中 session 的一端被稱為 target。

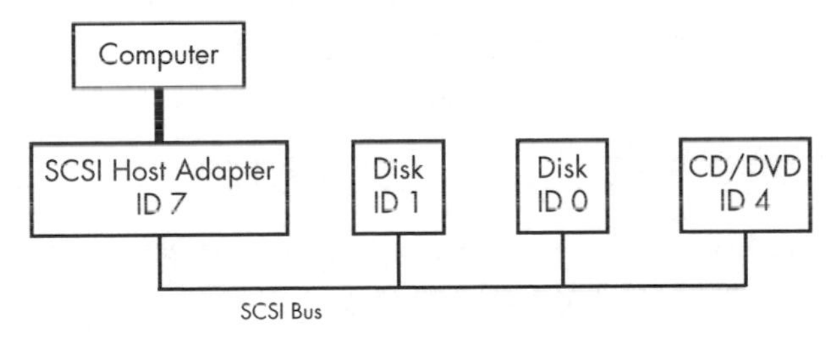

圖 3-1：SCSI 匯流排上的主控制器和設備

任何設備都可以透過 peer-to-peer（對等式）中的 SCSI 指令集與另一個設備進行溝通。電腦不直接連接到這些設備上，因此它必須透過主控制器才能與磁碟和其他設備溝通。通常，電腦將「SCSI 指令」發送到主控制器，以轉送到設備端，設備則透過主控制器將「回應」轉送回去。

更新版本的 SCSI（如 Serial Attached SCSI（SAS））的效能更出色，不過大部分電腦中並不會有真正的 SCSI 設備。更多的是那些採用 SCSI 指令的 USB 儲存設備。或是那些支援 ATAPI 的設備（如 CD/DVD-ROM）也會採用某個版本的 SCSI 指令集。

SATA 硬碟通常會以「SCSI 設備」顯示在你的系統中，但和其他的設備有些許不同，因為它們是由一個位於 libata 函式庫中的轉換層（見 3.6.2 節）來進行溝通的。一些 SATA 控制器（特別是高效能 RAID 控制器）使用硬體來實現這個轉換（translation）。

到底是如何將這些結合在一起的呢？先讓我們用下面這個例子列出這些設備：

```
$ lsscsi
[0:0:0:0]   disk     ATA        WDC WD3200AAJS-2  01.0  /dev/sda
[1:0:0:0]   cd/dvd   Slimtype   DVD A DS8A5SH     XA15  /dev/sr0
[2:0:0:0]   disk     USB2.0     CardReader CF     0100  /dev/sdb
[2:0:0:1]   disk     USB2.0     CardReader SM XD  0100  /dev/sdc
[2:0:0:2]   disk     USB2.0     CardReader MS     0100  /dev/sdd
[2:0:0:3]   disk     USB2.0     CardReader SD     0100  /dev/sde
[3:0:0:0]   disk     FLASH      Drive UT_USB20    0.00  /dev/sdf
```

方括號中的幾個數字從左至右來看，分別是 SCSI 主控制器編號、SCSI 匯流排編號、設備的 SCSI ID，以及 LUN（Logical Unit Number，邏輯單元編號，某設備再被細分後的編號）。本範例中有 4 個控制器（scsi0、scsi1、scsi2、scsi3），它們都有一個單獨的匯流排（匯流排編號都是 0），每個匯流排上只有一個設備（target 編號都是 0）。編號為 2:0:0 的 USB 讀卡機有 4 個邏輯單元，每個邏輯單元的編號代表一個可插入的記憶卡。核心為每個邏輯單元指定一個不同的設備檔案。

雖然 NVMe 設備並不屬於 SCSI 設備，但是有時候會在 `lsscsi` 指令的輸出中出現，會用 `N` 來代表主控制器編號。

NOTE 如果你想自己試試看 `lsscsi` 指令，你可能會需要另外安裝這個額外的套件。

圖 3-2 說明了核心內部針對特定系統配置的「驅動程式」和「介面的階層結構」，從「單一設備驅動程式」到「區塊驅動程式」，但其中並不包括「SCSI 通用（sg）驅動程式」。

雖然這是一個龐大的結構，乍看之下可能會讓人不知所措，但圖中的資料流是非常線性的。讓我們從「SCSI 子系統」及其三層驅動程式開始剖析：

- 最上層負責處理「某種類別的設備」的操作。例如 sd（SCSI 硬碟）驅動程式就在這一層；它知道如何把「來自核心區塊設備介面的請求」轉換為「SCSI 協定中專屬於磁碟的指令」，反之亦然。
- 中間層在最上層和底層之間調節以及引導 SCSI 訊息，並負責追蹤連接到系統的所有 SCSI 匯流排和設備。

- 最底層專門處理「純硬體」相關的操作。此處的驅動程式把「要送出的 SCSI 協定訊息」發送到「指定的主控制器或硬體」，並擷取（extract）從硬體傳入的訊息。與最上層分離的原因是，儘管 SCSI 訊息對於「某種類別的設備」（例如磁碟類）來說是統一的，但「不同種類的主控制器」發送相同的訊息時，會有不一樣的處理過程。

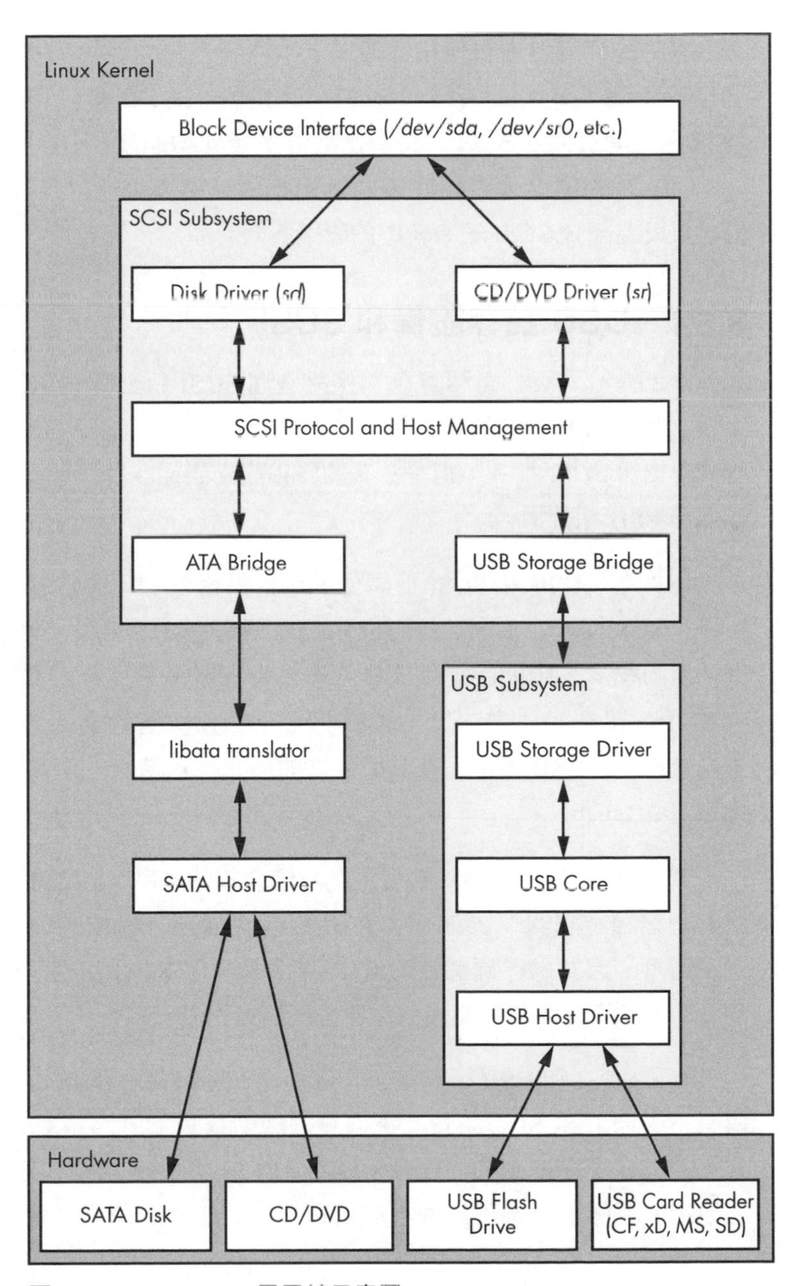

圖 3-2：Linux SCSI 子系統示意圖

最上層和最底層中有許多各式各樣的驅動程式，但是需要注意，對於系統中的每一個設備檔案來說，核心都會（幾乎是一定）使用一個上層中的驅動程式和一個第二層中的驅動程式。對於我們例子中的 /dev/sda 硬碟來說，核心使用「上層的 sd 驅動程式」和「第二層中的 ATA Bridge 驅動程式」。

有時候你可能需要使用一個以上「位於上層的驅動程式」來對應到一個硬體設備（見 3.6.3 節）。對於「真正的 SCSI 硬體設備」來說，例如連接到「SCSI 主控制器」或「硬體磁碟陣列控制器」（a hardware RAID controller）的硬碟，「較底層的驅動程式」會直接和「下方的硬體」溝通，這與大部分 SCSI 子系統中的設備不同。

3.6.1 USB 儲存設備和 SCSI

如圖 3-2 所示，核心需要更多那樣的底層 SCSI 驅動程式來支援「SCSI 子系統」和「USB 儲存設備硬體」的通訊。/dev/sdf 代表的 USB 隨身碟驅動程式會支援 SCSI 指令，但是當真的要和該磁碟通訊時，核心還是必須了解如何和 USB 系統溝通。

理論上，USB 和 SCSI 很類似，包括設備類別、匯流排、主控制器。所以和 SCSI 類似，Linux 核心也有一個三層 USB 子系統。最上層是同類設備的驅動程式，中間層是匯流排管理，最底層是主控制器的驅動程式。和 SCSI 子系統在元件之間以「SCSI 指令」相互傳遞的溝通方式類似，USB 子系統透過「USB 訊息」在其元件之間通訊，它還有一個和 `lsscsi` 類似的指令叫做 `lsusb`。

最上層的 USB 儲存驅動程式是我們介紹的重點。在這裡，驅動程式如同一個翻譯，它對一方使用「SCSI 協定」通訊，對另一方使用「USB 協定」通訊。因為儲存硬體在 USB 訊息中包含了 SCSI 指令，所以驅動程式要做的工作相對簡單：僅僅只需要重新打包訊息資料。

有了 SCSI 和 USB 子系統，你就能夠和隨身碟（flash drive）溝通了。還有不要忘了 SCSI 子系統「更底層的驅動程式」，因為 USB 儲存驅動程式是「USB 子系統」的一部分，而非「SCSI 子系統」。（出於某些結構上的原因，兩個子系統不能共享驅動程式。）如果一個子系統要和其他子系統通訊，需要使用一個簡單的底層 SCSI 橋接驅動程式（bridge driver）來連接「USB 子系統的儲存驅動程式」。

3.6.2 SCSI 和 ATA

圖 3-2 中的 SATA 硬碟和光碟機使用的都是 SATA 介面。和 USB 驅動程式一樣，核心需要一個橋接驅動程式來將 SATA 驅動程式連接到 SCSI 子系統，不過使用的是另外的更複雜的方式。光碟機使用 ATAPI 通訊協定，它是使用了「ATA 協定」編碼的一種 SCSI 指令。然而硬碟不使用 ATAPI 和編碼過的 SCSI 指令。

Linux 核心使用 libata 函式庫來協調 SATA（以及 ATA）驅動程式和 SCSI 子系統。對於支援 ATAPI 的光碟機來說，問題變得很簡單，只需要擷取（extract）和打包（package）往來於 ATA 協定上的 SCSI 指令即可。對於硬碟來說，情況複雜許多，libata 函式庫需要一整套指令翻譯機制。

光碟機的作用類似於把一本英文書鍵入電腦。你不需要了解書的內容，甚至不懂英文也沒關係。硬碟的工作則類似把一本德文書翻譯成英文並鍵入電腦。所以你必須懂兩種語言，以及了解書的內容。

libata 能夠將 SCSI 子系統連接到 ATA/SATA 介面和設備。（為了簡單起見，圖 3-2 只包含了一個 SATA 主控制器驅動程式，實際上不止一個驅動程式。）

3.6.3 通用 SCSI 設備

使用者空間程序和 SCSI 子系統的通訊通常是透過「區塊設備層」和（或）在 SCSI 設備類別驅動程式之上的「另一個核心服務」（如 sd 或 sr）來進行的。換句話說，大多數使用者的程序並不需要了解 SCSI 設備和相關的指令。

然而，使用者程序也可以繞過設備類別驅動程式（device class drivers），透過**通用設備**（**generic device**）對設備直接下達 SCSI 協定的指令。例如我們在 3.6 節介紹過的，這次我們使用 `lsscsi` 的 `-g` 選項來顯示通用設備，結果如下所示：

```
$ lsscsi -g
[0:0:0:0]   disk    ATA       WDC WD3200AAJS-2  01.0  /dev/sda ❶/dev/sg0
[1:0:0:0]   cd/dvd  Slimtype  DVD A DS8A5SH     XA15  /dev/sr0   /dev/sg1
[2:0:0:0]   disk    USB2.0    CardReader CF     0100  /dev/sdb   /dev/sg2
[2:0:0:1]   disk    USB2.0    CardReader SM XD  0100  /dev/sdc   /dev/sg3
[2:0:0:2]   disk    USB2.0    CardReader MS     0100  /dev/sdd   /dev/sg4
[2:0:0:3]   disk    USB2.0    CardReader SD     0100  /dev/sde   /dev/sg5
[3:0:0:0]   disk    FLASH     Drive UT_USB20    0.00  /dev/sdf   /dev/sg6
```

除了常見的區塊設備檔案，上面的每一行還在「最後面欄位 ❶ 的位置」顯示 SCSI 通用設備檔案。例如光碟機 /dev/sr0 的通用設備是 /dev/sg1。

那麼我們為什麼需要 SCSI 通用設備呢？原因來自核心程式碼的複雜度。當任務變得越來越複雜的時候，最好是把它們從核心移出來。我們可以考慮一下 CD/DVD 的讀寫操作，讀取光碟片相對比較簡單，也有專門的核心驅動程式配合。

然而寫入資料到光碟片比讀取複雜得多，並且沒有任何「重量級的系統服務」需要依賴於 CD/DVD 的寫入資料操作，因此沒有理由要讓核心空間被這件事情困擾。所以在向 CD/DVD **寫入**資料時，就使用「使用者空間的程式」和像 /dev/sg1 這樣的通用 SCSI 設備來溝通即可。或許這樣的方式和「核心驅動程式」比較起來，效率沒那麼好，但和建立以及維護「專門的驅動程式」相比，還是簡單多了。

3.6.4 存取設備的多種方法

圖 3-3 展示了從使用者空間存取光碟機的兩種方法：sr 和 sg（圖中忽略了在 SCSI 更下層的驅動程式）。「程序 A」使用 sr 驅動程式來讀取光碟資料，「程序 B」使用 sg 驅動程式來進行寫入光碟的動作。然而，像這樣的程序並不會同步執行以存取同樣的設備。

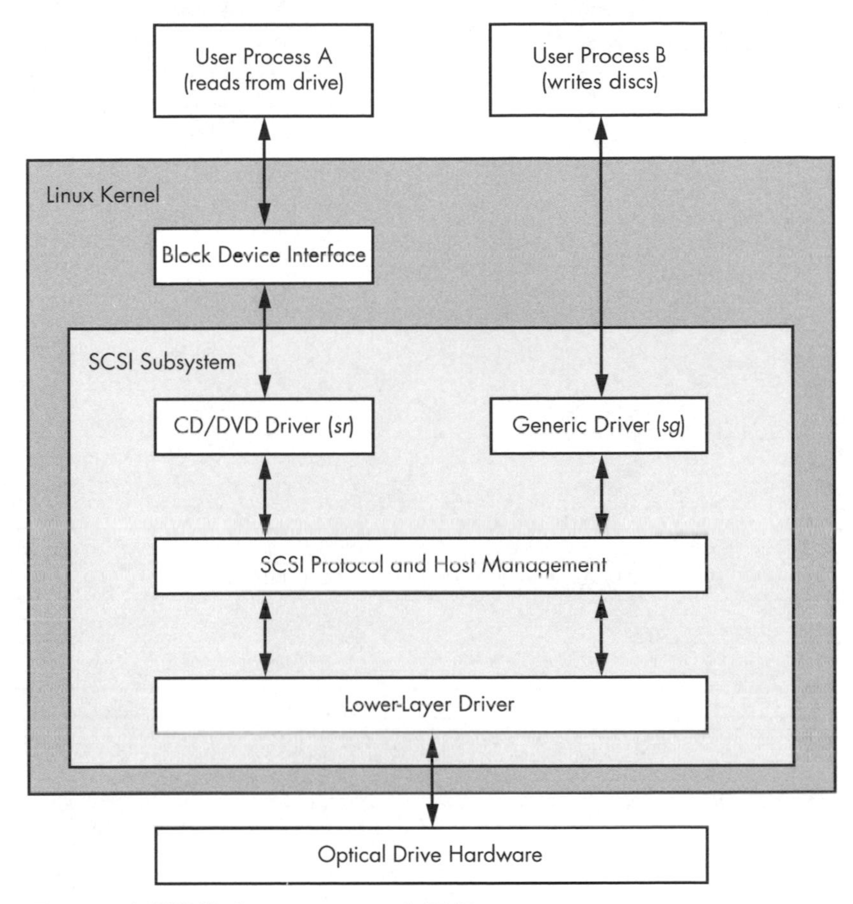

圖 3-3：光學設備（optical device）圖解

圖中「程序 A」從區塊設備讀取資料，但是使用者程序通常不會使用這樣的方式讀取資料，至少不是直接讀取。在區塊設備之上還有很多層，以及其他的硬碟存取入口，我們將在下一章介紹它們。

4

磁碟和檔案系統

在「第 3 章」中我們討論了核心頂層所提供的磁碟相關設備。本章我們將詳細介紹如何在 Linux 系統中使用磁碟設備。你將了解如何為磁碟做分割區（partition），在分割區中建立和維護檔案系統（filesystem），以及調換空間（swap 空間）。

磁碟設備對應 /dev/sda 這樣的設備檔案，它代表 SCSI 子系統中的第一個磁碟。諸如此類的區塊設備代表整區塊磁碟，可是磁碟中又包含很多不同的元件和結構。

圖 4-1 顯示了典型 Linux 磁碟的大致結構（請注意，本圖並沒有按照比例去繪製），透過本章，你將逐一了解其中的各個部分。

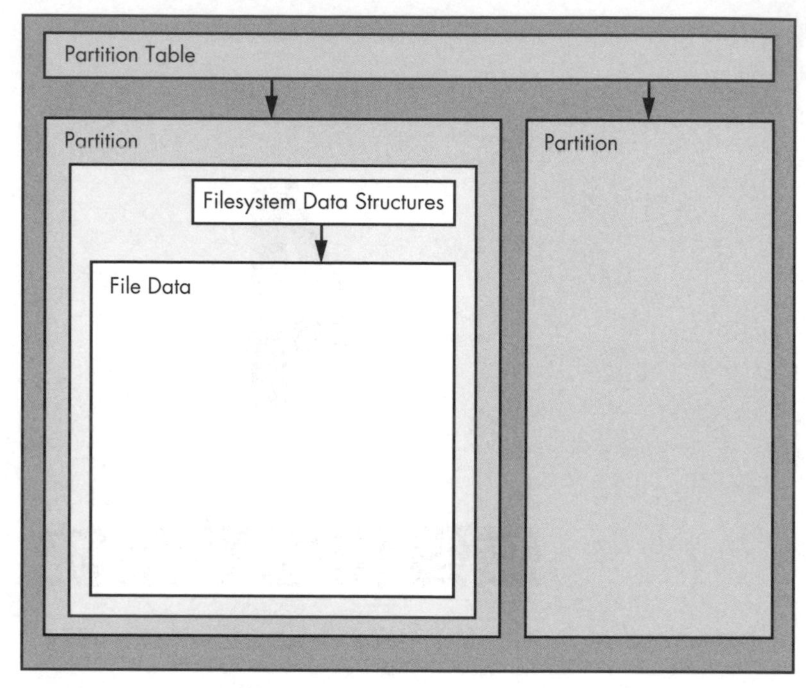

圖 4-1：Linux 磁碟圖解

分割區是整個區塊磁碟的進一步區域劃分，在 Linux 系統中由「磁碟名稱之後加數字」來表示，例如 /dev/sda1 和 /dev/sdb3。核心將分割區用「區塊設備」（block device）呈現，如同每個分割區是一整個區塊的磁碟。分割區資料存放在磁碟上的**分割表**（**partition table**）（或稱作**磁碟標籤**（**disk label**））中。

NOTE 通常我們會在一區塊大磁碟上劃分多個分割區，因為舊的電腦系統只能使用磁碟上的特定部分來啟動。系統管理員也透過分割區來為作業系統預留一定的空間。例如，管理員不希望使用者用滿整個磁碟進而導致系統無法工作。這些做法不只見於 Unix，Windows 也是這樣。此外，大部分的系統還有一個單獨的 swap（調換）分割區。

雖然核心允許你同時存取整區塊磁碟和某個分割區，但是一般不需要這樣做，除非你在複製整個磁碟。

Linux 的 **LVM**（**Logical Volume Manager，邏輯卷冊管理程式**）機制為傳統的磁碟設備和分割區增加更大的彈性，也已經被大部分的系統採用。我們會在 4.4 節中詳細介紹。

分割區之下的一層是**檔案系統（filesystem）**，也就是你最常在使用者空間中與之互動的檔案和目錄的資料庫。我們會在 4.2 節中詳細介紹。

如圖 4-1 所示，如果你想要存取檔案中的資料，你需要從分割表中獲得分割區所在位置，然後在該分割區的檔案系統資料庫中尋找指定檔案的資料。

Linux 核心使用圖 4-2 中的各個層來存取磁碟上的資料。「SCSI 子系統」和「我們在 3.6 節中介紹的內容」由一個框代表。請注意，你可以透過檔案系統或磁碟設備來存取磁碟，我們本章都將介紹。為了讓解說簡單一點，圖 4-2 中先不包括 LVM，但會有區塊設備的介面元件以及一些使用者空間中的管理元件。

為了讓大家更能全面理解，讓我們從最底部的分割區開始吧。

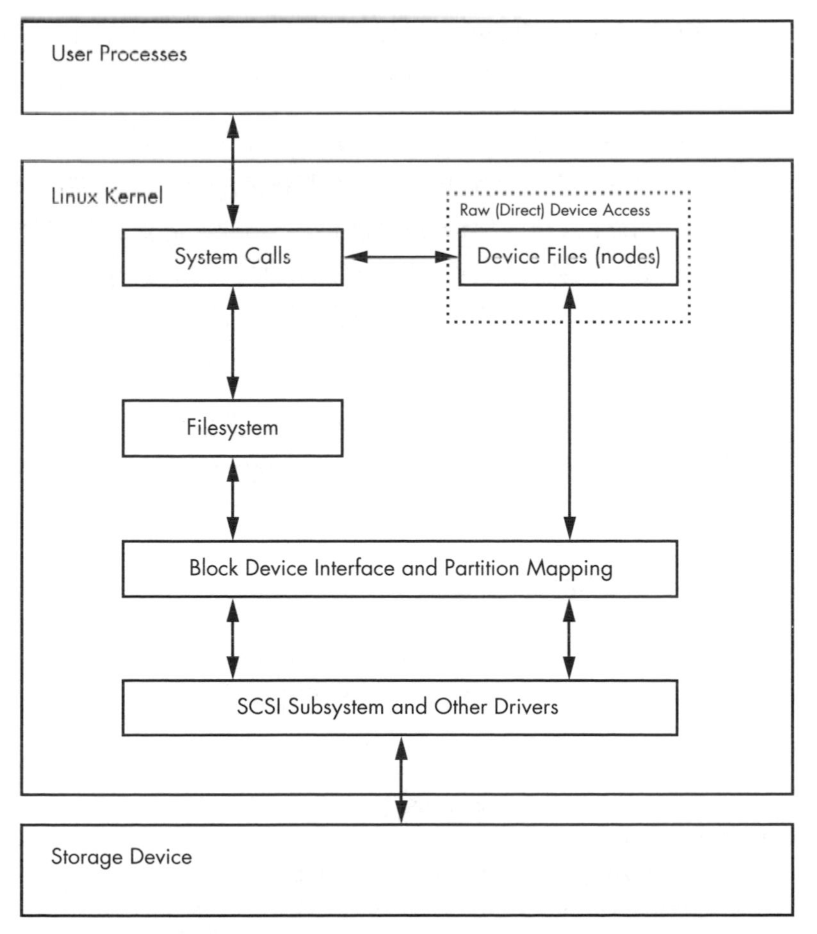

圖 4-2：核心磁碟存取圖解

4.1 為磁碟設備製作分割區

分割表（或是分割資料表）有很多種，每一種的功能都大同小異——主要都在描述磁碟上「區塊」的分區方式是如何呈現的。

比較典型的、可以追溯到早期 PC 時代的一種位於**主開機紀錄**（**Master Boot Record**，以下簡稱 **MBR**）中，這種有許多的限制。另一種逐漸普及的是 **GUID 磁碟分割表**（**Globally Unique Identifier Partition Table**，以下簡稱 **GPT**）。

下面是 Linux 系統中的各種分割區工具：

- **parted**：**partition editor**，一個文字指令工具，支援 MBR 和 GPT。
- **gparted**：parted 的圖形版本。
- **fdisk**：Linux 傳統的文字指令分割區工具。較新版本的 fdisk 同時支援 MBR 和 GPT，以及其他種類的分割表，但舊版本的就只支援 MBR。

因為 parted 套件同時支援 MBR 和 GPT 有一段時間了，而且很容易透過單一指令來獲取分割表，所以我們將使用 parted 來顯示分割表。但是，在建立和更改分割表時，我們將使用 fdisk。這表示我們將展示這兩個介面，以及為什麼許多人更喜歡 fdisk 介面，因為它的互動方式保有原始的狀態，並且在對磁碟進行任何更改之前，你還有機會檢查它們（我們很快會討論這個問題）。

NOTE 「分割區操作」和「檔案系統操作」還是有本質的不同。分割表劃分磁碟的區域，而檔案系統側重資料管理，因此我們在管理分割區以及建立檔案系統時，會採用不同的工具程式（見 4.2.2 節）。

4.1.1 查看分割表

你可以使用指令 parted -l 查看系統分割表。下面這個簡單的輸出內容是兩個磁碟中不同型態的分割表。如下例所示：

```
# parted -l
Model: ATA KINGSTON SM2280S (scsi)
❶ Disk /dev/sda: 240GB
Sector size (logical/physical): 512B/512B
Partition Table: msdos
Disk Flags:
```

```
Number  Start   End     Size    Type      File system     Flags
 1      1049kB  223GB   223GB   primary   ext4            boot
 2      223GB   240GB   17.0GB  extended
 5      223GB   240GB   17.0GB  logical   linux-swap(v1)


Model: Generic Flash Disk (scsi)
Disk /dev/sdf: 4284MB  ❷
Sector size (logical/physical): 512B/512B
Partition Table: gpt
Disk Flags:

Number  Start   End     Size    File system  Name      Flags
 1      1049kB  1050MB  1049MB               myfirst
 2      1050MB  4284MB  3235MB               mysecond
```

第一個設備 /dev/sda ❶ 使用傳統的 MBR 分割表（parted 中稱為 msdos），第二個設備 /dev/sdf ❷ 使用 GPT 表。請注意，由於分割表類型不同，所以它們的參數（parameter）也不同。明顯可以看到，MBR 表中沒有 Name 這一欄（column），因為在它的結構中沒有名稱（在 GPT 中我隨意取了兩個名稱，即 myfirst 和 mysecond）。

NOTE 讀取分割表時，要注意單位（unit）的大小。parted 的輸出顯示了一個約略大小，這個約略大小是基於 parted 認為「最容易閱讀的大小」。另一方面，fdisk -l 會顯示一個確切的數字，但在大多數情況下，單位會是 512 位元組的「磁區」（sector），而這可能會讓人感到困惑，因為它看起來就像「你的磁碟和分割區的實際大小」翻了一倍。仔細查看 fdisk 分割表的話，還可以顯示出「磁區大小」的相關資訊。

MBR 的基礎

上例中的 MBR 表包含主分割區、擴充分割區和邏輯分割區。**主分割區（primary partition）**是磁碟的常規分割區（如上例中的 1）。MBR 最多只能有 4 個主分割區，如果需要 4 個以上更多的分割區，你要將其中一個分割區設定為**擴充分割區（extended partition）**，然後將該擴充分割區劃分為數個**邏輯分割區（logical partition）**，這樣作業系統就可以利用邏輯分割區作為各種的分割區使用。上例中的 2 是擴充分割區，在其上有邏輯分割區 5。

NOTE parted 指令顯示的檔案系統種類不一定是 MBR 中的 system ID 欄位（field）。MBR 的 system ID 只是一個數字，代表分割區種類，例如 83 是 Linux 分割區，82 是 Linux swap 分割區。然而 parted 因為想要呈現多一點資訊，便會自行決定某分割區的檔案系統種類。如果你想知道某個 MBR 中的 system ID，可以使用指令 fdisk -l。

LVM 分割區：先睹為快

查看分割表時，如果你看到標記為 LVM 的分割區（分割區類型為編號 8e）、名為 /dev/dm-* 的設備檔案，或是對應到「裝置映射」（device mapper）的參照，那麼你的系統正在使用 LVM。我們的討論將從傳統的磁碟分割區開始，這看起來會與「使用了 LVM 的系統」略有不同。

為了讓你知道 LVM 大概是怎麼回事，讓我們快速看一下在 LVM 的系統上使用 parted -l 的輸出範例（在 VirtualBox 上使用 LVM 全新安裝的 Ubuntu）。首先，有一個實際分割表的描述，除了 lvm 旗標或標籤（Flag）之外，它看起來與你預期的差不多：

```
Model: ATA VBOX HARDDISK (scsi)
Disk /dev/sda: 10.7GB
Sector size (logical/physical): 512B/512B
Partition Table: msdos
Disk Flags:

Number  Start   End     Size    Type     File system  Flags
 1      1049kB  10.7GB  10.7GB  primary               boot, lvm
```

接下來會有一些看起來像是分割區的設備，卻被稱作是磁碟（Disk）：

```
Model: Linux device-mapper (linear) (dm)
Disk /dev/mapper/ubuntu--vg-swap_1: 1023MB
Sector size (logical/physical): 512B/512B
Partition Table: loop
Disk Flags:

Number  Start  End     Size    File system     Flags
 1      0.00B  1023MB  1023MB  linux-swap(v1)


Model: Linux device-mapper (linear) (dm)
```

```
Disk /dev/mapper/ubuntu--vg-root: 9672MB
Sector size (logical/physical): 512B/512B
Partition Table: loop
Disk Flags:

Number  Start  End     Size    File system  Flags
 1      0.00B  9672MB  9672MB  ext4
```

理解這件事情的一個簡單方式，就是這些分割區已經由某種方式從分割表中分離出來，你會在 4.4 節中看到實際發生的情況。

NOTE 使用 fdisk -l 的話，你沒辦法看到較詳細的輸出；在前面的例子中，除了一個帶有 LVM 標籤的物理分割區之外，你不會看到任何東西。

核心初始化讀取

Linux 核心在初始化讀取 MBR 表時，會顯示以下的除錯資訊（要記得你可以使用 journalctl -k 指令來查看）：

```
sda: sda1 sda2 < sda5 >
```

sda2 < sda5 > 表示 /dev/sda2 是一個擴充分割區，它包含一個邏輯分割區 /dev/sda5。通常你只需要存取邏輯分割區，所以擴充分割區可以忽略。

4.1.2 更改分割表

查看分割表相對更改分割表來說比較簡單和安全，雖然更改分割表也不是很複雜，但還是有一定的風險，所以需要特別注意以下兩點：

- 在刪除或是重新定義分割區之後，分割區上的資料很難被恢復，因為你刪除的是這些分割區中檔案系統的位置資訊。所以如果磁碟中有重要的資料，最好事先做好備份。
- 確保你操作的磁碟上沒有分割區正在被系統使用。因為大多數 Linux 系統會自動掛載「被偵測到的檔案系統」（有關掛載（mount）和卸載（unmout）的資訊請參見 4.2.3 節）。

一切準備就緒後，你可以開始選擇使用哪個分割區程式了。如果是選擇 parted，你可以使用命令列工具 parted 或圖形介面工具 gparted。同樣的，fdisk 在命令列中也是蠻好用的一個程式。這些工具程式都有線上說明文件，很容易掌握。（如果你沒有多餘的磁碟可供測試，你可以使用隨身碟等設備來嘗試使用它們。）

fidsk 和 parted 有很大區別。fdisk 讓你首先設計好分割表，然後在結束 fdisk 之前才做實際的更改。parted 則是在你執行指令的同時直接執行建立、更改和刪除操作，你沒有機會在做更改之前確認檢查。

這樣的區別也能夠幫助我們了解它們和核心是如何互動的。fdisk 和 parted 都是在使用者空間中對分割區做更改，所以沒有必要為它們提供核心支援，因為在使用者空間就已經有足夠的能力對「所有的區塊設備」進行讀取或更改的動作。

但是在某些方面，核心還是必須負責讀取「分割表」並將分割區呈現為「區塊設備」，這樣使用者才能操作。fdisk 使用了一種相對簡單的方式來處理：更改分割表之後，fdisk 向核心發送一個系統呼叫，告訴核心需要重新讀取分割表（等一下你會看到如何和 fdisk 進行互動的範例）。核心會顯示一些除錯資訊供你使用 journalctl -k 指令查看。例如，假設你在 /dev/sdf 上建立了兩個分割區，你會看到如下資訊：

```
sdf: sdf1 sdf2
```

相比之下，parted 沒有使用磁碟通用的系統呼叫，而是在「每一次分割表被更改的時候」就直接向核心發送訊號。當單次的分割區被處理完成後，核心也不顯示除錯資訊。

你可以用以下方式來查看對分割區的更改：

- 使用 udevadm 查看核心事件（kernel event）的更改。例如：udevadm monitor --kernel 會顯示被刪除的分割區和新建立的分割區。
- 在 /proc/partitions 中查看完整的分割區資訊。
- 在 /sys/block/device 中查看更改後的分割區系統介面資訊，在 /dev 中查看更改後的分割區設備。

強行重新載入分割表

如果你想 100% 確定你是否更改了分割表，你可以使用 blockdev 指令，它會執行 fdisk 所使用的舊式系統呼叫。例如，要讓核心重新載入 /dev/sdf 上的分割表，可以執行下面的指令：

```
# blockdev --rereadpt /dev/sdf
```

4.1.3 建立分割表

我們可以試著利用一個全新的、空的磁碟，在它上面建立一個新的分割表，來統整剛剛學到的知識。這個範例會展現以下幾種情況：

- 4GB 磁碟大小（一個小的 USB 隨身碟，沒用過的。如果你要跟著操作，手上任何大小的隨身碟都適用）。
- MBR 格式的分割表。
- 預期會分割成兩個 ext4 檔案系統分割區，各為 200MB 和 3.8GB。
- 磁碟的設備檔案會在 /dev/sdd。你需要用 lsblk 指令去確認你自己的設備位置。

在過程中你將使用 fdisk 指令。回想一下，這是一個互動式指令，所以請先確認磁碟中沒有任何東西被系統掛載後，就可以在命令提示字元上使用設備名稱開始：

```
# fdisk /dev/sdd
```

你將收到一則引導你的訊息，像是這樣的命令提示字元：

```
Command (m for help):
```

首先，你可以用 p 指令將「現有的分割表」列印出來（fdisk 指令是比較簡潔），你可能會得到像這樣的互動畫面：

```
Command (m for help): p
Disk /dev/sdd: 4 GiB, 4284481536 bytes, 8368128 sectors
Units: sectors of 1 * 512 = 512 bytes
```

```
Sector size (logical/physical): 512 bytes / 512 bytes
I/O size (minimum/optimal): 512 bytes / 512 bytes
Disklabel type: dos
Disk identifier: 0x88f290cc

Device     Boot Start     End Sectors Size Id Type
/dev/sdd1        2048 8368127 8366080   4G  c W95 FAT32 (LBA)
```

大部分的磁碟設備都已經有一個 FAT 格式的分割區了，就像這個 /dev/sdd1。因為你是想要為了 Linux 建立一個新的分割區（當然，也要確認你已經不需要該磁碟的任何資料了），所以可以像下面這樣刪除現有的分割表：

```
Command (m for help): d
Selected partition 1
Partition 1 has been deleted.
```

還記得嗎？ `fdisk` 在你真正寫入到分割表之前，是不會真的修改的，所以你尚未更動到該磁碟。如果你步驟中有錯誤，也不知該如何修正，你隨時可以按下 `q` 指令來離開 `fidsk` 的互動介面。

現在你可以用 `n` 指令來產生第一個 200MB 大小的分割區：

```
Command (m for help): n
Partition type
   p   primary (0 primary, 0 extended, 4 free)
   e   extended (container for logical partitions)
Select (default p): p
Partition number (1-4, default 1): 1
First sector (2048-8368127, default 2048): 2048
Last sector, +sectors or +size{K,M,G,T,P} (2048-8368127, default
8368127): +200M

Created a new partition 1 of type 'Linux' and of size 200 MiB.
```

在這裡，`fdisk` 會顯示 MBR 分割區的樣式，`Partition number`，分割區的起點和它的結尾（或是大小）。一般來說，預設值會是我們想要的。這邊需要改變的是分割區的結尾（大小），可以利用 + 號來表示大小（size）和單位（unit）。

再來用同樣的方式建立第二個分割區，只是我們會全部採用預設值，這邊就不多做贅述。當你完成整個分割區的規劃，可以使用 p（print）指令先檢查一下：

```
Command (m for help): p
[--snip--]
Device     Boot  Start     End Sectors  Size Id Type
/dev/sdd1         2048  411647  409600  200M 83 Linux
/dev/sdd2       411648 8368127 7956480  3.8G 83 Linux
```

當你確定你要把「修改後的分割表」寫入到磁碟，就可以使用 w 指令：

```
Command (m for help): w
The partition table has been altered.
Calling ioctl() to re-read partition table.
Syncing disks.
```

要注意的是，fidsk 並不會先詢問你「是不是確認這些變動」，它只是很單純的執行你的指令和離開。

如果你想看到更多可以分析的訊息，你可以使用之前提到的 journalctl -k 指令得到核心所讀取的訊息，但請記得，你只有在使用 fidsk 的時候可以看到這些訊息。

到目前為止，你應該理解了磁碟分割區的相關內容，如果你想了解更多有關磁碟的內容，可以繼續閱讀。你也可以直接跳到 4.2 節去了解如何把檔案系統放到磁碟上。

4.1.4 磁碟和分割區的構造

任何具有可移動式元件（moving parts）的「設備」都會和「複雜的軟體系統」並存，因為存在難以被抽象化的物理元素（physical elements）。硬碟（hard disk）也不例外；雖然你可以把硬碟視為一個可隨機存取任何區塊的區塊設備，但是如果系統不注意「資料」在磁碟上的佈局，就會導致很嚴重的後果（效能問題）。圖 4-3 是一個簡易的單碟片，展示了磁碟的物理元素。

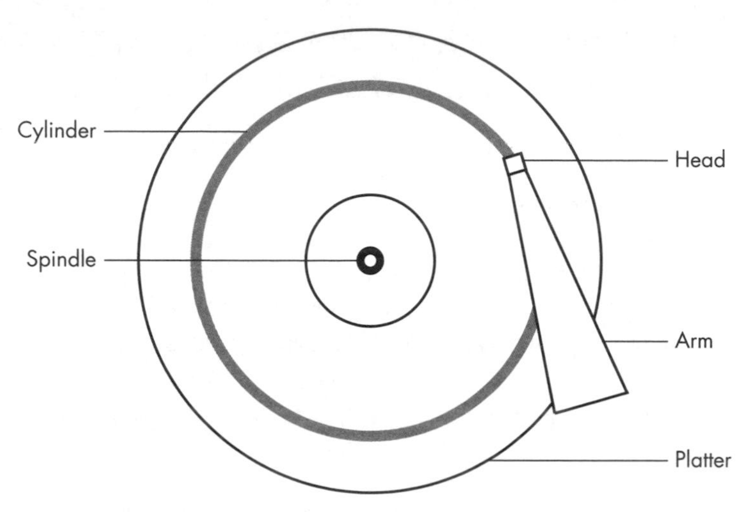

圖 4-3：硬碟俯視圖

磁碟中有一個主軸（Spindle），上面有一個碟片（Platter），還有一個覆蓋磁碟半徑的、可以移動的讀寫臂（Arm），上面有一個讀寫頭（Head）。磁碟在讀寫頭下旋轉，讀寫頭負責讀取資料。讀寫頭只能讀取「讀寫臂」目前所在位置圓周範圍內的資料。這個圓周我們稱為**磁柱**（**Cylinder**）。大容量的磁碟通常在一個主軸上有多個碟片疊加在一起旋轉。每個碟片有一到兩個讀寫頭，負責碟片正面和背面的讀寫。所有讀寫頭都由一個讀寫臂控制，協同工作。由於讀寫臂移動，碟片上就會產生許多磁柱，從圍繞中心的小磁柱到圍繞碟片外圍的大磁柱。最後，你可以將磁柱劃分為多個切片，稱為**磁區**（**sector**）。磁碟這樣的構造我們稱為 **CHS**，意指磁柱（cylinder）、讀寫頭（head）、磁區（sector）。在較舊的系統中，你可以使用「這三個參數」來對應到相對的位置，找到磁碟中任何特定的部位。

NOTE *磁碟軌道（track）是單一讀寫頭存取磁柱的那一部分，在圖 4-3 中，磁柱也是一個軌道。對磁碟軌道你可以不用深究。*

透過核心和各種分割區程式，你能夠知道磁碟的磁柱（和磁區）數。然而在現在的硬碟中這些數字並不準確。傳統使用 CHS 的定址方式無法適應現在的大容量硬碟，也無法處理「外側磁柱」比「內側磁柱」儲存更多資料這樣的情況。磁碟硬體支援**邏輯區塊定址**（**Logical Block Addressing**，以下簡稱 **LBA**），透過區塊編號（block number）來定址（這是比較直覺的方式），其餘部分還是使用 CHS。例如，MBR 分割表包含 CHS 資訊和對應的 LBA 資訊，雖然一些開機載入程式仍然使用 CHS，但大部分 Linux 下的開機載入程式都是用 LBA。

NOTE 磁區（sector）這個字有時候容易讓人混亂，因為 Linux 的分割區程式偶爾會在其他情況下使用這個字。

磁柱的邊界重要嗎？

磁柱是一個很重要的概念，用來設定分割區邊界（boundary）。從磁柱讀取資料速度是很快的，因為磁碟的旋轉可以讓讀寫頭持續地讀取資料。將分割區放到相鄰磁柱也能夠加快資料存取，因為這樣可以縮小讀寫頭移動的距離。

儘管磁碟看起來與以往大致相同，但將分割區精準對齊的概念已經過時。如果你沒有將分割區精準地切在磁柱的邊界，一些早期的分割區程式可能會提出警告，你可以忽略之，因為你能做的不多，畢竟現在的磁碟提供的 CHS 資訊不準確。磁碟的 LBA 結構對於比較新的分割區程式而言，是比較好的方案，能夠確保你的分割區的佈局比較合理。

4.1.5 讀取固態硬碟

固態硬碟（**Solid State Disk**，以下簡稱 **SSD**）這樣的儲存設備和旋轉式磁碟區別很大，因為它們沒有可移動式元件。由於不需要讀寫頭在磁柱上移動，所以隨機存取不成問題，但是也有一些因素影響到其效能。

分割區對齊（**partition alignment**）的設定是影響 SSD 效能的最重要因素之一。SSD 通常每次讀取 4,096 或是 8,192 位元組的資料（稱為**分頁**（**pages**），不要和虛擬記憶體的分頁搞混），所以讀取的動作都會是這個大小的倍數。這表示如果「你的分割區」和「需讀取的資料」沒有在同一邊界內，就需要兩次讀取操作。這對於那些經常性的操作（如讀取目錄內容）來說效能會降低。

新版本的「分割區工具程式」會包含一個合理的邏輯，就是把「新建立的分割區」放置在距離磁碟開頭的適當位置，因此，你可能無需擔心分割區對齊不正確的問題。「分割區工具程式」目前不做任何計算；反之，它們只是在 1MB 邊界上對齊分割區，或者更準確地說，是 2,048 個 512 位元組的區塊。這是一種相當保守的方法，因為邊界會與 4,096、8,192 等頁面大小對齊，一直到 1,048,576。

不過，如果你想知道你的分割區的所在位置和邊界，例如分割區 /dev/sdf2，你可以使用以下指令查看 /sys/block 目錄下的資訊：

```
$ cat /sys/block/sdf/sdf2/start
1953126
```

這裡的輸出是從「設備」開始的分割區位移量（offset），以 512 位元組為單位（在 Linux 系統中稱為磁區（sector），同樣使用了 sector 這個容易混淆的字）。如果這個 SSD 使用 4,096 位元組（bytes）的頁面，那麼一個頁面中有 8 個磁區。你需要做的就是看看是否可以將「分割區位移量」除以 8。在這種情況下，你不能，因此分割區不會獲得最佳的效能。

4.2 檔案系統

檔案系統（filesystem）通常是核心和使用者空間之間聯繫的最後一環，也就是透過 `ls` 和 `cd` 等指令進行互動的對象。之前介紹過，檔案系統類似於資料庫的呈現方式，它將簡單的區塊設備映射為使用者易於理解的樹狀檔案目錄結構。

以往的檔案系統位於磁碟和其他類似的儲存設備上，只單純地負責資料儲存。然而檔案系統的樹狀檔案目錄結構和 I/O 介面還有很多功能，現在的檔案系統能夠處理各式各樣的任務，例如目錄 /sys 和 /proc 中的那些系統介面。以往都是由核心負責實作檔案系統，Plan 9 的 9P（https://en.wikipedia.org/wiki/9P_(protocol)）的出現，促進了檔案系統在使用者空間中的實作。**使用者空間檔案系統（File System in User Space，簡稱 FUSE）**這一特性，使得在 Linux 上可實作使用者空間檔案系統。

虛擬檔案系統（Virtual File System，以下簡稱 VFS）的抽象層負責檔案系統的具體實作。像 SCSI 子系統將設備之間和設備與核心之間的通訊標準化一樣，VFS 為使用者空間程式存取「不同檔案系統中的檔案和目錄」提供了標準的介面。VFS 使得 Linux 能夠支援很多不同的檔案系統。

4.2.1 檔案系統類型

Linux 支援「原生設計的，並且針對 Linux 進行過優化的檔案系統」；Linux 也支援「Windows FAT 這樣的外來檔案系統」、支援「ISO 9660 這樣的通用檔案系統」，以及「很多其他檔案系統」。下面我們列出了常見的檔案系統，Linux 能夠識別的那些我們在名稱後加上了類型名稱和括號。

- **第四代擴充套件檔案系統**（以下簡稱 **ext4**），這是 Linux 原生檔案系統的目前版本。**第二代擴充套件檔案系統**（以下簡稱 **ext2**）作為 Linux 的預設系統已經存在了很長時間，它源於傳統的 Unix 檔案系統（如 Unix File System（UFS）和 Fast File System（FFS））。**第三代擴充套件檔案系統**（以下簡稱 **ext3**）增加了日誌特性（在檔案系統資料結構之外一個小的快取機制），提高了資料的完整性和啟動速度。ext4 檔案系統在 ext2 和 ext3 的基礎上不斷完善，支援更大的檔案和更多的子目錄個數。

  擴充套件檔案系統的各個版本都向下相容。例如，你可以將 ext2 和 ext3 掛載為 ext3 和 ext2，你也可以將 ext2 和 ext3 掛載為 ext4，但是你不能將 ext4 掛載為 ext2 和 ext3。

- **Btrfs**，或稱為 **B-tree 檔案系統**（btrfs），這是新的 Linux 內建檔案系統，設計的目的是為了擴展 ext4 的功能。

- **FAT 檔案系統**（msdos、vfat、exfat），這些是 Microsoft（微軟）的檔案系統。簡單的 msdos 類型支援 MS-DOS 系統中非常原始的 monocase 類型（也就是不區分大小寫）。大多數的可移除式媒體（如 SD 卡和 USB 隨身碟）預設都會包含 vfat（最高 4GB）或 exfat（4GB 及更高）分割區。Windows 系統可以使用基於 FAT 的檔案系統或更進階的 **NT 檔案系統**（ntfs）。

- **XFS** 是某些 Linux 發行版預設使用的、高效能的檔案系統，像是 Red Hat Enterprise Linux 7.0 以上的版本。

- **HFS+**（hfsplus）是 Apple（蘋果）的標準，被使用在大多數的 Macintosh（麥金塔）電腦中。

- **ISO 9660**（iso9660）是一個 CD-ROM 標準。大多數 CD-ROM 都是使用該標準的某個版本。

> **Linux 檔案系統的革命**
>
> 長期以來，大多數使用者完全接受與認同「擴充套件檔案系統（ext）系列」的各個版本，而「擴充套件檔案系統」一直被認為是「標準」的這一事實證明了它的實用性，也證明了它的適應性。Linux 的研發社群傾向於把「無法滿足目前需求的元件」完全替換掉，但每次「擴充套件檔案系統」出現不足時，都會有人對它進行升級。然而，即便「檔案系統」技術領域在許多地方已取得改進，但為了達到「向下相容」的目的，即使是「最新的 ext4」也無法納入（使用）這些功能。這些進步主要是一些可擴展功能的增強，多半與大量檔案、大型檔案和其他類似情境相關。
>
> 在撰寫本書時，Btrfs 是一個主流 Linux 發行版的預設配置。如果這被證明是成功的，那麼 Btrfs 很可能會取代「擴充套件檔案系統（ext）系列」。

4.2.2 建立檔案系統

在一個新的儲存設備上，當完成了 4.1 節中介紹的分割區操作後，你就可以建立檔案系統了。和分割區一樣，這些事情都會在使用者空間中完成，因為使用者空間的程序就能夠直接存取和操作區塊設備。

mkfs 工具可以建立很多種檔案系統。例如，你可以使用以下指令在 /dev/sdf2 上建立 ext4 分割區：

```
# mkfs -t ext4 /dev/sdf2
```

mkfs 能夠自己決定設備上的區塊數量，並且設定適當的預設值，除非你確定該怎麼做，並且閱讀了詳細的說明文件，否則你不需要更改預設參數。

mkfs 在建立檔案系統的過程中會顯示診斷資訊，其中包括超級區塊的輸出資訊。**超級區塊**（**superblock**）是檔案系統資料庫上層的一個重要元件，以至於 mkfs 對其有多個備份以防其損壞。你可以在執行 mkfs 時記錄下超級區塊備份編號，以防萬一磁碟出現故障時需要去修復超級區塊（參見 4.2.11 節）。

WARNING 你只需要在增加新磁碟和修復現有磁碟的時候建立檔案系統。一般是對沒有資料的新分割區進行此操作，或分割區已有的資料你不再需要了。如果在已有檔案系統上建立新的檔案系統，所有現存的資料將會遺失。

什麼是 mkfs？

mkfs 是一系列檔案系統建立程式（filesystem creation program）的前端介面，如 mkfs.fs。fs 是一種檔案系統類型。當執行 mkfs -t ext4 時，實際上執行的是 mkfs.ext4。

你可以透過查看 mkfs.* 檔案，看到更多相關的程式：

```
$ ls -l /sbin/mkfs.*
-rwxr-xr-x 1 root root 17896 Mar 29 21:49 /sbin/mkfs.bfs
-rwxr-xr-x 1 root root 30280 Mar 29 21:49 /sbin/mkfs.cramfs
lrwxrwxrwx 1 root root     6 Mar 30 13:25 /sbin/mkfs.ext2 -> mke2fs
lrwxrwxrwx 1 root root     6 Mar 30 13:25 /sbin/mkfs.ext3 -> mke2fs
lrwxrwxrwx 1 root root     6 Mar 30 13:25 /sbin/mkfs.ext4 -> mke2fs
lrwxrwxrwx 1 root root     6 Mar 30 13:25 /sbin/mkfs.ext4dev -> mke2fs
-rwxr-xr-x 1 root root 26200 Mar 29 21:49 /sbin/mkfs.minix
lrwxrwxrwx 1 root root     7 Dec 19  2011 /sbin/mkfs.msdos -> mkdosfs
lrwxrwxrwx 1 root root     6 Mar  5  2012 /sbin/mkfs.ntfs -> mkntfs
lrwxrwxrwx 1 root root     7 Dec 19  2011 /sbin/mkfs.vfat -> mkdosfs
```

如你所見，mkfs.ext4 只是 mke2fs 的一個符號連結。如果你在系統中沒有發現某個特定的 mkfs 指令，或你在尋找某個特定的檔案系統類型相關文件，記住這點很重要。每一個檔案系統的「建立工具程式」（creation utility）都有自己的線上說明手冊，如 mke2fs(8)，在大部分情況下執行 mkfs.ext4(8) 將會重新導向到 mke2fs(8)。

4.2.3 掛載檔案系統

在 Unix 系統中，我們將掛載一個檔案系統到一台正在執行中的系統上，這個過程被稱為**掛載**（**mounting**）。系統啟動的時候，核心會根據設定的資料將 root 目錄（/）掛載到系統上。

要掛載檔案系統，你需要了解以下幾點：

- 檔案系統的設備、位置和識別碼（例如磁碟分割區——檔案系統資料存放的位置）。有些特殊用途的檔案系統是沒有位置的，像是 /proc 和 /sysfs。
- 檔案系統類型。
- **掛載點**（**mount point**），也就是目前系統目錄結構中連結到檔案系統的那個位置。掛載點是一個目錄，例如，你可以使用 /music 目錄當作掛載點，來掛載一個塞滿音樂的檔案系統。掛載點可以在系統中的任何位置，不是一定要在 / 的正下方。

掛載檔案系統時我們常這樣描述：「將 x 設備掛載到 x 掛載點。」你可以執行 `mount` 指令來查看目前檔案系統狀態，其輸出（可能會很長）應該會像下面這樣：

```
$ mount
/dev/sda1 on / type ext4 (rw,errors=remount-ro)
proc on /proc type proc (rw,noexec,nosuid,nodev)
sysfs on /sys type sysfs (rw,noexec,nosuid,nodev)
fusectl on /sys/fs/fuse/connections type fusectl (rw)
debugfs on /sys/kernel/debug type debugfs (rw)
securityfs on /sys/kernel/security type securityfs (rw)
udev on /dev type devtmpfs (rw,mode=0755)
devpts on /dev/pts type devpts (rw,noexec,nosuid,gid=5,mode=0620)
tmpfs on /run type tmpfs (rw,noexec,nosuid,size=10%,mode=0755)
--snip--
```

上面每一行對應一個已掛載的檔案系統，每一列代表的資訊如下所示：

1. 設備名稱，如 /dev/sda3。其中有一些不是真實的設備（如 `proc`），它們代表一些特殊用途的檔案系統，不需要實際的設備；
2. 單字 `on`；
3. 掛載點；
4. 單字 `type`；
5. 檔案系統類型，通常是一個比較短的識別碼（identifier）；
6. 掛載選項（使用「括號」框住的，詳見 4.2.6 節）。

如果想要手動掛載一個檔案系統，可以使用 mount 指令帶參數（檔案系統類別、設備及所需的掛載點）來掛載，如下所示：

```
# mount -t type device mountpoint
```

例如要將 /dev/sdf2 設備中找到的「第四代擴展套件檔案系統」掛載到 /home/extra，可以執行下面的指令：

```
# mount -t ext4 /dev/sdf2 /home/extra
```

一般情況下不需要指定 -t *type* 參數，因為大多數情況下 mount 指令可以自行判斷。然而有時候需要在類似的檔案系統中明確指定一個，例如不同的 FAT 檔案系統類型。

至於檔案系統的卸載（脫離），你可以使用 umount 指令，如下所示：

```
# umount mountpoint
```

你也可以直接移除設備而不是掛載點來卸載一個檔案系統。

NOTE 大部分的 Linux 系統都會有一個供臨時使用的掛載點，/mnt，一般都是拿來測試用，當你要在系統上測試的話，這個目錄非常方便。但如果是比較針對性的用途，最好還是尋找（或自行建立）其他目錄。

4.2.4 檔案系統 UUID

上一節介紹的掛載檔案系統使用的是設備名稱（device name）。然而設備名稱會根據核心發現設備的順序而改變，因此，你可以使用檔案系統的**通用唯一識別碼**（**Universally Unique Identifier**，以下簡稱 **UUID**）來掛載。UUID 是一個工業標準，利用唯一的編號來辨識電腦系統中的物件。mke2fs 這些檔案系統建立程式在初始化檔案系統資料結構時，會產生一個 UUID。

你可以使用 blkid（block ID）指令查看系統中的設備和其對應的檔案系統及 UUID：

```
# blkid
/dev/sdf2: UUID="b600fe63-d2e9-461c-a5cd-d3b373a5e1d2" TYPE="ext4"
/dev/sda1: UUID="17f12d53-c3d7-4ab3-943e-a0a72366c9fa" TYPE="ext4"
PARTUUID="c9a5ebb0-01"
```

```
/dev/sda5: UUID="b600fe63-d2e9-461c-a5cd-d3b373a5e1d2" TYPE="swap"
PARTUUID="c9a5ebb0-05"
/dev/sde1: UUID="4859-EFEA" TYPE="vfat"
```

上例中 blkid 發現了四個分割區，其中有 2 個 ext4 檔案系統、1 個 swap 分割區（見 4.3 節）以及 1 個和 FAT 相關的檔案系統。Linux 原生分割區都有標準 UUID，但是 FAT 分割區沒有。FAT 分割區可以去參考 FAT 的 volume serial number（磁碟區序號，本例中是 4859-EFEA）。

若要透過 UUID 掛載檔案系統，可以使用 mount 指令中的 UUID 選項。例如，要把上例中的「第一個檔案系統」掛載到 /home/extra，可以執行如下指令：

```
# mount UUID=b600fe63-d2e9-461c-a5cd-d3b373a5e1d2 /home/extra
```

一般來說，你在手動掛載檔案系統的時候不會使用 UUID，因為你通常會知道設備名稱，這比使用一大串編號的 UUID 來掛載要容易得多。但是理解 UUID 也非常重要，因為系統啟動時（見 4.2.8 節）傾向於使用 UUID 來自動掛載那些在 /etc/fstab 中「非 LVM」的檔案系統。此外，很多 Linux 系統使用 UUID 作為「可移除式媒體」的掛載點。上例中的 FAT 檔案系統就是在一個記憶卡上。Ubuntu 系統會在該設備插入時，將這個分割區掛載為 /media/user/4859-EFEA。udevd 常駐程式（daemon，見「第 3 章」）負責處理設備插入的初始事件。

必要時你可以更改檔案系統的 UUID（例如你將某個檔案系統整個複製過來，而現在需要區分「原本」的和「新複製」的檔案系統時）。有關更改 ext2/ext3/ext4 檔案系統的 UUID 的方式，你可以參閱 tune2fs(8) 說明手冊。

4.2.5 磁碟緩衝區、快取和檔案系統

Linux 和其他 Unix 系統一樣，將寫到磁碟的資料先寫入緩衝區。這意味著核心在處理更改請求的時候，不直接將變更寫到檔案系統，而是將變更保存到記憶體中，直到核心能夠把時間空出來將變更寫到磁碟為止。這個緩衝（buffering）機制能夠提升效能，對使用者來說也是很符合直覺的。

當你使用 umount 來卸載一個檔案系統時，核心自動和磁碟**同步**（**synchronize**），將緩衝區內所有紀錄的更動都寫入到磁碟中。另外你還

可以隨時使用 sync 指令，強制核心將緩衝區的資料寫到磁碟，預設會同步系統上的所有磁碟。如果你在關閉系統之前，由於種種原因無法卸載檔案系統，請務必先執行 sync 指令。

此外，核心會使用記憶體來自動快取從磁碟讀取的資料區塊。因而對重複存取同一個檔案的多個程序來說，核心不用反覆地讀取磁碟，而只需要從快取中讀取資料來節省時間和資源。

4.2.6 檔案系統掛載選項

有很多種方法可以更改 mount 指令的動作，通常在處理可移除式媒體和執行系統維護的時候會需要用到。你會發現，mount 的選項數量還真不少。mount(8) 說明手冊提供了詳細的參考資訊，但是你很難從中找出哪些應該掌握、哪些可以忽略。本節我們介紹一些比較有用的選項。

這些選項大致可以分為兩類：「通用類」和「檔案系統相關類」。「通用選項」一般適用於各種檔案系統類型，像是 -t 用來指定檔案系統類型，前文介紹過。「檔案系統相關選項」只對特定的檔案系統類型適用。

檔案系統相關選項使用方法是在 -o 之後加選項。例如，-o remount,rw 會將已經掛載在系統中的「唯讀檔案系統」重新掛載為「可讀寫模式的檔案系統」。

短選項（通用類型）

通用選項一般都是短選項，比較重要的有：

- **-r**：該選項以唯讀模式（read-only mode）掛載檔案系統，應用在許多場景，如開啟啟動時的防寫保護機制。在掛載唯讀設備（如 CD-ROM）的時候，可以不需要設定該選項，系統會自動設定（還會提供唯讀設備狀態）。
- **-n**：該選項確保 mount 指令不會更新系統執行時的掛載資料庫 /etc/mtab。預設情況下，當 mount 無法成功寫入這個檔案，mount 指令就會失敗。因為系統啟動時，root 分割區（存放系統掛載資料庫的地方）最開始是唯讀的，所以這個選項十分重要。在單一使用者模式下修復系統問題時，這個選項也很有用，因為系統掛載資料庫也許在那時會不可用。
- **-t**：使用方式為 -t type，該選項可以指定檔案系統類型。

長選項

類似 -r 的短選項對越來越多的掛載選項來說，明顯不夠用了，一是 26 個字母無法容納所有選項，二是單一字母很難說明選項的功能。很多通用選項和所有的檔案系統相關選項都選擇更長、更靈活的選項格式。

在命令列中使用 mount 指令搭配長選項的方法是在 -o 後面加上適當的關鍵字，再利用「逗號」區隔開來，這裡有一個使用長選項的完整範例：

```
# mount -t vfat /dev/sde1 /dos -o ro,uid=1000
```

ro 和 uid=1000 是這個範例中的兩個長選項。ro 和 -r 一樣，設定唯讀模式。uid=1000 選項則是告訴核心，檔案系統中的所有檔案都要視「使用者 ID 1000」為擁有者。

以下是比較常用的長選項：

- **exec**、**noexec**：允許和禁止在檔案系統上執行程式。
- **suid**、**nosuid**：允許和禁止 setuid 程式。
- **ro**：在唯讀模式下掛載檔案系統（同 -r）。
- **rw**：在可讀寫模式下掛載檔案系統。

NOTE Unix 和 DOS 的文字檔案有一個不同的地方，主要在於「行」（line）的結束方式。在 Unix 中，只有「換行符號」（\n，ASCII 0x0A）標示著一行的結束，DOS 則使用「在 Enter 鍵（\r，ASCII 0x0D）之後跟著換行符號」來標示一行的結束。在檔案系統這一層中，有許多自動轉換的嘗試，但這些嘗試總是有些許問題。vim 等文字編輯器可以自動檢測一個檔案的換行樣式，並適當地維護它。這樣更容易保持樣式統一。

4.2.7 重新掛載檔案系統

有時候你可能由於需要更改掛載選項，而在同一掛載點「重新掛載」檔案系統。比較常見的情況是，在從系統崩潰狀態中恢復時，你需要將唯讀檔案系統改為可寫（writable），在這種情況下，你需要在同一個掛載點將檔案系統重新連接上去（reattach）。

以下指令會將 root 目錄（/）重新掛載為可讀寫模式（你需要 -n 選項，因為 mount 指令在「root 目錄是唯讀」的情況下，無法寫入系統掛載資料庫）：

```
# mount -n -o remount /
```

該指令會假設在 /etc/fstab 中已經有正確列出 / 的設備（下一節會介紹），否則你需要用額外的選項來指定設備。

4.2.8 /etc/fstab 檔案系統表

為了在系統啟動時掛載檔案系統和降低 mount 指令的使用，Linux 系統在 /etc/fstab 中永久保存了檔案系統和選項清單。它是一個純文字檔案，格式很簡單，如清單 4-1 所示。

```
UUID=70ccd6e7-6ae6-44f6-812c-51aab8036d29 / ext4 errors=remount-ro 0 1
UUID=592dcfd1-58da-4769-9ea8-5f412a896980 none swap sw 0 0
/dev/sr0 /cdrom iso9660  ro,user,nosuid,noauto 0 0
```

清單 4-1：/etc/fstab 中的檔案系統和選項清單

其中每一行對應一個檔案系統，且每一行有 6 個欄位，從左至右分別如下所示：

- **設備或 UUID**：最新版本的 Linux 系統在 /etc/fstab 中不再使用設備名稱，而是使用 UUID。
- **掛載點**：指定掛載檔案系統的位置。
- **檔案系統類型**：你可能不認得清單中的 swap 字樣，它代表 swap 分割區（見 4.3 節）。
- **選項**：長選項，使用逗號作為分隔符號。
- **提供給 dump 指令使用的備份資訊**：dump 指令是一個早已過期的備份指令，該選項已經不再被使用，只要直接設為 0 即可。
- **檔案系統完整性測試（integrity test）順序**：為了確保 fsck 總是第一個在 root 目錄上執行，對 root 檔案系統總是將其設定為 1，硬碟或是 SSD 上的其他檔案系統則設定為 2。至於其他的檔案系統則可以使用 0 來禁止其啟動時檢查，包括像是 CD-ROM、swap 分割區和 /proc 檔案系統的唯讀設備。（更多有關 fsck 指令的討論，請參考 4.2.11 節。）

使用 mount 時，如果你操作的檔案系統在 /etc/fstab 中的話，你可以使用一些快捷方式。例如，假設你正在使用清單 4-1 中的檔案系統，並想掛載 CD-ROM，你可以直接執行 mount /cdrom。

使用以下指令，你可以同時掛載 /etc/fstab 中的所有未標識為 noauto 選項的設備：

```
# mount -a
```

清單 4-1 中有一些新選項，如 errors、noauto 和 user，因為它們只在 /etc/fstab 檔案中適用。另外，你會經常看到 defaults 選項。這些選項各自代表的意思如下所示：

- **defaults**：這個選項使用 mount 的預設值——讀寫模式、啟動設備檔案、可執行檔案、setuid 等等。如果你不想在 /etc/fstab 中對任何欄位設定「特殊值」的話，就使用這個選項。
- **errors**：這是 ext2/3/4 相關參數，用來定義核心在系統掛載出現「問題」時的行為。預設值通常是 errors=continue，意指核心應該回傳錯誤碼並且繼續執行。errors=remount-ro 是告訴核心以唯讀模式重新掛載。errors=panic 則是告訴核心（和你的系統）在掛載發生問題時停止。
- **noauto**：這個選項讓 mount -a 指令忽略該行的設備。可以使用這個選項來防止在系統啟動時掛載「可移除式設備」，如隨身碟。
- **user**：這個選項能夠讓沒有權限的使用者，對某一行設備執行 mount 指令，對於存取「可移除式媒體」這些設備來說比較方便。因為使用者可以透過其他系統在「可移除式設備」上設置一個 **setuid-root** 檔案，這個選項也同時設定 nosuid、noexec 和 nodev（用來阻止特殊的設備檔案）。請記住，對於可移除式媒體和其他一般情況來說，這個選項現在用途有限，因為大多數系統使用 udev 及其他機制來「自動掛載」插入的媒體。不過，在特殊情況下，當你想要針對「掛載特定目錄」授與控制權（grant control）時，這個選項可能很有幫助。

4.2.9 /etc/fstab 的替代方案

一直以來我們都是使用 /etc/fstab 來管理檔案系統和掛載點，但也有兩種新的方式。一種方式是 /etc/fstab.d 目錄，其中包含了各個檔案系統的設定檔案（每個檔案系統有一個檔案）。該目錄和本書中你見到的其他設定檔案目錄非常類似。

另一種方式是為檔案系統設定 **systemd unit**。我們將在「第 6 章」介紹 systemd 及其單元（unit）。不過，systemd unit 的組態設定通常是由（或基於）/etc/fstab 檔案所產生的，所以你可能會在系統中發現一些重疊的部分。

4.2.10 檔案系統容量

要查看「目前掛載的檔案系統」的大小和使用率，請使用 df 指令。輸出內容可能非常多（另外，由於一些特別的檔案系統，它一直在變長），但它應該包含你實際的儲存設備的資訊：

```
$ df
Filesystem         1K-blocks      Used  Available Use% Mounted on
/dev/sda1          214234312 127989560   75339204  63% /
/dev/sdd2            3043836      4632    2864872   1% /media/user/uuid
```

我們來看看 df 指令輸出的各個欄位的涵義：

- **Filesystem**：指檔案系統設備。
- **1k-blocks**：指檔案系統的總容量，以每區塊 1,024 位元組為單位。
- **Used**：指已經使用的容量。
- **Available**：指剩餘的容量。
- **Use%**：指已經使用容量的百分比。
- **Mounted on**：指掛載點。

NOTE 如果你無法在 df 指令的輸出中找到與「指定目錄」對應的正確行，請執行 df dir 指令，其中 dir 是你要檢視的目錄。這將輸出限制為「該目錄的檔案系統」。一個非常常見的用法是 df .，它將輸出限制為「保存當前目錄的那個設備」。

顯而易見，上例中兩個檔案系統容量大約分別為 215GB 和 3GB。然而容量資料可能看起來有些奇怪，因為 127,989,560 加 75,339,204 不等於 214,234,312，而且 127,989,560 也不是 214,234,312 的 63%。這是因為兩個檔案系統中各有「總容量的 5%」沒被計算在內，它們是隱藏的**預留區塊**（**reserved blocks**）。所以只有超級使用者在需要時，能夠在檔案系統被佔滿時，使用檔案系統中預留區塊的空間。這個特性使得磁碟空間被佔滿後，系統不會馬上崩潰。

如何取得使用空間清單？

如果你的磁碟空間滿了，你想查看哪些檔案佔用了大量空間，可以使用 du 指令。如果不帶任何參數，du 將顯示目前工作目錄結構中所有目錄的磁碟使用量。（這份清單或許會很長，如果想試試看，你可以執行 cd /; du，如果你看夠了，可以按 Ctrl-C 離開。）du -s 指令只顯示總計大小。如果想查看某個特定目錄的所有東西（檔案和子目錄），可以切換到該目錄，執行 du -s * 來查看結果，不過要記得，這個指令是不會計算到 . 目錄（dot directory）的。

NOTE POSIX 標準中定義每個區塊大小是 512 位元組。然而這對於使用者來說不容易查看，所以 df 和 du 的預設輸出是以 1,024 位元組為單位。如果你想使用 POSIX 的 512 位元組為單位，可以設定 POSIXLY_CORRECT 環境變數。也可以使用 -k 選項來特別指定使用 1,024 位元組區塊（df 和 du 均支援）。df 和 du 還有一個 -m 選項，用於以 1MB 區塊大小作為單位顯示容量，-h 則是由程式去自動判斷何種單位對於使用者來說較容易理解，這會取決於檔案系統的整體大小。

4.2.11 檢查和修復檔案系統

Unix 檔案系統透過一個複雜的資料庫機制來提供效能最佳化。為了讓各種檔案系統順暢地工作，核心必須信任「被掛載上的檔案系統」不會出錯，且儲存硬體設備也是可信賴的，因為如果出錯的話，就會導致資料遺失和系統崩潰。

除了一些硬體問題之外，檔案系統的錯誤通常是由於使用者「強行關閉」系統導致的（例如直接拔掉電源）。此時檔案系統在記憶體中的「快取」與「磁碟上的資料」有可能會有出入，或是當你在「破壞」電腦時，系統有可能正在更改檔案系統。儘管新的檔案系統支援日誌功能來防止資料損壞，你還是應該使用適當的方式來關閉系統。不論使用的檔案系統是哪一種，檔案系統檢查也是保證資料完整的必要措施。

檢查檔案系統的工具是 fsck。對於 mkfs 程式來說，fsck 對每個 Linux 支援的檔案系統類型都有一個對應版本。例如，當你在擴充套件檔案系統（ext2/ext3/ ext4）上執行 fsck 時，fsck 可以檢測到檔案系統類型，並且啟動 e2fsck 工具。所以通常你不需要自己指定 e2fsck，除非 fsck 無法識別檔案系統類型，或你正在查看 e2fsck 說明手冊。

本節中提供的資訊是針對擴充套件檔案系統和 e2fsck 的。

要在互動式手動模式（interactive manual mode）下執行 fsck，可以指定設備或掛載點（/etc/fstab 中）作為參數，如：

```
# fsck /dev/sdb1
```

WARNING 千萬不要對一個已經被掛載的檔案系統使用 fsck，因為核心在你執行檢查時有可能會更新磁碟資料，這會導致執行時資料配對錯誤，進而造成系統崩潰和檔案損壞。只有一個例外，就是你使用單一使用者將「root 目錄的分割區」以「唯讀模式」掛載時，可以在上面使用 fsck。

在手動模式下，若一切良好，fsck 會根據測試「完成（pass）的狀態」輸出很多資訊，如下所示：

```
Pass 1: Checking inodes, blocks, and sizes
Pass 2: Checking directory structure
Pass 3: Checking directory connectivity
Pass 4: Checking reference counts
Pass 5: Checking group summary information
/dev/sdb1: 11/1976 files (0.0% non-contiguous), 265/7891 blocks
```

如果 fsck 在手動模式下發現問題，會直接停止，並詢問你關於如何修復的一個問題。問題涉及檔案系統的內部結構，諸如重新連接 **inode**（它是檔案系統的基本區塊，我們將在 4.6 節介紹）、清除區塊等。如果 fsck 問你是否重新連接 inode，說明它發現了一個檔案卻找不到它的名稱。在重新連接這個檔案時，fsck 會把該檔案放到同檔案系統的 **lost+found** 目錄中，並使用「一個數字」作為檔案名稱。因為原來的檔案名稱很可能已經遺失，你會需要根據檔案內容為檔案取一個新的名字。

如果你僅僅是非正常關閉了系統，通常不需要執行 fsck 來修復檔案系統，因為 fsck 可能會需要修正非常多「不是那麼重要的錯誤」。幸好 e2fsck 有一個選項 -p 能夠在「不詢問」的情況下自動修復常見的錯誤，遇到嚴重錯誤時則會終止。實際上很多 Linux 發行版在啟動時，會執行各自的 fsck -p 版本。（你可能還見過 fsck -a，它的功能是一樣的。）

如果你覺得系統出現了一個嚴重的問題，例如硬體故障或設備設定錯誤，這時就需要仔細斟酌如何採取相應措施，因為 fsck 有可能會幫倒忙。（如果 fsck 在手動模式下向你提出許多問題，可能意味著系統出現了很嚴重的問題。）

當你認為系統真的出現了很嚴重的故障，你可以執行 fsck -n 來檢查檔案系統，同時不做任何更改。如果問題出在設備設定方面，並且你能夠修復（例如分割表中的區塊數目不正確或連接線沒插穩），那就請在執行 fsck 之前修復它，否則你有可能遺失很多資料。

如果你認為只是超級區塊被損壞了（例如有人在磁碟分割區「最開始的位置」寫入了資料），你可以使用 mkfs 建立的超級區塊備份檔案來「復原」該檔案系統。你可以執行 fsck -b num 指令，以使用「位於 num 的區塊」來替換「損壞的超級區塊」。

如果你不知道在哪裡能找到超級區塊的備份，可以執行 mkfs -n 來查看超級區塊備份編號的清單，這不會損失任何資料。（再次強調，你必須使用 -n 選項，否則真的會損壞檔案系統。）

檢查 ext3 和 ext4 檔案系統

一般情況下，你不需要手動檢查 ext3 和 ext4 檔案系統，因為日誌功能保證了資料完整性（複習一下，**日誌**（**journal**）是一種小型的資料快取機制，只是尚未寫入檔案系統中的特定位置）。如果你沒有正常關閉系統的話，日誌裡有可能會殘留資料。你可以執行以下 e2fsck 指令來將 ext3 和 ext4 檔案系統中的日誌資料寫入一般的檔案系統資料庫：

```
# e2fsck –fy /dev/disk_device
```

然而，你可能想要使用「ext2 模式」來掛載一個已損壞的 ext3 或 ext4 檔案系統，因為核心無法在日誌中有資料時掛載 ext3 和 ext4 檔案系統。

最壞的情況

面對嚴重的磁碟故障，你只剩下面這些選擇：

- 你可以使用 dd 嘗試從磁碟擷取出整個檔案系統的映像（image），然後將它轉移到另一個相同大小的磁碟分割區中。
- 你可以在唯讀模式下掛載檔案系統，然後再想辦法修復。
- 試試看使用 debugfs。

對於前兩個選項，在掛載前你還是必須先修復該檔案系統，除非你願意手動遍歷磁碟的原始資料（raw data）。如果要這樣做，你可以試著使用 fsck -y 來回答所有的 fsck 提示，不過，如果不是迫不得已，請不要使用這個方法，因為它有可能帶來更多的問題，還不如你手動回答。

debugfs 工具能夠讓你遍歷（look through）檔案系統中的檔案，並將它們複製到其他地方。預設情況下，它在唯讀模式下打開檔案系統。如果你要修復資料的話，最好確保檔案的完整性，以免讓事情變得更糟。

最壞的情況下，例如磁碟嚴重損壞並且沒有備份，你能做的真的不多，也只能向專業的資料修復服務商尋求幫助了。

4.2.12 特殊用途的檔案系統

檔案系統並不僅僅用於儲存在實體媒介上的資料。大多數 Unix 系統中，都有一些作為「系統介面」來使用的檔案系統。也就是說，檔案系統不僅僅為「在儲存設備上儲存資料」提供服務，還能夠用來表示系統資訊，如 PID 和核心診斷資訊。這個想法和 /dev 的機制類似，這是一個使用「檔案」作為 I/O 介面的早期概念。/proc 出自 research Unix 這個作業系統的第八版，由 Tom J. Killian 實作，在 Bell 實驗室（其中有很多最初的 Unix 設計者）創造出 Plan 9 之後得以加速發展。Plan 9 是一個研究用的作業系統，它將檔案系統的抽象程度提升到了一個新的高度（https://en.wikipedia.org/wiki/Plan_9_from_Bell_Labs）。

Linux 中常會用到的特殊用途檔案系統有以下類型：

- **proc**：掛載在 /proc。proc 是**程序（process）**的縮寫。/proc 目錄中的子目錄以系統中的 PID 命名，子目錄中的檔案代表的是程序的各種狀態。檔案 /proc/self 表示目前程序。Linux 系統的 proc 檔案系統包括大量的核心和硬體系統資訊，保存在像 /proc/cpuinfo 這樣的檔案中。另外值得注意的是，因為核心的設計準則已經建議將與程序無關的資訊從 /proc 移至 /sys，因此在 /proc 下的系統資訊可能不會是最即時的介面。

- `sysfs`：掛載在 /sys（在「第 3 章」已經介紹過）。
- `tmpfs`：掛載在 /run 和其他位置。透過 `tmpfs`，你可以將實體記憶體和 swap 空間作為臨時儲存。例如，你可以將 `tmpfs` 掛載到任意位置，使用 `size` 和 `nr_blocks` 長選項來設定最大容量。但是請注意不要經常隨意地將資料存放到 `tmpfs`，這樣你很容易佔滿系統記憶體，會導致程式崩潰。
- `squashfs`：一種唯讀的檔案系統，其中內容以壓縮格式儲存，並透過 loopback 設備依需求取出。 其中一個範例就是 snap 套件管理系統，該系統將套件掛載在 /snap 目錄下。
- `overlay`：將目錄合併為組合式的檔案系統。容器（container）經常使用 Overlay 檔案系統；你會在「第 17 章」看到它們是如何工作的。

4.3 swap 空間

並不是所有磁碟分割區都包含檔案系統。系統可以透過使用磁碟空間來擴充記憶體容量。如果出現記憶體空間不足的情況，Linux 虛擬記憶體系統會自動將「記憶體中的一部分程序」移出至磁碟以及從磁碟移入記憶體。我們稱其為**調換**（**swapping**），因為部分閒置中的程序被移出到磁碟，作為交換，同時磁碟中被啟動的程序會從磁碟移入到記憶體。用來保存記憶體頁面（memory page）的磁碟空間，我們稱為**調換空間**（**swap space**，或簡稱 **swap**）。

使用 `free` 指令可以顯示目前 swap 空間的使用情況（以 KB 為單位）：

```
$ free
             total        used        free
--snip--
Swap:       514072      189804      324268
```

4.3.1 使用磁碟分割區作為 swap 空間

透過以下步驟來將整個磁碟分割區作為 swap 空間：

1. 確保分割區是空的；
2. 執行 `mkswap` *dev*，其中 *dev* 是分割區的設備名稱。這個指令會在分割區上放置一個 **swap 記號**（**swap signature**），讓這個分割區成為 swap 空間（取代原本的檔案系統或其他用途）；
3. 執行 `swapon` *dev* 向核心註冊該 swap 空間。

建立 swap 分割區之後，你可以在 /etc/fstab 檔案中建立一個新的 swap 項目，這樣系統在重啟之後即可使用該 swap 空間。以下是一個項目（entry）的範例，使用 /dev/sda5 作為 swap 分割區：

```
/dev/sda5 none swap sw 0 0
```

swap 記號中也有 UUID，所以請記住，現在很多系統使用的是 UUID 而非原本的設備名稱。

4.3.2 使用檔案作為 swap 空間

如果不想重新建立磁碟的分割表或是不想新建立一個 swap 分割區的話，你可以使用一個一般的檔案作為 swap 空間，它們的效果是一樣的。

具體步驟為先建立一個空檔案，將其初始化為 swap 空間，然後將其加入 swap 共用區域（swap pool）。所用的指令如下例所示：

```
# dd if=/dev/zero of=swap_file bs=1024k count=num_mb
# mkswap swap_file
# swapon swap_file
```

這裡的 *swap_file* 是新 swap 檔案的名稱，*num_mb* 是需要的檔案大小，以 MB 為單位。

若想要從核心的啟用區域中將一個 swap 分割區移除掉，可以使用 `swapoff` 指令來刪除。但是你的系統一定要有足夠的閒置記憶體（實體或是 swap 皆可）來容納這些你剛剛移除的 swap 區域中的使用頁面。

4.3.3 你需要多大的 swap 空間

以前 Unix 系統建議將「swap 空間的大小」設定為記憶體容量的至少兩倍。如今記憶體和磁碟容量都不再是問題，因此關鍵在於我們怎樣使用系統。一方面，巨量的磁碟空間，讓我們可以分配超過兩倍記憶體的 swap 空間，另一方面，記憶體大到我們根本不需要 swap 空間。

「兩倍記憶體容量」這一規則可以追溯到多個使用者登入到一台機器的時候。但是，並非所有使用者都是活躍的，因此當活躍使用者需要更多記憶體時，最好能夠將「非活躍使用者的記憶體」調換給那些有需要的活躍使用者。

對於單一使用者系統來說，此規則仍適用。如果你在執行多個程序，可以調換掉不活躍的程序，甚至調換活躍程序中的那些不活躍部分都沒問題。如果許多活躍程序同時都需要記憶體，因而必須頻繁地使用 swap 空間，這時你會碰到非常嚴重的效能問題，因為磁碟 I/O 速度相對較慢。唯一的解決辦法就是增加更多記憶體，終止一些程序，或抱怨一下。

有時候 Linux 核心可能會為了取得更多的磁碟快取而調換出一個程序。為了防止這種情況，有些系統管理者將系統設定為不允許 swap 空間。例如，高效能網路伺服器在可能的情況下，需要盡量避免磁碟存取和 swap 空間。

NOTE 在一般系統上，設定成「沒有 swap 空間」是一件很危險的事情。如果系統耗盡了所有的實體記憶體和 swap 空間，Linux 核心會呼叫 out-of-memory（OOM）來終止一個程序以獲得一些記憶體空間。你應該不希望你電腦中的應用程式被這樣終止。另一方面，高效能伺服器有複雜的監控、備援和負載平衡系統來保證記憶體不會被完全耗盡。

我們將在「第 8 章」詳細介紹記憶體系統。

4.4 邏輯卷冊管理程式（LVM）

到目前為止，我們已經看到如何透過「分割區」直接管理和使用磁碟，指定儲存設備上「某些資料」應該存放的「某個確切位置」。你也知道，存取像是 /dev/sda1 這樣的區塊設備會根據「/dev/sda 上的分割表」而將你帶到「指定設備上的某個位置」，即使「確切位置」可能還是會留給硬體判斷。

這通常都沒問題，但它確實有一些缺點，特別是在安裝之後，如果你需要對磁碟進行更改的話。舉例來說，如果要升級磁碟，則必須安裝新磁碟、分割區、新增檔案系統，可能還需要做一些開機載入程式的更改和其他工作，最後切換到新磁碟。這個過程很容易出錯，並且需要多次重新啟動（reboot）。當你想安裝一個額外的磁碟以獲得更多容量時，情況可能更糟——在這種情況下，你必須為該磁碟上的檔案系統選擇一個新的掛載點，並希望你可以在新舊磁碟之間將所有資料進行手動的重新分配。

LVM 為了解決這些麻煩，在「檔案系統」和「實體區塊設備」中間多加了額外的一層，主要想法是你可以選擇一組**實體卷冊**（**physical volume，PV**）（一般都是區塊設備，像是磁碟的分割區），將其加入到一個**卷冊群組**（**volume group，VG**）中，它的作用就像是一個通用的資料共享區域（generic data pool），最後再從整個卷冊群組中細分出**邏輯卷冊**（**logical volume，LV**）。

圖 4-4 顯示如何將這些組成一個卷冊群組。圖中可以看到一些實體卷冊和邏輯卷冊，但很多基於 LVM 的系統只會有一個實體卷冊和兩個邏輯卷冊（用在 root 目錄和 swap）。

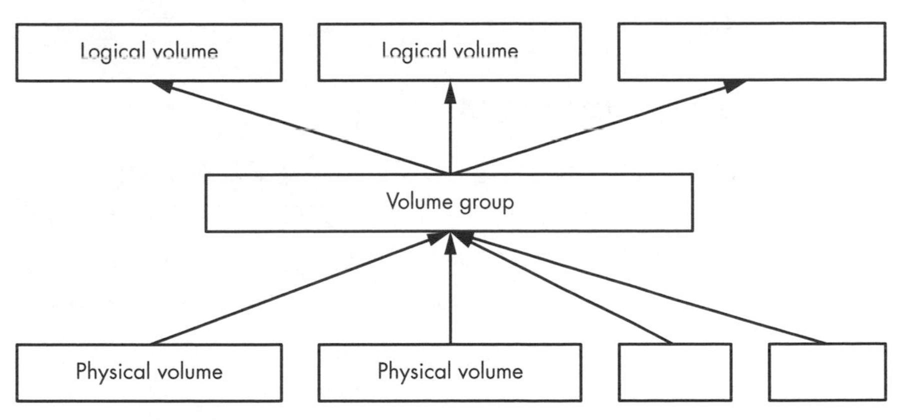

圖 4-4：實體卷冊（PV）和邏輯卷冊（LV）如何透過卷冊群組（VG）對應

邏輯卷冊就是區塊設備，一般包含檔案系統或是 swap 記號，所以你可以把「卷冊群組」和「它的邏輯卷冊」的關係想成是類似「磁碟」和「其分割區」的概念。主要的差異在於一般來說你不會在卷冊群組中定義「邏輯群組」的分區規劃——這些工作 LVM 都幫你做完了。

LVM 允許一些強大且超級有用的作業模式，像是：

- 直接新增實體卷冊（像是其他硬碟）到一個卷冊群組中，增加它的整體容量。
- 直接移除實體卷冊，只要現成有足夠的空間處理那些卷冊群組中「現有的邏輯卷冊」即可。
- 直接變更邏輯卷冊的大小（相對應的動作，就是需要使用 `fsadm` 工具程式調整檔案系統的大小）。

你可以在不重新開機的情況下完成所有這些動作，並且在大多數情況下無需卸載任何檔案系統。儘管增加新的實體磁碟可能需要關機，但是雲端運算環境通常允許你即時增加新的區塊儲存設備，這使得 LVM 成為「需要這種靈活性的系統」的絕佳選擇。

我們將適度的探索 LVM，不會有過多的細節。首先，我們將了解如何與邏輯卷冊及其元件進行互動和操作，然後我們將仔細研究「LVM 的工作原理」以及「建構它的核心驅動程式」。然而，這裡的討論對於理解本書的其餘部分並不是必要的，所以如果你覺得晦澀難懂，可以直接跳到「第 5 章」。

4.4.1 使用 LVM

LVM 有許多用於管理「卷冊」和「卷冊群組」的使用者空間工具，其中大部分是基於 `lvm` 指令，這是一種互動式的通用工具。由各自不同的指令（它們只是 LVM 的符號連結）來執行特定任務。例如，`vgs` 指令的效果，與在互動式 `lvm` 工具的 `lvm>` 提示字元下輸入 `vgs` 的效果相同，你會發現 `vgs`（通常在 /sbin 中）是 `lvm` 的符號連結。我們在本書中會使用各自獨立的指令。

在接下來的幾個小節中，我們將探索使用邏輯卷冊的系統元件。第一個範例來自標準 Ubuntu 安裝中所使用的 LVM 分割區選項，因此許多名稱將包含單字 **Ubuntu**。 但是，沒有任何技術細節是特定於該發行版的。

卷冊群組的清單與原理

剛才提到的 vgs 指令會顯示系統上目前配置的卷冊群組。輸出相當地簡潔。以下是我們的 LVM 安裝範例中可能看到的內容：

```
# vgs
  VG        #PV #LV #SN Attr   VSize   VFree
  ubuntu-vg   1   2   0 wz--n- <10.00g 36.00m
```

第一行是欄位的表頭（header），下面的每一行都會各自代表一個卷冊群組。各欄位的意義如下：

- **VG**：卷冊群組的名稱。ubuntu-vg 是一個標準名稱，這是 Ubuntu 安裝程式在幫系統設定 LVM 時所指派的。
- **#PV**：卷冊群組中儲存體所包含的實體卷冊數目。
- **#LV**：卷冊群組中所包含的邏輯卷冊數目。
- **#SN**：邏輯卷冊**快照**（snapshot）的數目。我們不會在這著墨太深。
- **Attr**：一些卷冊群組的狀態屬性（status attribute）。這裡使用的是 w（可寫入）、z（可調整大小）和 n（一般的配置規則）。
- **VSize**：卷冊群組的大小。
- **VFree**：卷冊群組中尚未被分配的空間。

卷冊群組的這個摘要對於大多數用途來說已經足夠了。如果你想更深入地了解卷冊群組，請使用 vgdisplay，這是一個了解「卷冊群組的屬性」的實用指令。下面是同一個卷冊群組使用 vgdisplay 所列出的結果：

```
# vgdisplay
  --- Volume group ---
  VG Name               ubuntu-vg
  System ID
  Format                lvm2
  Metadata Areas        1
  Metadata Sequence No  3
  VG Access             read/write
  VG Status             resizable
  MAX LV                0
  Cur LV                2
```

```
Open LV               2
Max PV                0
Cur PV                1
Act PV                1
VG Size               <10.00 GiB
PE Size               4.00 MiB
Total PE              2559
Alloc PE / Size       2550 / 9.96 GiB
Free  PE / Size       9 / 36.00 MiB
VG UUID               0zs0TV-wnT5-laOy-vJ0h-rUae-YPdv-pPwaAs
```

有些你之前已經看過了，但這邊還是說明一些新的項目：

- **Open LV**：目前正在使用的邏輯卷冊數目。
- **Cur PV**：卷冊群組所包含的實體卷冊數目。
- **Act LV**：卷冊群組中已經啟用的實體卷冊數目。
- **VG UUID**：卷冊群組的通用唯一識別碼。一個系統上可能有多個「同名」的卷冊群組；在這種情況下，UUID 可以幫助你區隔出特定的目標。大多數的 LVM 工具（例如 vgrename，它可以幫助你解決這種情況）接受 UUID 作為「卷冊群組名稱」的替代方案。請注意，你將看到許多不同的 UUID，因為 LVM 的每個組成元件都有一個 UUID。

實體表面（Physical Extent，在 vgdisplay 輸出中縮寫為 PE）是實體卷冊中的一部分，很像區塊，但規模更大。在本範例中，PE 大小為 4MB。可以看到該卷冊群組上的大多數 PE 都在使用中，但這並不會造成警告訊息，這僅僅是卷冊群組上為「邏輯分割區」分配的空間量（在這裡是檔案系統和 swap 空間），這並不代表檔案系統中的實際使用情況。

列出邏輯卷冊

和卷冊群組很像，用來列出邏輯卷冊的指令有兩個，lvs 會列出短一點的清單，而 lvdisplay 則會列出比較詳細的資訊。這裡是一個 lvs 的例子：

```
# lvs
  LV     VG        Attr       LSize   Pool Origin Data%  Meta%  Move Log Cpy%Sync Convert
  root   ubuntu-vg -wi-ao----  <9.01g
  swap_1 ubuntu-vg -wi-ao---- 976.00m
```

在最基本的 LVM 設定下，只有最前面四個欄位是比較重要的，其他欄位都是空白的，如這個範例所示（所以我們不會介紹它們）。以下是相關欄位的說明：

- **LV**：邏輯卷冊的名稱。
- **VG**：邏輯卷冊所在的卷冊群組名稱。
- **Attr**：邏輯卷冊的屬性。這邊用到的有 w（可寫入）、i（繼承配置規則）、a（啟用）和 o（開放）。在比較進階的邏輯卷冊設定中，更多選項會被啟用，特別是第一個、第七個和第九個。
- **LSize**：邏輯卷冊的大小。

執行更詳細的 lvdisplay 有助於了解該邏輯卷冊在系統中的位置。這是我們其中一個邏輯卷冊的輸出：

```
# lvdisplay /dev/ubuntu-vg/root
  --- Logical volume ---
  LV Path                /dev/ubuntu-vg/root
  LV Name                root
  VG Name                ubuntu-vg
  LV UUID                CELZaz-PWr3-tr3z-dA3P-syC7-KWsT-4YiUW2
  LV Write Access        read/write
  LV Creation host, time ubuntu, 2018-11-13 15:48:20 -0500
  LV Status              available
  # open                 1
  LV Size                <9.01 GiB
  Current LE             2306
  Segments               1
  Allocation             inherit
  Read ahead sectors     auto
  - currently set to     256
  Block device           253:0
```

這裡有很多有趣的東西，其中大部分都是不言自明的（請注意，「邏輯卷冊的 UUID」與「其卷冊群組的 UUID」不同）。或許你還沒有看過的，也是最重要的東西，就是第一個：LV Path，邏輯卷冊設備的路徑名稱。一些系統（但不是全部）使用它作為檔案系統或 swap 空間的掛載點（在 systemd 的 mount unit（掛載單元）或 /etc/fstab 中）。

儘管你可以看到邏輯卷冊的「區塊設備」的主要和次要設備編號（此處為 253 和 0），以及看起來像設備路徑的東西，但它實際上並不是核心使用的路徑。很快地看一下 /dev/ubuntu-vg/root ，就可以發現還有其他事情正在發生：

```
$ ls -l /dev/ubuntu-vg/root
lrwxrwxrwx 1 root root 7 Nov 14 06:58 /dev/ubuntu-vg/root -> ../dm-0
```

你可以看到這只是 /dev/dm-0 的一個符號連結。我們很快地看一下這是怎麼回事吧。

使用邏輯卷冊設備

一旦 LVM 在你的系統上設定完成，邏輯卷冊的區塊設備就會準備好，放在 /dev/dm-0、/dev/dm-1 等等，並且可以按照任何順序排列。由於這些設備名稱的不可預測性，LVM 還會根據卷冊群組和邏輯卷冊的名稱建立具有「穩定名稱」的設備的符號連結，在上一節中我們也看到了 /dev/ubuntu-vg/root 這個例子。

在大多數的實作中，還會有一個放置符號連結的位置：/dev/mapper。這個目錄中的名稱格式也是基於卷冊群組和邏輯卷冊，但沒有目錄層次結構，反倒是這些連結的名稱會類似於 ubuntu--vg-root。在這裡，udev 會將卷冊群組中的「單破折號」轉換為「雙破折號」，然後用「單破折號」分隔卷冊群組和邏輯卷冊的名稱。

許多系統在它們的 /etc/fstab、systemd 和開機載入程式的設定中採用「/dev/mapper 中的連結」，以便將系統指向用於檔案系統和 swap 空間的邏輯卷冊。

任何情況下，這些符號連結都會指向邏輯卷冊的區塊設備，你可以像處理任何其他區塊設備一樣與它們互動：建立檔案系統、建立 swap 分割區等等。

NOTE 如果你稍微看一下 /dev/mapper，你會發現一個叫做 control 的檔案。你或許會對這個檔案感到好奇。或許你也會好奇，為何真正的區塊設備檔案會以 dm- 作為開頭。這些都符合 /dev/mapper 的機制嗎？我們會在本章的結尾點出這些問題。

使用實體卷冊

最後要檢視 LVM 的主要部分是**實體卷冊**（**physical volume，PV**）。卷冊群組由一個或多個 PV 建構而成。雖然 PV 看起來像是 LVM 系統一個很基本的元件，但它包含的訊息比表面上看到的要多一些。與卷冊群組和邏輯卷冊非常相似，用於查看 PV 的 LVM 指令是 pvs（用於簡短清單）和 pvdisplay（用於更深入的查看）。這是我們範例系統上 pvs 的顯示結果：

```
# pvs
  PV         VG        Fmt  Attr PSize   PFree
  /dev/sda1  ubuntu-vg lvm2 a--  <10.00g 36.00m
```

下面是 pvdisplay 的結果：

```
# pvdisplay
  --- Physical volume ---
  PV Name               /dev/sda1
  VG Name               ubuntu-vg
  PV Size               <10.00 GiB / not usable 2.00 MiB
  Allocatable           yes
  PE Size               4.00 MiB
  Total PE              2559
  Free PE               9
  Allocated PE          2550
  PV UUID               v2Qb1A-XC2e-2G4l-NdgJ-lnan-rjm5-47eMe5
```

前面我們已經討論過卷冊群組和邏輯卷冊，你應該能夠理解這份輸出的大部分內容。這邊只補充一些要點：

- 除了區塊設備之外，PV 沒有特殊的名稱，因為沒有必要——參照一個邏輯卷冊所需的所有名稱，都在卷冊群組層級及更高層。但是，PV 確實有一個 UUID，它是組成卷冊群組所必需的。
- 在這個例子中，PE 的數量與（我們之前看到的）卷冊群組中的使用情況是符合的，因為這是群組中唯一的 PV。
- 有一小部分的空間會被 LVM 標記為不可使用，因為它不足以填滿一個完整的 PE。
- pvs 輸出的屬性（Attr）中的 a，對應 pvdisplay 輸出中的 Allocatable，簡單來說，就是如果要為卷冊群組中的一個邏輯卷冊分配空間的話，

LVM 可以選擇使用這個 PV。但是，在這個例子中，只有 9 個未分配的 PE（總共 36MB），因此可用於新邏輯卷冊的空間並不多。

如上所述，PV 包含的不僅僅是它們自己對卷冊群組所貢獻的資訊。每個 PV 也都含有**實體卷冊詮釋資料（physical volume metadata）**，這是關於其卷冊群組及其邏輯卷冊的豐富資訊。我們將很快會看到 PV 詮釋資料，但首先讓我們取得一些實作的經驗，看看我們如何將所學的內容整合在一起。

建構一個邏輯卷冊系統

讓我們看看一個範例：如何從兩個磁碟設備中建立一個新的卷冊群組和一些邏輯卷冊。我們將兩個 5GB 和 15GB 的磁碟設備組合成一個卷冊群組，然後把這個空間分成兩個各為 10GB 的邏輯卷冊——如果沒有 LVM，這幾乎是不可能完成的任務。這裡的範例是使用 VirtualBox 磁碟。儘管在任何現代的系統上容量都非常小，但它們足以用來解釋。

圖 4-5 顯示了卷冊的架構圖。新的磁碟位於 /dev/sdb 和 /dev/sdc，新的卷冊群組稱為 `myvg`，兩個新的邏輯卷冊稱為 `mylv1` 和 `mylv2`。

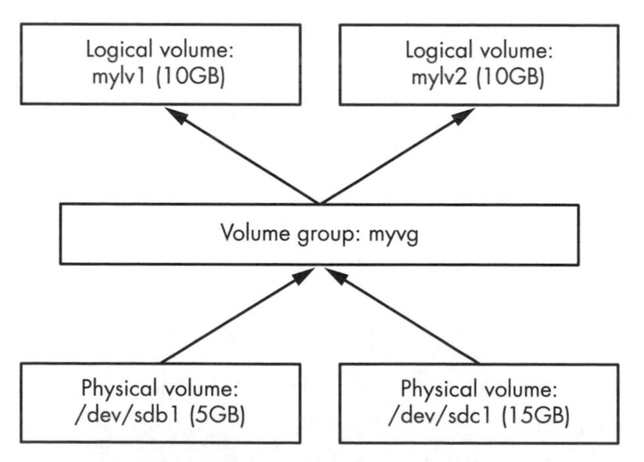

圖 4-5：建構一個邏輯卷冊系統（logical volume system）

首要工作就是在每個磁碟上用單一分割區的方式建立分割表，再標註為 LVM。這件事情可以交由「分割區程式」處理（參考 4.1.2 節），分割區類型（partition type）的編號使用 `8e`，這樣分割表看起來應該像這樣：

```
# parted /dev/sdb print
Model: ATA VBOX HARDDISK (scsi)
```

```
Disk /dev/sdb: 5616MB
Sector size (logical/physical): 512B/512B
Partition Table: msdos
Disk Flags:

Number  Start   End     Size    Type     File system  Flags
 1      1049kB  5616MB  5615MB  primary               lvm
# parted /dev/sdc print
Model: ATA VBOX HARDDISK (scsi)
Disk /dev/sdc: 16.0GB
Sector size (logical/physical): 512B/512B
Partition Table: msdos
Disk Flags:

Number  Start   End     Size    Type     File system  Flags
 1      1049kB  16.0GB  16.0GB  primary               lvm
```

其實不一定要為了做成 PV 而在磁碟中做分割區。PV 可以是任何型態的區塊設備，所以也可以是整個硬碟設備，像是 /dev/sdb。不過，分割區可以支援「從磁碟開機」，它也提供一種「將區塊設備辨識為 LVM 實體卷冊」的方法。

建立實體卷冊和一個卷冊群組

有了 /dev/sdb1 和 /dev/sdc1 這兩個新分割區，LVM 的第一步就是將其中一個分割區指定為 PV，並將其分配給新的卷冊群組。一個單一指令 vgcreate 便可以執行此任務。以下範例展示，如何建立一個取名為 myvg 的卷冊群組，並使用 /dev/sdb1 作為初始 PV：

```
# vgcreate myvg /dev/sdb1
  Physical volume "/dev/sdb1" successfully created.
  Volume group "myvg" successfully created
```

NOTE 你也可以將步驟分開操作，先利用 pvcreate 指令建立一個 PV。不過，如果當時沒有任何內容，vgcreate 會直接在分割區上執行這個步驟。

目前大部分的系統都會自動偵測新的卷冊群組；我們也可以執行像是 vgs 的指令來確認（要記得的是，除了你剛剛才建立好的之外，在你的系統上可能已經有現成的卷冊群組）：

```
# vgs
  VG    #PV #LV #SN Attr   VSize  VFree
  myvg   1   0   0 wz--n- <5.23g <5.23g
```

NOTE 如果你沒有看到新的卷冊群組，請先試著執行 pvscan。因為如果你的系統不會自動偵測 LVM 的變更，這時你就需要在每次更改 LVM 後執行 pvscan。

現在你可以將 /dev/sdc1 加到卷冊群組作為第二個 PV，這時使用 vgextend 指令：

```
# vgextend myvg /dev/sdc1
  Physical volume "/dev/sdc1" successfully created.
  Volume group "myvg" successfully extended
```

再次執行 vgs，現在你可以看到兩個 PV 了，而且這個大小會是這兩個分割區加總的結果：

```
# vgs
  VG     #PV #LV #SN Attr   VSize   VFree
  my-vg   2   0   0 wz--n- <20.16g <20.16g
```

建立邏輯卷冊

區塊設備這一層的最後一步是建立邏輯卷冊。像剛剛提到的，我們將建立兩個各為 10GB 的邏輯卷冊，但讀者其實可以隨意嘗試其他可能性，例如一個大的邏輯卷冊或多個較小的邏輯卷冊。

lvcreate 指令在卷冊群組中會配置一個新的邏輯卷冊。建立「簡易邏輯卷冊」唯一真正複雜的點是：當每個卷冊群組中有多個邏輯卷冊時應如何定義大小，以及指定邏輯卷冊的類型。請記住，PV 會被分為多個表面（Extent）；可用的 PE 數量可能與你所需的大小**不完全一致**，但是也應該足以接近你所需的大小，這樣可以避免引起一些顧慮，所以如果這是你第一次使用 LVM，你不必太關心 PE。

使用 lvcreate 指令時，你可以使用 --size 選項，透過「以位元組為單位的數字」來指定邏輯卷冊大小，或者使用 --extents 選項，透過「PE 的數量」來指定邏輯卷冊的大小。

因此，為了理解這是如何運作的，並完成圖 4-5 的 LVM 架構圖，我們將使用 `--size` 建立名為 `mylv1` 和 `mylv2` 的邏輯卷冊：

```
# lvcreate --size 10g --type linear -n mylv1 myvg
  Logical volume "mylv1" created.
# lvcreate --size 10g --type linear -n mylv2 myvg
  Logical volume "mylv2" created.
```

範例中的類型（type）是線性對應（linear mapping），這是當你不需要過多或任何其他特殊功能時最簡單的類型（我們不會在本書中使用任何其他類型）。在這裡，`--type linear` 是可有可無的，因為它是預設的對應方式（default mapping）。

執行這些指令後，使用 `lvs` 指令來驗證邏輯卷冊是否存在，然後使用 `vgdisplay` 仔細查看卷冊群組目前的狀態：

```
# vgdisplay myvg
  --- Volume group ---
  VG Name               myvg
  System ID
  Format                lvm2
  Metadata Areas        2
  Metadata Sequence No  4
  VG Access             read/write
  VG Status             resizable
  MAX LV                0
  Cur LV                2
  Open LV               0
  Max PV                0
  Cur PV                2
  Act PV                2
  VG Size               20.16 GiB
  PE Size               4.00 MiB
  Total PE              5162
  Alloc PE / Size       5120 / 20.00 GiB
  Free  PE / Size       42 / 168.00 MiB
  VG UUID               1pHrOe-e5zy-TUtK-5gnN-SpDY-shM8-Cbokf3
```

可以注意到這邊有 42 個閒置的 PE，因為我們為「邏輯卷冊」選擇使用的大小，並沒有用掉「卷冊群組」中所有的可用表面（Extent）。

邏輯卷冊操作：建立分割區

有了可用的新邏輯卷冊後，你現在可以使用它們，只要先把檔案系統放在設備上，並像任何一般磁碟分割區一樣掛載到系統上。如前所述，在 /dev/mapper 中以及在（本例的）卷冊群組的 /dev/myvg 目錄中，會產生「符號連結」對應到這些設備。因此，舉例來說，你可以執行以下三個指令來建立檔案系統，臨時將它掛載上去，然後查看邏輯卷冊上有多少實際空間：

```
# mkfs -t ext4 /dev/mapper/myvg-mylv1
mke2fs 1.44.1 (24-Mar-2018)
Creating filesystem with 2621440 4k blocks and 655360 inodes
Filesystem UUID: 83cc4119-625c-49d1-88c4-e2359a15a887
Superblock backups stored on blocks:
        32768, 98304, 163840, 229376, 294912, 819200, 884736, 1605632
Allocating group tables: done
Writing inode tables: done
Creating journal (16384 blocks): done
Writing superblocks and filesystem accounting information: done
# mount /dev/mapper/myvg-mylv1 /mnt
# df /mnt
Filesystem             1K-blocks  Used Available Use% Mounted on
/dev/mapper/myvg-mylv1  10255636 36888   9678076   1% /mnt
```

移除邏輯卷冊

我們還沒有看到另一個邏輯卷冊 mylv2 上的任何操作，所以讓我們用它來使這個範例更有趣吧。假設你發現你並沒有真正需要用到第二個邏輯卷冊，所以決定刪除它，並調整第一個邏輯卷冊的大小，以接管卷冊群組上的剩餘空間。圖 4-6 顯示了我們想要達到的目標。

假設你已經從「要刪除的邏輯卷冊」上移動或備份了任何重要內容，並且目前的系統沒有使用它（也就是說，你已卸載它），那麼首先使用 `lvremove` 刪除它。使用這個指令操作邏輯卷冊時，你將使用比較不同的語法指引它們——藉由「斜線」（`myvg/mylv2`）來區隔卷冊群組和邏輯卷冊的名稱：

```
# lvremove myvg/mylv2
Do you really want to remove and DISCARD active logical volume myvg/
mylv2? [y/n]: y
  Logical volume "mylv2" successfully removed
```

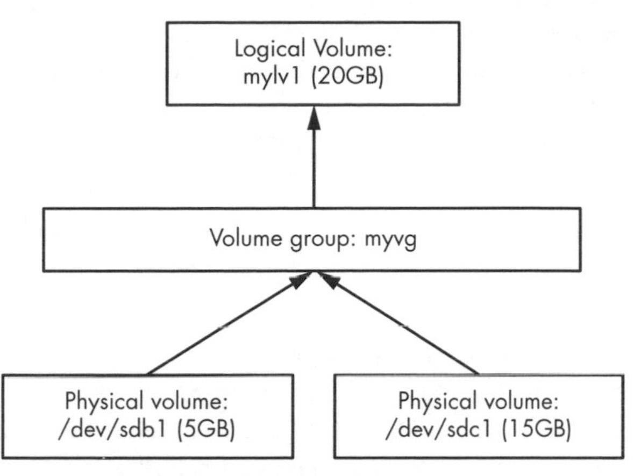

圖 4-6：重新調整邏輯卷冊後的結果

WARNING 當你執行 `lvremove` 時要十分小心，因為到目前為止你還沒有將這種語法與其他 LVM 指令一起使用，所以可能會不小心誤用到「空格」而不是「斜線」。如果你在這種特殊情況下犯了這個錯誤，`lvremove` 會認為你要「刪除」卷冊群組 `myvg` 和 `mylv2` 上的所有邏輯卷冊。（你幾乎可以肯定沒有「名為 `mylv2` 的卷冊群組」，但這不是目前最大的問題。）因此，如果你不注意，就可能會刪除掉卷冊群組上的所有邏輯卷冊，而不僅僅是其中一個。

觀察這次的互動過程，你可以看出來，`lvremove` 試圖透過仔細確認「你是否確定要刪除」這些指定刪除的邏輯卷冊，來保護你免受錯誤的影響。它也不會嘗試刪除正在使用的卷冊。但有一點要注意，千萬不要假設「任何問題的回答」都是 `y`。

重新定義邏輯卷冊和檔案系統的大小

現在你可以調整第一個邏輯卷冊 `mylv1` 的大小了，即便卷冊是正在使用中，且它的檔案系統已被掛載，在這樣的情況下，你還是可以這樣做。然而，重點是了解這邊有兩個步驟。要使用更大的邏輯卷冊，你需要調整邏輯卷冊本身**以及**其中檔案系統的大小（也可以在掛載時這樣做）。但因為這是一個非常常見的操作，所以調整邏輯卷冊大小的 `lvresize` 指令中有一個選項（`-r`），它也可以為你執行檔案系統大小的調整。

僅用於說明，讓我們使用兩個各別的指令來看看這是如何運作的。有幾種方法可以指定邏輯卷冊的大小變化，但在這裡，最直接的方法是把「卷冊群組中的所有閒置 PE」新增到邏輯卷冊。回想一下，你可以使用 `vgdisplay` 找到該數字；在我們的執行範例中，它是 2,602。這是把所有這些 PE 新增到 `mylv1` 的 `lvresize` 指令：

```
# lvresize -l +2602 myvg/mylv1
  Size of logical volume myvg/mylv1 changed from 10.00 GiB (2560
extents) to 20.16 GiB (5162 extents).
  Logical volume myvg/mylv1 successfully resized.
```

現在你需要重新定義內部檔案系統的大小。你可以使用 `fsadm` 指令。觀察這個指令的詳細資訊（使用 `-v` 選項）應該會蠻有趣的：

```
# fsadm -v resize /dev/mapper/myvg-mylv1
fsadm: "ext4" filesystem found on "/dev/mapper/myvg-mylv1".
fsadm: Device "/dev/mapper/myvg-mylv1" size is 21650997248 bytes
fsadm: Parsing tune2fs -l "/dev/mapper/myvg-mylv1"
fsadm: Resizing filesystem on device "/dev/mapper/myvg-mylv1" to 21650997248
bytes (2621440 -> 5285888 blocks of 4096 bytes)
fsadm: Executing resize2fs /dev/mapper/myvg-mylv1 5285888
resize2fs 1.44.1 (24-Mar-2018)
Filesystem at /dev/mapper/myvg-mylv1 is mounted on /mnt; on-line resizing
required
old_desc_blocks = 2, new_desc_blocks = 3
The filesystem on /dev/mapper/myvg-mylv1 is now 5285888 (4k) blocks long.
```

從輸出中可以看出，`fsadm` 只是一個 script（腳本），它知道如何將其參數轉換為指定檔案系統工具（如 `resize2fs`）使用的參數。預設情況下，如果你不指定大小，它會簡單地調整大小以適應整個設備。

現在你已經學會調整卷冊大小了，很有可能你正在尋找捷徑。更簡單的方法是對大小使用不同的語法，並讓 `lvresize` 為分割區大小進行調整，這樣使用一行指令即可：

```
# lvresize -r -l +100%FREE myvg/mylv1
```

如果還可以在掛載時擴增 ext2/ext3/ext4 檔案系統，那就太好了。不幸的是它不能反過來工作。當檔案系統被掛載時，你**不能**縮小它。你不僅必須卸載檔案系統，而且「縮小邏輯卷冊的過程」需要執行相反的步驟。因此，當手動調整大小時，你需要在邏輯卷冊之前調整分割區的大小，以確保「新的邏輯卷冊大小」仍然足夠包含檔案系統。同樣地，將 `lvresize` 與 `-r` 選項一起使用要**容易**得多，這樣它就可以為你協調「檔案系統」和「邏輯卷冊」的大小。

4.4.2 實作 LVM

在介紹了 LVM 更實用的操作基礎知識之後，我們現在可以簡單了解一下它的實作方式。與本書中幾乎所有其他主題一樣，LVM 包含許多層（layer）和元件（component），在核心和使用者空間的部分之間，有相當謹慎的隔離。

正如你很快就會看到的，透過尋找 PV 來發現卷冊群組和邏輯卷冊的結構是有些複雜，Linux 核心寧願不處理任何一個，因為沒有任何理由讓這些事情發生在核心空間。PV 只是區塊設備，使用者空間也可以隨機存取區塊設備。事實上，LVM（更具體地說，是目前系統中的 LVM2）本身只是一套了解「LVM 結構」的使用者空間工具程式的名稱。

另一方面，核心會處理這件事：將「邏輯卷冊區塊設備上的位置請求」導向「實際設備上的真實位置」。負責這件事的驅動程式是**裝置映射**（**device mapper**，有時被簡稱為 **devmapper**），這是一個夾在「普通區塊設備」和「檔案系統」之間新的一層。顧名思義，「裝置映射」執行的任務就像是跟隨地圖一樣；你幾乎可以將其視為將「街道地址」轉換為「絕對位置」，例如全球緯度／經度坐標。（這是一種虛擬化形式；我們將在本書其他地方看到的虛擬記憶體也是基於類似的概念。）

在「LVM 使用者空間工具」與「裝置映射」之間有一些 glue（膠水）：一些在使用者空間中執行以管理「核心中 device map」的實用工具程式。讓我們看看 LVM 端和核心端，從 LVM 開始吧。

LVM 工具程式和掃描實體卷冊

在做任何事之前，一個 LVM 工具程式必須先透過掃描（scan）可用的區塊設備來找到 PV。這些 LVM 在使用者空間中必須要執行的步驟，大致如下所示：

1. 尋找系統中所有的 PV；
2. 透過 UUID（這些資訊在 PV 中）來尋找這些 PV 所屬的卷冊群組；
3. 確認所有事情都已經完成（也就是說，屬於卷冊群組的「所有必要的 PV」都已經出現了）；
4. 尋找卷冊群組中所有的邏輯卷冊；
5. 搞清楚整個架構，確定「從 PV 到邏輯卷冊」之間的資料對應都沒有問題。

每個 PV 的開頭都有一個表頭，用於識別「卷冊」及其「卷冊群組」和其中的「邏輯卷冊」。LVM 的工具程式可以把這些訊息放在一起，並確定卷冊群組（及其邏輯卷冊）所需的「所有 PV」是否都出現了。如果一切順利，LVM 可以將訊息傳遞給核心。

NOTE 如果你對「PV 上的 LVM 表頭資訊」有興趣，你可以執行以下的指令：

```
# dd if=/dev/sdb1 count=1000 | strings | less
```

在這個範例中，我們使用 /dev/sdb1 作為 PV。不要指望這個輸出會很漂亮，但顯示出來的都會是 LVM 所需要的資訊。

任何的 LVM 工具程式，像是 `pvscan`、`lvs` 或是 `vgcreate`，都有能力去執行掃描和處理 PV 的工作。

裝置映射（裝置對應）

在 LVM 從「PV 上的所有表頭資訊」中確定「邏輯卷冊的結構」之後，它會與核心中「裝置映射的驅動程式」溝通，以便為邏輯卷冊「初始化」這些區塊設備，並載入它們的映射表（mapping table）。它透過 /dev/mapper/control 設備檔案上的 ioctl(2) 系統呼叫（一個蠻常用的核心介面）來實現這一點。嘗試監視這種互動並不實際，但可以使用 `dmsetup` 指令查看較詳細的結果。

若你想要列出所有「裝置映射」目前服務中的映射設備（mapped device）清單，可以使用 `dmsetup info` 指令。在下面的範例中，可以看到我們之前在這章中建立的邏輯卷冊：

```
# dmsetup info
Name:              myvg-mylv1
State:             ACTIVE
Read Ahead:        256
Tables present:    LIVE
Open count:        0
Event number:      0
Major, minor:      253, 1
Number of targets: 2
UUID: LVM-1pHrOee5zyTUtK5gnNSpDYshM8Cbokf3OfwX4T0w2XncjGrwct7nwGhpp7l7J5aQ
```

設備的主要和次要編號對應的是「映射設備的 /dev/dm-* 設備檔案」；這個裝置映射的主要編號為 253。由於次要編號為 1，因此設備檔案的名稱為 /dev/dm-1。請注意，核心有「一個名稱」和「另一個映射設備的 UUID」，是由 LVM 提供這些給核心的（核心 UUID 只是卷冊群組和邏輯卷冊 UUID 的結合）。

NOTE 還記得長得像這樣的符號連結嗎（/dev/mapper/myvg-mylv1）？這些是由 udev 產生的，為了回應那些來自裝置映射的新設備，我們可以在 3.5.2 節中看到所套用的規則檔案。

你還可以發出指令 `dmsetup table`，去檢視 LVM 提供給裝置映射的清單。下面是我們之前的範例，當有兩個 10GB 邏輯卷冊（`mylv1` 和 `mylv2`）被規劃為 5GB（/dev/sdb1）和 15GB（/dev/sdc1）這兩個實體卷冊時的結果：

```
# dmsetup table
myvg-mylv2: 0 10960896 linear 8:17 2048
myvg-mylv2: 10960896 10010624 linear 8:33 20973568
myvg-mylv1: 0 20971520 linear 8:33 2048
```

每一行都為指定的映射設備提供了一段對應資訊。對於設備 `myvg-mylv2`，有兩個部分，對於 `myvg-mylv1`，有一個部分。名稱後的欄位（field）依次為：

1. 映射設備的起始位移量（start offset）。這些單位都是 512 位元組的「磁區」（sector），或是你在許多其他設備中看到的正常區塊大小；
2. 這一段的長度；
3. 對應結構的說明。這裡使用的是一對一的線性結構；
4. 來源設備（source device）的主要和次要設備編號，也就是 LVM 所謂的實體卷冊。這邊的 8:17 是 /dev/sdb1，而 8:33 是 /dev/sdc1；
5. 來源設備上的起始位移量。

在這個範例中，有一個有趣的地方值得大家參考：LVM 選擇將我們建立的第一個邏輯卷冊（`mylv1`）分配在 /dev/sdc1 的空間，且 LVM 決定要以「連續的方式」規劃第一個 10GB 邏輯卷冊，而這樣做的唯一方法就是使用 /dev/sdc1（因為 sdb1 小於 10GB）。但是在建立第二個邏輯卷冊（`mylv2`）

時，LVM 沒有辦法這樣做，只能將其分成兩個區段（segment），讓其跨越兩個 PV。圖 4-7 呈現了這種規劃方式。

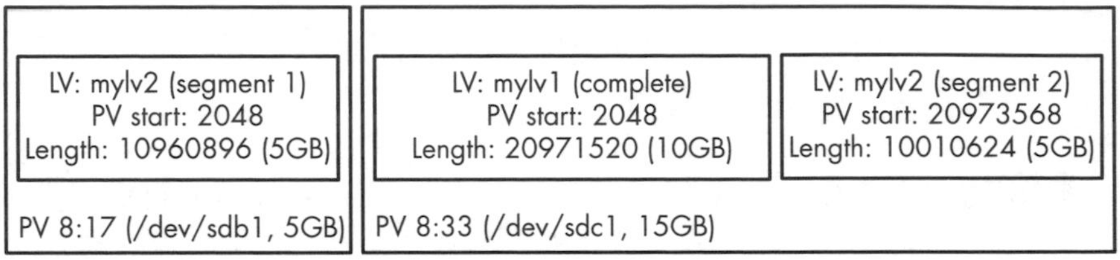

LV: mylv2 (segment 1)
PV start: 2048
Length: 10960896 (5GB)
PV 8:17 (/dev/sdb1, 5GB)

LV: mylv1 (complete)
PV start: 2048
Length: 20971520 (10GB)

LV: mylv2 (segment 2)
PV start: 20973568
Length: 10010624 (5GB)
PV 8:33 (/dev/sdc1, 15GB)

圖 4-7：LVM 如何規劃 mylv1 和 mylv2

我們可以再進一步看到，當我們移除 `mylv2` 並延伸 `mylv1` 以接續卷冊群組中的剩餘空間時，PV 中的「原始起始位移量」仍然保持在 /dev/sdc1 上的原本位置，但其他所有內容都被更改了，包括 PV 剩下的空間：

```
# dmsetup table
myvg-mylv1: 0 31326208 linear 8:33 2048
myvg-mylv1: 31326208 10960896 linear 8:17 2048
```

透過圖 4-8 可以清楚看出新的規劃。

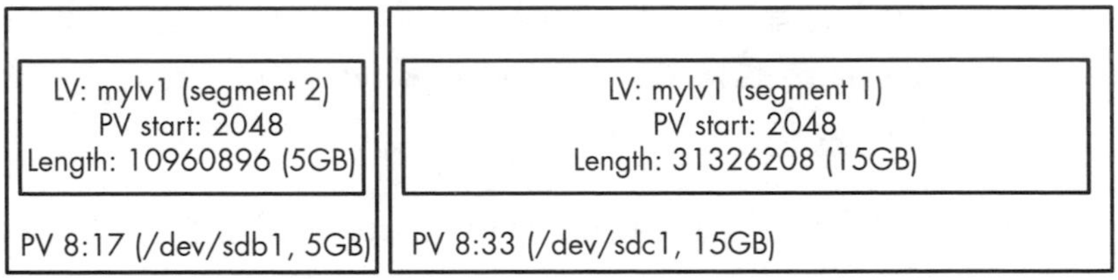

LV: mylv1 (segment 2)
PV start: 2048
Length: 10960896 (5GB)
PV 8:17 (/dev/sdb1, 5GB)

LV: mylv1 (segment 1)
PV start: 2048
Length: 31326208 (15GB)
PV 8:33 (/dev/sdc1, 15GB)

圖 4-8：移除（remove）mylv2 以及延伸（expand）mylv1 後的新規劃

你可以使用虛擬機器，隨心所欲地嘗試使用邏輯卷冊和裝置映射，並查看映射結果如何。許多功能，諸如「軟體 RAID」和「加密磁碟」這一類的功能，都建立在裝置映射上。

4.5 學習前導：磁碟和使用者空間

對於 Unix 系統上那些磁碟相關的元件，我們很難界定使用者空間和核心空間的邊界。如你所見，「核心」處理設備上的原始區塊 I/O，「使用者空間中的工具程式」則可以透過設備檔案來使用區塊 I/O。然而，使用者空間通常只利用區塊 I/O 做一些初始化操作，例如分割區、建立檔案系統、建立 swap 分割區等等。一般情況下，使用者空間只能在區塊 I/O 基礎上使用核心提供的檔案系統支援。類似地，核心在虛擬記憶體系統中處理 swap 空間時，也負責處理大部分繁瑣的細節。

本章後面的內容將簡單介紹 Linux 檔案系統的內部結構。這些內容主要針對進階使用者，不影響普通讀者的閱讀。如果這是你第一次閱讀這本書，你可以直接跳到下一章學習 Linux 的啟動。

4.6 深入傳統檔案系統

傳統的 Unix 檔案系統有兩個基礎元件：一個用來儲存資料的資料區塊空間和一個用來管理資料空間的資料庫系統。這個資料庫是 inode 資料結構的核心。inode 是一組描述檔案的資料，包括檔案類型、權限，以及最重要的一點，即檔案資料所在的資料空間（data pool）。inode 在 inode 表中以數字的形式表示。

檔案名稱和目錄也是透過 inode 來實作的。目錄的 inode 包含一個檔案名稱清單以及指向其他 inode 的連結。

為了方便舉例，我們來建立一個新的檔案系統，掛載它，並切換到掛載點目錄。然後加入一些檔案和目錄（你可以在一個隨身碟上來做實驗）：

```
$ mkdir dir_1
$ mkdir dir_2
$ echo a > dir_1/file_1
$ echo b > dir_1/file_2
$ echo c > dir_1/file_3
$ echo d > dir_2/file_4
$ ln dir_1/file_3 dir_2/file_5
```

這裡我們建立了一個實體連結（hard link）dir_2/file_5，指向 dir_1/file_3，它們實際上代表的是同一個檔案（稍後詳述）。你可以自己試試看，這步驟並不需要在新的檔案系統上使用。

如果你想看看這個檔案系統的目錄結構，結果會如圖 4-9 所示。

NOTE 當你在自己的系統上測試時，inode 編號應該會這裡的不一樣，尤其是當你在「現有的檔案系統」下執行這些指令來產生檔案和目錄的話。但其實「實際的數字」是多少並不重要，它只是對應到所要指定的資料。

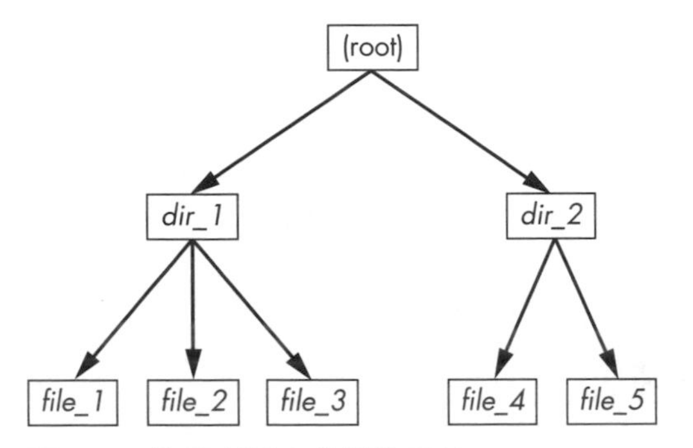

圖 4-9：使用者眼中的檔案系統

檔案系統實際上就是一組 inode，如圖 4-10 所示，其佈局格式看起來並不像使用者層級的那麼整齊。

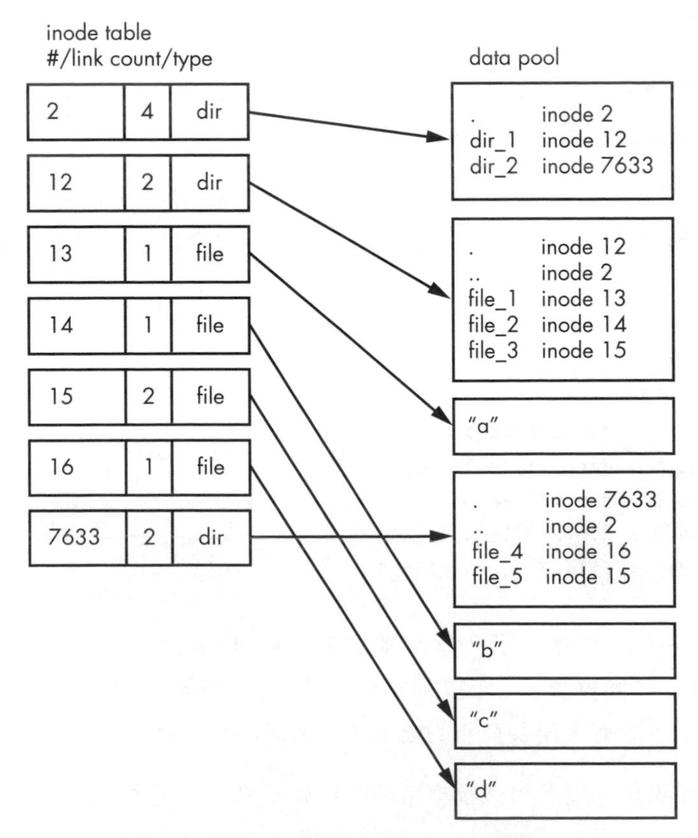

圖 4-10：圖 4-9 對應的檔案系統的 inode 結構

我們如何來理解這張圖呢？對 ext2/3/4 檔案系統來說，是從 inode 2 開始，編號為 2 的 inode 是 **root inode**（不要和檔案系統中的 root（/）搞混）。從圖 4.10 的 inode 表中可以看出，它是一個目錄 inode（即 dir）。如果跟隨箭頭到資料空間（data pool），我們可以看到 root 目錄的內容：dir_1 和 dir_2 兩個項目分別對應 inode 12 和 7633。我們也可以回到 inode 表查看這兩個 inode 的詳細內容。

核心會採取以下步驟來檢視檔案系統中的 dir_1/file_2：

1. 定義路徑部分，即目錄 dir_1 和後面的 file_2；
2. 透過 root inode 找到它的目錄資料；
3. 在 inode 2 的目錄資料中找到 dir_1，它指向 inode 12；
4. 在 inode 表中尋找 inode 12，並驗證它是一個目錄；
5. 透過 inode 12 的資料連結到它的目錄資訊（在資料空間中的第二個框框）；
6. 在 inode 12 的目錄資料中，定位該路徑的第二個元件（file_2），該項目會指向 inode 14；
7. 在目錄表中尋找 inode 14，它是一個檔案 inode。

至此，核心理解該檔案的屬性，可以透過 inode 14 的資料連結（data link）打開它了。

透過這種方式，inode 指向目錄資料結構，目錄資料結構也指向 inode，這樣你可以根據自己的習慣建立檔案系統結構。另外請注意目錄 inode 中包含了 .（目前目錄）和 ..（父目錄；root 除外）這兩個項目，讓你能夠輕鬆地在目錄結構中瀏覽。

4.6.1 查看 inode 細節和連結計數

我們可以使用指令 `ls -i` 來查看目錄的 inode 編號。在這個例子中我們可以從 root 得到這樣的結果（可以使用 `stat` 指令來查看更詳細的 inode 資訊）：

```
$ ls -i
  12 dir_1  7633 dir_2
```

你或許會對 inode 表中的**連結計數**（**link count**）數字感到好奇。你可能已經在 `ls -l` 指令的結果中見過，但忽略了連結計數這個資訊。圖 4-9 中連結計數和檔案有何關係呢，特別是實體連結 file_5？連結計數這個欄位是指向「同一個 inode」的所有目錄項目的總數（跨越所有目錄）。大多數檔案的連結計數是 1，因為它們大多在目錄項目裡只出現一次。這不奇怪，因為通常當你建立一個新檔案的時候，你只為其建立一個新的目錄項目和一個新的 inode。然而 inode 15 出現了兩次：一次是 dir_1/file_3，另一次是 dir_2/file_5。實體連結是在目錄中手動建立的項目，其指向一個已有的 inode。使用 `ln` 指令（不帶 `-s` 選項）可以讓你手動建立新的實體連結。

這就是為什麼我們有時候將刪除檔案稱為**取消連結**（**unlinking**）。如果你執行 `rm dir_1/file_2`，核心會在 inode 12 的目錄項目中搜尋名為 file_2 的項目。當發現 file_2 對應 inode 14 的時候，核心刪除目錄項目，同時將 inode 14 的連結計數減 1。這導致 inode 14 的連結計數為 0，核心發現沒有任何名稱連結到該 inode 的時候，會將「該 inode」和「與之相關的所有資料」刪除。

但是如果你執行 `rm dir_1/file_3`，inode 15 的連結計數會由 2 變為 1（dir_2/file_5 仍然與之連結），這時核心不會刪除此 inode。

連結計數對於目錄來說也是同理。inode 12 的連結計數為 2，因為有兩個 inode 連結到這個項目：一個是目錄項目中的 dir_1（inode 2），另一個是它自己的目錄項目中的自參照（self reference）（.）。如果你建立一個新目錄 dir_1/dir_3，inode 12 的連結計數會變為 3，因為新目錄包含其父目錄（..）項目，而這個項目又連結到 inode 12。類似 inode 12 指向其父目錄 inode 2。

有一種情況比較特殊，root 的 inode 2 的連結計數為 4。而圖 4-10 中只顯示了 3 個目錄項目連結。另外一個其實是檔案系統的超級區塊（superblock），它知道如何找到 root inode。

你完全可以自己做一些嘗試。先建立一個目錄結構，再使用 `ls -i` 和 `stat` 來遍歷（walk through）整個目錄，這些操作都很安全，你也不需要使用 root 權限（除非你需要掛載和建立一個新的檔案系統）。

4.6.2 區塊規劃

有一個地方我們還沒有講到，就是在為「新檔案」分配資料空間區塊的時候，檔案系統如何知道哪些區塊可用，哪些已被佔用？方法之一是使用一種額外的資料結構管理方式，稱作**區塊位元圖**（**block bitmap**）。在這種結構下，檔案系統保留了一些位元組空間，每一個位元（bit）代表資料空間中的一個區塊。0 代表區塊可用，1 代表區塊已經被佔用，釋放和分配區塊就變成了 0 和 1 之間的切換。

當「inode 表中的資料」與「區塊分配資料」不配對，或者，由於你沒有正確關閉系統導致連結數目不正確，檔案系統就會出錯。所以你在檢查檔案系統的時候，如 4.2.11 節介紹的那樣，`fsck` 會遍歷「inode 表」和「目錄結構」來產生新的連結數目和區塊分配資訊（如區塊位元圖），並且會根據「磁碟上的檔案系統」來檢查「新產生的資料」。如果發現資料不配對的情況，`fsck` 必須修復連結計數並決定如何處理那些在瀏覽目錄結構時未出現的 inode 和資料。然後，大多數的 `fsck` 程式會在檔案系統的 **lost+found 目錄**中產生這些「孤兒」新檔案。

4.6.3 在使用者空間中使用檔案系統

在使用者空間中使用「檔案」和「目錄」時，你不需要太關心底層實作的細節。你只需要能夠透過「核心系統呼叫」來存取被成功掛載到系統上的「檔案」和「目錄」的內容。其實你也能夠看到一些看似超出使用者空間範圍的檔案系統資訊，特別是 `stat()` 這個系統呼叫能夠告訴你 inode 數目和連結計數。

除非你需要維護檔案系統，否則你不需要知道 inode 數目、連結計數和其他實作的細節。使用者模式中的程式之所以能夠存取這些資訊，主要是因為一些向下相容的考量。此外，也不是所有 Linux 的檔案系統都提供這些內部資訊。VFS 介面層能夠確保系統呼叫總是回傳 inode 數目和連結計數，不過這些資料可能沒有太大意義。

在非傳統的檔案系統上，你有可能無法執行一些傳統的 Unix 檔案系統的操作。例如，你無法使用 `ln` 指令在已掛載的 VFAT 檔案系統上建立實體連結，因為 Windows 的目錄項目結構，與 Unix/Linux 的目錄項目結構，在設計上完全不同，概念也不一樣。

幸運的是，Linux 提供給使用者空間的系統呼叫，為「使用者」存取「檔案」提供了足夠的便利，使用者不需要關心任何底層的細節。檔案的命名格式很靈活，支援大小寫混合，能夠很容易地支援其他檔案系統結構。

請記住，某些特定的檔案系統不需要放在核心中。舉例來說，在檔案系統的使用者介面，核心只需要扮演好「系統呼叫」的管道。

5

Linux 核心的啟動

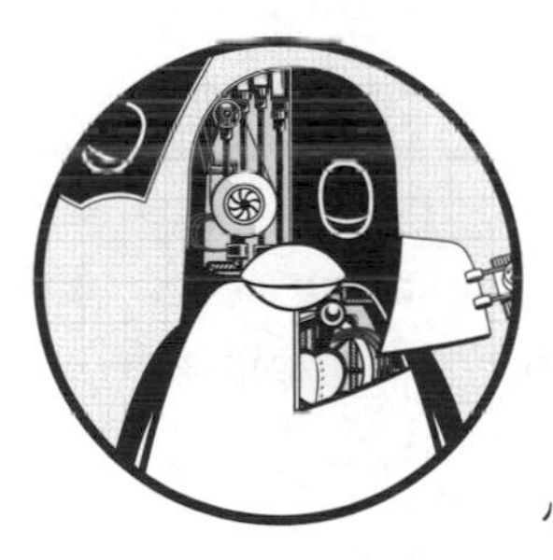

目前為止，我們介紹了 Linux 系統的實體結構和邏輯結構、核心以及程序的運作。本章我們將討論核心的**啟動**（start 或 **boot**），即從核心載入記憶體到啟動第一個使用者程序的過程。

下面是簡化後的整個啟動過程：

1. 電腦的 BIOS 或啟動韌體載入並執行開機載入程式；
2. 開機載入程式在磁碟中找到核心的映像檔案，將其載入記憶體並啟動；
3. 核心初始化設備及其驅動程式；
4. 核心掛載 root 檔案系統；
5. 核心使用 PID 1 來執行一個叫 **init** 的程式，使用者空間在此時開始啟動（**user space start**）；
6. init 啟動其他的系統程序；
7. init 通常在整個啟動過程的尾聲還會啟動一個程序，負責允許使用者登入。

本章涵蓋了前幾個階段，重點是引導核心和開機載入程式。「第 6 章」從使用者空間開始，詳細介紹了 **systemd**，這是目前 Linux 上最廣泛使用的 init 系統版本。

理解「啟動過程的每一階段」對於將來修復啟動相關的問題來說，會大有幫助，也有助於了解整個 Linux 系統。然而，對於許多的 Linux 發行版來說，你很難從 Linux 系統的預設啟動過程中分辨出最前面的幾個步驟，通常只有在整個過程完成，你登入系統後才有機會看到。

5.1 啟動訊息

傳統的 Unix 系統在啟動時會顯示很多系統資訊，方便你查看啟動過程。這些訊息一開始來自核心，然後是程序和 init 執行的初始化程式。然而，這些訊息格式不是那麼清晰和一致，有時甚至不是那麼有用。此外，硬體效能的提升也讓啟動過程更快，這些訊息顯示得也更快，快到讓人難以捕捉。現在大部分的 Linux 發行版都使用啟動畫面（splash screen）和其他螢幕填充色的方式，將系統啟動的訊息掩蓋住。

若要查看核心啟動資訊和執行時的診斷資訊，最好的方法就是使用 `journalctl` 指令去擷取核心的日誌。當你執行 `journalctl -k` 時，會顯示出目前開機的訊息，但你也可以利用 `-b` 選項來檢視之前開機的資訊。我們會在「第 7 章」提到更多有關日誌的話題。

如果系統並不是使用 systemd，你還是可以在類似 /var/log/kern.log 這樣的檔案中，或是執行 `dmesg` 指令，來檢視存在於**核心環緩衝區**（**kernel ring buffer**）中的訊息。

這邊有個範例，讓你看看 `journalctl -k` 指令的輸出會是什麼樣子：

```
microcode: microcode updated early to revision 0xd6, date = 2019-10-03
Linux version 4.15.0-112-generic (buildd@lcy01-amd64-027) (gcc version 7.5.0
(Ubuntu 7.5.0-3ubuntu1~18.04)) #113-Ubuntu SMP Thu Jul 9 23:41:39 UTC 2020 (Ubuntu
4.15.0-112.113-generic 4.15.18)
Command line: BOOT_IMAGE=/boot/vmlinuz-4.15.0-112-generic root=UUID=17f12d53-c3d7-4ab3-943e-
a0a72366c9fa ro quiet splash vt.handoff=1
KERNEL supported cpus:
--snip--
scsi 2:0:0:0: Direct-Access     ATA      KINGSTON SM2280S 01.R PQ: 0 ANSI: 5
```

```
sd 2:0:0:0: Attached scsi generic sg0 type 0
sd 2:0:0:0: [sda] 468862128 512-byte logical blocks: (240 GB/224 GiB)
sd 2:0:0:0: [sda] Write Protect is off
sd 2:0:0:0: [sda] Mode Sense: 00 3a 00 00
sd 2:0:0:0: [sda] Write cache: enabled, read cache: enabled, doesn't support DPO or FUA
 sda: sda1 sda2 < sda5 >
sd 2:0:0:0: [sda] Attached SCSI disk
--snip--
```

核心啟動後，使用者空間的啟動程式一般都會產生訊息，但是查看這些訊息不是很方便，因為它們分布在很多不同的地方，無法透過一個訊息檔案就能看到所有相關的資訊。「啟動 script」設計的其中一個功能就是會將訊息顯示到螢幕上，啟動完成後就從螢幕上清除掉。對 Linux 系統來說，這也不是大問題，因為 systemd 會將那些「從啟動到執行」原本該產生到螢幕上的「診斷訊息」擷取出來。

5.2 核心初始化和啟動選項

在啟動時，Linux 核心的初始化過程如下：

1. 檢查 CPU；
2. 檢查記憶體；
3. 檢測設備匯流排；
4. 檢測設備；
5. 協助載入附加的核心子系統（如網路等）；
6. 掛載 root 檔案系統（rootfs）；
7. 啟動使用者空間。

前面幾個步驟很好理解，但是當核心牽扯到設備的時候，就會衍生出一些依賴性（dependency）的問題。例如，「磁碟設備驅動程式」可能需要依賴於「匯流排」和「SCSI 子系統」的支援，這部分「第 3 章」有提到。接著，在初始化過程的後半段，核心就會需要在載入 init 之前，先將「root 檔案系統」掛載上去。

一般來說你是不必擔心依賴關係的，除了一些必要的元件，它們可能是「可載入的核心模組」而不是「主核心」的一部分。有些系統可能需要在真正的 root 檔案系統掛載之前先將這些核心模組載入。我們將在 6.7 節探討這個問題，以及介紹針對這件事情的初始化記憶體檔案系統（initial RAM filesystem，initrd）解決方案。

當核心送出某些型態的訊息時，代表它已準備好啟動它的第一個使用者程序：

```
Freeing unused kernel memory: 2408K
Write protecting the kernel read-only data: 20480k
Freeing unused kernel memory: 2008K
Freeing unused kernel memory: 1892K
```

在這裡，核心不僅將一些未使用到的記憶體清除乾淨，而且還保護了自己的資料。接下來，如果你正在執行一個較新版本的核心，你將看到核心以 init 方式啟動第一個使用者空間的程序：

```
Run /init as init process
   with arguments:
    --snip--
```

稍後，你還可以看到 root 檔案系統被掛載的資訊，還有 systemd 被啟動的狀態，這些都會傳送一些與其相關的訊息到核心日誌中：

```
EXT4-fs (sda1): mounted filesystem with ordered data mode. Opts: (null)
systemd[1]: systemd 237 running in system mode. (+PAM +AUDIT +SELINUX +IMA
+APPARMOR +SMACK +SYSVINIT +UTMP +LIBCRYPTSETUP +GCRYPT +GNUTLS +ACL +XZ +LZ4
+SECCOMP +BLKID +ELFUTILS +KMOD -IDN2 +IDN -PCRE2 default-hierarchy=hybrid)
systemd[1]: Detected architecture x86-64.
systemd[1]: Set hostname to <duplex>.
```

這時候，你可以很確定地知道使用者空間已經啟動完成了。

5.3 核心參數

執行 Linux 核心的時候，開機載入程式會向核心傳遞一系列文字形式的**核心參數（kernel parameters）**來設定核心的啟動方式。這些參數設定了很多不同的行為方式，例如核心顯示診斷資訊的多少、設備驅動程式相關參數等等。

你可以透過 /proc/cmdline 檔案來查看系統啟動時使用的核心參數：

```
$ cat /proc/cmdline
BOOT_IMAGE=/boot/vmlinuz-4.15.0-43-generic root=UUID=17f12d53-c3d7-
4ab3-943e-a0a72366c9fa ro quiet splash vt.handoff=1
```

這些參數有的是一個單字的長度，諸如 `ro`、`quiet`，有的是 *`key=value`* 這樣的配對（例如 `vt.handoff=1`）。這些參數在一般使用上大部分都無關緊要，如 `splash` 旗標的意思是顯示一個啟動畫面（splash screen）。但其中一個很重要的就是 `root` 參數，它是 root 檔案系統存放的位置，如果沒有這個參數，核心將無法正常的啟動「使用者空間」。

root 檔案系統參數值是一個設備檔案，例如：

```
root=/dev/sda1
```

在比較現代的系統中，有兩種表示 root 檔案系統的方式最常被使用，首先就是像下面這樣，以 LVM 來表示：

```
root=/dev/mapper/my-system-root
```

再來就是 UUID 的表示方式（可參考 4.2.4 節）：

```
root=UUID=17f12d53-c3d7-4ab3-943e-a0a72366c9fa
```

這兩種方式都是很推薦的用法，因為它們不會去依賴核心的裝置映射。

參數 `ro` 告訴核心在使用者空間啟動時，以「唯讀模式」掛載 root 檔案系統。這很正常，因為使用唯讀模式能夠讓 `fsck` 安全地對 root 檔案系統做檢查，之後啟動程序將會重新以「可讀寫模式」來掛載 root 檔案系統。

如果遇到無法識別的參數，Linux 核心會將其保存，稍後在啟動使用者空間時傳遞給 init。舉例來說，如果你加入參數 `-s`，核心會將其傳遞給 init，讓其以單一使用者模式（single user mode）啟動。

你如果對簡單的啟動參數感興趣，bootparam(7) 說明手冊有提供一些解釋。如果你正在尋找非常具體的內容，你可以查看 **kernel-params.txt**，這是 Linux 核心附帶的參考檔案。

理解這些基礎知識之後，你應該可以隨意跳到「第 6 章」，以進一步了解使用者空間的啟動、初始化記憶體磁碟（initial RAM disk）以及 init 程式（作為核心執行的第一個程序）等細節。本章的其餘部分詳細介紹了核心如何被載入到記憶體中並啟動，包括它如何獲取參數。

5.4 開機載入程式

在啟動過程的最開始（在核心與 init 被啟動之前），**開機載入程式**（**boot loader**）會啟動核心。開機載入程式的工作看似很簡單：將硬碟中某個地方的核心載入到記憶體，然後啟動核心並使其搭配一系列核心參數。但是實際上這比我們表面上看到的複雜多了。想了解原因，先想一下開機載入程式需要回答的兩個問題：

- 核心在哪裡？
- 核心啟動時需要傳遞哪些參數？

答案是：（通常）核心及其參數是在 root 檔案系統中。因為核心此時還沒有開始執行，無法遍歷檔案系統，所以核心參數需要被放到一個容易存取的地方。而且此時用於存取磁碟的核心設備驅動程式還沒有準備好。這聽起來有點像「雞生蛋，蛋生雞」。事情有可能變得更複雜，但現在我們先看一下開機載入程式如何克服這個驅動程式和檔案系統的問題。

開機載入程式的確需要一個驅動程式去存取磁碟，不過卻和核心所使用的不一樣。在個人電腦上，開機載入程式使用傳統的**基本輸入輸出系統**（以下簡稱 **BIOS**）或**統一可擴充韌體介面**（**Unified Extensible Firmware Interface**，以下簡稱 **UEFI**）來存取磁碟。（我們會在 5.8.2 節中更詳細地解釋 **Extensible Firmware Interface**，或簡稱 **EFI**，以及 UEFI）。幾乎所有的磁碟設備都有內建韌體系統，供 BIOS 或是 UEFI 透過**邏輯區塊定址**（**Logical Block Addressing**，**LBA**）來存取連接上的儲存設備。LBA 是一種比較通用的做法，可以更輕鬆地存取磁碟的任意位置，只是效能不怎麼樣。不過這也不會是一個大問題，因為開機載入程式往往是唯一使用這種模式來存取磁碟的程式。核心還是使用它自己的高效能驅動程式做存取的動作。

NOTE 若要確認你的系統是使用 BIOS 或是 UEFI，可以使用 **efibootmgr** 指令。如果你能夠得到一份開機目標（boot target）的清單，那麼你使用的就是 UEFI；反之，如果你被該指令告知「EFI 的變數」沒有被支援，那麼你使用的就是 BIOS。或者，你也可以檢查一下 /sys/firmwarc/cfi 這個檔案是不是存在，如果有這個檔案，那麼你的系統使用的就是 UEFI。

一旦「存取硬碟的原始資料」這件事情被解決了，開機載入程式就必須為「檔案系統中所需要的資料」做定位的工作。現在大多數的開機載入程式都能夠讀取分割表，內建以「唯讀模式」存取檔案系統的功能，因此，它們能夠尋找和讀取檔案，讓核心得以被抓出來載入到記憶體中。這也使得「動態設定」和「完善開機載入程式」變得非常簡單。並不是所有的 Linux 開機載入程式都有這些功能，在缺少的情況下，設定開機載入程式會因此變得困難許多。

總而言之，核心在加入新的功能時都會遵照某種模式運作（尤其是和儲存技術相關的部分），都會在開機載入程式之後將這些獨立且簡化的功能版本加入，來補齊不足的部分。

5.4.1 開機載入程式任務

Linux 開機載入程式的核心功能如下：

- 從多個核心中選擇一個使用。
- 從多個核心參數組合中選擇一個使用。
- 允許使用者手動更改和置換核心映像名稱和參數（例如使用單一使用者模式）。
- 支援其他作業系統的啟動。

自 Linux 核心問世以來，開機載入程式的功能得到了極大的增強，加入了一些歷史記錄和選單介面，不過最基本的需求仍然是能夠靈活選擇核心映像和參數。（有趣的是，某些方面的需求逐漸消失了。例如，現在你可以從 USB 設備上執行緊急啟動和恢復，因而你可能不再需要手工設定核心參數和進入單一使用者模式。）不過因為現在開機載入程式強大的功能，更改核心參數、建立客製化的核心這些事情也變得容易得多。

5.4.2 開機載入程式概述

以下是一些你可能會遇到的、常見的開機載入程式：

- **GRUB**：近乎於 Linux 系統的標準配備，支援 BIOS/MBR 和 UEFI 版本。
- **LILO**：最早期的 Linux 開機載入程式之一。ELILO 是 UEFI 的版本。
- **SYSLINUX**：能夠在很多不同的檔案系統上設定和啟動。
- **LOADLIN**：能夠從 MS-DOS 上啟動核心。
- **systemd-boot**：簡易的 UEFI 開機管理程式。
- **coreboot**（以前又叫作 LinuxBIOS）：PC BIOS 的高效能替代品，並且能夠包含核心。
- **Linux Kernel EFISTUB**：能夠從 EFI/UEFI 系統分割區（ESP）直接載入核心的一個核心外掛程式。
- **efilinux**：UEFI 開機載入程式的一種，作為其他 UEFI 開機載入程式的模組和參照。

本書只涉及 GRUB。其他開機載入程式也有某些優於 GRUB 的地方，例如更容易設定或更快速，或是加入了一些其他特殊目的的功能。

透過進入啟動提示字元（boot prompt），你可以學習到許多開機載入程式的觀念，在這個提示字元中可以設定核心名稱和參數。不過，首先你需要知道如何進入啟動提示字元。因為很多 Linux 系統都高度客製化了開機載入程式的行為和外觀，使得我們有時很難找到進入啟動提示字元的方法，即使是觀察這些發行版的開機過程，你也幾乎不可能從中找到。

下一節我們會介紹如何進入啟動提示字元來設定核心名稱和參數，等沒問題了，你將了解如何設定和安裝開機載入程式。

5.5 GRUB 簡介

GRUB 的全名是 **Grand Unified Boot Loader**。本節我們將介紹 GRUB 2。GRUB 有一個較舊的版本叫作 GRUB Legacy，現在逐漸被淘汰了。

GRUB 最重要的一個能力就是對檔案系統的導覽，這點讓我們可以簡便地選擇核心映像和設定。如果想了解 GRUB 及其運作的方式，最好的一種方法就是直接看一下它的選單。GRUB 介面易於操作，不過你很有可能沒機會看到。

要存取 GRUB 的選單，你可以在 BIOS 啟動螢幕出現時，按住 SHIFT 鍵不放，等著進入選單，若你的系統是 UEFI 就使用 ESC，不然開機載入程式的設定可能不會在核心被載入前停止下來。圖 5-1 顯示了 GRUB 選單。

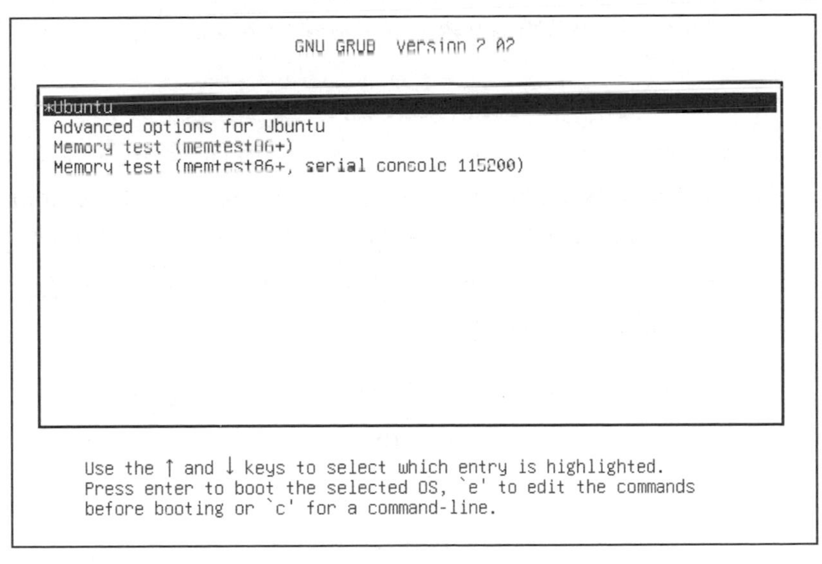

圖 5-1：GRUB 選單

可以透過以下步驟來查看開機載入程式：

1. 打開或重啟 Linux 系統；
2. 在 BIOS 自我檢測（POST 畫面）時按住 SHIFT 鍵，或是在韌體啟動畫面時按住 ESC 鍵，來進入 GRUB 選單（有時候這些螢幕畫面是不會被顯示的，在這種情況下，你只能猜一下何時該按下按鍵）；
3. 按 e 鍵查看開機載入程式指令的預設啟動選項，你看到的畫面應該與圖 5-2 類似（你可能需要往下滑才能看到所有的內容）。

```
                    GNU GRUB  version 2.02

setparams 'Ubuntu'
        recordfail
        load_video
        gfxmode $linux_gfx_mode
        insmod gzio
        if [ x$grub_platform = xxen ]; then insmod xzio; insmod lzopio; \
fi
        insmod part_msdos
        insmod ext2
      ❶set root='hd0,msdos1'
      ❷search --no-floppy --fs-uuid --set=root 8b92610e-1db7-4ba3-ac2f-\
30ee24b39ed0
        linux      ❸/boot/vmlinuz-4.15.0-45-generic root=UUID=8b92610e-\
1db7-4ba3-ac2f-30ee24b39ed0 ro  quiet splash $vt_handoff
        initrd     ❹ /boot/initrd.img-4.15.0-45-generic                ↓

    Minimum Emacs-like screen editing is supported. TAB lists
    completions. Press Ctrl-x or F10 to boot, Ctrl-c or F2 for a
    command-line or ESC to discard edits and return to the GRUB
    menu.
```

圖 5-2：GRUB 設定編輯器（configuration editor）

如圖所示，root 檔案系統被設定為一個 UUID，核心映像是 /boot/vmlinuz-4.15.0-45-generic，核心參數包括 `ro`、`quiet` 和 `splash`。初始化記憶體檔案系統（initial RAM filesystem，initrd）是 /boot/initrd.img-4.15.0-45-generic。如果你從來沒有見過這些設定資訊，可能會覺得比較糊塗。你可能會問為什麼會有這麼多地方涉及 `root`？它們有什麼區別？為什麼這裡會出現 `insmod`？Linux 核心不是通常由 udevd 執行嗎？

我一說你就明白了，因為 GRUB 僅僅是**啟動**核心，而不是**使用**它。你看到的這些設定資訊都由 GRUB 的內部指令構成，GRUB 自身另成一個體系。

產生混淆的原因是 GRUB 借用了很多其他地方的術語。GRUB 有自己的「核心」和 `insmod` 指令來動態載入 GRUB 模組，這和 Linux 核心沒有任何關係。很多 GRUB 指令和 Unix shell 指令很類似，甚至 GRUB 也有一個 `ls` 指令來顯示檔案清單。

NOTE 有一個針對 LVM 的 GRUB 模組，在啟動「核心位於邏輯卷冊（logical volume）的系統」時，需要使用它。在你的系統上，你可能會看到這個。

不過最讓人糊塗的地方還是 GRUB 使用了 root 這個字。你以為這邊說的是你系統中的 root 檔案系統，但在 GRUB 設定中，這只是一個核心所使用的參數，它會跟在 `linux` 指令中映像檔案名稱的後面。

其他設定資訊中出現 root 的地方指的都是 GRUB root，它只針對 GRUB，是 GRUB 尋找「核心」和「RAM 檔案系統映像」時使用的檔案系統。

在圖 5-2 中，GRUB root 一開始被設定為一個 GRUB 特定設備（`hd0,msdos1`），是這個設定中的預設值 ❶。在隨後的指令中，GRUB 尋找一個特定分割區的 UUID❷，如果找到的話就將該分割區設定為 GRUB root。

總而言之，`linux` 指令的第一個參數（`/boot/vmlinuz-...`）是 Linux 核心映像檔案的位置 ❸。GRUB 從 GRUB root 上載入此檔案。類似地，`initrd` 指令指定「第 6 章」會提到的「初始化記憶體檔案系統」檔案 ❹。

你可以在 GRUB 內編輯這些設定資訊，通常啟動錯誤可以用這種方式來暫時性地修復。如果要永久性地修復啟動問題，你需要更改設定資訊（見 5.5.2 節），不過目前先讓我們利用命令列介面來深入 GRUB 內部吧。

5.5.1 使用 GRUB 命令列瀏覽設備和分割區

如圖 5-2 所示，GRUB 有自己的設備定址方式。例如，系統檢測到的第一個硬碟是 hd0，然後是 hd1，以此類推。然而設備名稱的指派會有變動，還好 GRUB 能夠在所有的分割區中透過 UUID 來尋找得到「核心」所在的分割區，就像你剛才在圖 5-2 中看到的 `search` 指令一般。

設備清單

想要了解 GRUB 如何參考到系統中的設備，可以在「啟動選單」或「設定編輯器」中按 c 鍵進入 GRUB 命令列模式。你應該可以看到 GRUB 的提示字元：

```
grub>
```

這裡你可以執行任何你在設定資訊中看到的指令。我們可以從 `ls` 指令開始，不帶參數，指令的輸出結果是 GRUB 能夠識別的所有設備的清單：

```
grub> ls
(hd0) (hd0,msdos1)
```

本例中有一個名為 (hd0) 的主磁碟設備和唯一的一個分割區 (hd0,msdos1)。如果磁碟中包含 swap 分割區，那麼也會顯示出來，例如 (hd0,msdos5)。若有前置（prefix）msdos，表示這磁碟包含 MBR 分割表。如果包含的是 UEFI 系統中的 GPT 分割表，那麼前置就是 gpt。（還可能會有第三個識別碼來表示更多可能的組合，如分割區中包含 BSD 磁碟標籤（BSD disklabel），不過你通常不需要太關注，除非你在一台機器上執行多個作業系統。）

使用 ls -l 指令可以查看更詳細的資訊。這個指令能夠顯示磁碟上所有分割區檔案系統的 UUID，所以非常有用，例如：

```
grub> ls -l
Device hd0: No known filesystem detected - Sector size 512B - Total size
32009856KiB
        Partition hd0,msdos1: Filesystem type ext* - Last modification time
          2019-02-14 19:11:28 Thursday, UUID 8b92610e-1db7-4ba3-ac2f-
30ee24b39ed0 - Partition start at 1024Kib - Total size 32008192KiB
```

如上所示，磁碟在第一個 MBR 分割區上有一個 Linux ext2/3/4 檔案系統。若系統上有 swap 分割區，則會另外顯示一個獨立的分割區，但你從輸出中並無法判斷該分割區的類型。

檔案導覽

現在我們來看看 GRUB 的檔案系統導覽（navigation）能力。你可以使用 echo 指令來查看 GRUB root 檔案系統（回想一下，這是 GRUB 認為它應該去尋找核心的地方）：

```
grub> echo $root
hd0,msdos1
```

可以在 GRUB 的 ls 指令中的分割區後面加上 / 來顯示 root 下的檔案和目錄：

```
grub> ls (hd0,msdos1)/
```

不過要記住鍵入分割區名稱是件麻煩事，為了節省時間，你可以使用 root 變數：

```
grub> ls ($root)/
```

輸出結果是該分割區上的檔案系統中的目錄和檔案名稱清單，諸如 etc/、bin/ 和 dev/。你需要了解的是，這個指令和 GRUB `ls` 的功能完全不同，之前我們可以列出設備、分割表甚至是檔案系統表頭資訊，而這個指令顯示的是檔案系統的內容。

使用類似的方法，你可以進一步查看分割區上的檔案和目錄的內容。舉例來說，如果要查看 /boot 目錄的內容，可以使用：

```
grub> ls ($root)/boot
```

NOTE 你可以使用上下鍵來查看指令歷史記錄，使用左右鍵來編輯目前的命令列。你也可以使用 readline 快捷鍵如 CTRL-N、CTRL-P 等等。

你也可以使用 `set` 指令查看所有已經設定的 GRUB 變數：

```
grub> set
?=0
color_highlight=black/white
color_normal=white/black
--snip--
prefix=(hd0,msdos1)/boot/grub
root=hd0,msdos1
```

這些變數當中，`$prefix` 是很重要的一個，GRUB 使用它指定的檔案系統和目錄來尋找設定和輔助支援資訊。我們將在下一節詳細介紹。

使用 GRUB 命令列介面完成工作後，你可以按 ESC 回到 GRUB 選單。或者，如果你已經更改好所有必要的啟動設定（包括 `linux` 和可能的 `initrd` 變數），你也可以輸入 `boot` 指令用「修改好的設定」啟動。無論如何，先將你的系統啟動。完整的系統準備就緒之後，我們就可以探索 GRUB 設定了。

5.5.2 GRUB 設定資訊

GRUB 的設定目錄通常是 /boot/grub 或 /boot/grub2，它包含主要的設定檔案 grub.cfg、一個特定於特定架構的目錄，例如 i386-pc，其中包含帶有 .mod 副檔名的可載入模組，以及一些其他項目，例如字型和區域化資訊。我們不會直接修改 grub.cfg；取而代之的是，我們將使用 `grub-mkconfig` 指令（或是 Fedora 上的 `grub2-mkconfig`）。

檢視 grub.cfg

首先我們看一下 GRUB 是如何透過 grub.cfg 檔案來初始化選單和核心選項的。你會看到該檔案由 GRUB 指令所組成，這些指令通常以一些初始化步驟開始，然後是一系列用於不同核心和啟動設定的選單項目。初始化其實並不複雜，但一開始會有很多條件，這可能會讓你不這麼認為。第一個部分僅包含一堆函式的定義、預設值和影像設定的指令，例如：

```
if loadfont $font ; then
  set gfxmode=auto
  load_video
  insmod gfxterm
  --snip--
```

NOTE 很多變數，例如 `$font`，都是來自於 grub.cfg 開頭的 `load_env` 呼叫。

稍後在檔案中你還會看到啟動設定資訊，它們以 `menuentry` 指令開始。透過上節的介紹，你應該能夠理解以下這些內容：

```
menuentry 'Ubuntu' --class ubuntu --class gnu-linux --class gnu --class os $menuentry_id_option
'gnulinux-simple-8b92610e-1db7-4ba3-ac2f-30ee24b39ed0' {
        recordfail
        load_video
        gfxmode $linux_gfx_mode
        insmod gzio
        if [ x$grub_platform = xxen ]; then insmod xzio; insmod lzopio; fi
        insmod part_msdos
        insmod ext2
        set root='hd0,msdos1'
        search --no-floppy --fs-uuid --set=root 8b92610e-1db7-4ba3-ac2f-30ee24b39ed0
        linux   /boot/vmlinuz-4.15.0-45-generic root=UUID=8b92610e-1db7-4ba3-ac2f-30ee24b39ed0
ro quiet splash $vt_handoff
        initrd  /boot/initrd.img-4.15.0-45-generic
}
```

請留意 `submenu` 指令。如果你的 grub.cfg 檔案包含一系列 `menuentry` 指令，它們當中大多數可能被包含在 `submenu` 指令中，這是針對「較舊版本的核心」設計的，以免 GRUB 選單過於臃腫。

產生新的設定檔案

如果想要更改 GRUB 設定，我們不會直接編輯 grub.cfg 檔案，因為它是由系統自動產生和更新的。你會在其他地方編輯新的設定，然後執行 grub-mkconfig 來產生新的設定檔案。

想查看設定產生（configuration generation）的工作方式，可以看一下 grub.cfg 檔案的最開頭，應該會有一行註釋（comment），如下所示：

```
### BEGIN /etc/grub.d/00_header ###
```

你會發現，/etc/grub.d 中的檔案都是 shell script，它們各自產生 grub.cfg 檔案的某個部分。grub-mkconfig 指令本身也是一個 shell script 檔案，負責執行 /etc/grub.d 中的所有 script 檔案。要記得 GRUB 本身並不會在系統「啟動」時執行這些 script，我們需要在「使用者空間」中執行這些 script 來產生 GRUB 所需使用的 grub.cfg 檔案。

你可以使用 root 帳號來自己試一試。（不用擔心目前的設定資訊會被覆蓋，該指令只會將設定資訊輸出到「標準輸出」，即螢幕。）

```
# grub-mkconfig
```

如果你想要在 GRUB 設定中加入新的選單項目和其他指令，簡單來說，可以在 GRUB 設定目錄中建立一個新的 custom.cfg 檔案來存放你的內容，通常會是 /boot/grub/custom.cfg。

如果涉及細節就會複雜一些了。/etc/grub.d 設定目錄為你提供了兩個選項：40_custom 和 41_custom。前者（40_custom）是一個 script，你可以編輯，但是一個套件的升級就有可能會將你的更改清除掉，所以這個選項不太保險。41_custom 這個 script 更簡單一些，它是一組指令，用來在 GRUB 啟動的時候載入 custom.cfg 檔案。如果你選擇第二種方式，你的更改將不會在你產生「設定檔案」時出現，因為 GRUB 會在開機時完成所有這些工作。

NOTE 檔案名稱前的「數字」會影響處理的先後順序，設定檔案中「較小的數字」會先被處理。

這兩個「自行定義」設定檔案的選項並不是全部的用法，其實沒有什麼可以阻止你新增「自己的 script」來產生設定資料。你可能會在 /etc/grub.d

目錄中看到一些特定於「你正在使用的發行版」的額外內容。例如，Ubuntu 將記憶體測試的開機選項（`memtest86+`）加入到設定中。

要撰寫和安裝新產生的 GRUB 設定檔案，可以使用 `grub-mkconfig` 的 `-o` 選項將設定寫入 GRUB 目錄，如下所示：

```
# grub-mkconfig -o /boot/grub/grub.cfg
```

在進行這類操作的時候，請注意將「舊的設定檔案」進行備份，以及確保目錄路徑正確。

現在讓我們看看更多關於 GRUB 和開機載入程式的技術細節。如果你覺得已經對開機載入程式和核心了解得足夠多，可以直接跳到「第 6 章」。

5.5.3 安裝 GRUB

安裝 GRUB 會比設定它更為困難，但幸運的是，通常你不用太關注 GRUB 的安裝，因為 Linux 發行版會自動幫你處理。不過如果你想複製或恢復「可啟動磁碟」（a bootable disk），或自行定義啟動順序，可能就需要自己安裝 GRUB。

在繼續以下內容之前，你可以先閱讀 5.4 節了解系統如何啟動，並確認你正在使用的是 MBR 還是 UEFI。接著，你將編譯 GRUB 軟體，並且決定 GRUB 目錄的位置（預設是 /boot/grub）。如果 Linux 系統已經幫你安裝好 GRUB 套件，你就不必自己動手，否則可以參考「第 16 章」來學習如何從原始碼編譯成軟體。你需要確保「所編譯的項目」正確無誤，因為 MBR 以及 UEFI 啟動會造成「所需編譯的項目」不同（32 位元 EFI 和 64 位元 EFI 也不同）。

在系統上安裝 GRUB

安裝開機載入程式需要你或安裝程式決定以下幾個方面：

- 你的執行系統的目標 GRUB 目錄。通常是 /boot/grub。不過如果你為了另一個系統而裝在不同的磁碟上的話，目錄位置可能會不一樣。
- GRUB 目標磁碟對應的設備。

- 如果是 UEFI 啟動的話，要注意 EFI 系統分割區的掛載點（通常是 /boot/efi）。

請注意，GRUB 是一個模組化系統，但為了載入模組，它必須要能夠讀取 GRUB 目錄所在的檔案系統。你的任務就是建置一個 GRUB 系統，它能夠讀取檔案系統，載入設定檔案（grub.cfg）以及其他需要的模組。在 Linux 上，這通常指的是建立一個 GRUB 系統，並使用預先載入的 ext2.mod 模組（或是 lvm.mod）。當建立完成後，你需要把它放到磁碟上的可啟動區域，把其他需要用到的檔案放到 /book/grub 目錄中。

所幸的是，GRUB 一般都是和一套叫作 `grub-install` 的工具綁在一起（請注意不要和一些較舊系統的 `install-grub` 混淆），它負責大部分的 GRUB 檔案安裝和設定工作。舉例來說，如果你現在使用的磁碟位在 /dev/sda，而你想在 /dev/sda 的 MBR 上安裝 GRUB 目錄 /boot/grub，可以使用以下指令：

```
# grub-install /dev/sda
```

WARNING GRUB 安裝不正確可能會讓系統的啟動順序失效，所以請小心操作。最好是了解一下如何使用 dd 來備份 MBR，並且備份其他已經安裝了的 GRUB 目錄，最後確保你有一個應急啟動計畫。

在外部儲存設備上安裝 GRUB

在目前系統之外的儲存設備上安裝 GRUB，你必須在系統當下看得到的目標設備上手動指定 GRUB 目錄。例如，假設你的目標設備是 /dev/sdc，其 root 檔案系統包含了 /boot（如 /dev/sdc1），並掛載到現在系統中的 /mnt。這表示當你安裝 GRUB 時，你的系統會在 /mnt/boot/grub 中找到 GRUB 檔案。你需要在執行 `grub-install` 時指定那些檔案的位置：

```
# grub-install --boot-directory=/mnt/boot /dev/sdc
```

在大部分的 MBR 系統中，/boot 目錄都是 root 檔案系統的一部分，但是某些安裝程式會把 /boot 放在其他獨立的分割區中，因此要先確認「目標的 /boot 目錄」放在哪裡。

在 UEFI 系統上安裝 GRUB

UEFI 的安裝方式應該要簡單些，你需要做的就是將開機載入程式複製到指定的地方，但你還是必須向韌體「宣告」（announce）這個開機載入程式，也就是需要使用 efibootmgr 指令將「載入」相關的設定儲存到 NVRAM 中。grub-install 指令會執行這個任務，如果它存在的話，你應該可以像下面一樣將 GRUB 安裝在一個 UEFI 系統：

```
# grub-install --efi-directory=efi_dir --bootloader-id=name
```

這裡的 *efi_dir* 是 UEFI 目錄在你的系統中的位置（通常是 /boot/efi/EFI，因為 UEFI 分割區通常是掛載到 /boot/efi 上）。*name* 是開機載入程式的識別碼（identifier）。

遺憾的是，在安裝 UEFI 開機載入程式時會出現很多問題。舉個例子，如果你正在為另一個系統安裝磁碟，你需要知道如何向「新系統的韌體」宣告開機載入程式。此外，可移除式媒體的安裝過程也不盡相同。

不過最大的問題，還是在於接下來我們要提到的 UEFI Secure Boot（安全開機）機制。（譯註：在後續的討論中，Secure Boot 不做翻譯，這是 Microsoft 提出的安全機制，BIOS 設置中通常就用原文表示。）

5.6 UEFI Secure Boot 的問題

最新出現的一個 Linux 安裝問題，是近幾年出現在電腦中的 Secure Boot 功能。這個選項在 UEFI 中被啟動時，該機制會要求，任何開機載入程式都必須透過一個信任的機構獲得「數位簽章」，才能夠執行。Microsoft（微軟）要求供應商在 Windows 8（及以上版本）出貨時必須使用 Secure Boot。結果是，如果你嘗試在這些系統上安裝「沒有包含簽章的開機載入程式」（目前大多數 Linux 系統是這樣的），韌體將拒絕載入程式，作業系統將無法啟動。

對於主流的 Linux 發行版來說，Secure Boot 不是問題，因為它們都使用「包含簽章的開機載入程式」，通常都是基於 UEFI 版本的 GRUB。一般來說，在 UEFI 和 GRUB 之間會有一小塊簽署過的墊片（shim）；UEFI 會先執行墊片，然後該墊片再執行 GRUB。如果你的機器不在被信任的環境中，或是需要符合某些安全性的規範，那麼防止啟動一些「未授權的軟體」就會是一個很重要的課題。因此，某些發行版會更進一步地要求，整個啟動過程（包含核心）都必須包含簽章。

Secure Boot 的系統有一些缺點，特別是當使用者想要體驗多重開機載入程式的時候。你可以透過在 UEFI 設定中關閉 Secure Boot 來規避這個問題，但是對於某些雙系統（dual-boot systems）來說，卻不能完全解決問題，因為 Windows 還是無法在 Secure Boot 被關閉的條件下啟動。

5.7 鏈式載入其他作業系統

UEFI 使得載入其他作業系統相對容易，因為你可以在 EFI 分割區上安裝多個開機載入程式。然而，較舊的 MBR 不支援這個功能，UEFI 也不支援，你還是需要一個單獨的分割區以及 MBR 開機載入程式。這時你可以使用**鏈式載入**（**chainloading**）來讓 GRUB 載入和執行「指定分割區」上的不同開機載入程式，而不需要設定或是執行 Linux 核心。

要想使用鏈式載入，你需要在 GRUB 設定中新建立一個選單項目（使用 5.5.2 節「產生新的設定檔案」中介紹的方法）。下面是一個在磁碟的第三個分割區上啟動 Windows 的例子：

```
menuentry "Windows" {
        insmod chain
        insmod ntfs
        set root=(hd0,3)
        chainloader +1
}
```

選項 `+1` 告訴 `chainloader` 載入分割區上的第一個磁區中的內容。你還可以載入檔案，使用下面的例子載入 io.sys（MS-DOS 載入程式）：

```
menuentry "DOS" {
        insmod chain
        insmod fat
        set root=(hd0,3)
        chainloader /io.sys
}
```

5.8 開機載入程式細節

現在讓我們來看看開機載入程式的內部原理。要理解像 GRUB 這樣的開機載入程式的工作原理，首先需要看看你打開電腦時都發生了什麼事情。因為它們必須先解決許多傳統電腦啟動機制中的不足之處，因此開機載入機制有許多的版本，主要有兩種機制：MBR 和 UEFI。

5.8.1 MBR 啟動

除了我們在 4.1 節中介紹的分割區資訊之外，「主開機紀錄」（Master Boot Record，以下簡稱 MBR）還有一個 441 位元組大小的區域，BIOS 會在「開機自我檢測」（Power-On Self-Test，以下簡稱 POST）之後載入其中的內容。然而因為空間太小，無法容納開機載入程式，所以需要額外的空間，進而就引入了**多階段開機載入程式**（**multi-stage boot loader**）。在這種情況下，MBR 中最初的那段程式碼除了載入「開機載入程式程式碼的其餘部分」之外什麼都不做。「開機載入程式的其餘部分」通常會被塞到「MBR」和「磁碟上第一個分割區」之間的空間中。這並不是很安全，因為任何東西都可以覆蓋那裡的內容，但是大多數的開機載入程式都會這樣做，包括大多數的 GRUB 安裝程式。

這種「將開機載入程式的內容塞到 MBR 之後」的方案並不適用於使用 BIOS 啟動的 GPT 分割區硬碟，因為 GPT 的資訊都會存放在 MBR 之後的區域中。（為了實現向下相容性，GPT 只保留傳統的 MBR。）GPT 的一個解決方法是建立一個名為 **BIOS 啟動分割區**（**BIOS boot partition**）的小分割區，並使用一個特殊的 UUID（`21686148-6449-6E6F-744E-656564454649`），為「完整的開機載入程式程式碼」提供一個儲存的地方。但是，這不是一種常見的設定，因為 GPT 通常與 UEFI 一起使用，而不是傳統的 BIOS。它通常只會出現在「擁有非常大的磁碟（大於 2TB）的舊系統」中；這些對於 MBR 來說太大了。

5.8.2 UEFI 啟動

電腦製造商和軟體公司意識到傳統的 BIOS 有很多限制，所以他們決定開發一個替代品，這就是本章前面提及的「可擴充韌體介面」（Extensible Firmware Interface，以下簡稱 EFI）。EFI 的普及花了一些時間，但現在應用很普遍，尤其是現在 Microsoft 要求 Windows 都要使用 Secure Boot。目前的標準是「統一可擴充韌體介面」（Unified EFI，以下簡稱 UEFI），包括了諸如內建的 shell、讀取分割表和瀏覽檔案系統等特性。GPT 分割區方式也是 UEFI 標準的一部分。

UEFI 系統的啟動過程非常不同，但大部分都很容易理解。它不是使用存放在檔案系統之外的「可執行啟動程式碼」，而是使用一種特殊的 VFAT 檔案系統叫作「EFI 系統分割區」（EFI System Partition，以下簡稱 ESP），其中包含一個名為 **EFI** 的目錄。ESP 通常被你的系統掛載到 /boot/efi，所以正常的情況下，你可以在 /boot/efi/EFI 目錄下找到大部分的 EFI 目錄結構。每個開機載入程式有自己的識別碼和一個對應的子目錄，例如 efi/microsoft、efi/apple、efi/ubuntu 或 efi/grub。開機載入程式檔案的副檔名為 .efi，和其他支援檔案一起存放在這些目錄中。如果你進去稍微看一下，你會找到諸如 grubx64.efi（GRUB 的 EFI 版本）和 shimx64.efi 這樣的檔案。

NOTE 「ESP」和「BIOS 啟動分割區」不同，5.8.1 節中有介紹，它的 UUID 也不同。你不應該在某個系統中同時看到這兩者。

還有一點需要注意，你不能把「舊的開機載入程式程式碼」放到 ESP 中，因為這些程式碼是為 BIOS 介面編寫的。你必須提供為 UEFI 編寫的開機載入程式程式碼。例如，在使用 GRUB 的時候，你必須安裝 UEFI 版本的 GRUB，而非 BIOS 版本的。另外，你必須向韌體宣告新的開機載入程式。

此外，如 5.6 節中介紹的那樣，我們還會面臨一些 Secure Boot 方面的問題。

5.8.3 GRUB 工作原理

讓我們來總結一下 GRUB，看看它是如何工作的：

1. BIOS 或韌體初始化硬體時，在「啟動儲存設備」上尋找啟動程式碼；
2. BIOS 和韌體會載入並執行剛剛找到的啟動程式碼，這也是 GRUB 的第一步；
3. 載入 GRUB 核心（core）；
4. 初始化 GRUB 核心，此時 GRUB 可以讀取磁碟和檔案系統；

5. GRUB 識別「啟動分割區」，在那裡載入設定檔案；

6. GRUB 為使用者提供一個更改設定的機會；

7. 「超時」或使用者完成操作以後，GRUB 執行設定（也就是 grub.cfg 檔案，其中的一系列指令在 5.5.2 節有介紹）；

8. 執行設定檔案的過程當中，GRUB 可能會在「啟動分割區」中載入額外的程式碼（模組）。有些模組可能會預先載入；

9. GRUB 執行 `boot` 指令，以載入和執行「設定檔案」中 `linux` 指令所指定的核心。

由於電腦系統啟動機制各異，「步驟 3」和「步驟 4」會非常複雜。最常見的問題是「GRUB 核心在哪裡？」。針對這個問題，有三個可能的答案：

- 部分儲存在 MBR 和第一個分割區起始之間的位置。
- 儲存在一個正常的分割區中。
- 儲存在一個特殊啟動分割區上，如 GPT 啟動分割區、ESP 或其他地方。

除非你有一個 UEFI/ESP，一般情況下 BIOS 會從 MBR 載入 512 位元組，這也是 GRUB 起始的地方。這一小區塊資訊（從 GRUB 目錄中的 boot.img 演化而來）還不是核心內容，但是它包含核心的起始位置，從此處載入核心（core）。

如果你有 ESP，GRUB 核心則是一個檔案。韌體可以找到 ESP 並且直接執行所有 GRUB 的內容，或是該位置中其他作業系統的載入程式。（在 ESP 中你可能會有一個墊片（shim），該檔案會在 GRUB 之前先處理 Secure Boot，但原則和剛剛是一樣的。）

對大多數系統來說，上面的內容只是管中窺豹。在載入和執行核心（kernel）之前，開機載入程式或許還需要載入一個「初始化記憶體檔案系統（initial RAM filesystem）映像檔案」到記憶體中。這部分是由 `initrd` 設定檔案所定義的，相關內容請看 6.7 節。不過在此之前，讓我們先了解下一章的內容——使用者空間的啟動（user space start）。

6

使用者空間的啟動

核心啟動的第一個使用者空間程序是由 init 開始的。這個點很關鍵，不僅僅因為此時記憶體和 CPU 已經準備就緒，而且你還能看到系統的其餘部分是怎樣啟動執行的。在此之前，核心執行的是受到嚴格控制的程式序列，由一小撮程式設計師開發和定義。而使用者空間更加模組化，我們更容易觀察到其中程序的啟動和執行過程。對於好奇心強的使用者來說，使用者空間的啟動也更容易修改，不需要底層程式設計知識即可做到。

使用者空間大致按下面的順序啟動：

1. init；
2. 基礎的底層服務，如 udevd 和 syslogd；
3. 網路設定；

4. 中高層服務，如 cron 和列印服務等；

5. 登入提示字元、GUI 及其他高層的應用程式，像是網頁伺服器軟體。

6.1 init 介紹

init 是 Linux 上的一個使用者空間程式。和其他系統程式一樣，你可以在 /sbin 目錄下找到它。它主要負責啟動和終止系統中的基礎服務程序。

在目前眾多主流的 Linux 發行版中，標準的 init 套件是 systemd。這章會把重點放在 systemd 如何運作，以及如何與之互動。

你可能會在比較舊的系統中看到另外兩種 init 版本。第一個是 System V，這個 init 是一個傳統排序式（sequenced）的 init（Sys V，一般會發音為 sys-five，來自於 Unix System V），可以在 Red Hat Enterprise Linux（RHEL）7 以及 Debian 8 之前的版本中找到。另一個則是 Upstart，它是 Ubuntu 15.04 發行版之前所使用的 init 套件。

還有一些其他版本的 init，特別是在嵌入式系統中。例如，Android 就有它自己的 init，或是像輕量級系統中常見的 **runit**。BSD 系統也有它們自己的 init，不過在目前的 Linux 系統中很少見到了。（一些 Linux 發行版透過修改 System V 的 init 設定來遵循 BSD 樣式）。

init 有很多不同版本的實作，都是為了解決 System V 的 init 中的一些缺點。為了理解這些問題，可以先考慮一下「傳統 init」內部的運作機制。它在執行的時候，基本上都是依賴於「按順序排好的一系列 script」。每次只能執行一個 script，每一個 script 通常都是啟動「一個服務」或是設定「系統的某一個獨立區塊」。在大部分的情況下，這種方式中的依賴關係很簡單，並且有很大的彈性，可以透過修改 script 來配合不尋常的啟動需求。

然而這樣的結構卻被一些顯而易見的限制所困擾，主要可以分為兩類，「效能問題」和「系統管理層面」。最主要的問題如下所示：

- 效能問題在於無法同時執行「啟動順序」中的任兩個部分。
- 管理一個正在執行中的系統是很困難的。「啟動 script」（startup script）會被用來啟動「服務的常駐程式（daemon）」。你需要透過 ps

指令找到這些「服務的常駐程式」的 PID，或是透過這些服務專屬的機制，甚至也有「半標準化的系統」來記錄 PID（像是 /var/run/myservice.pid）。

- 「啟動 script」會需要包含許多標準卻雜亂的程式碼，有時候讓人很難理解這些程式碼的目的。
- 許多服務和設定都不是按照需求建立的。大多數服務在啟動時（boot time）啟動，系統設定在很大程度上也是在那個時候設定好的。曾經，「傳統的 inetd 常駐程式」能夠依需求來處理網路服務，但它在很大程度上已不敷所需。

現代初始化（init）系統透過改變「服務」的啟動方式、監督方式以及依賴關係的配置方式來解決這些問題。你很快就會看到它在 systemd 中是如何運作的，但首先，你應該確保你正在執行它。

6.2 識別你的 init

要確認你系統中的 init 版本並不困難，在 init(1) 中一般都有告訴你如何處理。如果你還是不確定，可以使用下面的方法查看：

- 如果系統中有 /usr/lib/systemd 和 /etc/systemd 目錄，說明你有 systemd。
- 如果系統中有 /etc/init 目錄，其中包含一些 .conf 檔案，說明你的系統很可能是 Upstart（除非你的系統是 Debian 7 或更早的版本，那說明你可能使用的是 System V init）。我們在這本書中不會討論到 Upstart，因為已經全面被 systemd 取代了。
- 如果以上都不是，且你的系統有 /etc/inittab 檔案，說明你應該正在使用 System V init，可以跳到 6.5 節。

6.3 systemd

systemd init 是 Linux 上新出現的 init 實作之一。除了負責常規的啟動過程，systemd 還包含了一系列標準的 Unix 服務，如 cron 和 inetd。它借鑒了 Apple 的啟動程式（launchd）。

與其前幾個不同版本相比，systemd 真正能夠脫穎而出的地方在於其先進的服務管理功能。與傳統的 init 不同，systemd 可以在「單一服務常駐程式」啟動後追蹤它們，並將與「服務」關聯的多個程序結合在一起，進而為使用者提供更多功能，並深入了解系統上正在執行的確切內容。

systemd 是目標導向的。在上層，你可以考慮為某些系統任務定義一個目標（goal），稱為一個**單元**（**unit**）。一個單元可以包含許多指令，用於常見的啟動任務，例如「啟動（start）一個常駐程式」，它也有依賴關係，即其他單元。當啟動（或啟用）一個單元時，systemd 會嘗試**啟用**（**activate**）它的依賴關係，然後轉而執行該單元的細節。

在啟動服務時，systemd 不遵循嚴格的順序；反之，它會在單位準備就緒時啟用它們。啟動（boot）之後，systemd 可以透過啟用「其他單元」來回應給系統事件（例如「第 3 章」中概述的 uevent）。

讓我們用較宏觀的角度先看一下「單元」、「啟用」和「初始啟動過程」（the initial boot process）吧。如此一來，你將擁有足夠的資訊，繼續查看單元設定的細節和各種的單元依賴項目。在此過程中，你將逐步掌握如何查看和控制一個正在執行的系統。

6.3.1 單元和單元類型

與早期的 init 版本相比，systemd 最有特色的地方是它不僅僅負責處理程序和服務，它還可以管理檔案系統的掛載、監控網路 socket、執行計時器（timer）等等。這些功能我們稱之為**單元**（**unit**），它們的類別稱為**單元類型**（**unit type**）。當你打開一個單元則稱為**啟用**（**activate**）。每一個單元都有其各自的設定檔案，我們會在 6.3.3 節中討論這些檔案。

在這裡，我們列出了一般 Linux 系統啟動時最主要的幾種單元類型：

- **服務單元**（**Service Unit**）：控制 Unix 上的服務常駐程式。
- **目標單元**（**Target Unit**）：通常透過分組的方式控制其餘的單元。
- **網路單元**（**Socket Unit**）：表示連入的網路連線請求的位置。
- **掛載單元**（**Mount Unit**）：控制檔案系統的掛載。

NOTE 你可以在 systemd(1) 說明手冊中找到「單元類別」的完整清單。

其中，服務單元（Service Unit）和目標單元（Target Unit）是最常見和最容易理解的。讓我們看看當你啟動系統時，它們是如何組合在一起的。

6.3.2 啟動與單元依賴關係圖

當你啟動（boot）一個系統時，你正在啟動一個預設的單元，通常是一個名為 **default.target** 的目標單元，它將許多「服務」和「掛載單元」組合在一起作為依賴項目。如此一來，我們很容易就能裡解「啟動時」某部分會發生什麼事情。你或許會期望，「單元依賴關係」會形成一棵樹——頂端有一個單元，下面分支為多個單元，用於啟動過程（開機流程）的後期階段——但它們實際上形成了一張圖（graph）。在啟動過程後期出現的單元，可能依賴於一些先前的單元，進而使依賴樹中「比較早產生的一些分支」又重新連接在一起。你甚至可以使用 `systemd-analyze dot` 這樣的指令來建立依賴關係圖（a dependency graph）。整張圖在一般系統上會長得非常大（需要大量的運算能力做渲染的效果），而且很難閱讀，但有一些方法可以過濾（filter）單元，並把注意力鎖定在（zero in on）其中幾個獨立的部分。

圖 6-1 展示的是一個一般系統上的 default.target 單元，它的依賴關係圖中「很小的一個部分」。當你啟用（activate）這個單元時，其下的所有單元都將被啟用。

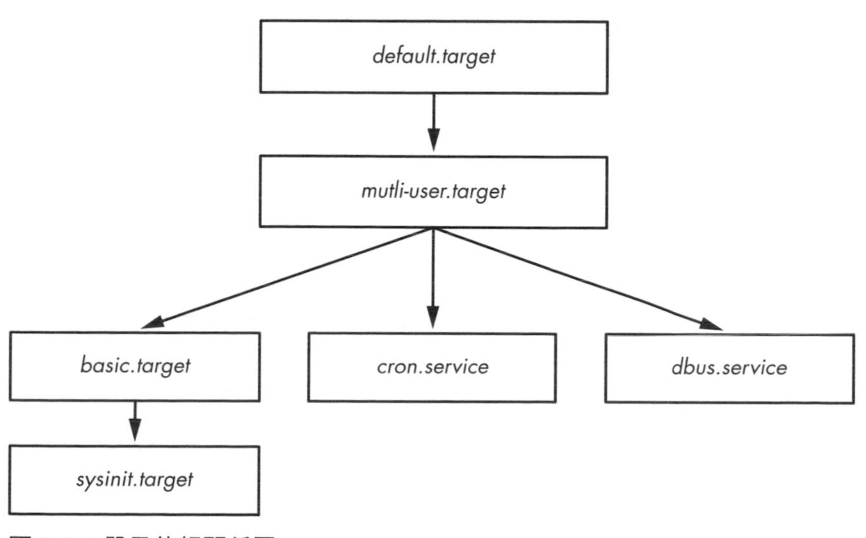

圖 6-1：單元依賴關係圖

NOTE 在大部分的系統上，default.target 只是一個連到「其他高層目標單元」的連結，例如啟動使用者介面的單元。在圖 6-1 展示的系統上，default.target 將「啟動一個圖形使用者介面（GUI）所需要的單元」結合起來。

圖 6-1 是一張經過簡化的示意圖。在你自己的系統上，你是沒辦法僅透過查看「上層的單元設定檔案」並逐一往下延伸參考，就能勾勒出依賴關係的。我們將在 6.3.6 節中仔細研究依賴項目如何運作。

6.3.3 systemd 設定

systemd 設定檔案分布在系統的許多目錄中，因此在尋找特定的檔案時可能需要做一些搜尋。systemd 設定主要在兩個目錄之下：**系統單元目錄**（**system unit directory**）（全域設定；通常是 /lib/systemd/system 或是 /usr/lib/systemd/system）和**系統設定目錄**（**system configuration directory**）（區域定義；通常是 /etc/systemd/system）。

為了防止混淆，請遵守以下規則：避免更改「系統單元目錄」，因為你的發行版原本就會維護它。需要修改時，可以在「系統設定目錄」中進行區域（local）的更改。這個一般規則也適用於整個系統。在選擇修改 /usr 和 /etc 中的某些內容時，請永遠選擇 /etc。

你可以使用下面這個指令來確認目前 systemd 設定的搜尋路徑（包含優先權）：

```
$ systemctl -p UnitPath show
UnitPath=/etc/systemd/system.control /run/systemd/system.control /run/
systemd/transient /etc/systemd/system /run/systemd/system /run/systemd/
generator /lib/systemd/system /run/systemd/generator.late
```

你可以使用以下指令來查看你系統上的「系統單元」和「設定目錄」：

```
$ pkg-config systemd --variable=systemdsystemunitdir
/lib/systemd/system
$ pkg-config systemd --variable=systemdsystemconfdir
/etc/systemd/system
```

單元檔案

單元檔案的格式源自 XDG Desktop Entry 規範（用於 .desktop 檔案，與 Microsoft 系統上的 .ini 檔案非常相似），中括號（[]）內的是各個區塊（section）名稱，以及各個區塊中的變數和指定值（選項）。

這裡有一個例子，考慮這個給「桌面匯流排（desktop bus）的常駐程式」使用的 dbus-daemon.service 單元檔案：

```
[Unit]
Description=D-Bus System Message Bus
Documentation=man:dbus-daemon(1)
Requires=dbus.socket
RefuseManualStart=yes

[Service]
ExecStart=/usr/bin/dbus-daemon --system --address=systemd: --nofork
--nopidfile --systemd-activation --syslog-only
ExecReload=/usr/bin/dbus-send --print-reply --system --type=method_call
--dest= org.freedesktop.DBus / org.freedesktop.DBus.ReloadConfig
```

這個例子中有兩個區塊，`[Unit]` 和 `[Service]`。`[Unit]` 區塊主要提供「單元」的細節，包含「描述」和「依賴關係」等資訊。具體來說，這個單元需要依賴於 dbus.socket 單元。

在類似這個例子的一個服務單元中，你會在 `[Service]` 區塊中找到與「服務」相關的細節，包含如何準備、啟動以及重新載入該服務。你可以在 systemd.service(5) 和 systemd.exec(5) 說明手冊中查看完整的清單，另外在 6.3.5 節中也有介紹。

很多其他的單元設定檔案也是如此符合直覺。例如 sshd.service 這個服務單元檔案，就是負責啟動（start）sshd 來打開（enable）遠端安全登入 shell 的功能。

NOTE 在你系統上找到的單元檔案可能會有些許不同。在這個範例中，你看到的是 Fedora 使用 dbus-daemon.service 這個名稱，但是 Ubuntu 會使用 dbus.service。此外，檔案中的內容也會有出入，但大多都是不太重要的地方才會有差異。

變數

一般在單元檔案中都會看到變數。這裡有一個來自不同單元檔案的區塊，它是負責 Secure Shell（安全 shell）的，你會在「第 10 章」看到它：

```
[Service]
EnvironmentFile=/etc/sysconfig/sshd
ExecStartPre=/usr/sbin/sshd-keygen
ExecStart=/usr/sbin/sshd -D $OPTIONS $CRYPTO_POLICY
ExecReload=/bin/kill -HUP $MAINPID
```

所有的東西，只要是以 `$` 符號開頭的就是變數。雖然這些變數的語法是相同的，但是它們的來源卻不一樣。`$OPTIONS` 和 `$CRYPTO_POLICY` 選項是在 `EnvironmentFile` 設定所指定的「檔案」中定義的，你可以在單元啟用時，把它們傳遞給 sshd。在這裡，你可以查看 /etc/sysconfig/sshd 並確定是否有設定這些變數，而如果設定了，它們的值又是什麼。

相比之下，`$MAINPID` 包含的是服務的**程序追蹤 ID**（參見 6.3.5 節）。單元被啟用後，systemd 記錄並儲存此 PID，以便之後可以使用它來操作特定於某個服務的程序。當你想要重新載入設定時，sshd.service 單元檔案會使用 `$MAINPID` 向 sshd 發送中斷（HUP）信號（這是處理重新載入和重新啟動「Unix 常駐程式」一種相當常見的技術）。

替換記號

替換記號（**specifier**）和變數有點相似，在很多單元檔案中都會看到它。替換記號的開頭是一個百分比符號（`%`），例如 `%n` 這個替換記號所代表的就是目前的單元名稱，而 `%H` 替換記號則表示目前的主機名稱。

你也可以使用替換記號從「一個單元檔案」建立該單元的多個副本。其中一個例子就是負責管理虛擬控制台中「登入提示字元」的一系列 `getty` 程序，例如 tty1 和 tty2。若要使用此功能，請在單元名稱的末尾、單元檔案名稱的點（dot）之前增加一個 @ 符號。

舉例來說，在大多數的發行版中，`getty` 的單元檔案名稱（unit filename）是 getty@.service，這允許動態的建立單元，例如 getty@tty1 和 getty@tty2。@ 之後的任何內容都被稱為**執行個體**（**instance**）。當你查看其中一個單元檔案時，你可能還會看到一個 `%I` 或 `%i` 替換記號。當我們從「帶有執行個體的一個單元檔案」啟用「一項服務」時，systemd 會使用「執行個體」取代「%I 或 %i 替換記號」，以建立新的服務名稱。

6.3.4 systemd 操作

我們主要透過 systemctl 指令與 systemd 進行諸如啟用（activate）服務、停用（deactivate）服務、顯示狀態、重新載入設定等等的互動操作。

最基本的指令主要用於獲取單元資訊。例如，使用 list-units 指令來顯示系統中所有啟用的單元（active unit）。（實際上這是 systemctl 的預設指令，你不需要指定 list-units 參數。）

```
$ systemctl list-units
```

輸出結果是典型的 Unix 清單形式。例如，其產生的標題和 -.mount（root 檔案系統）該行的資訊，如下所示：

```
UNIT                      LOAD   ACTIVE SUB       DESCRIPTION
-.mount                   loaded active mounted   Root Mount
```

預設情況下，systemctl list-units 指令的輸出有很多資訊，因為系統中有大量的啟用單元。由於 systemctl 會將「較長的單元名稱」截短，我們可以使用 --full 選項來查看完整的單元名稱，甚至使用 --all 選項來查看所有單元（包括未啟用的）。

另一個很有用的 systemctl 操作是獲取單元的狀態資訊。下面這個例子是典型的 status 指令和它的輸出結果：

```
$ systemctl status sshd.service
· sshd.service - OpenBSD Secure Shell server
   Loaded: loaded (/usr/lib/systemd/system/sshd.service; enabled; vendor
preset: enabled)
   Active: active (running) since Fri 2021-04-16 08:15:41 EDT; 1 months 1 days
ago
 Main PID: 1110 (sshd)
    Tasks: 1 (limit: 4915)
   CGroup: /system.slice/sshd.service
           └─1110 /usr/sbin/sshd -D
```

這個輸出中也會包含許多日誌的訊息。如果你習慣使用的是傳統的 init 系統，那麼你可能會對這個指令所提供的大量實用資訊感到驚訝。因為你不僅可以獲得單元的狀態，還可以獲得與服務相關的程序、單元何時啟動，以及一些日誌訊息（如果有的話）。

其他單元類型的輸出資訊也大同小異。舉例來說，掛載單元（mount unit）的輸出會包括「何時掛載的」、「當時的掛載指令為何」以及「它離開的狀態」。

輸出結果中最有意思的資訊是「控制組（cgroup）的名稱」。在前面的例子中，控制組是 `system.slice/sshd.service`，cgroup 中的程序亦緊跟在後。但是，如果一個單元（例如掛載單元）的程序已經終止，你可能還會看到以 `systemd:/system` 開頭的控制組。你可以使用 `systemd-cgls` 指令查看與 systemd 相關的 cgroup，而無需查看單元狀態的其餘部分。你將在 6.3.5 節中學到更多「systemd 如何使用 cgroup」的資訊，你也將在 8.6 節中看到「cgroup 是如何運作的」。

`status` 指令也可以顯示單元「最新的診斷日誌訊息」。你可以使用以下指令查看完整的單元日誌：

```
$ journalctl --unit=unit_name
```

你會在「第 7 章」學到更多與 `journalctl` 指令有關的資訊。

NOTE 根據系統和使用者設定的不同，在使用 `journalctl` 指令時，你可能會需要超級使用者的權限。

任務（job），以及它和啟動（start）、停止（stop）、重新載入（reload）單元之間的關係

你可以使用 `systemctl start`、`systemctl stop` 和 `systemctl restart` 指令來「啟用」（activate）、「停用」（deactivate）和「重新啟動」（restart）單元。但如果你更改了單元設定檔案，你可以使用以下兩種方法讓 systemd 重新載入檔案：

- **`systemctl reload`** ***`unit`***：只重新載入 *`unit`* 單元的設定。
- **`systemctl daemon-reload`**：重新載入所有的單元設定。

在 systemd 中，我們將「啟用」、「重新啟用」（reactivate）和「重新啟動」單元稱為**任務（job）**，它們本質上是對單元狀態的變更。你可以用以下指令來查看系統目前的任務：

```
$ systemctl list-jobs
```

如果已經執行了一段時間，系統中可能已經沒有任何啟用的任務（active job），因為所有啟用工作應該已經完成。然而，在系統啟動時（boot time），如果你很快登入系統，你可以看到一些單元正在慢慢被啟動（start），如下所示：

```
JOB UNIT                         TYPE          STATE
  1 graphical.target             start         waiting
  2 multi-user.target            start         waiting
 71 systemd-...nlevel.service start            waiting
 75 sm-client.service            start         waiting
 76 sendmail.service             start         running
120 systemd-...ead-done.timer start            waiting
```

上例中的「任務 76」是一個 sendmail.service 單元，它的啟動花了很長時間。其他的任務處於等待狀態（a waiting state），它們很有可能是在等待「任務 76」。當 sendmail.service 完成「啟動」並完全「啟用」時，「任務 76」就會完成，其餘的任務也會跟著完成，直到任務清單完全清空。

NOTE 「任務」這個詞彙可能不太好理解，特別是「有些其他的 init 系統」也會使用它來代表那些更像是「systemd 單元」的功能。這些任務（job）和 shell 中的「工作管理」（job control）沒有任何關係。

我們將在 6.6 節介紹如何關閉（shut down）和重啟（reboot）系統。

在 systemd 中新增單元

在 systemd 中新增單元涉及「建立」和「啟用」單元檔案，有時候還會需要「打開」（enable）單元檔案。一般來說，你應該要把「你建立好的單元檔案」放入系統設定目錄 /etc/systemd/system，這樣你就不會將它們與「發行版系統內建的設定」搞混，它們也不會在系統更新的時候被覆蓋了。

建立一個什麼都不做的目標單元很簡單，你可以自己試一試。我們來建立兩個目標，其中一個依賴於另一個，只要照著下面的步驟做：

1. 在 /etc/systemd/system 目錄中建立一個名為 test1.target 的單元：

```
[Unit]
Description=test 1
```

2. 建立 test2.target，其依賴於 test1.target：

```
[Unit]
Description=test 2
Wants=test1.target
```

在這裡，Wants 這個關鍵字定義了依賴關係。「啟用 test2.target 單元」，這個動作會導致「test1.target 作為依賴關係也會被啟用」。現在，我們啟用 test2.target 看看：

```
# systemctl start test2.target
```

3. 驗證兩個單元都被啟用：

```
# systemctl status test1.target test2.target
· test1.target - test 1
   Loaded: loaded (/etc/systemd/system/test1.target; static; vendor
preset: enabled)
   Active: active since Tue 2019-05-28 14:45:00 EDT; 16s ago

May 28 14:45:00 duplex systemd[1]: Reached target test 1.

· test2.target - test 2
   Loaded: loaded (/etc/systemd/system/test2.target; static; vendor
preset: enabled)
   Active: active since Tue 2019-05-28 14:45:00 EDT; 17s ago
```

4. 如果你的單元檔案中有 [Install] 區塊，那麼你需要在啟用前先打開（enable）它：

```
# systemctl enable unit
```

[Install] 區塊是另一種建立依賴關係的方法。在 6.3.6 節中，我們會看到更多有關這方面（以及依賴關係）的解釋。

刪除單元

使用以下步驟來刪除單元：

1. 必要時停用單元：

```
# systemctl stop unit
```

2. 如果單元中包含 [Install] 區塊，請透過關閉（disable）單元來刪除所有因依賴關係系統而產生的符號連結：

```
# systemctl disable unit
```

這時你就可以刪除單元檔案了。

NOTE 若某個已經被打開的單元中沒有 [Install] 區塊，那麼關閉它是不會有影響的。

6.3.5 systemd 程序追蹤和同步

對於它所啟動的程序，systemd 需要掌握大量的資訊和控制權。最大的問題是啟動一個服務的方式有許多種。這樣導致的後果是，可能會分叉（fork）出許多新的執行個體，甚至還可能會將其作為常駐程式並且同原始程序脫離開來。此外，也沒有明確說明一台伺服器可以擁有多少個子程序。

為了更好的管理那些被啟用的單元，systemd 引進了之前我們提到的「控制組」（Control Group，以下簡稱 cgroup），它是 Linux 核心的一個可選特性，為的是提供更好的程序追蹤。cgroup 的做法也可以大幅減少套件開發人員以及系統管理員在產生「工作用的單元檔案」時的工作量。在 systemd 中，你不必擔心或考慮所有可能的啟動行為（startup behavior），你只需要知道「服務的啟動程序」是否有分叉。你可以在「服務單元檔案」中使用 Type 選項來定義其啟動行為。基本的啟動行為有以下兩種：

- **Type=simple**：服務程序不能分叉和終止，它會保留主要的服務程序。
- **Type=forking**：服務會分叉，systemd 希望「原始的服務程序」在分叉後終止，原始程序終止時，systemd 視其為服務準備就緒。

Type=simple 選項並不負責服務花多長時間啟動，因此，systemd 也不會知道何時啟動該服務的依賴關係（這些依賴關係絕對需要這類服務準備就緒）。解決這個問題的一個辦法是使用「延時啟動」（參考 6.3.7 節）。不過，我們可以使用一些 `Type` 的啟動方式來讓服務就緒時通知 systemd：

- **`Type=notify`**：服務在就緒時使用特殊的函式呼叫向 systemd 發送通知。
- **`Type=dbus`**：服務在就緒時向 D-Bus（Desktop Bus）註冊自己。

另外還有一種服務啟動方式是 `Type=oneshot`，其中服務程序在啟動後（完成任務後）會徹底終止，沒有子程序。就像 `Type=simple` 一樣，只是 systemd 直到服務程序終止才考慮啟動服務。任何嚴格的依賴關係（你很快就會看到）在該終止之前不會開始。使用 `Type=oneshot` 的服務還會獲得預設的 `RemainAfterExit=yes` 指令，來確保 systemd 在服務程序終止後仍然將服務狀態視作啟用（active）。

最後一個選項是 `Type=idle`。這與 `simple` 樣式類似，但它指示 systemd 在「所有啟用的任務」（all active jobs）完成之前不要啟動服務。這裡的想法很簡單：在其他服務啟動之前先延遲服務啟動，以避免這些服務相互影響到彼此的輸出。請記住，一旦服務啟動，「啟動它的 systemd 任務」就會終止，因此會等待所有任務完成，以確保沒有其他任務正在啟動。

若你想深入了解 cgroup 的工作方式，我們將會在 8.6 節中做更多的討論。

6.3.6 systemd 中的依賴關係

一個夠彈性的系統在啟動時和操作時的依賴關係，實際上有一定程度的複雜性，因為過於嚴格的規則會導致系統效能不佳和不穩定。例如，假設你想在啟動一台資料庫伺服器後顯示登入提示字元，所以你定義了一個從登入提示字元到資料庫伺服器過程中的嚴格依賴關係，這意味著如果資料庫伺服器出現故障，登入提示字元也會失敗，你甚至無法登入到你的機器來解決問題！

Unix 啟動任務的容錯能力很強，一般的錯誤不會影響那些標準服務的啟動。舉例來說，如果一個資料磁碟被從系統中移除，但是 /etc/fstab 檔案中的紀錄仍然存在，檔案系統的初始化就會失敗。雖然這次失敗可能會影響應用程式伺服器（如 Web 伺服器），然而這不太會影響系統的正常執行。

為了滿足靈活性和容錯的需求，systemd 提供了幾種依賴類型和形式。讓我們先看看基本類型，由它們的關鍵字語法作為標示：

- `Requires`：表示不可缺少的依賴關係。如果一個單元有此類型的依賴關係，systemd 會嘗試啟用（activate）被依賴的單元。如果失敗的話，systemd 會停用（deactivate）被依賴的單元。
- `Wants`：表示只用於啟用的依賴關係。單元被啟用時，`Wants` 類型的依賴關係也會被 systemd 啟用，但是 systemd 不關心依賴單元的啟用成功與否。
- `Requisite`：表示必須在啟用單元之前啟用依賴關係。systemd 會在啟用單元之前檢查其 `Requisite` 類型依賴關係的狀態。如果依賴關係還沒有被啟用，單元的啟用也會失敗。
- `Conflicts`：反向依賴關係。如果一個單元有 `Conflict` 類型的依賴關係，且它們已經被啟用，systemd 會自動停用它們。同時啟用兩個有反向依賴關係的單元會導致失敗。

`Wants` 是一種很重要的依賴關係，它不會將啟用錯誤擴散給其他單元。systemd(5) 的說明文件鼓勵我們盡可能使用這種依賴關係，原因顯而易見：這種行為產生了一個更加健壯的系統，為你提供傳統 init 的好處，也就是當「較早啟動的元件」失敗時，並不一定會影響後面的元件啟動。

只要你指定一個依賴關係的類型，如 `Wants` 或 `Requires`，就可以使用 `systemctl` 指令來查看單元的依賴關係：

```
# systemctl show -p type unit
```

依賴順序（Ordering）

到目前為止，依賴關係沒有涉及順序。預設情況下，systemd 會在啟用單元的同時啟用其所有的 `Requires` 和 `Wants` 依賴元件。理想情況下，我們試圖盡可能多、盡可能快地啟動（start）服務以縮短啟動時間（boot time）。不過有時候單元必須順序啟動。例如在圖 6-1 所顯示的系統中，default.target 單元被設定為在 multi-user.target 之後啟動（圖中未說明順序）。

你可以使用下面的依賴修飾符號（modifier）來設定順序：

- `Before`：目前單元會在「`Before` 中列出的單元」之前啟動。舉例來說，假設 `Before=bar.target` 出現在 foo.target 中，systemd 會先啟動 foo.target，然後是 bar.target。
- `After`：目前單元會在「`After` 中列出的單元」之後啟動。

當你使用順序時，systemd 會先等到一個單元成為啟用狀態後，然後才會啟用該單元的依賴單元。

預設和隱藏的依賴關係

當你在探索依賴關係時（尤其是使用 `systemd-analyze` 的時候），你可能會開始注意到，某些單元獲得了沒有在單元檔案中或在其他可見機制中明確說明的依賴關係。你最有可能在「擁有 `Wants` 依賴關係的目標單元」中遇到這種情況——你會發現，systemd 在「任何被列為 `Wants` 依賴關係的單元」旁邊增加了 `After` 修飾子，這些附加的依賴關係是 systemd 內部使用的，會在啟動時（boot time）計算，而不是儲存在設定檔案中。

新增的 `After` 修飾子被稱為**預設依賴關係（default dependency）**，自動加入到單元設定中，目的是為了避免常見錯誤並保持較小的單元檔案。這些依賴關係會因單元類型而異。例如，systemd 不會為「目標單元」和「服務單元」都加入相同的預設依賴關係。這些差異在「單元設定」說明手冊的 DEFAULT DEPENDENCIES 小節中有列出，例如 systemd.service(5) 和 systemd.target(5)。

你可以透過在設定檔案中加入 `DefaultDependencies=no` 來關閉一個單元中的預設依賴關係。

條件式依賴關係（conditional dependency）

除了 systemd 的單元外，你也可以用一些「條件式依賴關係的參數」來測試各種作業系統的狀態，舉例來說：

- **`ConditionPathExists=p`**：如果系統中檔案路徑 p 存在，則回傳 true。
- **`ConditionPathIsDirectory=p`**：如果 p 是一個目錄，則回傳 true。
- **`ConditionFileNotEmpty=p`**：如果 p 是一個非空的檔案，則回傳 true。

當 systemd 試著啟用某個單元時，如果單元中的條件式依賴關係為 false，那麼單元不會被啟用，不過條件式依賴關係只對其所在的單元有效。也就是說，如果你啟用的單元中包含條件式依賴關係和其他單元依賴關係，無論條件式依賴關係的結果為 true 還是 false，systemd 都會嘗試啟用那些單元依賴關係。

其他的依賴關係基本是上述依賴關係的變種，例如：RequiresOverridable 正常情況下像 Requires，但如果單元手動啟用，則像 Wants。你可以使用 systemd.unit(5) 說明手冊查看完整清單。

[Install] 區塊和啟用單元（Enabling Unit）

到目前為止，我們一直在研究如何在「一個依賴單元的設定檔案」中定義依賴關係。我們也可以「反向」執行此操作，也就是在「一個依賴關係的單元檔案」中指定依賴單元。你可以透過在 [Install] 區塊中增加一個 WantedBy 或 RequiredBy 參數來完成此操作。這種機制允許你，在「不修改其他設定檔案的情況下啟動一個單元」時，可以進行更動（例如，當你不想編輯系統單元檔案時）。

要了解這是如何運作的，可以回顧 6.3.4 節中的範例單元。我們有兩個單元，test1.target 和 test2.target，其中 test2.target 對 test1.target 有一個 Wants 依賴。我們可以更改它們，使 test1.target 看起來像這樣：

```
[Unit]
Description=test 1

[Install]
WantedBy=test2.target
```

而 test2.target 像這樣：

```
[Unit]
Description=test 2
```

因為你現在的單元中有 [Install] 區塊，你需要在啟動（start）前，先用 systemctl 指令打開（enable）這個單元。以 test1.target 為例，以下展示這是如何做到的：

```
# systemctl enable test1.target
Created symlink /etc/systemd/system/test2.target.wants/test1.target → /etc/
systemd/system/test1.target.
```

注意這裡的輸出——「打開一個單元」的作用，是在對應於依賴單元的 .wants 子目錄中建立一個符號連結（在本例中為 test2.target）。你現在可以使用 `systemctl start test2.target` 同時啟動（start）兩個單元，因為依賴關係已經完成。

NOTE 打開（enable）一個單元不代表啟用（activate）一個單元。

要關閉（disable）一個單元（並刪除符號連結），可以使用 `systemctl`，如下：

```
# systemctl disable test1.target
Removed /etc/systemd/system/test2.target.wants/test1.target.
```

此範例中的兩個單元還讓你有機會嘗試不同的啟動場景。例如，可以試試看，當你嘗試「僅啟動 test1.target」或嘗試「啟動 test2.target 而不啟用 test1.target」時，會發生什麼事。或者，嘗試將 `WantedBy` 更改為 `RequiredBy`。（請記住，你可以使用 `systemctl status` 檢查單元的狀態。）

在正常操作期間，systemd 會忽略單元中的 `[Install]` 區塊，但會注意到它的存在，並且在預設情況下認為該單元已被關閉。打開一個單元，在重新啟動後會繼續存在。

`[Install]` 區塊通常負責「系統設定目錄」（/etc/systemd/system）中的 .wants 和 .requires 目錄。但是，「單元設定目錄」（[/usr]/lib/systemd/system）也包含 .wants 目錄，你也可以在單元檔案中加入與 `[Install]` 區塊不對應的連結。這些手動增加（manual additions）是一種加入依賴關係的簡單方法，無需修改「將來可能被覆蓋的單元檔案」（例如透過軟體升級），但並不特別鼓勵使用，因為手動增加很難追蹤。

6.3.7 systemd 的按需和資源平行啟動

systemd 一個最主要的特性是它可以延遲啟動單元，直到它們真正被需要為止。設定方式如下所示：

1. 為系統服務建立一個 systemd 單元（單元 A）；
2. 標識出單元 A 需要為其服務提供的系統資源，如網路連接埠、網路 socket 或設備；
3. 建立另一個 systemd 單元（單元 R）來表示該資源。這些單元被分為不同類型，如 socket 單元、路徑單元和設備單元；
4. 你可以定義 Unit A 和 Unit R 之間的關係。通常，這是基於單元名稱的隱含關係，但也可以是顯式的（明確的），我們很快就會看到。

完成以上的步驟後，其執行過程如下所示：

1. 單元 R 啟用的時候，systemd 對它的資源進行監控；
2. systemd 將阻止所有對該資源的存取，對該資源的輸入會被放入緩衝區；
3. systemd 啟用單元 A；
4. 當單元 A 啟用的服務就緒時，它獲得對資源的控制、讀取緩衝的輸入，然後正常執行。

同時，有以下幾個問題需要考慮：

- 必須確保「資源單元」（resource unit）涵蓋了服務提供的所有資源。通常這不是大問題，因為大部分服務只有一個單一的存取點。
- 必須確保「資源單元」與其代表的「服務單元」之間的關聯。這可以是顯式或是隱式，有些情況下，systemd 可以有許多選項「使用不同的方式」來切換到服務單元。
- 並非所有的伺服器都能夠和 systemd 提供的「資源單元」進行互動。

如果你理解諸如 inetd、xinetd 和 automount 這樣的工具，你就知道它們之間有很多相似的地方。事實上這個概念本身沒什麼新奇之處；實際上 systemd 包含了對 automount 單元的支援。

socket 單元的範例和服務

我們來看一個例子，一個簡單的網路 echo 服務。這是一些進階的課題，在閱讀「第 9 章」關於 TCP、連接埠和監聽（listening）以及「第 10 章」關於 socket 的討論之前，你可能無法完全理解它，但應該能夠了解基本概念。

echo 服務的想法是重複「網路的用戶端」在連線後發送的任何內容；我們的服務將監聽 TCP port 22222。我們將開始使用 **socket 單元**（**socket unit**）來建構它以表示連接埠，如下面的 echo.socket 單元檔案所示：

```
[Unit]
Description=echo socket

[Socket]
ListenStream=22222
Accept=true
```

請注意，在單元檔案中沒有提及此 socket 支援的服務單元。那麼與之對應的服務單元檔案是什麼呢？

它的名字是 echo@.service。連結是按命名約定建立的。如果服務單元檔案具有與 .socket 檔案相同的前置（在本例中為 echo），那麼 systemd 會知道，當 socket 單元上有活動時，要去啟用該服務單元。在這裡，當 echo.socket 上有活動時，systemd 會建立一個 echo@.service 的執行個體。這是 echo@.service 單元檔案：

```
[Unit]
Description=echo service

[Service]
ExecStart=/bin/cat
StandardInput=socket
```

NOTE 如果你不喜歡基於前置（prefix）的隱式啟用單元，或是你需要連結到具有不同前置的單元，你可以在定義資源的單元中使用顯式選項。例如，在 foo.service 中使用 `Socket=bar.socket`，讓 bar.socket 把它的 socket 交給 foo.service。

要執行這個範例單元，你需要啟動 echo.socket 單元：

```
# systemctl start echo.socket
```

現在你可以利用一些像是 `telnet` 之類的工具程式，連線到你本地端的 TCP port 22222 來測試這個服務。然後這個服務會重複你剛剛輸入的內容。這邊是一個互動的範例：

```
$ telnet localhost 22222
Trying 127.0.0.1...
Connected to localhost.
Escape character is '^]'.
Hi there.
Hi there.
```

如果你覺得無聊了，想回到原本的 shell 模式下，可以在某行上直接按下 CTRL-]，接著再按 CTRL-D。若要停止該服務，可以使用以下指令來停止這個 socket 單元：

```
# systemctl stop echo.socket
```

NOTE 在你的發行版中，可能預設是沒有安裝 telnet 的。

執行個體和移交

因為 echo@.service 單元支援多個同步的執行個體（instance），所以名稱中有一個 @（回想一下我們介紹過的，@ 這個替換記號（說明符號）表示參數化）。為什麼需要多個執行個體呢？假設你有多個用戶端透過網路同時連接到服務，並且你希望每個連接都有一個自己的執行個體。在這種情況下，服務單元必須支持多個執行個體，因為我們在 echo.socket 中包含了 `Accept=true` 選項。該選項指示 systemd 不僅要監聽連接埠，還要代表服務單元接受「進入（incoming）的連線」並將其傳遞給它們，為每個連線建立一個單獨的執行個體。每個執行個體從連線中讀取資料作為標準輸入，但它不一定需要知道資料是來自連線中的網路。

NOTE 大多數的網路連線需要更多的彈性，而不僅僅是一個標準輸入和輸出的簡易閘道（gateway），因此不要期望能夠使用服務單元檔案（如此處顯示的 echo@.service 單元檔案）來建立複雜的網路服務。

如果服務單元可以完成「接受連線」（accepting a connection）的工作，請不要在其單元檔案名稱中放入 @，也不要在 socket 單元中加入 `Accept=true`。如果這樣做，服務單元會從 systemd 獲得對 socket 的完全控制權，而 systemd 反過來不會嘗試再次監聽網路的連接埠，直到服務單元完成才會恢復。

「移交（handoff，切換）給服務單元」這個過程，有各種不同的資源和選項，這讓提供一個分類總結變得困難。不僅如此，選項的文件還分散在幾個說明手冊中。關於資源導向的單元，你可以參考 systemd.socket(5)、systemd.path(5) 和 systemd.device(5)。關於服務單元，經常被忽略的一個文件是 systemd.exec(5)，其中描述了「服務單元在啟用時如何得到資源」的資訊。

使用輔助單元優化啟動

systemd 在啟動單元時通常會試圖簡化依賴關係和縮短啟動時間。資源單元（如 socket 單元）提供了一種類似於「按需啟動」（on-demand startup）的方法，其中「輔助單元」（auxiliary unit）代表「服務單元所需的資源」，不同的地方是 systemd 在啟用輔助單元之後立即啟動服務單元，而非等待請求。

使用該模式的一個原因是，在系統啟動時，一些關鍵的服務單元（如 systemd-journald.service）需要一些時間來啟動，有許多單元依賴於它們。然而，systemd 能夠快速地提供一個單元（如 socket 單元）所需的重要資源，因此，它不僅能夠快速啟用這個關鍵單元，還能夠啟用依賴於它的其他單元。關鍵單元就緒後，就能獲得其所需資源的控制權。

圖 6-2 顯示了這一切在傳統系統中是如何工作的。在啟動時間線（boot timeline）上，服務 E 提供了一個關鍵資源 R。服務 A、B 和 C 依賴於這個資源（但並不相互依賴），必須等待服務 E 先啟動。因為系統在前一個服務還沒完成啟動時，是不會啟動下一個服務，因此要啟動服務 C 需要很長一段時間。

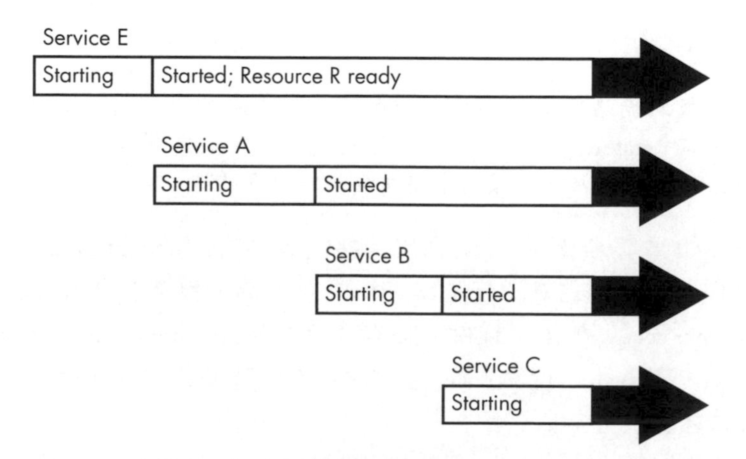

圖 6-2：啟動時間順序和資源依賴關係

圖 6-3 顯示與圖 6-2 對應的 systemd 的啟動設定。有服務單元 A、B、C、E 和一個新的單元 R 代表單元 E 提供的資源。因為 systemd 在單元 E 啟動時能夠為單元 R 提供一個介面，單元 A、B、C 和 E 能夠同時啟動。單元 E 在單元 R 就緒時接管。有意思的是，如單元 B 設定所示，單元 A、B 和 C 並不需要在它們結束啟動前存取單元 R 所提供的資源。我們正在做的事情，就是提供它們一個選項，讓它們可以盡快的存取到資源。

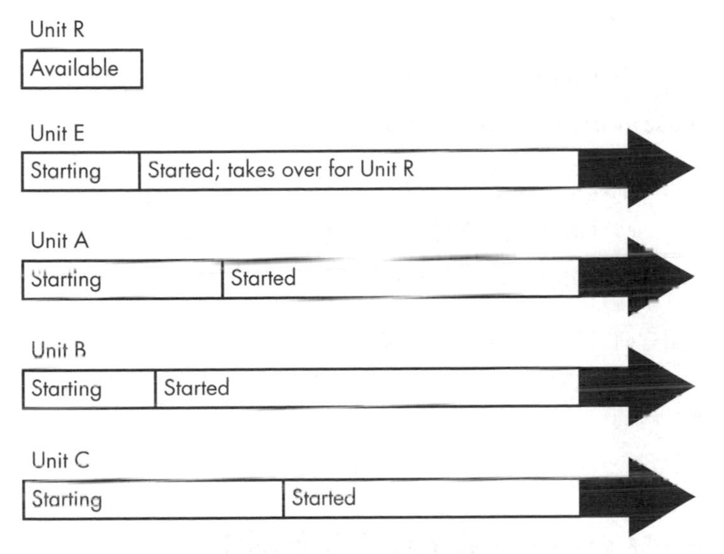

圖 6-3：systemd 啟動時間順序和資源單元

NOTE 當平行（parallelize）啟動時，系統有可能會因為大量單元同時啟動而暫時變慢。

本例中雖然並沒有建立按需啟動的單元，但是仍然用到了按需啟動的特性。在日常操作中，你可以在執行 systemd 的系統中查看 journald 和 D-Bus 設定單元。它們大都是以這樣的方式來平行啟動的。

6.3.8 systemd 輔助元件

隨著 systemd 越來越受歡迎，它也得到發展，並包括對「一些與啟動和服務管理無關的任務」的支援，無論是直接還是通過輔助相容層。你可能會注意到 /lib/systemd 目錄中有大量的程式，這些是與這些功能相關的可執行檔案。

這邊有幾個比較有針對性的系統服務：

- **udevd**：你在「第 3 章」已學到，這是 systemd 的一部分。
- **journald**：這是一個日誌服務，負責處理不同的日誌機制，包含傳統的 Unix `syslog` 服務。你會在「第 7 章」看到更多。
- **resolved**：一個 DNS 用的名稱服務的快取常駐程式，你會在「第 9 章」學到它。

這些服務的所有可執行檔案都是以 `systemd-` 為前置，例如，systemd 內建的 udevd 稱為 `systemd-udevd`。

如果你深入探討，你會發現其中一些程式只是相對簡單的包裝器（wrapper）而已，它們的功能只是執行標準系統工具程式，並將結果通知 systemd。一個例子是 `systemd-fsck`。

如果你在 /lib/systemd 中看到你無法識別的程式，請查看線上說明手冊。線上說明手冊很有可能不僅會解釋該工具程式，還會描述它所要增加的單元類型。

6.4 System V runlevel（執行級別）

現在你已經理解 systemd 是如何運作的，讓我們回頭看一下傳統的 System V init。在 Linux 系統中，在某個指定的時間段會有「一個特定的基本程序組合」正在執行中（如 crond 和 udevd）。在 System V init 中，這個狀態就是系統的 **runlevel**（**執行級別**，後面以 runlevel 表示），使用數字 0 到 6 來表示。系統大部分的時間都會處在「單一 runlevel」的狀態中，但是當你關閉系統的時候，init 就會切換到另一個 runlevel，用來有序地終止系統服務，並且通知核心停止。

你可以使用 `who -r` 指令來查看系統的 runlevel：

```
$ who -r
run-level 5  2019-01-27 16:43
```

結果顯示系統的目前 runlevel 是 5，還有 runlevel 被建構出來的日期和時間。

runlevel 有幾個作用，最主要的是區分系統的啟動（startup）、關閉（shutdown）、單一使用者模式（single-user mode）、控制台模式（console mode）等等不同的狀態。例如，大部分的 Linux 系統在傳統上會使用 runlevel 2 到 4 來表示文字控制台，runlevel 5 則表示系統將啟動圖形使用者介面（GUI）的登入畫面。

但是 runlevel 正在逐漸成為歷史。儘管 systemd 支援這些 runlevel，但它認為 runlevel 作為「系統的最終狀態」已經過時，因此會比較偏向「目標單元」。對於 systemd 來說，runlevel 主要用於啟動那些僅支援 System V init script 的服務。

6.5 System V init

Linux 上的 System V init 實作要追溯到 Linux 的早期版本，它根本的目的是要為「系統」提供「在不同的 runlevel 上，有嚴謹且合理的啟動順序」。雖然現在 System V init 在伺服器和桌上型電腦中已經不太常見，不過在 RHEL 7.0 之前的版本和 Linux 嵌入式系統中（像是路由器和電話），還是能夠看到 System V init。此外，一些較舊的套件可能只提供為 System V init 設計的「啟動 script」。systemd 可以使用我們將在 6.5.5 節中討論的相容模式來處理這些問題。我們將在這裡了解基礎知識，但請記住，你實際上應該不會遇到本節中介紹的任何內容。

典型的 System V init 安裝包含兩個主要元件：「一個核心設定檔案」和「一組龐大的開機 script」（這些也被「很多的符號連結」壯大功能）。設定檔案 /etc/inittab 是整個過程的源頭。如果你系統中有 System V init 的話，你可以從中看到如下內容：

```
id:5:initdefault:
```

這表示 runlevel 預設為 5。

inittab 中的內容都有如下格式，四個欄位的內容使用「分號」隔開，分別是：

1. 唯一識別碼（一串很短的字串，本例中為 `id`）；
2. 要套用的 runlevel 值（一個或多個）；

3. init 執行的操作（本例中是將 runlevel 設定為 5）；

4. 執行的指令（可選項）。

如果要看指令在 inittab 檔案中是如何運作的，下面一行會告訴我們：

```
l5:5:wait:/etc/rc.d/rc 5
```

這行內容很重要，它觸發大部分的系統設定和服務。在這例子中，`wait` 這個動作決定 System V init 何時和怎樣執行指令。進入 runlevel 5 時執行一次 `/etc/rc.d/rc 5`，然後一直等待指令執行完畢。`rc 5` 指令執行 /etc/rc5.d 中所有以數字開頭的指令（按數字的順序）。我們很快會談到更細節的部分。

除了 `initdefault` 和 `wait` 之外，下面是其他 inittab 的常見操作。

respawn

`respawn` 動作告訴 init 去執行後面的指令，如果指令完成執行，則再次執行它。你可能會在 inittab 檔案中看到類似的內容：

```
1:2345:respawn:/sbin/mingetty tty1
```

`getty` 程式提供登入提示字元。上面的指令是針對「第一個虛擬控制台」（/dev/tty1）的，當你按 ALT-F1 或 CTRL-ALT-F1 時能夠看到（參考 3.4.7 節）。`respawn` 的動作可以在你登出系統後重新帶回登入提示字元。

ctrlaltdel

`ctrlaltdel` 是控制「當你在虛擬控制台中按 CTRL-ALT-DEL 鍵時」系統採取的動作。在大部分系統中，這是類似於重新啟動的指令，它會使用 `shutdown` 指令來完成（我們將在 6.6 節介紹）。

sysinit

`sysinit` 的動作是 init 在啟動過程中，且在進入 runlevel 之前執行的第一個操作。

NOTE 請在 inittab(5) 說明手冊中查看更多的操作。

6.5.1 System V init 啟動指令順序

現在你可以來了解一下，在你登入系統之前 System V init 是怎樣啟動系統服務的。之前我們介紹過 inittab 中這一行：

```
l5:5:wait:/etc/rc.d/rc 5
```

它只是一行簡單的指令，但觸發了很多其他程式。實際上，rc 就是**執行指令**（**run command**）的簡寫，很多人都會稱這些指令為 **script**（**腳本**）、**程式**（**program**）或**服務**（**service**）。那麼這些指令到底在哪裡呢？

該行中的 5 代表 runlevel 5。執行的指令多半是在 /etc/rc.d/rc5.d 或 /etc/rc5.d 中。（runlevel 1 使用 rc1.d，runlevel 2 使用 rc2.d，以此類推。）舉個例子參考一下，你可能會在 rc5.d 目錄下找到以下內容：

```
S10sysklogd      S20ppp           S99gpm
S12kerneld       S25netstd_nfs    S99httpd
S15netstd_init   S30netstd_misc   S99rmnologin
S18netbase       S45pcmcia        S99sshd
S20acct          S89atd
S20logoutd       S89cron
```

rc 5 指令會透過依次執行以下指令來啟動 rc5.d 目錄中的程式：

```
S10sysklogd start
S12kerneld start
S15netstd_init start
S18netbase start
--snip--
S99sshd start
```

請注意每一行中的 start 參數（argument）。指令名稱中的大寫 S 表示指令應該在 start 模式中執行，數字 00 到 99 決定了 rc 啟動指令的順序。rc*.d 指令通常是 shell script，用來啟動 /sbin 或 /usr/sbin 中的程式。

一般情況下，你可以使用 less 或其他指令來查看 script 檔案內容，進而理解各種指令的功能。

NOTE 有一些 rc*.d 目錄中包含以 K（代表 kill，或 stop 模式）開頭的指令。此時 rc 使用參數 stop 而非 start 執行指令。K 開頭的指令通常位於關閉系統的 runlevel 中。

你也可以手動執行這些指令。不過通常你是透過 init.d 目錄而非 rc*.d 來執行，我們隨後就講到。

6.5.2 System V init 連結池

rc*.d 目錄實際上包含的是符號連結，指向 init.d 目錄中的檔案。如果想執行、新增、刪除或更改 rc*.d 目錄中的服務，你需要理解這些符號連結。下面是 rc5.d 目錄的內容範例：

```
lrwxrwxrwx . . . S10sysklogd -> ../init.d/sysklogd
lrwxrwxrwx . . . S12kerneld -> ../init.d/kerneld
lrwxrwxrwx . . . S15netstd_init -> ../init.d/netstd_init
lrwxrwxrwx . . . S18netbase -> ../init.d/netbase
--snip--
lrwxrwxrwx . . . S99httpd -> ../init.d/httpd
--snip--
```

像上例所示這樣，子目錄中所包含的大量符號連結，我們稱之為**連結池（link farm）**。有了這些連結，Linux 可以對不同的 runlevel 使用相同的啟動 script。雖然不需要嚴格遵循，但這種方法確實更簡潔。

啟動和停止服務

如果要手動啟動和停止服務，可以使用 init.d 目錄中的 script。例如我們可以執行 `init.d/httpd start` 來啟動 httpd web 伺服器程式。類似地，使用 `stop` 參數（如 `httpd stop`）來關閉服務。

更改啟動順序

在 System V init 中更改啟動順序是透過更改連結池來完成的。最常見的更改是禁止「init.d 目錄中的某個指令」在某個特定的 runlevel 中執行。在進行此操作時需謹慎。因為假如你刪除了某個 rc*.d 目錄中的一個符號連結，將來你想恢復它的時候，你可能已經忘記了它的連結名稱。所以一個比較好的辦法是在連結名稱前加「下底線」（_），如：

```
# mv S99httpd _S99httpd
```

這一個名稱上的更動使得 rc 會忽略 _S99httpd，因為檔案名稱不以 S 或 K 開頭，同時又保留了原始的連結名稱。

如果要新增服務，我們可以在 init.d 目錄中建立一個 script 檔案，然後在相應的 rc*.d 目錄中建立一個指向它的符號連結。最簡單的辦法是在 init.d 目錄中複製和修改你熟悉的 script（更多 shell script 的內容參見「第 11 章」）。

在新增服務的時候，需要為其設定適當的啟動順序。如果服務啟動過早，可能會導致失敗，因為它依賴的其他服務可能還沒有就緒。對於那些不重要的服務，大多數系統管理員會為它們設定 90 以後的序號，以便讓系統所需要的服務先行啟動。

6.5.3 run-parts

System V init 執行 init.d script 的機制在很多 Linux 系統中被廣泛應用，甚至包括那些沒有 System V init 的系統。其中有一個工具我們稱為 run-parts，它能夠按照特定順序執行指定目錄中的所有可執行程式。這好比是使用者使用 ls 指令列出目錄中的程式，然後逐一執行。

run-parts 預設執行目錄中的所有可執行程式，也有「可選項」用來指定執行或忽略某些特定程式。在一些 Linux 系統中，你不太需要控制這些程式如何執行。如 Fedora 在發行時就只包含一個很簡單的 run-parts 工具程式。

其他一些 Linux 系統，如 Debian 和 Ubuntu 則包含一個複雜一些的 run-parts 程式。其功能包括使用「正規表示法」來選擇執行程式（例如，使用 S[0-9]{2} 表示法來執行 /etc/init.d runlevel 目錄中**所有的 start script**），並且還能夠向這些程式傳遞參數。這些強項讓我們能夠使用一條簡單的指令就完成 System V runlevel 的啟動（start）和停止（stop）。

關於 run-parts 的細節你不需要知道太多，很多人甚至不知道有 run-parts 這個東西。你只需要知道它能夠執行一個目錄中的所有程式，在 script 中時不時會出現即可。

6.5.4 控制 System V init

有些時候，你需要手動干預一下 init，以便它能夠切換 runlevel，或重新載入設定資訊，甚至關閉系統。你可以使用 telinit 來操縱 System V init。例如，使用以下指令切換到 runlevel 3：

```
# telinit 3
```

runlevel 切換時，init 會試圖終止所有新 runlevel 的 inittab 檔案中沒有包括的程序，所以需要小心操作。

如果你需要新增或刪除任務，或更改 inittab 檔案，你需要使用 telinit 指令讓 init 重新載入設定資訊。這時的 telinit 指令如下：

```
# telinit q
```

你也可以使用 telinit s 指令切換到單一使用者模式。

6.5.5 systemd 和 System V 的相容性

將 systemd 與「其他新一代 init 系統」區分開來的一個特性是，它嘗試更完整地追蹤那些 System V 相容的 init script 所啟動的服務。它是這樣運作的：

1. 首先，系統會啟動 runlevel<N>.target，其中 N 代表 runlevel；
2. 對於 /etc/rc<N>.d 中的每個符號連結，都是 systemd 要連結到 /etc/init.d 中的 script；
3. systemd 會將「所有的 script 名稱」關聯到「一個服務單元」（例如 /etc/init.d/foo 就會變成 foo.service）；
4. systemd 會根據 rc<N>.d 中的名稱去啟用服務單元，並使用 start 或 stop 參數執行 script；
5. systemd 會嘗試將「所有 script 的程序」關聯到「服務單元」。

由於 systemd 根據服務單元名稱來建立關聯，因此你可以使用 systemctl 重新啟動服務或查看其狀態。但不要指望 System V 的相容模式有太大的改變，舉例來說，它仍然必須按順序執行 init script。

6.6 關閉系統

init 控制系統的啟動和關閉。關閉系統的指令在所有 init 版本中都是一樣的。關閉 Linux 系統最好的方式是使用 shutdown 指令。

shutdown 指令有兩種使用方法，一是**停止**（**halt**）系統，這會讓系統關機並保持關機狀態。下面的指令能夠立即停止（halt）系統（譯註：因為對硬體底層來說，關機的程度有很多種，halt 和 poweroff 還是有些許的差異，因此這裡不用「關機」這個字，而是「停止」，以代表原文中的 halt 指令）：

```
# shutdown -h now
```

在大部分系統中，-h 代表切斷機器電源。另外你也可以**重新啟動**（**reboot**）電腦。如果要重新啟動，可以使用 -r 來取代剛剛的 -h。

系統的關閉過程會持續幾秒鐘，在此過程中請不要重設或切斷電源。

上例中的 now 是時間，是一個必須的參數，但其實設定時間的方法有很多種。例如，如果你想讓系統在將來某一時間關閉，可以使用 +n，n 以分鐘為單位，系統會在 n 分鐘後執行 shutdown 指令。（可以在 shutdown(8) 說明手冊中查看更多相關選項。）

下面的指令在 10 分鐘後重新啟動系統：

```
# shutdown -r +10
```

Linux 會在 shutdown 執行時通知已經登入系統的使用者，不過也僅此而已。如果你將時間參數設定為 now 以外的值，shutdown 指令會建立一個檔案 /etc/nologin。這個檔案存在時，系統會禁止「超級使用者」外的任何使用者登入。

系統關閉時間到時，shutdown 指令通知 init 開始關閉程序。在 systemd 中，這意味著啟用「關閉單元」（shutdown unit）；在 System V init 中，這意味著將 runlevel 設定為 0（halt）或 6（reboot）。無論是哪個 init 的實作方式或設定，關閉過程都大致如下所示：

1. init 通知所有程序要清空並關閉；

2. 如果某個程序沒有及時回應，init 會先使用 TERM 訊號嘗試強行終止它；
3. 如果 TERM 訊號無效，init 會對這些程序使用 KILL 訊號；
4. 鎖定系統檔案，並且進行其他關閉準備工作；
5. 系統會卸載 root 以外的所有檔案系統；
6. 系統以唯讀模式重新掛載 root 檔案系統；
7. 最後一步是使用 `reboot(2)` 系統呼叫通知核心重新啟動或停止。這一步驟是由 init 或其他輔助程式如 `reboot`、`halt` 或 `poweroff` 來完成。

`reboot` 和 `halt` 程式因它們被呼叫的方式不同而行為各異，有時還會帶來一些困擾。預設情況下，它們使用參數 `-r` 或 `-h` 來呼叫 `shutdown`，但如果系統已經處於 halt 或 reboot 的 runlevel，則程式會通知核心立即關閉自己。如果你想不計後果快速關閉系統，可以使用 `-f`（force）選項。

6.7 initramfs

Linux 大部分的啟動過程很符合直覺，但是其中的一個元件總是讓人一頭霧水，那就是 **initramfs**，或稱為**初始化記憶體檔案系統**（**initial RAM filesystem**）。可以把它看作是一個使用者空間的楔子，在「使用者空間啟動」前出現。不過首先我們來看看它是用來做什麼的。

問題還得從種類各異的儲存硬體說起。不知道你是否還記得，Linux 核心從磁碟讀取資料時不直接與 BIOS 和 EFI 介面通訊。為了掛載 root 檔案系統，它需要底層的驅動程式支援。如果 root 檔案系統存放在一個連接到第三方控制器的磁碟陣列（RAID）上，核心首先就需要這個控制器的驅動程式。因為儲存控制器（storage controller）的驅動程式種類繁多，核心不可能把它們都包含進來，所以很多驅動程式都以「可載入模組」的方式出現。「可載入模組」是以檔案形式來存放，如果核心一開始沒有掛載檔案系統的話，它就無法載入需要的這些驅動模組了。

解決的辦法是將一小部分核心驅動模組和工具打包為一個壓縮檔案（archive）。開機載入程式在核心執行前將該壓縮檔案載入記憶體。核心在啟動時將壓縮檔案內容讀入一個臨時的記憶體檔案系統（也就是 initramfs）中，然後掛載到 / 上，將使用者模式切換給 initramfs 上的 init，然後使用 initramfs 中的工具讓核心載入 root 檔案系統需要的驅動模組。最後，這些工具掛載真正的 root 檔案系統，啟動真正的 init。

initramfs 的具體實作各有不同，並且還在不斷演進。在一些系統中，initramfs 的 init 就是一個簡單的 shell script，透過 udevd 來載入啟動程式，然後掛載真正的 root 並在其上執行 init。在使用 systemd 的系統中，你能在其中看到整個的 systemd 安裝，但沒有單元設定檔案，只有一些 udevd 設定檔案。

initramfs 一個始終未變的特性是你可以在不需要時跳過它。也就是說，如果核心已經有了所有它需要用來掛載 root 檔案系統的驅動程式，你就可以在你的開機載入程式設定中跳過 initramfs。跳過該過程能夠縮短幾秒鐘的啟動時間。你可以自己嘗試在「GRUB 選單編輯器」中刪除 `initrd` 行。（最好不要使用 GRUB 設定檔案來做實驗，一日出錯很難恢復。）目前來說，initramfs 還是需要的，因為大多數的 Linux 核心並不包含諸如「透過 UUID 掛載」這些特性。

你可以檢查 initramfs 中的內容，但你需要做一些探索的工作。大多數系統現在使用由 `mkinitramfs` 所建立的檔案，你可以使用 `unmkinitramfs` 解壓縮這些檔案。其他的可能是較舊的 `cpio` 壓縮檔案（請參閱 cpio(1) 說明手冊）。

其中有一處地方值得一提，就是 initramfs 中 init 程序末尾的「pivot」部分，它負責清除臨時檔案系統中的內容，以節省記憶體空間並切換到真正的 root。

建立 initramfs 的過程很複雜，不過通常我們不需要自己動手。有很多工具可以供我們使用，Linux 系統中通常都有內建，如 `mkinitramfs` 和 `dracut` 是最為常用的兩個。

NOTE 「初始化記憶體檔案系統」（initial RAM filesystem，initramfs）這個專業術語是指使用 `cpio` 壓縮檔案（archive）作為臨時檔案系統。它的一個較舊的版本叫作「初始化記憶體磁碟」（initial RAM disk），或是 initrd，它使用「磁碟映像檔案」作為臨時檔案系統。這種做法已經被淘汰了，因為 `cpio` 壓縮檔案的維護更加簡單。不過很多時候 initrd 也被用來代指使用 `cpio` 的 initramfs，所以很多時候檔案名稱和設定檔案中都仍然保留著 initrd 這個術語。

6.8 緊急啟動和單一使用者模式

當系統出現問題時，首先採取的措施通常是使用發行版所附的 live CD（開機光碟）來啟動系統，或是使用 SystemRescueCD 這種可以保存到行動儲存設備上的恢復映像（rescue image）。live CD 是一種很簡單的 Linux 系統，可以在沒有安裝流程的條件下進行開機的動作，目前大部分的 Linux 發行版光碟都可以兼做 live CD 使用。系統修復的任務大致包括以下幾方面：

- 系統崩潰後，檢查檔案系統。
- 重設系統管理者的密碼。
- 修復關鍵的系統檔案，如 /etc/fstab 和 /etc/passwd。
- 系統崩潰後，借助備份資料恢復系統。

除上述措施外，「快速啟動到一個可用狀態」的另一個可選途徑是啟用**單一使用者模式（single-user mode）**。它將系統很快地啟動到 root 命令列，而不是完整啟動所有的服務。在 System V init 中，runlevel 1 通常代表單一使用者模式。在 systemd 中則用 rescue.target 來表示。你也可以在開機載入程式中使用 -s 參數來進入此模式，只不過可能需要輸入 root 密碼。

單一使用者模式的最大問題是它提供的服務有限：網路（network）基本上是不能使用的（現在的 Linux 在沒有網路的情況下，限制太多）；不會進入圖形使用者介面（GUI）；另外終端機介面通常會有許多問題。所以當我們在考慮如何恢復系統時，通常優先考慮採用 live CD 的方式。

6.9 學習前導

你現在已經了解 Linux 系統的核心和使用者空間啟動階段，以及 systemd 在服務啟動後如何追蹤它們。接下來，我們將更深入地探索「使用者空間」。有兩個領域需要探索，首先是所有 Linux 程式在與「使用者空間的某些元素」互動時使用的一些「系統設定檔案」，然後我們將看到 systemd 啟動的「基本服務」。

7

系統設定日誌、系統時間、批次處理任務和使用者

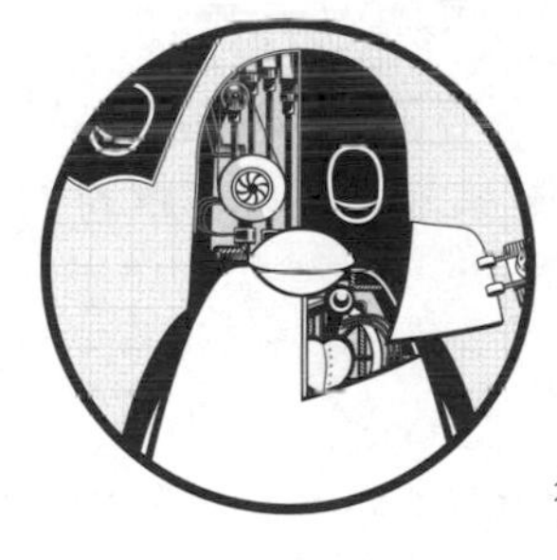

當你第一次看到 /etc 目錄時，可能會感覺資訊量太大。固然，其中的大多數檔案或多或少都對系統執行有影響，但只有少數檔案起非常關鍵的作用。

本章我們介紹一些系統元件，它們使得使用者級工具程式（參見「第 2 章」）能夠存取系統的基礎設施（參見「第 4 章」）。我們將著重介紹以下內容：

- 系統日誌
- 系統函式庫為獲得服務和使用者資訊而存取的設定檔案
- 系統啟動時執行的服務程式（有時稱為**常駐程式**）
- 用來更改服務程式和設定檔案的設定工具
- 時間設定
- 週期性的任務行程

systemd 的廣泛使用減少了典型 Linux 系統上的基本獨立常駐程式的數量。一個例子是系統日誌（syslogd）常駐程式，它的功能現在主要由 systemd（journald）中內建的常駐程式所提供。儘管如此，仍然存在一些傳統的常駐程式，例如 crond 和 atd。

本章不涉及網路相關的內容，因為那是一個相對獨立的部分，我們將在「第 9 章」介紹。

7.1 系統日誌

大多數系統程式將它們的日誌資訊輸出到 **syslog 服務**。傳統的 syslogd 常駐程式等待訊息的到來，並根據它們的類型將它們輸出到檔案或資料庫。在目前的系統中，大部分會由 journald（systemd 提供的套件）來處理。儘管在本書中會把重點放在 journald，但我們還是會提到許多和傳統 syslog 相關的議題。

系統日誌是系統中最重要的部分之一。如果系統出現你不清楚的錯誤，查看系統日誌檔案是第一選擇。如果你有 journald，你可以使用 `journalctl` 指令，這部分我們會在 7.1.2 小節中提到。而在比較舊的系統上，你會需要檢查檔案本身。不論是那一種情況，日誌檔案的訊息會看起來像這樣：

```
Aug 19 17:59:48 duplex sshd[484]: Server listening on 0.0.0.0 port 22.
```

一個日誌檔案的訊息一般都會有很多重要的資訊，像是程序名稱，程序 ID 和時戳訊息，以及另外兩種可能的欄位：**facility**（一般類別）和 **severity**（訊息嚴重性），我們稍後會更仔細地討論它們。

由於新舊軟體元件的不同搭配組合，對於了解 Linux 系統中的日誌功能來說，可能會帶來一些挑戰性。某些發行版（例如 Fedora）已經預設採用 journald，而其他發行版則在執行 journald 的同時也在執行舊版的 syslogd（例如 rsyslogd）。較舊的發行版和一些特殊用途的系統可能根本不使用 systemd，並且只採用一個 syslogd 版本。此外，一些軟體系統會完全繞過標準化的日誌記錄並編寫自己的日誌系統。

7.1.1 檢查你的日誌設定

你應該檢查一下自己的電腦，看看系統中安裝的日誌是哪一種。這裡有個方法：

1. 檢查 journald，如果你正在執行 systemd，那你幾乎一定會擁有它。儘管你可以在程序的清單中尋找 journald，但最簡單的方法是直接執行 `journalctl`。如果 journald 在系統上處於活動（active）狀態，那你將會得到日誌訊息的分頁清單。

2. 檢查 rsyslogd。在程序的清單中找看看有沒有 rsyslogd，也看看有沒有 /etc/rsyslog.conf。

3. 如果沒找到 rsyslogd，那可以試試看 syslog-ng（syslogd 的另一個版本），可以看看有沒有一個目錄叫作 /etc/syslog-ng。

我們可以繼續看下去，先在 /var/log 中尋找日誌檔案。如果你有某個版本的 syslogd，這個目錄應該會包含很多檔案，大部分是由你的 syslog 常駐程式所建立出來的。 但是，這裡會有一些檔案是由其他服務所維護的，其中的兩個範例是 **wtmp** 和 **lastlog**，這些日誌檔案主要是由 `last` 和 `lastlog` 兩個工具程式進行存取，用來獲取登入的紀錄。

除此之外，在 /var/log 中還有許多的子目錄也都包含著日誌檔案，幾乎都是由其他的服務所產生的，其中之一的 /var/log/journal 檔案就是 journald 用來儲存它的日誌檔案（以二進位的格式儲存）。

7.1.2 尋找和觀察日誌

除非你有一個沒有日誌的系統，或者正在尋找由其他工具程式所維護的日誌檔案，不然你一定會查看日誌。在沒有參數的前提下，`journalctl` 這個工具程式就會一股腦的將所有的日誌訊息全部提供給你，從最舊的開始（就像它們出現在日誌檔案中一樣）。幸運的是，`journalctl` 預設使用諸如 `less` 之類的分頁程式來顯示訊息，這樣你的終端機畫面就不會被淹沒。你可以使用分頁程式來尋找訊息，並使用 `journalctl -r` 反轉（reverse）訊息的時間順序，但是還有更好的搜尋日誌的方法。

NOTE 為了要取得完整的日誌訊息，當你在執行 `journalctl` 的時候，你需要有 root 權限，或是某個屬於 adm 或是 systemd-journal 群組中的成員。大部分發行版中的預設使用者是擁有存取權限的。

一般來說，你可以把日誌的各個欄位加入到命令列，就可以對它們進行搜尋，例如，執行 journalctl _PID=8792 就可以尋找來自程序 ID 8792 的訊息。然而，最強大的過濾功能（filtering feature）基本上更通用。如果你需要，甚至可以指定多個條件。

用時間過濾

-S（since，從）選項在縮小特定時間方面最有用。下面這個範例是使用它的最簡單和最有效的方法之一：

```
$ journalctl -S -4h
```

該指令的 -4h 部分可能看起來像一個選項，但實際上，它是一個時間規範（time specification），告訴 journalctl 在你目前時區的條件下搜尋「過去四個小時」的訊息。你還可以使用特定日期和／或時間的組合：

```
$ journalctl -S 06:00:00
$ journalctl -S 2020-01-14
$ journalctl -S '2020-01-14 14:30:00'
```

-U（Until，直到）選項的工作方式相同，它指定 journalctl 應該查詢訊息的時間。不過，它通常沒那麼有用，因為你通常會分頁查看或尋找訊息，直到找到所需的內容才願意退出。

用單元過濾

另一個快速且有效取得相關日誌的方式就是根據 systemd 的單元（unit）來進行過濾。你可以像下面的例子一樣，用 -u 選項來操作：

```
$ journalctl -u cron.service
```

透過單元去過濾時，你通常可以省略單元的類型（在這裡是 .service）。

如果不知道特定單元的名稱，請嘗試使用以下指令列出日誌中的所有單元：

```
$ journalctl -F _SYSTEMD_UNIT
```

-F 選項會顯示日誌中指定欄位的所有值。

尋找欄位

有時候你只需要知道哪個欄位（field）是要搜尋的對象，你可以用下面的指令列出所有可用的欄位：

```
$ journalctl -N
```

任何以「底線」開頭的欄位（例如前面範例中的 _SYSTEMD_UNIT）都是可被信任的欄位，因為用戶端在傳送訊息時是不能更改這些欄位的。

用文字過濾

搜尋日誌檔案的標準方法就是利用 grep 指令對所有日誌檔案進行搜尋，希望在檔案中找到相關的行或位置，其中可能包含更多訊息。類似的方式，你可以使用 -g 選項，藉由正規表示法來搜尋日誌訊息，如下所示，它將回覆包含核心（kernel）的訊息，後面接著是記憶體（memory）：

```
$ journalctl -g 'kernel.*memory'
```

比較不好的是，當你用這種方式搜尋日誌時，你只會得到「與表示法配對的訊息」。但是一般來說，重要的訊息在時間上應該都很相近。你可以試著從配對的結果中挑選出時間戳（timestamp），然後執行 journalctl -S 加上「更之前一點的時間」，來查看大約在同一時間出現的訊息。

NOTE -g 選項需要使用特定函式庫建置的 journalctl。某些發行版並不包含支援 -g 的版本。

用開機過濾

通常，你會發現自己在日誌中尋找機器開機或機器關機前（並重新啟動）的訊息。從機器啟動一直到停止，光是一次的啟動就會產生出許多的訊息。例如，如果你正在尋找這次開機（boot）的訊息，只需使用 -b 選項：

```
$ journalctl -b
```

你還可以使用位移值（offset）。比如說，如果要看前一次開機的訊息，就用 -1 的位移值：

```
$ journalctl -b -1
```

NOTE 你可以透過 -b 和 -r（反向）的組合選項，快速檢查機器是否在最後一個過程中乾淨地關機。你可以自己試試看。如果輸出看起來像這裡的範例，那麼關機是很乾淨的：

```
$ journalctl -r -b -1
-- Logs begin at Wed 2019-04-03 12:29:31 EDT, end at Fri 2019-08-02 19:10:14
EDT. --
Jul 18 12:19:52 mymachine systemd-journald[602]: Journal stopped
Jul 18 12:19:52 mymachine systemd-shutdown[1]: Sending SIGTERM to remaining
processes...
Jul 18 12:19:51 mymachine systemd-shutdown[1]: Syncing filesystems and block
devices.
```

除了像是位移值 -1 這樣的方式，你也可以用開機的 ID 來檢視。透過下面指令可以得到開機的 ID：

```
$ journalctl --list-boots
-1 e598bd09e5c046838012ba61075dccbb Fri 2019-03-22 17:20:01 EDT—Fri 2019-04-12
08:13:52 EDT
 0 5696e69b1c0b42d58b9c57c31d8c89cc Fri 2019-04-12 08:15:39 EDT—Fri 2019-08-02
19:17:01 EDT
```

最後，你可以使用 journalctl -k 來顯示核心訊息（你可以選擇性的指定某一次開機）。

用嚴重性（severity）和優先等級（priority）來過濾

某些程序會產生大量的診斷訊息，這些訊息會掩蓋重要的日誌內容。你可以透過在 -p 選項旁邊指定一個介於 0（最重要）和 7（最不重要）之間的值，藉此按照「嚴重性等級」（severity level）進行過濾。例如，要得到等級 0 到 3 的日誌，請執行：

```
$ journalctl -p 3
```

如果你想要拿到某段嚴重性等級區間的日誌，可以使用 .. 的區間（range）語法：

```
$ journalctl -p 2..3
```

按嚴重性過濾聽起來似乎可以節省大量時間，但你可能會發現它沒有多大用處，因為大多數的應用程式在預設情況下不會產生大量的訊息資料，但有些應用程式會包含一些設定選項，可以讓你啟用更詳細的日誌紀錄。

簡易的日誌監控

監控日誌的一種傳統方法是在日誌檔案上使用 `tail -f` 或 `less` 的追蹤模式（`less +F`），這樣可以用來查看「來自系統日誌（system logger）的訊息」。這不是一種非常有效的常規系統監控之實踐方式（很容易漏掉一些東西），但是當你試圖發現問題或需要即時查看啟動和操作時，這種檢查服務的方式會很有幫助。

使用 `tail -f` 的方式並不適用於 journald，因為它不使用純文字檔案；反之，你可以使用 `journalctl` 的 `-f` 選項來產生與「列印日誌」相同的效果：

```
$ journalctl -f
```

這個簡單的呼叫（invocation）足以滿足大多數需求。但是如果你的系統一直不斷的產生和「你所要尋找的內容」無關的日誌訊息時，你可能就會需要加入一些前面提到的過濾選項。

7.1.3 日誌檔案的更迭

當你使用 syslog 常駐程式時，系統記錄的任何日誌訊息都會儲存到某個日誌檔案中，這意味著你需要偶爾刪除比較舊的訊息，以免它們最終佔用你所有的儲存空間。不同的發行版以不同的方式執行此操作，但大多數使用 `logrotate` 這個工具程式。

該機制稱為**日誌更迭**（**log rotation**）。因為傳統的純文字日誌檔案會把「最舊的訊息」放在開頭，而「最新的訊息」則是在檔案最後面的位置，所以很難從檔案中刪除舊訊息來釋放一些空間。因此，這裡有另一種做法：由 `logrotate` 所維護的日誌就被分成許多的小檔案。

假設你在 /var/log 中有一個名為 auth.log 的日誌檔案，其中包含最新的日誌訊息。然後是 auth.log.1、auth.log.2 和 auth.log.3，每一個檔案中的資料是越來越舊。當 logrotate 決定是時候刪除一些舊資料時，它會像這樣「更迭」（rotate）檔案：

1. 刪除最舊的檔案，即 auth.log.3；
2. 將檔案 auth.log.2 更改名稱為 auth.log.3；
3. 將檔案 auth.log.1 更改名稱為 auth.log.2；
4. 將檔案 auth.log 更改名稱為 auth.log.1。

名稱和一些細節會因為發行版不同而有所差異。例如，Ubuntu 的設定會指定 logrotate 應該壓縮從「1 位置」移動到「2 位置」的檔案，因此在前面的範例中，你看到的檔案名稱就會變成 auth.log.2.gz 和 auth.log.3.gz。在其他發行版中，logrotate 使用日期的後置（suffix）來重新命名日誌檔案，例如 -20200529。這種方案的一個優點是更容易找到特定時間的日誌檔案。

你可能想知道，如果 logrotate 在執行更迭動作的同一時間，另一個工具程式（如 rsyslogd）剛好也想要在日誌檔案中加入資料的話，這時候會發生什麼事情呢？舉例來說，假設日誌程式打開日誌檔案進行寫入，但在 logrotate 執行「重新命名」之前沒有關閉它。在這種有點不尋常的情況下，日誌訊息會被成功寫入，因為在 Linux 中，一旦檔案打開，I/O 系統就無法知道它被重新命名了。但請注意，出現訊息的檔案會是具有「新名稱」的檔案，例如 auth.log.1。

如果 logrotate 在日誌程式嘗試打開它之前已經重新命名了該檔案，那麼 open() 系統呼叫會建立一個新的日誌檔案（例如 auth.log），就像 logrotate 沒有執行時一樣。

7.1.4 新制日誌（journal）的維護

儲存在 /var/log/journal 中的日誌（journal）不需要更迭，因為 journald 本身可以識別和刪除舊訊息。與傳統的日誌管理不同，journald 通常會根據日誌檔案系統上剩餘的空間、日誌應佔用檔案系統的百分比，以及最大的日誌檔案大小設定，來決定如何刪除訊息。日誌管理還有其他選項，例如日誌訊息可被允許最久的時間。你可以在 journald.conf(5) 說明手冊中找到預設的設定以及其他設定的說明。

7.1.5 深入理解系統日誌

現在你已經理解 syslog 和日誌的一些操作細節，是時候回頭了解一下，看看日誌紀錄工作的原因和方式。這裡的討論重點更關注理論而非實踐，因此你可以毫無問題地跳到本書的下一個主題。

在 1980 年代，一個差距開始出現：Unix 伺服器需要一種將診斷訊息記錄下來的方法，但這樣做沒有標準。當 syslog 與 sendmail 電子郵件伺服器一起出現時，其他服務的開發人員欣然採用它就很有意義了。RFC 3164 描述了 syslog 的演變。

機制相當簡單：傳統的 syslogd 監聽並等待 Unix 的網域 socket（/dev/log）上的訊息。syslogd 另一個強大的功能是除了 /dev/log 之外，還能夠監聽網路 socket，讓用戶端的機器能夠透過網路傳送訊息。

這使得來自整個網路的所有 syslog 訊息，都有機會被整合到一個日誌伺服器，因此，syslog 在網路管理員中變得非常流行。許多網路設備，例如路由器和嵌入式設備，都可以充當系統日誌的用戶端，把它們的診斷訊息發送到伺服器中。

syslog 有一個經典的「用戶端－伺服器架構」（client-server architecture），包括它自己的協定（目前在 RFC 5424 中定義）。然而，該協定並不總是標準的，早期的版本除了一些基礎之外，並沒有容納（顧及）太多的結構。使用 syslog 的程式開發人員應該為「他們自己的應用程式」提供一種日誌訊息格式，該格式應該是描述性的，但要清晰且簡短。隨著時間過去，該協定增加了新的功能，同時仍試圖盡可能保持向下相容性。

facility（設備）、severity（嚴重性）與其他欄位

因為 syslog 將「不同類型的訊息」從「不同的服務」發送到「不同的目的地」，所以它需要一種方法來對每一則訊息進行分類。傳統方法通常（但不一定）是使用包含在訊息中的 facility 和 severity 的編碼值（encoded value）。（譯註：在這一小節的討論中，這是指日誌檔案中的欄位名稱，故不翻譯。）除了檔案輸出之外，即使是非常舊版本的 syslogd 也能夠根據「訊息的 facility 和 severity」將重要訊息傳送到控制台，並直接傳送給特定的登入使用者——這是一種早期的系統監控工具。

facility 是服務的一般類別，用於辨識訊息所傳送的內容。facility 包括服務和系統元件，例如核心、郵件系統、印表機。

severity 是日誌訊息的緊急程度，共分為 8 個等級，編號為 0 到 7。我們通常會透過名稱來引用它們，儘管名稱不是很一致，並且在不同的實作中也有所不同：

0: emerg (緊急)　　4: warning (提醒)

1: alert (警告)　　5: notice (注意)

2: crit (嚴重)　　6: info (資訊)

3: err (錯誤)　　7: debug (除錯)

facility 和 severity 共同組成了 **priority（優先等級）**，在 syslog 協定中被包裝成一個數字。你可以在 RFC 5424 中閱讀有關這些欄位的所有資訊、在 syslog(3) 說明手冊中學習如何在應用程式中指定它們，並在 rsyslog.conf(5) 說明手冊中理解如何套用它們。但是，在將它們轉換到 journald 的世界中時，你可能會遇到一些混淆不清的情況，其中一個就是「severity 被稱為 priority」（例如，當你執行 `journalctl -o json` 來獲得系統可讀取的日誌輸出時）。

不幸的是，當你開始檢查協定 priority 部分的細節時，你會發現，它並沒有跟上作業系統其餘部分的變化和需求。severity 的定義仍然很好，但目前可用的 facility 都是已經被「舊式的定義」所綁住，主要都是一些像是 UUCP 鮮少被使用的服務，因此無法再定義「新的服務」（僅剩通用的 local0 到 local7 可用）。

我們已經討論了日誌資料中的一些其他欄位，但 RFC 5424 中還包括對**結構化資料（structured data）**的規定，也就是應用程式的開發人員可以用來定義自己的欄位（成對的任意鍵值的組合）。儘管這些可以透過一些額外的方式與 journald 一起使用，但更為常見的做法是將它們傳送到其他類型的資料庫。

syslog 與 journald 之間的關係

journald 在某些系統上完全取代了 syslog 的這一事實，可能會讓你想要問，為什麼 syslog 還保留在其他系統上？主要原因有兩個：

- syslog 有一個定義相當明確的方法，可以用來整合多台系統上的日誌（因為當日誌只在一台機器上時，監控日誌會容易許多）。
- 諸如 rsyslogd 之類的 syslog 版本是模組化的，能夠輸出到許多不同的格式和資料庫中（包括日誌格式）。也就是說，我們更容易將它們連接到分析和監控工具。

相比之下，journald 強調的重點是收集和組織「單台主機的日誌輸出」，使之成為一種「單一格式」。

當你想做更複雜的事情時，journald 可以把它的日誌輸入到不同記錄器（logger）中，這樣的能力提供了高度的多功能性。當你考慮到 systemd 可以收集「伺服器各單元的輸出」並將它們發送到 journald 時尤其如此，這讓你可以存取比「應用程式傳送到 syslog」更多的日誌資料。

有關日誌的最後提醒

Linux 系統中的日誌在其歷史上發生了顯著變化，並且幾乎可以肯定它將繼續發展。目前，在單台主機上收集、儲存和檢索日誌的過程已經定義得很清楚，但是日誌紀錄的其他方面還沒有標準化。

首先，當你想透過系統網路整合和儲存日誌時，有一系列令人眼花繚亂的選項可用。與簡單地將日誌儲存在純文字檔案中的「集中式（centralized）日誌伺服器」不同，日誌現在可以進入資料庫中，此外，通常「集中式伺服器」本身也會被網際網路服務取代。

再來，日誌被使用的方式也發生了變化。日誌曾經不被視為「真實」資料；它們的主要目的是（人類）管理者在出現問題時可以讀取的資源。然而，隨著應用程式變得越來越複雜，日誌紀錄的需求也在增長。這些新產生的需求包括對日誌資料的搜尋、擷取、顯示、分析等能力。儘管我們有多種將日誌儲存在資料庫中的方法，但在應用程式中使用日誌的「工具」仍處於起步階段。

最後，還有需要確定日誌值得信賴的問題。原始的系統日誌沒有身分驗證可言；你只能盲目地相信所有那些傳送日誌的應用程式和／或主機都在說真話。此外，這些日誌沒有加密，因此很容易在網路上被竊探。這在需要高度安全性的網路中是一個特別嚴重的風險。現代系統日誌伺服器具有「加密」日誌訊息和「驗證」其來源主機的標準方法。然而，當你深入到個別應用程式時，情況就變得不那麼明朗了。例如，你如何確定「自稱為你的 Web 伺服器的東西」實際上是 Web 伺服器？

我們將在本章後面探討一些進階的身分驗證主題。但現在還是先讓我們繼續了解一些基本知識，看一下這些設定檔案是如何在系統上被組織起來的吧。

7.2 /etc 目錄結構

Linux 系統的大部分系統設定檔案都存放在 /etc 目錄中。按照慣例，每個程式在這裡都有一個或多個設定檔案。因為 Unix 系統的程式數目很多，所以 /etc 目錄也會越來越龐大。

這種方法帶來了兩個問題：很難在正在執行的系統上找到特定的設定檔案，並且很難維護以這種方式設定的系統。例如，如果你想更改 `sudo` 的設定，那麼你必須編輯 /etc/sudoers。但是在你更改之後，發行版隨後的升級可能會清除你自行定義的設定，因為它會覆蓋 /etc 中的所有內容。

目前比較常見的方式是將系統設定檔案放到 /etc 下的子目錄，像我們介紹過的 systemd 目錄一樣，其服務使用的是 /etc/systemd。雖然 /etc 目錄下仍然會有一些零散的設定檔案，如果你執行 `ls -F /etc` 查看的話，你會發現大部分設定檔案都放到了子目錄中。

為了解決設定檔案被覆蓋的問題，你可以把自訂的設定放到子目錄裡的其他檔案中，如 /etc/grub.d。

/etc 中到底有哪些類型的設定檔案呢？基本規律是針對單一主機可自訂的設定檔案會放在 /etc 下，例如「使用者資訊」（/etc/passwd）和「網路設定」（/etc/network）。然而，與應用程式細節相關的檔案不在 /etc 中，例如發行版為使用者所預設設定的「系統使用者介面」就不在 /etc 中。你會發現那些不可自訂的系統設定檔案存放在了其他地方，例如「預先打包的系統單元檔案」在 /usr/lib/systemd 中。

我們已經介紹過一些啟動相關的設定檔案。下面讓我們來看一下系統中是如何設定使用者的。

7.3 使用者管理檔案

Unix 系統支援多使用者。使用者對於核心而言只是一些數字（使用者 ID），因為使用者名稱比數字容易記憶，所以使用者一般都是用**使用者名稱**（或**登入名稱**）而非使用者 ID 來管理系統。使用者名稱只存在於使用者空間，使用到使用者名稱的應用程式在和核心通訊時，通常需要將使用者名稱轉換為對應到的使用者 ID。

7.3.1 /etc/passwd 檔案

純文字檔案 /etc/passwd 中會將使用者名稱對應到使用者 ID。如下所示：

```
root:x:0:0:Superuser:/root:/bin/sh
daemon:*:1:1:daemon:/usr/sbin:/bin/sh
bin:*:2:2:bin:/bin:/bin/sh
sys:*:3:3:sys:/dev:/bin/sh
nobody:*:65534:65534:nobody:/home:/bin/false
juser:x:3119:1000:J. Random User:/home/juser:/bin/bash
beazley:x:143:1000:David Beazley:/home/beazley:/bin/bash
```

清單 7-1：/etc/passwd 中的使用者清單

每一行代表一個使用者，一共有 7 個欄位，用冒號 : 分隔。這 7 個欄位所代表的內容如下所示：

- 第 1 個欄位是登入名稱（login name）。
- 接下來是經過加密的使用者密碼。大部分 Linux 系統都不在 passwd 檔案中存放實際的使用者密碼，而是將密碼存放在 shadow 檔案中（見 7.3.3 節）。shadow 檔案的格式和 passwd 類似，不過一般使用者並沒有存取權限。passwd 和 shadow 檔案中的第 2 個欄位是經過加密的密碼，是一些像 `d1CVEWiB/oppc` 這樣的字元，讀起來很費勁。（Unix 從不明文儲存密碼。）實際上，該欄位並不是密碼本身，而是它衍生出的值。在大多數情況下，要從該欄位中獲取原始密碼是非常困難的（假設密碼不容易猜到）。

第 2 個欄位中的 x 代表加密過的密碼存放在 shadow 檔案中（這應該是在你系統中設定好的）。* 則代表使用者不能登入。

如果密碼欄位為空（像 :: 這樣），則表示登入不需要密碼。請注意，絕對不要將登入用使用者的該欄位設定為空（換句話說，不應該讓一位使用者在沒有密碼的情況下就能登入）。

passwd 檔案中的其他欄位，如下所示：

- **使用者 ID**（**user ID，UID**）。它是使用者在核心中的標識。同一個使用者 ID 可以出現在兩行中，不過這樣做比較容易產生混淆，程式在處理時也一樣，所以使用者 ID 必須保持唯一。
- **群組 ID**（**group ID，GID**）。它是 /etc/group 檔案中的某個 ID 號。群組定義了檔案權限及其他。該欄位也被稱為使用者的**主要群組**（**primary group**）。
- 使用者的真實名稱（real name）（通常稱為 **GECOS** 欄位）。有時候其中會有逗號，用來分隔房間和電話號碼。
- 使用者的家目錄（home directory）。
- 使用者使用的 shell，即使用者執行終端機視窗時會執行的程式。

圖 7-1 標識出了清單 7-1 其中一個項目的各個欄位。

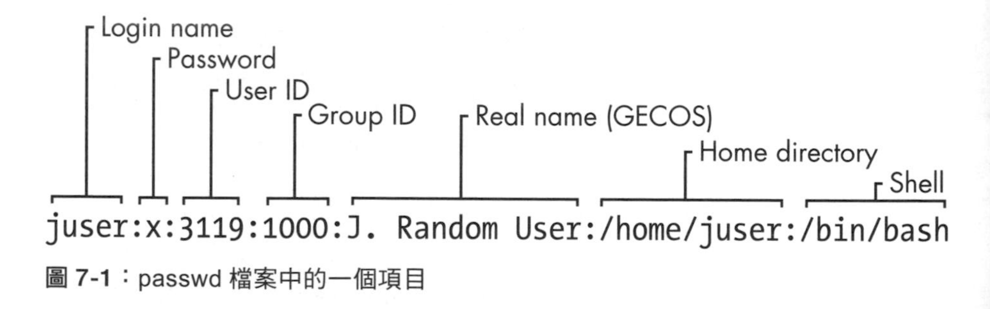

圖 7-1：passwd 檔案中的一個項目

/etc/passwd 檔案有嚴格的語法規則，不允許註釋（comment）和空行（blank line）。

NOTE 一個在 /etc/passwd 中的使用者和相應的家目錄統稱為一個帳號（account）。但是請記住，這只是使用者空間中的約定，在 passwd 檔案中的通常也只需要用到其中一個項目去定義。大多數的程式並不需要家目錄的存在也可以辨識帳號。此外，還有一些方法可以在系統上增加使用者，而無需將它們明確包含在 passwd 檔案中。舉例來說，使用 NIS（Network Information Service，網路資訊服務）或 LDAP（Lightweight Directory Access Protocol，輕量級目錄存取協定）之類的協定，用來從網路伺服器中加入使用者，曾經是很常見的做法。

7.3.2 特殊使用者

在 /etc/passwd 中有一些特殊使用者。其中，**超級使用者**（root）的 UID 和 GID 固定為 0，如清單 7-1 所示。有一些使用者（如常駐程式）沒有登入權限。nobody 使用者的權限最小。一些程序會使用 nobody 使用者名稱來執行，因為它沒有任何寫入權限。

無法登入的使用者我們稱為**虛擬使用者**（**pseudo-user**）。雖然無法登入系統，但是系統可以使用它們來執行一些程序。建立像 nobody 使用者這樣的虛擬使用者，目的是為了安全考慮。

同樣地，這些都是使用者空間的約定。這些使用者對於核心來說沒有特殊意義； 唯一對核心有意義的使用者 ID 是超級使用者的 0。就像對任何其他使用者一樣，你也可以讓 nobody 這個使用者去存取系統上的所有內容。

7.3.3 /etc/shadow 檔案

Linux 中的影子密碼檔案（/etc/shadow）包含使用者驗證資訊，以及經過加密的密碼和密碼過期日期，這些都和 /etc/passwd 檔案中的使用者相對應。

影子檔案（**shadow file**）為密碼儲存提供了一種更靈活（同時也更安全）的方法。它包括了一些程式函式庫和工具，其中很多很快就被 PAM 這個機制取代了（PAM 是 Pluggable Authentication Module 的縮寫，我們會在 7.10 節中討論到這個進階的話題）。PAM 並沒有為 Linux 引進一套全新的檔案，而是使用 /etc/shadow 檔案，但並不使用像 /etc/login.defs 這樣對應的設定檔案。

7.3.4 使用者和密碼管理

一般使用者使用 `passwd` 指令或少數其他工具程式來更改密碼。預設狀態下，`passwd` 可以更改使用者密碼，但你也可以分別使用 `chfn` 和 `chsh` 選項來更改使用者名稱和 shell（但該 shell 需要存在於 /etc/shells 清單中），這些都是 suid-root 的可執行程式，因為只有超級使用者能夠編輯 /etc/passwd 檔案。

使用超級使用者來更改 /etc/passwd

由於 /etc/passwd 是純文字檔案，因此超級使用者可以使用任何文字編輯器來編輯它。要新增使用者，只需加上適當的一行並為使用者建立一個家目錄即可。要刪除使用者則反之。

很多人不願意直接編輯 passwd 檔案，不只是因為很容易出錯，也可能會在其他程序同一時間更改 passwd 檔案的狀況下出現混亂。使用另外的終端機指令或 GUI 所提供的工具程式會更方便和更安全。例如，可以使用超級使用者執行 `passwd` *`user`* 來設定使用者密碼。`adduser` 和 `userdel` 分別可以新增和刪除使用者。

不過，如果你真的想要直接編輯 /etc/passwd 檔案（比如說系統在不知道原因的情況下損毀），會建議透過 `vipw` 指令來處理，它更為安全，會在你編輯時備份和鎖定檔案。你還可以使用 `vipw -s` 來編輯 /etc/shadow 檔案。（希望你永遠不需要用到它們。）

7.3.5 群組

群組可以將檔案存取權設定給某些使用者，而使其他使用者無權存取。你可以為某組使用者設定讀寫位元，進而排除其他的使用者。在多名使用者共享一台主機的時候，群組很有用。然而現在我們很少在主機上共享檔案了。

/etc/group 檔案中定義了群組 ID（類似 /etc/passwd 檔案中的 ID），如清單 7-2 所示：

```
root:*:0:juser
daemon:*:1:
bin:*:2:
sys:*:3:
adm:*:4:
disk:*:6:juser,beazley
nogroup:*:65534:
user:*:1000:
```

清單 7-2：/etc/group 檔案範例

和 /etc/passwd 檔案一樣，/etc/group 中的每一行有多個欄位，由「冒號」分隔。每一欄所代表的內容由左至右如下所示：

- **群組名稱**：執行如 `ls -l` 這樣的指令時可以看到。
- **群組密碼**：Unix 的群組密碼幾乎從未使用過，你也不應該使用它們（在大多數情況下，另一個不錯的選擇是 sudo）。使用 * 或任何其他預設值。如果這裡是一個 x 則表示 /etc/gshadow 中有相應的項目，這裡幾乎總是填入一個代表禁用的密碼，用 * 或 ! 表示。
- **群組 ID**：必須是一個在這個 group 檔案中唯一的數字。群組 ID 出現在 /etc/passwd 檔案的群組欄位中。
- **屬於該群組的使用者清單**：該欄位是可選項，passwd 檔案中的群組 ID 欄位也定義了使用者屬哪個群組。

圖 7-2 顯示了群組檔案中的各個欄位。

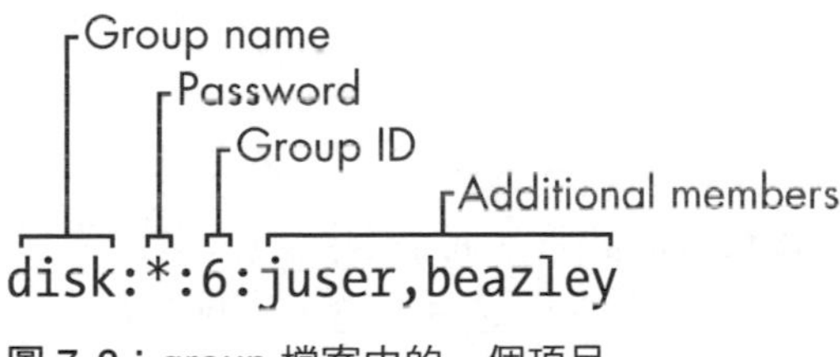

圖 7-2：group 檔案中的一個項目

你可以使用 **groups** 指令來查看你所屬的群組。

NOTE Linux 通常會為每個新加入的使用者建立一個新的群組，群組名稱和使用者名稱相同。

7.4 getty 和 login

getty 連接到終端機並且在其上顯示登入提示字元。大多數 Linux 系統中的 getty 程式很簡單，因為其目的僅僅是在虛擬終端機上顯示登入畫面。在執行中程序的清單裡面，我們可以看到它會如下所示（例如正在 /dev/tty1 上執行）：

```
$ ps ao args | grep getty
/sbin/agetty -o -p -- \u --noclear tty1 linux
```

在許多系統上，你甚至可能看不到 getty 這個程序的存在，直到使用 CTRL-ALT-F1 之類的快速鍵去存取虛擬終端機。這個範例中顯示的，是目前許多 Linux 發行版所預設搭配的版本：agetty。

輸入使用者名稱後，getty 呼叫 login 程式，提示你輸入密碼。如果輸入的密碼正確，login 會呼叫你的 shell $（使用 exec()）並替換掉，否則你將會得到「登入錯誤」提示資訊。大部分 login 程式的驗證工作都會交由 PAM 機制來處理（詳見 7.10 節）。

NOTE 在研究 getty 時，你可能會遇到一些引用波特速率（baud rate）的地方，例如 38400。這個設定幾乎已經過時了。虛擬終端機會忽略波特速率，目前它僅適用於連接到實際的串列線路（real serial lines）。

現在你學會了 getty 和 login，但你可能永遠都不需要設定和更改它們。實際上，你使用它們的機會可能不多，因為現在使用者大都透過圖形介面（如 gdm）或遠端登入（如 SSH），這些都用不著 getty 和 login。

7.5 設定時間

Unix 系統的執行依賴精確的計時，而核心則負責維護**系統時鐘**（**system clock**）。你可以使用 date 指令來查看，還可以用它設定時間，不過並不推薦這樣做，因為設定的時間有可能不精準，而你的系統時間應該盡可能精準。

電腦硬體有一個使用電池的**即時時鐘**（**Real-time Clock**，以下簡稱 **RTC**）。RTC 並不是最精準的，但是聊勝於無。核心通常在啟動時使用 RTC 來設定時間，你可以使用 hwclock 指令將系統時間重新設定為硬體系統的目前時間。最好將你的硬體時鐘設定為「通用協調時間」（Universal Coordinated Time，以下簡稱 UTC），這樣可以避免不同時區和夏令時間（日光節約時間）所帶來的問題。你可以使用以下指令將 RTC 設定為系統核心的 UTC 時鐘：

```
# hwclock --systohc --utc
```

不過核心在計時方面還不如 RTC，因為 Unix 系統啟動一次經常持續執行數月甚至數年，所以容易產生**時間誤差**（**time drift**）。這個誤差是指系統核心時間和真實時間（通常由原子時鐘等精確時鐘來定義）之差。

不要試圖使用 `hwclock` 來修復時間誤差，因為這會影響那些基於時間的系統事件。你可以執行 `adjtimex` 來依據 RTC 去更新系統時鐘，不過最好的辦法是使用網路時間的常駐程式（a network time daemon），讓你的系統時間和網路上的時間保持同步（參見 7.5.2 節）。

7.5.1 核心時間表示法和時區

核心將目前的系統時間顯示為以秒為單位的一串數字，自 UTC 時間 1970 年 1 月 1 日 12:00 時起開始，你可以使用以下指令來查看：

```
$ date +%s
```

為了保證易讀性，使用者空間的工具程式會將這組數字轉換為本地時間，並且將夏令時間和其他因素（例如印第安納州時間）都考慮在內。檔案 /etc/localtime（不用想要打開來看，這是二進位檔案）就是用來控制本地時區。

時區資訊在 /usr/share/zoneinfo 目錄中，其中包含了時區及其別名等資訊。如果要手動設定時區，可以將 /usr/share/zoneinfo 中的某個檔案複製到 /etc/localtime 中（或建立一個符號連結），或使用系統內建的時區工具。（你可以使用 `tzselect` 指令尋找時區檔案。）

如果只是要為正在使用的 shell 對話式視窗設定時區，可以將 `TZ` 環境變數設定為 /usr/share/zoneinfo 中的某個檔案名稱，如下所示：

```
$ export TZ=US/Central
$ date
```

和其他環境變數一樣，你也可以只為某條指令的執行持續時間設定時區，如下所示：

```
$ TZ=US/Central date
```

7.5.2 網路時間

如果你的主機連接到網際網路，你可以執行「網路時間協定」（Network Time Protocol，以下簡稱 NTP）的常駐程式，借助遠端伺服器來更新時間。這個服務之前是透過 ntpd 常駐程式來管理，但和許多的服務一樣，現在已經交由 systemd 的自帶套件 timesyncd 來管理了。大部分的 Linux 發行版都會預設安裝 timesyncd 並啟動該服務，你不需要去設定它，但如果對它有興趣，可以參考 timesyncd.conf(5) 說明手冊，應該可以幫到你。其中最常被用到的就是如何更改遠端時間伺服器（remote time server）。

如果你很想嘗試 ntpd，在已經安裝好 timesyncd 的條件下，你需要先停用該服務，並參考 https://www.ntppool.org/ 中的指示。如果你想在不同的機器上透過 timesyncd 對時，這網站或許也有幫助。（譯註：讀者也可以參考下面這些連結：https://opensource.com/article/20/6/time-date-systemd 或 https://wiki.archlinux.org/title/systemd-timesyncd。）

如果你的電腦並沒有一直連在網際網路上，也可以使用像是 chronyd 的常駐程式，在斷線的時間透過該服務來維護系統時間。

在系統重啟時，你還可以根據網路時間來設定系統的硬體時鐘，為的是幫助系統保持時間的一致性。很多 Linux 系統會自動如此處理，如果需要手動處理，請先確保你的系統時間是和網路時間校時過的，再執行這個：

```
# hwclock --systohc --utc
```

7.6 使用 cron 和計時單元來調度日常任務

有兩種方法可以依據重複性的排程來執行程式：cron 和 systemd 的計時單元（timer unit）。這種能力對於自動化「系統維護任務」來說非常重要。一個例子是日誌檔案更迭（logfile rotation）的實用工具程式，可以確保你的硬碟不會被舊的日誌檔案填滿（如本章前面所討論的）。實際上，cron 服務長期以來一直是執行此操作的標準，我們將詳細介紹它。然而，systemd 的計時單元是 cron 的替代品，在某些情況下具有優勢，因此我們也會了解如何使用它們。

你可以使用 cron 在任何時間執行任何程式。透過 cron 執行的程式我們稱為 **cron job（cron 任務）**。要新增一個 cron job，可以在 **crontab 檔案**中加入一行，通常是透過執行 `crontab` 指令來完成。例如，你若想將 `/home/juser/bin/spmake` 指令安排在每天 9:15 AM（以本地時區來定義）執行，可以加入以下一行：

```
15 09 * * * /home/juser/bin/spmake
```

每一行最前面的 5 個欄位是用空格區隔開來，設定任務執行的時間（參見圖 7-3），它們的涵義如下所示：

- 分（0 到 59）：上例中是第 15 分鐘。
- 時（0 到 23）：上例中是第 09 時。
- 天（1 到 31）。
- 月（1 到 12）。
- 星期（0 到 7）：0 和 7 代表星期日。

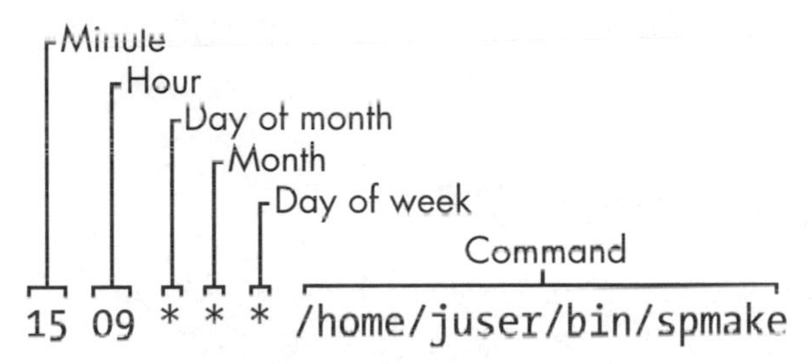

圖 7-3：crontab 檔案中的項目

在各位置中出現的星號表示符合所有值。上例中 spmake 這指令每天都會執行，因為天、月、星期這幾個欄位的值都是星號，所以 cron 就把它解讀為「每月每週的每一天都要執行這個任務」。

如果只想在每個月的 14 號執行 spmake，可以使用下面這行設定：

```
15 09 14 * * /home/juser/bin/spmake
```

每一個欄位中可以有多個值。例如，要在每月 5 號和 14 號執行程式，可以將第三欄設定為 5,14：

```
15 09 5,14 * * /home/juser/bin/spmake
```

NOTE 如果 cron job 產生標準輸出、標準錯誤或非正常結束，cron job 的擁有者會收到一封來自 cron 的郵件通知（假設 email 在你系統上是可用的）。如果你覺得郵件太麻煩，可以將輸出結果重新導向到 /dev/null 或日誌檔案中。

說明手冊 crontab(5) 為我們提供了有關 crontab 的詳細資訊。

7.6.1 安裝 crontab 檔案

每個使用者都可以有自己的 crontab 檔案，所以系統中經常會有很多個 crontab，通常保存在 /var/spool/cron/crontabs 目錄中。一般使用者對該目錄沒有寫入權限，`crontab` 指令負責安裝、查看、編輯和刪除使用者的 crontab。

安裝 crontab 最簡便的方法是將 crontab 項目放入一個檔案（如 `file`），然後執行 `crontab` *`file`* 指令將該 *`file`* 檔案的內容安裝成你的 crontab。crontab 指令會檢查檔案的格式，確保沒有錯誤。你可以使用 `crontab -l` 列出你的 cron job。使用 `crontab -r` 刪除 crontab 檔案。

然而在你第一次建立了 crontab 檔案後，後續使用臨時檔案來進行更改會比較麻煩。你可以使用 `crontab -e` 指令來更改並安裝你的 crontab。如果有錯誤，`crontab` 指令會提示你錯誤出在哪裡，並詢問是否重新編輯。

7.6.2 系統 crontab 檔案

很多常用的、透過 cron 啟用的系統任務，都是以超級使用者的身分來執行的。不過 Linux 系統通常使用 /etc/crontab 檔案來安排系統任務的執行，而不是使用超級使用者的 crontab。盡量不要使用 crontab 來編輯這個檔案，而且無論如何，它的格式會略有不同：在執行指令之前，有一個額外的欄位會指定「應該執行該任務的使用者」。（這讓你有機會將系統任務整合在一起，即使它們並非全部由同一個使用者執行。）例如下面這一行設定，任務在 6:42 AM 由 `root`（❶ 處）超級使用者執行：

```
42 6 * * * root❶ /usr/local/bin/cleansystem > /dev/null 2>&1
```

NOTE 一些發行版在 /etc/cron.d 目錄中儲存了額外的系統 crontab 檔案。這些檔案可以有任何名稱，但它們的格式與 /etc/crontab 相同。可能還有一些目錄，例如 /etc/cron.daily，但這裡的檔案通常是 script（這些 script 是由 /etc/crontab 或 /etc/cron.d 中的特定 cron job 所執行的）。如果要追蹤任務的位置或是執行時間，有時候可能會令人困惑。

7.6.3 計時單元

為週期性任務建立 cron job 的另一種方法，就是建置一個 systemd 的計時單元。對於一個全新的任務，你必須建立兩個單元：一個計時單元（timer unit）和一個服務單元（service unit）。為什麼要建立兩個單元呢？原因在於「計時單元」並不包含任何「要執行的任務」的細節，它只是一個啟用機制，負責執行「服務單元」（或概念上是另一種單元，但最常見的用法是服務單元）。

讓我們看看一個典型的「計時／服務單元對」，先從「計時單元」開始介紹。我們稱之為 loggertest.timer，而就像其他自行定義的單元檔案一樣，我們把它放在 /etc/systemd/system 中（見清單 7-3）：

```
[Unit]
Description=Example timer unit

[Timer]
OnCalendar=*-*-* *:00,20,40
Unit=loggertest.service

[Install]
WantedBy=timers.target
```

清單 7-3：loggertest.timer

此計時器（timer）每 20 分鐘執行一次，使用類似於 cron 語法的 `OnCalendar` 選項。在此範例中，它位於每小時一開始的時候，以及每小時的 20 分和 40 分。

`OnCalendar` 的時間格式為 *year-month-day hour:minute:second*（年 - 月 - 日 時 : 分 : 秒）。「秒」欄位是可選的。與 cron 一樣，* 代表一種通用符號，「逗號」允許多個值。週期所用的 / 語法也是有效的；在前面的範例中，你可以將 `*:00,20,40` 更改為 `*:00/20`（每 20 分鐘）來取得相同的效果。

NOTE `OnCalendar` 欄位中，時間的語法有許多快捷方式和變形。更完整的清單，請參閱 systemd.time(7) 說明手冊的 Calendar Events 小節。

與之相關的服務單元名稱為 loggertest.service（見清單 7-4）。我們在計時器中使用 `Unit` 選項以顯式的方式幫其命名，但這並不是絕對必要的，因為 systemd 會尋找與「計時單元檔案」具有相同基本名稱的 .service 檔案。該服務單元也位於 /etc/systemd/system 中，看起來與你在「第 6 章」中看到的服務單元非常相似：

```
[Unit]
Description=Example Test Service

[Service]
Type=oneshot
ExecStart=/usr/bin/logger -p local3.debug I\'m a logger
```

清單 7-4：loggertest.service

這裡的關鍵是 ExecStart 這一行，它是服務在啟用時所要執行的指令。這個範例會將訊息發送到系統日誌。

使用 oneshot 作為服務類型（service type）時要注意，這表示該服務預計會執行並退出，並且 systemd 在 ExecStart 指定的指令完成之前不會認為該服務已啟動。這對計時器有一些好處：

- 你可以在單元檔案中指定多個 ExecStart 指令。我們在「第 6 章」中所看到的其他服務單元樣式並不允許這樣做。
- 使用 Wants 和 Before 這類依賴性指令（dependency directive）去啟動其他單元時，更容易掌控其嚴謹的依賴關係順序。
- 你可以在日誌中更好地記錄單元「啟動時間」和「結束時間」。

NOTE 在上面的單元範例中，我們使用 logger 向 syslog 和日誌發送一個訊息項目。在 7.1.2 節中你已經有看到，可以按照單元去查看日誌訊息。但是，該單元可能會在 journald 有機會收到訊息之前就已經完成。這是一個競爭條件（race condition），如果單元完成得太快，journald 將無法找到與 syslog 訊息相關的單元（這是透過程序 ID 完成的）。因此，寫入日誌的訊息可能不會包含單位欄位，進而導致過濾的指令（例如 journalctl -f -u loggertest.service）無法顯示 syslog 訊息。這在執行時間較長的服務中通常不是問題。

7.6.4 cron vs. 計時單元

cron 這個工具程式是 Linux 系統中最古老的元件之一。它已經存在幾十年了（早於 Linux 本身），而且它的設定格式多年來沒有太大變化。當某些東西變得如此陳舊時，它就會成為被替換的目標。

你剛剛看到的 systemd 計時單元似乎是一個合乎邏輯的替代品，實際上，許多發行版現在已經將「和系統本身相關的定期維護任務」轉移到計時單元。但事實證明，cron 還是有一些優勢：

- 設定比較簡單
- 相容於很多的第三方服務
- 對於使用者來說，比較容易安裝自己的任務

而計時單元則有下列優勢：

- 針對任務和單元，可以利用 cgroup 對「與其相關的程序」做很有效的追蹤
- 可以對「日誌中的診斷資訊」做很出色的追蹤
- 提供啟動時間和頻率等其他選擇
- 擁有使用 systemd 依賴關係和啟用機制的能力

也許有一天，會有一個用於 cron job 的相容層（compatibility layer），其方式就像掛載單元和 /etc/fstab 一樣。然而，光是「設定」（configuration）這個優點就是 cron 格式不太可能很快消失的一個原因。正如你將在下一節中看到的，一個名為 systemd-run 的工具程式確實允許在不建立「單元檔案」的情況下建立計時單元和相關服務，但管理和實作的差異很大，以至於許多使用者可能更喜歡 cron。當我們討論 at 時，你很快就會看到其中的一些原因。

7.7 使用 at 進行一次性任務調度

要想在將來的某一時刻執行單次的任務，如果不使用 cron 的話，可以使用 at 服務。例如要在 10:30PM 執行 myjob，可以使用以下指令：

```
$ at 22:30
at> myjob
```

使用 CTRL-D 結束輸入。（at 從標準輸入讀取指令。）

要檢查任務是否已經被設定，可以使用 atq。要刪除任務，使用 atrm。你還可以使用 DD.MM.YY 這樣的日期格式，將任務設定為將來某一時刻執行，例如：at 22:30 30.09.15。

關於 at 指令差不多就這些內容，雖然它不太常用，不過在某些特殊情況下會非常有用。

7.7.1 用計時單元來取代

你可以使用 systemd 計時單位來代替 at。這比你之前看到的週期性計時單元更容易建立，並且可以像這樣在命令列上執行：

```
# systemd-run --on-calendar='2022-08-14 18:00' /bin/echo this is a test
Running timer as unit: run-rbd000cc6ee6f45b69cb87ca0839c12de.timer
Will run service as unit: run-rbd000cc6ee6f45b69cb87ca0839c12de.service
```

systemd-run 指令會建立一個臨時的計時單元，你可以使用一般的 systemctl list-timers 指令來查看該單元。如果對特定時間不感興趣，也可以使用 --on-active 來指定時間的位移值（a time offset），例如 --on-active=30m 表示未來 30 分鐘。

NOTE 使用 --on-calendar 時，請記得加入「一個（未來的）日曆日期」是和「時間」一樣重要的，否則計時器和服務單元將會維持原本的做法，訂在每天的指定時間去執行服務，就像你剛剛所建立的一般計時單元一樣。此選項的語法與計時單元中的 OnCalendar 選項相同。

7.8 以一般使用者執行計時單元

到目前為止，我們看到的所有 systemd 計時單元都是以 root 身分執行的。我們也可以用一般使用者來建立計時單元。如果要如此處理，可以在執行 systemd-run 時加入 --user 選項。

但是，如果你在單元執行之前就先登出系統，該單元將不會啟動；如果你在單元完成之前登出系統，單元將會終止。發生這種情況是因為 systemd 有一個與已登入使用者相關聯的使用者管理器（user manager），這是執行計時單元時所必需的。若使用下面這個指令登出後，就可以告訴 systemd 保留管理器：

```
$ loginctl enable-linger
```

如果你是管理者 root，你也可以幫其他使用者啟動管理器：

```
# loginctl enable-linger user
```

7.9 使用者存取的議題

本章的其餘部分將涵蓋這幾個主題，有關使用者是如何取得登入的權限、切換到其他使用者帳號以及執行其他相關任務。這是一些比較進階的課題，如果你準備好學習一些程序的細節了，歡迎直接跳到下一章。

7.9.1 使用者 ID 和使用者切換

我們已經介紹過，`sudo` 和 `su` 這樣的 setuid 程式允許你臨時切換使用者，我們也談過 `login` 這樣的系統元件負責控制使用者存取。你或許想了解它們的工作原理，以及核心在使用者切換中所起的作用。

當你臨時切換到另一個使用者的時候，實際上你真正在做的是更改你的使用者 ID。更改使用者 ID 有兩種方式，均由核心負責完成。第一種是執行 setuid 程式，我們在 2.17 節介紹過。第二種是透過 `setuid()` 系統呼叫，該系統呼叫有很多不同版本，用來處理和程序關聯的所有使用者 ID，我們將在 7.9.2 節詳細介紹。

核心負責為程序制定基本的規則，規定哪些能做，哪些不能做。下面是針對執行 setuid 和 `setuid()` 的三個基本規則：

- 任何程序，只要有足夠的檔案存取權限，都可以執行 setuid 程式。
- 以 root（userid 0）身分執行的程序可以呼叫 `setuid()` 來切換為任何其他使用者。
- 沒有以 root 身分執行的程序在呼叫 `setuid()` 時有一些限制，但在大多數情況下是不能呼叫 `setuid()` 的。

訂定這些規則的結果，就是當你想將使用者 ID 從一般使用者切換到另一個使用者時，你通常需要一個組合式的方法。例如，`sudo` 可執行檔案是 setuid root，一旦執行，它可以呼叫 `setuid()` 來成為另一個使用者。

NOTE 在這個核心中，使用者切換並不涉及使用者名稱和使用者密碼，那些都是使用者空間的概念，你在 7.3.1 節中第一次看到 /etc/passwd 檔案，我們會在 7.9.4 節中詳細介紹其運作的細節。

7.9.2 程序歸屬、有效 UID、實際 UID 和已保存 UID

到目前為止，本書所講的有關使用者 ID 的內容都是簡化過的。實際上每個程序都有超過一個使用者 ID。到目前為止我們提過的都是**有效 UID**（**effective user ID，euid**），是用來設定某一程序的存取權限（最明顯的就是檔案權限）。另外還有一個 UID 是**實際 UID**（**real user ID，ruid**），即實際啟動程序的 UID。一般這些 ID 都是相同的，但當你執行 setuid 程式時，Linux 會在執行的期間將有效 UID 設定為程式的擁有者，同時將原本的 UID 保留在實際 UID。

有效 UID 和實際 UID 之間的區別很模糊，以至於很多文獻中有關程序歸屬的內容都是不正確的。

我們可以將有效 UID 看作執行者，將實際 UID 看作所有者。實際 UID 是可以與程序進行互動的使用者，可以終止程序，向程序發送訊號。例如，如果使用者 A 以使用者 B 的名義啟動了一個新程序（基於 setuid 權限），使用者 A 仍然是該程序的所有者，並且可以終止該程序。

在 Linux 系統中，大多數程序的有效 UID 和實際 UID 是相同的。`ps` 和其他系統診斷指令預設的輸出都只會顯示有效 UID。要想查看你系統上的有效 UID 和實際 UID，可以使用下面的指令，但你會發現，你的系統中的所有程序幾乎擁有相同的有效 UID 和實際 UID：

```
$ ps -eo pid,euser,ruser,comm
```

如果想要兩者有不同的值，可以為 `sleep` 指令建立一個 setuid 副本，執行一段時間，然後在其結束前使用剛剛的 `ps` 指令在另一個終端機視窗查看它的資訊。

還有一個讓你更模糊的概念，除了有效 UID 和實際 UID 之外，還有一個**已保存 UID**（**saved user ID**，通常沒有縮寫形式）。程序在執行過程中可以從有效 UID 切換到實際 UID 或是已保存 UID。（更亂的是，實際上 Linux 還有另外一個 UID，即**檔案系統 UID**（**file system user ID**），但很少用到，代表正在存取檔案系統的使用者。）

典型的 setuid 程式行為

實際 UID 可能會和我們以往的理解有衝突。我們也許會有疑問，為什麼要經常和不同的使用者 ID 打交道？舉個例子，假如你使用 sudo 啟動了一個程序，如果要終止它，仍然需要用 sudo，但這時候，你卻無法使用你一般使用者的身分來終止它。疑問產生了，這時你的一般使用者不應該就是實際使用者身分嗎？為什麼會沒有權限終止程式呢？

產生這種情況，是因為 sudo 和很多其他 setuid 程式會使用 setuid() 這樣的系統呼叫來明確地更改有效 UID 和實際 UID，這樣做是為了避免一些由於各 UID 不配對導致的副作用和權限問題。

NOTE 如果你對使用者 ID 切換的細節和規則感興趣，可以查看 setuid(2) 說明手冊，還可以參考 SEE ALSO 部分列出的其他說明手冊。這些說明手冊裡涉及很多針對不同情況的系統呼叫。

有些程式不想要用 root 的實際 UID。要防止 sudo 更改實際 UID，可以將下面一行加入你的 /etc/sudoers 檔案（請注意使用 root 執行其他程式可能帶來的副作用）：

```
Defaults    stay_setuid
```

相關安全性

因為 Linux 核心透過 setuid 程式和相關系統呼叫來處理使用者切換（以及相關的檔案存取權限），系統管理員和開發人員必須特別注意以下兩點：

- 有 setuid 權限的程式的數量和品質。
- 這些程式所執行的功能。

如果你建立了一個 bash shell 的副本，setuid 為 root，一般使用者就可以執行它來獲得整個系統的控制權，就是這麼簡單。另外，setuid 為 root 的程式中如果有 bug，也有可能會為系統帶來風險。攻擊 Linux 系統的常見方式之一就是利用那些以 root 名義執行的程式的漏洞，這樣的例子數不勝數。

由於攻擊系統的手段眾多，因此防止系統受到攻擊也是一項十分繁重的任務。其中最有效的方式之一是強制使用「使用者名稱」和「密碼」進行驗證。

7.9.3 使用者識別、驗證和授權

多使用者系統必須為使用者的安全性提供最基本的三類支援：**識別**（identification）、**驗證**（authentication）和**授權**（authorization）。使用者識別可以判定使用者的身分，即詢問你是**哪一位使用者**。使用者驗證讓使用者來**證明**自己就是聲稱的那位使用者。使用者授權則是用來定義和限制使用者的**權限**。

對於使用者識別，Linux 核心透過使用者 ID 來管理程序和檔案的權限。對於使用者授權，Linux 核心控制如何執行 setuid，以及如何讓使用者 ID 執行 `setuid()` 系統呼叫來切換使用者。然而，核心對於執行在使用者空間中的「有關使用者驗證的相關事宜」卻一無所知，例如使用者名稱和使用者密碼等等，幾乎所有與身分驗證相關的事情都發生在使用者空間中。

我們在 7.3.1 節中介紹過使用者 ID 和密碼的對應關係，現在我們來介紹使用者程序如何使用這些對應關係。我們先看一個簡化的例子，即使用者程序需要知道它的使用者名稱（與有效 UID 對應的使用者名稱）。在傳統的 Unix 系統中，程序會透過以下步驟獲得使用者名稱：

1. 程序使用 `geteuid()` 系統呼叫從核心處獲得它的有效 UID；
2. 程序打開並瀏覽 /etc/passwd 檔案；
3. 程序從 /etc/passwd 檔案中讀取其中的一行。如果沒有可讀取的內容，則程序獲取使用者名稱失敗；
4. 程序將整行內容解析為欄位（field，就是用冒號分隔的欄）。第 3 欄即是目前這一行（line）的使用者 ID。
5. 程序將「第 4 步中獲得的使用者 ID」和「第 1 步中的使用者 ID」進行比對。如果比對成功，則「第 4 步中的第 1 欄」即為要找的使用者名稱，整個過程結束並使用該名稱；
6. 程序繼續讀取 /etc/passwd 檔案中的下一行，並回到第 3 步。

這是一個漫長的過程，實際上的做法通常會複雜得多。

7.9.4 為使用者資訊使用函式庫

如果上述過程要讓每個有此需求的開發人員自己實現的話，整個系統會變得支離破碎，錯誤百出，難以維護。萬幸的是，一旦你從 `geteuid()` 獲得使用者 ID，你需要做的就只是呼叫「像 `getpwuid()` 這樣的標準函式庫函數」來獲得使用者名稱。（這些呼叫的詳細使用方法可參考說明手冊。）

標準函式庫會在系統上的可執行檔案之間共享，因此你可以在不更改任何程式的情況下對身分驗證的實作進行重大更改。例如，你可以不用再為了這些使用者使用 /etc/passwd，而是透過一些系統的修改，就可以改用 LDAP 這樣的網路服務。

上述方法對於透過使用者 ID 得到對應的使用者名稱來說行得通，但是對於密碼來說就不行了。我們在 7.3.1 節中介紹過，一般來說，經過加密的密碼是 /etc/passwd 的一部分，如果你要驗證使用者輸入的密碼，你需要將使用者輸入的密碼加密，然後和 /etc/passwd 檔案中的內容進行比對。

這樣的傳統實作方式有下面幾個限制：

- 加密協定並沒有一個系統層面的統一標準。
- 它假定的前提是你需要對加密密碼有存取權限。
- 它假定的前提是每當使用者需要存取資源的時候，你都要讓使用者輸入使用者名稱和密碼（這會讓人抓狂）。
- 它假定的前提是你想要使用密碼。如果你使用的是一次性標記（token）、智慧卡、生物識別技術或其他形式的驗證，你需要自己加入對它們的支援。

上述的一些侷限也促成了影子（shadow）密碼套件的開發，我們在 7.3.3 節中介紹過，它就是建立系統層面的密碼設定標準所邁出的第一步。不過上述大部分的問題促成了 PAM 解決方案的出現。

7.10 PAM

為了提高使用者驗證的靈活性，Sun Microsystems 公司在 1995 年提出了一個新的標準，叫作**可插入式驗證模組（Pluggable Authentication Module**，以下簡稱 **PAM**）。它是一個共享的驗證函式庫（由 Open

Software Foundation RFC 86.0 小組於 1995 年 10 月提出）。進行使用者驗證的時候，使用者被提交給 PAM 來決定該使用者是否能夠成功完成驗證。這樣比較容易加入新的驗證方式和技術，例如兩段式驗證和實體鑰匙。除了對驗證機制的支援，PAM 還提供一些有限的驗證控制服務（例如可以對某些使用者禁止 cron 這樣的服務）。

因為使用者驗證的應用場景很多，所以 PAM 使用了一系列可以動態載入的**驗證模組**（**authentication module**）。每個模組負責一個具體的任務，並且是一個分享的物件，程序可以動態的載入並在它的執行空間中運行，例如 pam_unix.so 模組負責檢查使用者密碼。

這樣的任務很不簡單。程式設計介面都很複雜，PAM 看起來也沒有能夠解決所有的問題。無論怎樣，Linux 系統中涉及「使用者驗證」的程式基本上都是使用 PAM，大部分 Linux 系統也是使用 PAM。因為 PAM 是基於 Unix 現有的驗證 API，所以在整合 PAM 支援的時候只需少量的額外工作即可。

7.10.1 PAM 設定

我們將透過 PAM 的設定來了解 PAM 的工作原理。PAM 的應用設定檔案通常存放在 /etc/pam.d 目錄（在較舊的系統中有可能是 /etc/pam.conf 檔案）。目錄中的檔案很多，可能會讓人找不到頭緒。一些檔案名稱應該會包含一些你熟知的系統名稱，例如 cron 和 passwd。

由於這些設定檔案在不同的 Linux 系統上各異，我們很難找到一個通用的例子。我們以 `chsh`（change shell 程式）的設定檔案中的一行為例：

```
auth        requisite   pam_shells.so
```

該行表示「使用者的 shell」必須在 /etc/shells 中，以便讓使用者能夠與 `chsh` 順利進行驗證。設定檔案中每一行有三個欄位，按順序依次是「功能類型」（function type）、「控制參數」（control argument）和「模組」（module），以下是它們代表的意思：

- **功能類型**：是指某個使用者應用程式請求 PAM 執行的任務。本例中是 `auth`，即使用者驗證的任務。
- **控制參數**：指定 PAM 在成功執行任務或任務執行失敗後的操作（本例中為 `requisite`）。這一點我們稍後會詳細介紹。

- **模組**：為該行運行的身分驗證模組，確定該行實際執行的操作。在這裡，pam_shells.so 模組會檢查使用者目前的 shell 是否列在 /etc/shells 中。

關於 PAM 設定的詳細內容，你可以查看 pam.conf(5) 說明手冊。現在先來看一些 PAM 的基礎內容。

功能類型

使用者應用程式可以請求 PAM 執行以下四類功能：

- `auth`：使用者驗證（驗證使用者身分）。
- `account`：檢查使用者帳號狀態（例如使用者是否對某一操作有權限）。
- `session`：僅在使用者目前連線視窗中執行（例如顯示當日的訊息）。
- `password`：更改使用者密碼或其他驗證資訊。

對於任何設定行（configuration linc）來說，「功能類型」和「模組」會共同決定 PAM 執行的操作。一個模組可以有多個功能類型，所以當我們查看設定行時，需要結合功能類型和模組來確定該行的功能。舉例來說，pam_unix.so 模組會在執行 `auth` 時檢查密碼，但是在執行 `password` 時卻是設定密碼。

控制參數和堆疊規則

PAM 的一個重要特性是它的設定行中使用**堆疊**（**stack**）定義的規則。也就是說，你可以在執行單一功能類型時去定義多個規則。這也凸顯了「控制參數」的重要性：某一行任務執行的成敗，會影響到後面的行甚至整個任務執行的成敗。

控制參數有兩類：簡單語法和高階語法。簡單語法的控制參數主要有以下三種：

- `sufficient`：如果該規則執行成功，使用者驗證即成功，PAM 會忽略其他規則。如果規則執行失敗，則 PAM 繼續執行其他規則。
- `requisite`：如果該規則執行成功，PAM 繼續執行其他規則。如果規則執行失敗，使用者驗證即失敗，PAM 會忽略其他規則。

- **required**：如果該規則執行成功，PAM 繼續執行其他規則。如果規則執行失敗，PAM 繼續其他規則，但是無論其他規則執行結果如何，最終的驗證將失敗。

讓我們繼續上例，下面是 chsh 驗證的一個堆疊實例：

```
auth        sufficient     pam_rootok.so
auth        requisite      pam_shells.so
auth        sufficient     pam_unix.so
auth        required       pam_deny.so
```

當 chsh 請求 PAM 執行使用者驗證時，根據以上設定，PAM 執行以下步驟（見圖 7-4）：

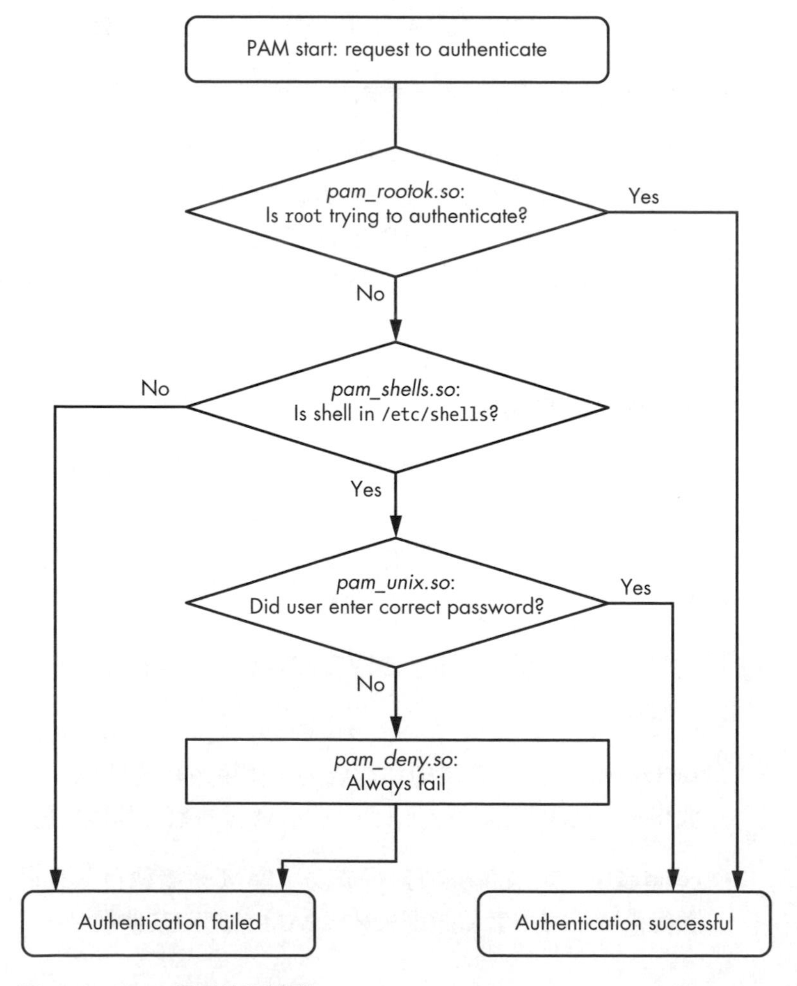

圖 7-4：PAM 規則執行流程

1. **pam_rootok.so 模組**檢查進行驗證的使用者是否是 root。如果是的話，則驗證立即通過並且忽略其他後續驗證。這是因為控制參數是 sufficient，表示目前操作執行成功，PAM 會立即通知 chsh 驗證成功。否則繼續執行步驟 2。

2. **pam_shell.so 模組**檢查使用者的 shell 是否在 /etc/shells 中。如果不是的話，模組回傳失敗，requisite 控制參數表示 PAM 應立即通知 chsh 驗證失敗，並忽略其他後續驗證。如果 shell 在 /etc/shells 中，模組回傳驗證成功，並且根據控制參數 required 繼續執行步驟 3。

3. **pam_unix.so 模組**要求使用者輸入密碼並進行檢查。控制參數為 sufficient，意思是該模組驗證通過後（密碼正確），PAM 即向 chsh 報告驗證成功。如果輸入密碼不正確，PAM 繼續步驟 4。

4. **pam_deny.so 模組**總是回傳失敗，且由於控制參數為 required，PAM 向 chsh 回傳驗證失敗。在沒有其他規則的情況下，這是預設的操作。（請注意，required 控制參數並不導致 PAM 立即失敗，它還會繼續後續的操作，但是最終還是回傳驗證失敗。）

NOTE 在討論 PAM 的時候，不要將「功能」（function）和「動作」（action）混淆起來。功能是較高層次的目標，即使用者請求 PAM 執行的操作（諸如使用者驗證）。動作是 PAM 為了達到目標執行的某個具體任務。你只需要記住，使用者應用程式首先執行功能，然後 PAM 負責執行相關操作。

高階語法的控制參數使用方括號（[]）表示，讓你能夠根據模組的回傳值（不僅僅是成功和失敗兩種）手動定義相應的操作。詳情可以查看 pam.conf(5) 說明手冊。理解了簡單語法控制參數後，高階語法控制參數就不是問題了。

模組參數

PAM 模組能夠在模組名稱後帶參數。在 pam_unix.so 模組中你經常會看到類似下面的內容：

```
auth        sufficient    pam_unix.so    nullok
```

參數 nullok 表示使用者可以不需要密碼（如果使用者沒有密碼則預設為驗證失敗）。

7.10.2 PAM 設定語法的小技巧

由於其擁有控制流程能力和模組參數語法，PAM 設定語法具備了程式設計語言的某些特徵和功能。目前我們僅僅是介紹了皮毛，下面是更多關於 PAM 的介紹：

- 可以使用 `man -k pam_`（請注意此處的下底線）來列出系統中的 PAM 模組。要查看這些模組的存放位置可能會很難，你可以用 `locate unix_pam.so` 指令試試運氣。
- 說明手冊中有每個模組相關功能和參數的詳細資訊。
- 很多 Linux 發行版會自動產生一些 PAM 設定檔案，所以儘量不要在 /etc/pam.d 目錄中直接對它們進行更改。在做更改之前請閱讀 /etc/pam.d 檔案中的註釋資訊，如果它們是由系統產生的檔案，註釋中會對來源加以說明。
- /etc/pam.d/other 設定檔案中包含預設設定，用於那些沒有自己的設定檔案的應用程式。預設設定往往是拒絕所有的驗證。
- 在 PAM 設定檔案中包含其他設定檔案的方法有很多種。可以使用 `@include` 語法載入整個設定檔案，也可以使用控制參數來載入某個特定功能的設定檔案。不同的發行版有不同的載入方式。
- PAM 設定不以模組參數結束。一些模組可以存取 /etc/security 中的其他檔案，通常用來設定針對某個使用者的特定限制。

7.10.3 PAM 和密碼

Linux 密碼校驗（password verification）近年來不斷發展，留下了很多密碼設定包，有些時候容易產生混淆。首先是 /etc/login.defs 這個檔案，它是最初影子密碼的設定檔案。其中包含了用於影子密碼檔案加密演算法的資訊，不過使用 PAM 的新版本系統很少使用它了，因為 PAM 設定中自己包含了這些資訊。但即便如此，有時候 /etc/login.defs 中的加密算法必須和 PAM 設定中的相配對，以防萬一有的應用程式不支援 PAM。

PAM 是從哪裡獲得密碼加密資訊呢？我們前面講過，PAM 處理密碼的方式有兩種：透過 `auth` 功能（用來校驗密碼）和 `password` 功能（用來設定密碼）。查看密碼設定參數很容易，最佳方式是使用 `grep`，如下所示：

```
$ grep password.*unix /etc/pam.d/*
```

配對的行中應該包含 pam_unix.so，像下面這樣：

```
password        sufficient      pam_unix.so obscure sha512
```

參數 obscure 和 sha512 告訴 PAM 在設定密碼時執行什麼操作。首先，PAM 檢查密碼是否足夠「obscure」（也就是「複雜」，新密碼不能和舊密碼太相似等等），然後 PAM 使用 SHA512 演算法來加密新密碼。

但這只在使用者設定密碼時生效，而不是在 PAM 校驗密碼時。PAM 是怎樣知道在使用者驗證時使用哪個演算法呢？設定資訊中沒有這方面的資訊，對於 pam_unix.so 的 auth 功能來說，沒有針對加密資訊的參數，說明手冊裡也沒有。

事實上，（直至本書成書時）pam_unix.so 僅僅是靠猜測，通常是透過 libcrypt 函式庫來逐一嘗試每個檔案，直至找出使用的那個演算法，或直至沒有可嘗試的檔案。所以你通常不用太擔心密碼校驗加密演算法。

7.11 學習前導

至此我們已經到達的全書的一半，介紹了 Linux 系統的很多關鍵組成部分。特別是關於日誌和使用者的內容，讓你學會 Linux 系統是如何將服務和任務分解為小而獨立的部分，並且仍然能夠進行一定深度的互動。

本章主要是使用者空間方面的內容，我們需要對使用者空間程序和它們消耗的資源有一個新的認識。因此，在「第 8 章」中我們會講解一些關於核心的深層次的內容。

8

程序與資源利用詳解

本章我們將深入介紹程序、核心和系統資源之間的關係。電腦硬體資源主要有三種：CPU、記憶體和I/O。程序為了獲得這些資源相互競爭，核心則負責公平地分配資源。核心本身也是一種軟體資源，程序透過它來建立新的程序，並和其他程序通訊。

本章介紹的工具當中，有很多涉及效能監控。在你試圖找出系統變慢的原因時，這些工具會非常有幫助。然而我們不需要放太多注意力在系統效能身上，因為對已經執行良好的系統進行優化往往是浪費時間，大部分系統所採用的預設設定往往都是極佳的選擇，因此你應該只有在某些特殊需求下才會對相關設定進行修改。我們應該更專注了解這些工具的功能，同時在此過程中我們會對核心有更深入的理解，以及它是如何和程序溝通的。

8.1 程序追蹤

我們在 2.16 節介紹過如何使用 ps 指令查看系統中執行的程序。ps 指令列出目前執行的程序，但是無法提供程序隨時間變化的情況，因而你無法得知哪個程序使用了過多的 CPU 時間和記憶體。

在這方面，top 指令比 ps 指令更有用些，因為它能夠顯示系統的目前狀態，還有 ps 指令結果顯示的許多欄位，並且每三秒更新一次資訊。但最重要的是，top 指令將系統中最活躍的程序（預設是目前消耗 CPU 時間最多的那些程序）顯示在最上方。

你可以透過鍵盤向 top 發送指令。下面是一些比較重要的鍵盤指令：

- **空格鍵**：立即更新顯示內容。
- **M**：按照目前記憶體使用量排序。
- **T**：按照 CPU 累計使用量排序。
- **P**：按照目前 CPU 使用量（預設）排序。
- **u**：僅顯示某位使用者的程序。
- **f**：選擇不同的統計資訊來顯示。
- **?**：顯示所有 top 指令的使用方式。

NOTE top 在使用指令時是有分大小寫的。

Linux 中另外還有兩個類似於 top 的工具，提供更詳細的資訊和更豐富的功能，它們是 atop 和 htop。這兩個工具程式所提供的額外功能也都能在其他工具程式中看到，例如 htop 指令包含一些 lsof 指令的功能，其中 lsof 我們將在下節介紹。

8.2 使用 lsof 查看打開的檔案

lsof 指令列出打開的檔案以及使用它們的程序。由於 Unix 系統大量使用檔案，所以 lsof 在系統排錯方面是最有用的指令之一。但 lsof 不僅僅顯示常規檔案，還顯示網路資源、動態函式庫以及管線等等。

8.2.1 lsof 輸出

lsof 的輸出結果通常資訊量很大，如下面的例子中，你看到的只是其中一些片段。這一輸出結果中（為了讀取方便性，稍微做一些調整）包含 systemd（init）程序中打開的檔案和執行中的 vi 程序：

```
# lsof

COMMAND  PID   USER   FD    TYPE   DEVICE  SIZE/OFF     NODE NAME
systemd    1   root   cwd    DIR   8,1        4096         2 /
systemd    1   root   rtd    DIR   8,1        4096         2 /
systemd    1   root   txt    REG   8,1     1595792   9961784 /lib/systemd/systemd
systemd    1   root   mem    REG   8,1     1700792   9961570 /lib/x86_64-linux-gnu/libm-2.27.so
systemd    1   root   mem    REG   8,1      121016   9961695 /lib/x86_64-linux-gnu/libudev.so.1

--snip--
vi      1994   juser  cwd    DIR   8,1        4096   4587522 /home/juser
vi      1994   juser   3u    REG   8,1       12288    786440 /tmp/.ff.swp

--snip--
```

在這個輸出的最上面一排包含以下欄位：

- **COMMAND**：「擁有檔案描述符的程序」所對應的指令名稱。
- **PID**：程序 ID。
- **USER**：執行程序的使用者。
- **FD**：這一欄位可能會包含兩種元素。在本例中，FD 欄位大部分都是顯示出檔案的作用（purpose）。FD 欄位還能夠顯示「開啟中的檔案」（open file）的描述符。**檔案描述符（file descriptor）**是一個數字，即一個程序與系統函式庫和核心一起用於檔案「標識」和「操作」的數字。在本例中，最後一行顯示該檔案描述符為 3。
- **TYPE**：檔案類型（如一般檔案、目錄、socket 等）。
- **DEVICE**：佔用該檔案的設備的主要編號和次要編號。
- **SIZE/OFF**：檔案大小。
- **NODE**：檔案的 inode 編號。
- **NAME**：檔案名稱。

以上各欄位所有可能的值可以在說明手冊 lsof(1) 查看，不過只看輸出結果應該就很清楚了。例如，`FD` 欄位中標出 `cwd` 的那些行，它們顯示程序的目前工作目錄。另一個例子是最後一行，它顯示使用者正在使用 `vi` 程序（PID 1994）編輯的臨時檔案。

NOTE 你可以用 root 或一般使用者來執行 `lsof`，但是用 root 可以得到更多的資訊。

8.2.2 使用 lsof

執行 `lsof` 有以下兩種基本方式：

- 輸出完整的結果，然後將輸出結果透過管線用指令 `less` 顯示，然後在其中搜尋你想要的內容。由於輸出結果資訊量很大，該方法可能會花點時間。
- 使用命令列選項來過濾 `lsof` 的輸出結果。

你可以使用命令列選項提供一個檔案名稱作為參數，然後使用 `lsof` 顯示只和參數配對的項目。例如，下面的指令顯示 /usr 目錄及其子目錄中「所有開啟中的檔案」：

```
$ lsof +D /usr
```

根據 PID 列出「開啟中的檔案」，使用以下指令：

```
$ lsof -p pid
```

你可以執行 **`lsof -h`** 查看 `lsof` 所有的選項。大部分選項和輸出格式有關。（請參考「第 10 章」中關於 lsof 網路特性的介紹。）

NOTE `lsof` 和核心資訊密切相關。如果你同時升級了核心和 `lsof`，新的 `lsof` 可能需要你重新啟動新核心以後才能夠正常工作。

8.3 追蹤程式執行和系統呼叫

到目前為止，我們介紹的工具都是針對執行中的程序。然而，有時候你的程式可能在系統啟動後馬上就終止了，這時你可能會一頭霧水，`lsof` 指令也不管用了。實際上，使用 `lsof` 查看執行失敗的程序非常困難。

strace（system call trace，系統呼叫追蹤）指令和 ltrace（library trace，系統函式庫追蹤）指令能夠幫助你了解程式試圖執行哪些操作。它們的輸出資訊量都很大，不過一旦你確定了尋找的範圍，你就會有更多資訊來幫助你鎖定主要的問題。

8.3.1 strace 指令

之前介紹過，系統呼叫是經過授權的操作，讓使用者空間程序可以請求核心執行，諸如打開檔案並讀取檔案資料等等。strace 工具程式能夠顯示程序涉及的所有系統呼叫。可以透過下面的指令查看：

```
$ strace cat /dev/null
```

在預設情況下，strace 將其輸出發送到標準錯誤。如果要將輸出儲存在檔案中，請使用 -o *save_file* 選項。你還可以透過將 2> *save_file* 附加到命令列來進行重新導向，但是你也會從正在執行的指令中擷取所有的標準錯誤。

在「第 1 章」中我們介紹過，如果一個程序想啟動另一個程序，該程序會使用 fork() 系統呼叫來從自身建立出一個副本，然後副本呼叫 exec() 系統呼叫集來啟動和執行新的程式。strace 指令在 fork() 系統呼叫之後開始監控新建立的程序（即來源程序的副本）。因而該指令輸出結果的一開始幾行應該顯示 execve() 的執行情況，隨後是記憶體初始化系統呼叫 brk()，如下所示：

```
execve("/bin/cat", ["cat", "/dev/null"], 0x7ffef0be0248 /* 59 vars */) = 0
brk(NULL)                               = 0x561e83127000
```

輸出的後續部分涉及共享函式庫的載入。除非你想知道載入共享函式庫的細節，否則你可以忽略這些資訊：

```
access("/etc/ld.so.nohwcap", F_OK)      = -1 ENOENT (No such file or
directory)
openat(AT_FDCWD, "/etc/ld.so.cache", O_RDONLY|O_CLOEXEC) = 3
fstat(3, {st_mode=S_IFREG|0644, st_size=119531, ...}) = 0
mmap(NULL, 119531, PROT_READ, MAP_PRIVATE, 3, 0) = 0x7fa9db241000
close(3)                                = 0

--snip--
```

```
openat(AT_FDCWD, "/lib/x86_64-linux-gnu/libc.so.6", O_RDONLY|O_CLOEXEC) = 3
read(3, "\177ELF\2\1\1\3\0\0\0\0\0\0\0\0\3\0>\0\1\0\0\0\260\34\2\0\0\0\0\0"..
., 832) = 832
```

除此之外，你可以跳過輸出結果中的 mmap，直到輸出最後面的部分：

```
fstat(1, {st_mode=S_IFCHR|0620, st_rdev=makedev(0x88, 1), ...}) = 0
openat(AT_FDCWD, "/dev/null", O_RDONLY) = 3
fstat(3, {st_mode=S_IFCHR|0666, st_rdev=makedev(0x1, 3), ...}) = 0
fadvise64(3, 0, 0, POSIX_FADV_SEQUENTIAL) = 0
mmap(NULL, 139264, PROT_READ|PROT_WRITE, MAP_PRIVATE|MAP_ANONYMOUS, -1, 0) =
0x7fa9db21b000
read(3, "", 131072)                     = 0
munmap(0x7fa9db21b000, 139264)          = 0
close(3)                                = 0
close(1)                                = 0
close(2)                                = 0
exit_group(0)                           = ?
+++ exited with 0 +++
```

這部分的輸出內容顯示正在執行中的指令。首先我們來看看 openat() 呼叫（open() 的小改版），它用來打開檔案。回傳值 3 代表執行成功（3 是核心成功打開檔案後回傳的檔案描述符）。在它下面，你可以看到 cat 從 /dev/null（read() 中也包含檔案描述符 3）讀取資料。在讀取完所有資料後，程式關閉檔案描述符，並呼叫 exit_group() 結束。

如果過程中發生錯誤會出現什麼情況？你可以使用 **strace cat *not_a_file*** 指令來檢查 open() 的執行情況：

```
openat(AT_FDCWD, "not_a_file", O_RDONLY) = -1 ENOENT (No such file or
directory)
```

上面顯示因為 open() 無法打開檔案，它回傳 -1 代表出錯。你可以看到，strace 顯示確切的錯誤碼，並對錯誤進行簡短的描述。

Unix 上的程式經常會遇到無法找到檔案的情況。當系統日誌和其他日誌無法提供有幫助的資訊，你也別無他法時，可以使用 strace。strace 甚至還可以用於那些已經和「來源程序」分離（detach）或分叉（fork）的常駐程式。舉例來說，若要追蹤「crummyd 這個虛構的常駐程式」的系統呼叫，你可以輸入以下指令：

```
$ strace -o crummyd_strace -ff crummyd
```

在本例中，上面的 -o 選項為「所有由 crummyd 產生的子程序」記錄日誌，並保存到 crummyd_strace.*pid* 檔案中，其中副檔名的 *pid* 會是子程序的 PID。

8.3.2 ltrace 指令

ltrace 指令追蹤對共享函式庫的呼叫。它的輸出結果和 strace 類似，所以我們在這裡提一下。但是它不追蹤核心級的內容。請記住，「共享函式庫呼叫」（shared library call）比「系統呼叫」（system call）數量多得多。所以你有必要過濾 ltrace 指令的輸出結果，ltrace 指令有很多選項可以幫到你。

NOTE 有關共享函式庫的細節可參考 15.1.3 節。ltrace 指令對靜態連結二進位函式庫無效。

8.4 執行緒

在 Linux 中，一些程序被細分為更小的部分，我們稱為**執行緒**（**thread**）。執行緒和程序很類似，它有一個識別碼（**thread ID**，即 **TID**）。核心在執行及處理執行緒的方式和程序基本相同。但有一點不同，即程序之間不共享記憶體和 I/O 這樣的系統資源，而同一個程序中的所有執行緒則共享該程序佔用的系統資源和一些記憶體。

8.4.1 單執行緒程序和多執行緒程序

很多程序只有一個執行緒，當一個程序只有一個執行緒的時候稱為**單執行緒程序**（**single-threaded process**），而有超過一個執行緒的叫作**多執行緒程序**（**multithreaded process**）。所有程序最開始都是單執行緒。起始執行緒通常稱為**主執行緒**（**main thread**），主執行緒隨後可能會啟動新的執行緒，這樣程序就變為多執行緒。這個過程和「程序使用 fork() 建立新程序」類似。

NOTE 對於單執行緒的程序來說，我們很少提及執行緒。本書中除非是遇到某些特定的多執行緒程序，否則我們不提及執行緒一說。

多執行緒的主要優勢在於，當程序要做的事情很多時，多個執行緒可以同時在多個處理器上執行，這樣可以加快程序的執行速度。雖然你也可以同時在多個處理器上執行多個程序，但執行緒相對程序來說啟動更快，並且執行緒間透過「共享的程序記憶體」來相互通訊，比程序間透過「網路和管線機制」相互通訊更加便捷高效。

一些應用程式使用執行緒來解決在管理多個 I/O 資源時遇到的問題。傳統上來說，程序有時候會使用 fork() 建立新的子程序來處理新的輸入輸出流，而執行緒提供了相似的機制，但卻省去了啟動新程序的麻煩。

8.4.2 查看執行緒

預設情況下，ps 和 top 指令只顯示程序的資訊。如果想查看執行緒的資訊，可以新增一個 m 選項，如清單 8-1 所示：

```
$ ps m
  PID TTY      STAT   TIME COMMAND
 3587 pts/3    -      0:00 bash❶
    - -        Ss     0:00 -
 3592 pts/4    -      0:00 bash❷
    - -        Ss     0:00 -
12534 tty7     -    668:30 /usr/lib/xorg/Xorg -core :0❸
    - -        Ssl+ 659:55 -
    - -        Ssl+   0:00 -
    - -        Ssl+   0:00 -
    - -        Ssl+   8:35 -
```

清單 8-1：使用 ps m 查看執行緒

這個清單顯示程序和執行緒的資訊。每一行在 PID 欄位有數字的（其中 ❶、❷、❸ 行的 PID 欄位值是數字），代表一個程序，和一般的 ps 輸出一樣。PID 欄位值為 - 的那些行則代表程序中的執行緒。本例中，程序 ❶ 和 ❷ 只有一個執行緒，程序 ❸（PID 值為 12534）有四個執行緒。

如果想要使用 ps 查看 TID，需要使用自行定義的輸出格式。下面的例子顯示 PID、TID 以及相關指令：

```
$ ps m -o pid,tid,command
  PID   TID    COMMAND
 3587     -    bash
```

```
    - 3587    -
3592      -   bash
    - 3592    -
12534     -   /usr/lib/xorg/Xorg -core :0
    - 12534   -
    - 13227   -
    - 14443   -
    - 14448   -
```

清單 8-2：使用 ps m 查看 PID 和 TID

清單 8-2 中顯示的執行緒和清單 8-1 中的相對應。請注意，單執行緒程序中的 TID 和 PID 相同，即主執行緒。對於多執行緒程序 12534，其中的執行緒 12534 也會是主執行緒。

NOTE 和程序不同，通常你不會和執行緒進行互動。要和多執行緒應用程式中的執行緒打交道，你需要對該應用程式的實際開發細節非常了解，即便如此，我們也不推薦這種方式。

就資源監控而言，執行緒可能會帶來一些麻煩，因為在多執行緒程序中，每個獨立的執行緒會同時佔用資源。例如，top 預設情況下不顯示執行緒，你需要按 H 鍵來顯示執行緒。我們馬上就會介紹很多資源監控工具，它們需要一些額外的步驟來打開執行緒顯示功能。

8.5 資源監控簡介

現在我們來介紹一下資源監控（resource monitoring），包括 CPU 時間、記憶體和磁碟 I/O。我們將從「系統」和「程序」兩個層面來了解。

很多人為了提高效能去深入了解 Linux 核心。然而，大部分 Linux 系統在預設設定下效能都不錯，很有可能你花了很多時間來優化系統，但實際效果甚微。特別是在你對系統沒有足夠了解的時候更是如此。所以，與其使用各種工具來嘗試效能優化，不如來看看核心如何在程序之間分配資源。

8.5.1 測量 CPU 時間

如果要花一段時間監控指定的程序，可以使用 top 指令加 -p 選項，如下所示：

```
$ top -p pid1 [-p pid2 ...]
```

使用 time 指令可以查看指令整個執行過程中佔用的 CPU 時間，只是很可惜，大部分 shell 提供的 time 指令只會顯示一些基本資訊，此外，系統中有一個工具程式為 /usr/bin/time。不過，你應該會先遇到 bash shell 內建的 time 指令，因此我們先試著用「內建的 time 指令」來看看 ls 指令佔用的 CPU 時間：

```
$ time ls
```

time 在 ls 結束後會顯示像下面這樣的結果：

```
real    0m0.442s
user    0m0.052s
sys     0m0.091s
```

其中三個關鍵欄位分別代表以下涵義：

- user：**使用者時間**（user time），指 CPU 用來執行程式**程式碼**的時間，以秒為單位。在現在的處理器中，指令的執行速度很快，有些不超過一秒而趨近於 0。
- sys 或 system：**系統時間**（system time），指核心用來執行程序任務的時間（例如讀取檔案和目錄）。
- real（或稱為 elapsed）：**消耗時間**（elapsed time），指程序從開始到結束所用的全部時間，包括 CPU 執行其他任務的時間。這個數字在檢測效能方面不是很有幫助，不過將「消耗時間」減去「使用者時間」和「系統時間」所剩餘的時間，能夠讓你得知程序等待系統資源所消耗的時間。例如，等待伺服器回應某需求所花費的時間，就會呈現在「消耗時間」中，而沒辦法從使用者時間或系統時間看出來。

8.5.2 調整程序優先等級

你可以更改核心對程序的調度方式，進而增加或減少安排給程序的 CPU 時間。核心按照每個程序的調度**優先等級**（**priority**）來執行程序，這些優先等級用 –20 和 20 之間的數字表示。有些古怪的是，–20 是最高的優先級。

`ps -l` 指令顯示目前程序的優先等級，不過使用 `top` 指令更容易一點，如下所示：

```
$ top
Tasks: 244 total,   2 running, 242 sleeping,   0 stopped,   0 zombie
Cpu(s): 31.7%us,  2.8%sy,  0.0%ni, 65.4%id,  0.2%wa,  0.0%hi,  0.0%si,  0.0%st
Mem:   6137216k total,  5583560k used,   553656k free,    72008k buffers
Swap:  4135932k total,   694192k used,  3441740k free,   767640k cached

  PID USER      PR  NI  VIRT  RES  SHR S %CPU %MEM    TIME+  COMMAND
28883 bri       20   0 1280m 763m  32m S   58 12.7 213:00.65 chromium-browse
 1175 root      20   0  210m  43m  28m R   44  0.7  14292:35 Xorg
 4022 bri       20   0  413m 201m  28m S   29  3.4   3640:13 chromium-browse
 4029 bri       20   0  378m 206m  19m S    2  3.5  32:50.86 chromium-browse
 3971 bri       20   0  881m 359m  32m S    2  6.0 563:06.88 chromium-browse
 5378 bri       20   0  152m  10m 7064 S    1  0.2  24:30.21 xfce4-session
 3821 bri       20   0  312m  37m  14m S    0  0.6  29:25.57 soffice.bin
 4117 bri       20   0  321m 105m  18m S    0  1.8  34:55.01 chromium-browse
 4138 bri       20   0  331m  99m  21m S    0  1.7 121:44.19 chromium-browse
 4274 bri       20   0  232m  60m  13m S    0  1.0  37:33.78 chromium-browse
 4267 bri       20   0 1102m 844m  11m S    0 14.1  29:59.27 chromium-browse
 2327 bri       20   0  301m  43m  16m S    0  0.7 109:55.65 xfce4-panel
```

上面的輸出結果中，`PR`（priority，就是優先等級）欄位顯示核心目前賦予程序的調度優先等級。這個數字越大，核心呼叫該程序的機率（相對於其他程序而言）就越小。決定「核心」分配給「程序」CPU 時間的不僅僅是優先等級，優先等級在程序執行過程中也會根據其消耗的 CPU 時間而頻繁改變。

`PR` 欄位旁邊是 `NI`（**nice 值**）欄位，這個值的目的是給核心的排程器（scheduler）一個提醒，換句話說，這個值會干預核心的程序調度。核心會把這個 nice 值加入到現在的優先等級中，以考慮程序下一次在什麼時間執行。若你將 nice 值設得比較高，你就會變得對其他的程序「更 nice」，也就是說，核心會讓其他的程序優先權往上移。

NI 預設值是 0。例如，你在後台執行一個計算量很大的程序，且不希望它影響到你正在使用的互動連線視窗，想讓它在其他程序空閒的時候再執行，這時候，你就可以使用 renice 指令將 nice 值設定為 20（pid 是你要設定的程序 ID）：

```
$ renice 20 pid
```

如果你是超級使用者，你可以將 NI 設定為一個負數，但這並不是一個好方法，因為系統級程序也許無法獲得足夠的 CPU 時間。事實上，你可能根本就不需要自己設定 nice 值，因為 Linux 系統大多時候是單一使用者在使用，而該使用者也大多不會執行太多的運算。（從前多個使用者使用一個系統的時候，nice 值就重要得多。）

8.5.3 利用平均負載量來測量 CPU 效能

整體來看，CPU 的效能算是比較容易測量的一個項目。**平均負載（load average）**是「準備就緒待執行的程序」的平均數。也就是某一時刻可以使用 CPU 的程序數的一個估計值（這包含「執行中的程序」以及「等待機會使用 CPU 的程序」）。當想到平均負載時，請記住，系統中大多數程序通常把時間花在等待輸入上（如從鍵盤、滑鼠、網路等），這意味著這些程序沒有準備就緒可執行，所以並不計入平均負載。只有那些真正在執行的程序才計入平均負載。

uptime 的使用

uptime 指令顯示三個平均負載值和核心已經執行的時長：

```
$ uptime
... up 91 days, ... load average: 0.08, 0.03, 0.01
```

以上三個粗體數字分別代表過去 1 分鐘、5 分鐘和 15 分鐘的平均負載值。如你所見，系統並不很繁忙：過去 15 分鐘只有平均數目為 0.01 的程序在執行。也就是說，如果你只有一個處理器，它過去 15 分鐘只執行了 1% 的使用者空間應用程式。

一般來說，大部分桌機系統的平均負載為 0，除非你正在編譯程式或玩遊戲。平均負載為 0 通常是一個好跡象，說明 CPU 不是很忙，系統很省電。

但是，目前桌面型系統上的使用者介面往往比過去佔用更多的 CPU，甚至某些網站（尤其是它們的廣告）會導致網路瀏覽器成為資源的佔用者。

如果平均負載值接近 1，說明某個程序可能完全佔用了 CPU。這時可以使用 `top` 指令來查看，通常出現在清單最上方的就是那個程序。

現在很多系統有多個處理器核心（或 CPU），它們使得多個程序能夠輕鬆的被同時執行。如果你有兩個核心並且平均負載為 1，這意味著只有其中一個處於活躍狀態，如果平均負載為 2，說明兩個都處於忙碌狀態。

管理高負載

平均負載值高並不一定表示系統出現了問題。系統如果有足夠的記憶體和 I/O 資源便可以執行許多執行中的程序。如果平均負載值高的同時，系統回應速度還很正常，就不需要太擔心，這說明系統中有很多程序在共享 CPU。程序間需要相互競爭 CPU 時間，如果它們放任其他程序長時間佔有 CPU，它們自身的執行時間就會大大增長。對於 Web 伺服器來說，高平均負載值也是正常現象，因為程序啟動和結束得很快，以至於平均負載檢測機制無法獲得有效的資料。

然而，如果平均負載值高並且系統回應速度很慢的話，可能意味著記憶體效能有問題。當系統出現記憶體不足的情況時，核心會開始執行一個機械性的反覆動作（**thrashing**），或者在磁碟和記憶體間交換程序資料。此時，很多程序會處於執行準備就緒狀態，但是可能沒有足夠記憶體。這種情況下，它們保持準備就緒狀態的時間要比平時久一些。下面讓我們了解一些有關記憶體的詳細內容。

8.5.4 監控記憶體狀態

查看系統記憶體狀態最簡單的方法之一是使用 `free` 指令，或查看 /proc/meminfo 檔案來了解系統記憶體被作為快取和緩衝區的實際使用情況。我們前面介紹過，記憶體不足可能會導致效能問題。如果沒有足夠記憶體用作快取和緩衝區（或是剩餘記憶體空間被佔用）的話，也許你需要考慮增加記憶體。不過，把所有的效能問題都輕易歸咎於記憶體不足也有點太簡單了。

記憶體工作原理

我們在「第 1 章」介紹過，CPU 透過 MMU（記憶體管理單元）來為記憶體的存取增加彈性，核心會幫助 MMU 把程序使用的記憶體劃分為更小的區域，我們稱為**頁面**（**page**）。核心負責維護一個資料結構，我們稱為**頁面表**（**page table**），其中包含從「虛擬頁面位址」到「實際記憶體位址」的映射關係。當程序存取記憶體時，MMU 根據「核心的頁面表」將程序使用的虛擬位址轉換為實際的記憶體位址。

程序執行時並不需要立即載入它所有的記憶體頁面。核心通常在程序需要的時候載入和分配記憶體頁面，我們稱為**按需記憶體分頁**（**on-demand paging** 或 **demand paging**）。要了解它的工作原理，讓我們來看看一個程式是如何啟動和變成一個程序來執行的：

1. 核心將程式指令程式碼的開始部分載入到記憶體頁面內；
2. 核心可能還會為新程序分配一些記憶體頁面供其執行使用；
3. 程序執行過程中，可能程式碼中的下一個指令在核心已載入的記憶體頁面中不存在。這時核心接管控制，載入需要的頁面到記憶體中，然後讓程式恢復執行；
4. 同樣地，如果程序需要使用更多的記憶體，核心會處理並尋找空閒的頁面（或騰出一些記憶體空間），再分配給程序。

你可以透過觀察核心的設定來得到系統的頁面大小：

```
$ getconf PAGE_SIZE
4096
```

這個數字是以位元組（byte）為單位，在大多數的 Linux 系統中 4k 是一個標準值。

核心不會隨意將實際記憶體的頁面對應到虛擬位址；也就是說，它不會將所有可用的頁面放入一個大池中並從那裡進行分配。實際記憶體會被劃分很多區，這取決於硬體限制、連續頁面的核心優化和其他因素。但是，你不用在剛剛開始時就擔心這些事情。

記憶體頁面錯誤

如果記憶體頁面在程序想要使用時沒有準備就緒，程序會產生**記憶體頁面錯誤**（**page fault**）。錯誤產生時，核心會從程序那邊接管 CPU 的控制權，然後使記憶體頁面準備就緒。記憶體頁面錯誤有兩種：輕微錯誤（minor）和嚴重錯誤（major）。

(1) 輕微記憶體頁面錯誤

程序需要的記憶體頁面在主記憶體中但是 MMU 無法找到時，會產生**輕微記憶體頁面錯誤**（**minor page fault**）。通常發生在程序需要更多記憶體時，或 MMU 沒有足夠記憶體空間來為程序存放所有頁面時（通常是因為 MMU 內部的映射表太小）。這時核心會通知 MMU，並且讓程序繼續執行。輕微記憶體頁面錯誤不是很嚴重，在程序執行過程中可能會出現。

(2) 嚴重記憶體頁面錯誤

嚴重記憶體頁面錯誤（**major page fault**）發生在程序需要的記憶體頁面在主記憶體中不存在時，意味著核心需要從磁碟或其他低速儲存媒介中載入。太多此類錯誤會影響系統效能，因為核心必須做大量的工作來為程序載入記憶體頁面，佔用大量 CPU 時間，妨礙其他程序的執行。

有一些嚴重記憶體頁面錯誤是不可避免的，例如你第一次執行某個程式並從磁碟載入程式碼時，很可能會發生這種情況。如果你陷入了記憶體不足的狀況，且核心開始在記憶體和磁碟間交換頁面，以為新頁面騰出空間，這就是比較棘手的情況了。

你可以使用 `ps`、`top` 或 `time` 指令為某個程序的記憶體頁面錯誤尋找原因。在使用 `time` 指令時，你可能需要使用系統提供的版本（/usr/bin/time），而不是 shell 內建的 `time` 指令。下面是一個例子，列舉 `time` 指令提供的記憶體頁面錯誤資訊。（`cal` 指令的輸出可以忽略，我們將其重新導向到 /dev/null。）

```
$ /usr/bin/time cal > /dev/null
0.00user 0.00system 0:00.06elapsed 0%CPU (0avgtext+0avgdata 3328maxresident)k
648inputs+0outputs (2major+254minor)pagefaults 0swaps
```

從以上加粗的資訊可以看出，程式執行過程中產生了「2 個嚴重記憶體頁面錯誤」和「254 個輕微記憶體頁面錯誤」。嚴重記憶體頁面錯誤發生在當核心首次從磁碟載入一個程式的時候。如果再次執行該程式，你可能不會再碰到嚴重記憶體頁面錯誤，因為核心可能已經將「從磁碟載入的記憶體頁面」放入快取了。

如果你想在程序執行過程中查看產生的記憶體頁面錯誤，可以使用 top 或 ps 指令。可以在 top 指令中使用 f 選項來設定顯示的欄位，並選擇加入 nMaj 欄位，顯示嚴重記憶體頁面錯誤的數目；當你試著要追蹤一個表現已經不太正常的程序時，選擇使用 vMj 欄位（會顯示從上次更新後的嚴重記憶體頁面錯誤的數目）或許會很有幫助。

使用 ps 指令時，你可以使用自行定義的輸出格式來查看某個程序產生的記憶體頁面錯誤。下面是程序 20365 的一個例子：

```
$ ps -o pid,min_flt,maj_flt 20365
  PID  MINFL  MAJFL
20365 834182     23
```

MINFL 和 MAJFL 欄位顯示輕微和嚴重記憶體頁面錯誤的數目。在此基礎上，你還可以加入其他的程序選擇參數，請參見說明手冊 ps(1)。

查看程序產生出的記憶體頁面錯誤能夠幫助你定位出現問題的元件，但如果你是對整個系統的效能感興趣，你需要一個跨所有程序並對 CPU 和記憶體效能進行監控匯總的工具。

8.5.5 使用 vmstat 監控 CPU 和記憶體效能

在眾多系統效能監控工具中，vmstat 指令是較為陳舊的一個，但也是最不佔資源的一個。你可以使用它來清晰地了解核心交換（swap）記憶體頁面的頻率、CPU 的繁忙程度，以及 IO 的使用情況。

透過查看 vmstat 的輸出結果能夠獲得很多有用的資訊。下面是 vmstat 2 指令的輸出結果，統計資訊每 2 秒更新一次：

```
$ vmstat 2
procs -----------memory---------- ---swap-- -----io---- -system-- ----cpu----
 r  b   swpd   free   buff  cache   si   so    bi    bo   in   cs us sy id wa
 2  0 320416 3027696 198636 1072568    0    0     1     1    2    0 15  2 83  0
 2  0 320416 3027288 198636 1072564    0    0     0  1182  407  636  1  0 99  0
 1  0 320416 3026792 198640 1072572    0    0     0    58  281  537  1  0 99  0
 0  0 320416 3024932 198648 1074924    0    0     0   308  318  541  0  0 99  1
 0  0 320416 3024932 198648 1074968    0    0     0     0  208  416  0  0 99  0
 0  0 320416 3026800 198648 1072616    0    0     0     0  207  389  0  0 100  0
```

輸出結果可以歸為這幾類：procs（程序）、memory（記憶體使用）、swap（記憶體頁面交換）、io（磁碟使用）、system（核心切換到核心程式碼的次數）以及 cpu（系統各元件使用 CPU 的時間）。

上例中的輸出結果是系統負載不大的一種典型情況。通常我們會從第二行看起，因為第一行是系統整個執行時期的平均值。上例中，系統有 320,416KB 記憶體被交換到磁碟（swpd），有大約 3,027,000KB（3GB）空閒記憶體（free）。雖然有一部分交換空間（swap space）正在被佔用，但是 si（換入，swap-in）和 so（換出，swap-out）欄仍顯示核心沒有在磁碟交換記憶體。buff 欄顯示核心用於磁碟緩衝區的記憶體（可參考 4.2.5 節）。

在最右邊的 cpu 欄位，你可以看到 CPU 時間被分為 us、sy、id 和 wa 欄。它們依次代表「使用者任務」、「系統（核心）任務」、「空閒時間」和「I/O 等待時間」佔用的 CPU 時間的百分比。上例中執行的使用者程序不多（只佔用了最多 1% 的 CPU 時間），而核心基本上是空閒的，CPU 99% 的時間均為空閒。

現在讓我們來看看清單 8-3，一個龐大的程式啟動後會發生什麼情況：

```
procs -----------memory---------- ---swap-- -----io---- -system-- ----cpu----
 r  b   swpd   free   buff  cache   si   so    bi    bo   in   cs us sy id wa
 1  0 320412 2861252 198920 1106804    0    0     0     0 2477 4481 25  2 72  0 ❶
 1  0 320412 2861748 198924 1105624    0    0     0    40 2206 3966 26  2 72  0
 1  0 320412 2860508 199320 1106504    0    0   210    18 2201 3904 26  2 71  1
 1  1 320412 2817860 199332 1146052    0    0 19912     0 2446 4223 26  3 63  8
 2  2 320284 2791608 200612 1157752  202    0  4960   854 3371 5714 27  3 51 18 ❷
 1  1 320252 2772076 201076 1166656   10    0  2142  1190 4188 7537 30  3 53 14
 0  3 320244 2727632 202104 1175420   20    0  1890   216 4631 8706 36  4 46 14
```

清單 8-3：記憶體活動

清單 8-3 中的 ❶ 顯示，CPU 在一段時間內開始出現一定的使用量，特別是針對使用者程序。因為可用記憶體充足，在核心越來越多使用磁碟的時候，快取和緩衝空間的使用量開始增大。

隨後我們看到一個有趣的現象：❷ 顯示核心將一些被交換出磁碟的記憶體頁面載入到記憶體中（`si` 欄）。這表示剛剛執行的程式有可能使用了一些和其他程序共享的記憶體頁面。這種情況很常見，很多程序只有在啟動時會使用到一些共享函式庫程式碼。

請注意在 `b` 欄中有一些程序在等待記憶體頁面時**被阻斷**（**blocked**，即被阻止執行）。簡單來說，就是可用記憶體在減少，但是還未耗盡。上例中還有一些磁碟相關的活動，從 `bi` 和 `bo` 欄不斷增大的數字可以看出。

在記憶體耗盡的時候，輸出結果則大為不同。記憶體耗盡時，因為核心需要為使用者程序分配記憶體，緩衝區和快取空間開始減少。一旦記憶體耗盡，核心開始將記憶體頁面交換到磁碟，在 `so`（換出）欄中會開始出現一些活動，此時其他欄的資訊會相應變更，反映出當下核心的動作。系統時間值會變大，資料交換更頻繁，更多的程序處於阻斷狀態，因為它們所需的記憶體不可用（已經被交換出磁碟）。

我們還未介紹完 `vmstat` 的所有輸出欄。你可以查看 vmstat(8) 說明手冊以獲得更詳細的文件。不過，建議你先從 Silberschatz、Gagne 與 Galvin 的《*Operating System Concepts, 10th edition*》（Wiley, 2018）這類書籍或其他渠道學習核心記憶體管理方面的知識。

8.5.6 I/O 監控

預設情況下，`vmstat` 會提供一些常用的 I/O 統計資訊。雖然你可以使用 `vmstat -d` 針對分割區來獲得十分詳細的資源使用情況，但這一選項的輸出資訊十分龐大，會讓人有些抓狂。我們可以從專門針對 I/O 的指令 `iostat` 看起。

NOTE 我們在這裡提到的很多 I/O 工具程式，在大部分的發行版中並不是預設內建的軟體，但它們都非常容易安裝。

使用 iostat

和 vmstat 類似，iostat 在不帶任何參數時，會顯示系統開機到現在（uptime）的統計資訊：

```
$ iostat
[kernel information]
avg-cpu:  %user   %nice %system %iowait  %steal   %idle
           4.46    0.01    0.67    0.31    0.00   94.55

Device:            tps    kB_read/s    kB_wrtn/s    kB_read    kB_wrtn
sda               4.67         7.28        49.86    9493727   65011716
sde               0.00         0.00         0.00       1230          0
```

上面 avg-cpu 部分和本章介紹的其他工具一樣，顯示的是 CPU 的使用資訊，往下是各個設備的情況，如下所示：

- **tps**：平均每秒資料傳輸量。
- **kB_read/s**：平均每秒資料讀取量。
- **kB_wrtn/s**：平均每秒資料寫入量。
- **kB_read**：資料讀取總量。
- **kB_wrtn**：資料寫入總量。

iostat 和 vmstat 的另一個相似之處是你可以設定一個間隔選項，如 iostat 2，這樣可以每隔 2 秒更新一次資訊。間隔參數（interval argument）可以和 -d 選項配合使用，意思是只顯示和「設備」相關的資訊（如 iostat -d 2）。

預設情況下，iostat 的輸出結果並不包含分割區（partition）的資訊。如果要顯示分割區資訊，可以使用 -p ALL 選項。因為典型的系統上都會有很多分割區，所以輸出的資訊量也會很大。下面是部分輸出範例：

```
$ iostat -p ALL
--snip--
Device:            tps    kB_read/s    kB_wrtn/s    kB_read    kB_wrtn
--snip--
sda               4.67         7.27        49.83    9496139   65051472
sda1              4.38         7.16        49.51    9352969   64635440
sda2              0.00         0.00         0.00          6          0
```

```
sda5             0.01        0.11        0.32     141884      416032
scd0             0.00        0.00        0.00          0           0
--snip--
sde              0.00        0.00        0.00       1230           0
```

上例中，sda1、sda2 和 sda5 均為 sda 磁碟上的分割區，因而「讀取」和「寫入」這兩個欄位的資訊可能會有重疊。然而各分割區的總和並不一定等於磁碟的總容量。雖然對 sda1 的讀取同時也是對 sda 的讀取，但請注意，從 sda 直接讀取資料也是可能的，例如讀取分割表（partition table）資料。

使用 iotop 查看程序的 I/O 使用和監控

如果想要更深入地了解各個程序對 I/O 資源的使用情況，可以使用 iotop 工具，使用方法和 top 一樣。它會持續顯示「使用 I/O 最多的程序」，最頂端是匯總資料，如下所示：

```
# iotop
Total DISK READ:       4.76 K/s | Total DISK WRITE:      333.31 K/s
  TID  PRIO  USER     DISK READ  DISK WRITE  SWAPIN      IO>    COMMAND
  260 be/3 root        0.00 B/s   38.09 K/s  0.00 %  6.98 % [jbd2/sda1-8]
 2611 be/4 juser       4.76 K/s   10.32 K/s  0.00 %  0.21 % zeitgeist-daemon
 2636 be/4 juser       0.00 B/s   84.12 K/s  0.00 %  0.20 % zeitgeist-fts
 1329 be/4 juser       0.00 B/s   65.87 K/s  0.00 %  0.03 % soffice.b~ash-
pipe=6
 6845 be/4 juser       0.00 B/s  812.63 B/s  0.00 %  0.00 % chromium-browser
19069 be/4 juser       0.00 B/s  812.63 B/s  0.00 %  0.00 % rhythmbox
```

請注意，除了 USER、COMMAND、READ、WRITE 欄之外，還有一欄是 TID（也就是執行緒 ID），而非 PID（即程序 ID）。iotop 是為數不多的顯示執行緒而非程序的工具。

PRIO（意思是 priority）欄表示 I/O 的優先等級。它類似於我們介紹過的 CPU 優先等級，但它還會影響到核心為程序調度 I/O 讀寫操作的速度。如果優先等級為 be/4，那麼 be 代表**調度等級（scheduling class）**，數字代表優先級別（priority level）。和 CPU 優先等級一樣，數字越小，優先等級越高。例如核心會為 be/3 的程序分配比 be/4 的程序更多的 I/O 時間。

核心使用調度等級為「I/O 調度」施加更多的控制。`iotop` 中有以下三種調度等級：

- **be**：即 best-effort（盡力）。核心盡最大努力為其公平地調度 I/O。大部分程序是在這類 I/O 調度等級下執行。
- **rt**：即 real-time（即時）。核心會不管其他的原因，而在其他 I/O 級別之前先調度即時 I/O。
- **idle**：空閒。核心只在沒有其他 I/O 工作的時候安排此類 I/O 工作。該調度等級不具備優先等級。

你可以使用 `ionice` 工具來查看和更改程序的 I/O 優先等級，也可以參考 ionice(1) 說明手冊。但一般情況下你不用關心 I/O 優先等級。

8.6.7 使用 pidstat 監控程序

我們已經介紹過如何使用 `top` 和 `iotop` 來監控程序。但是，它們都會不斷更新輸出結果，舊的輸出會被新的覆蓋。`pidstat` 工具能夠讓你使用 `vmstat` 的方式來查看程序在過去某個時間段內的資源使用情況。下例是對程序 1329 的監控結果，按每秒記錄：

```
$ pidstat -p 1329 1
Linux 5.4.0-48-generic (duplex)         11/09/2020      _x86_64_    (4 CPU)

09:26:55 PM   UID   PID    %usr %system  %guest    %CPU   CPU  Command
09:27:03 PM  1000  1329    8.00    0.00    0.00    8.00     1  myprocess
09:27:04 PM  1000  1329    0.00    0.00    0.00    0.00     3  myprocess
09:27:05 PM  1000  1329    3.00    0.00    0.00    3.00     1  myprocess
09:27:06 PM  1000  1329    8.00    0.00    0.00    8.00     3  myprocess
09:27:07 PM  1000  1329    2.00    0.00    0.00    2.00     3  myprocess
09:27:08 PM  1000  1329    6.00    0.00    0.00    6.00     2  myprocess
```

該指令在預設情況下顯示使用者時間和系統時間的百分比，以及綜合的 CPU 時間百分比，還顯示程序在哪一個 CPU 上執行。（`%guest` 欄有一點奇怪，指程序在虛擬機上執行時間的百分比。除非你是在執行虛擬機，否則可以忽略它。）

雖然 `pidstat` 預設顯示 CPU 的使用情況，它還有很多其他功能。例如我們可以使用 `-r` 選項來監控記憶體，使用 `-d` 選項來監控磁碟。你可以自己嘗試執行一下，更多針對執行緒、context switching（上下文切換）和其他本章所涉及內容的選項可以參考 pidstat(1) 說明手冊。

8.6 控制組（cgroup）

到目前為止，你已經知道如何「查看」和「監控」資源使用情況，但是如果你想「限制」程序消耗的資源，這些程序可能會消耗超出「你使用 nice 指令看到的內容」，這時該怎麼辦？有幾個傳統的機制可以這樣做，例如 POSIX rlimit 介面，不過，就 Linux 系統上大多數類型的資源限制而言，最靈活的選項是現在的 **cgroup**（**control group，控制組**）核心功能。

基本的概念是把多個程序放入一個 cgroup 中，這允許在群組範圍內管理它們所需消耗的資源。舉例來說，如果你想限制一組程序可能累積消耗的記憶體空間，cgroup 可以做到這一點。

建立一個 cgroup 後，你可以向其中加入程序，然後使用**控制器**（**controller**）更改這些程序的行為方式。例如，一個 CPU 控制器（可以讓你限制處理器時間）、一個記憶體控制器等等。

NOTE 儘管 systemd 很充分地使用 cgroup 功能，而且系統上大多數（如果不是全部）的 cgroup 可能都是由 systemd 管理的，但 cgroup 位於核心空間中，它們並不依賴於 systemd。

8.6.1 不同 cgroup 版本間的差異

cgroup 有兩個版本，1 和 2，不幸的是，這兩個版本目前都在使用，並且可以在系統上同時設定，進而導致潛在的混亂。除了一些不同的功能集（feature set）之外，版本之間的結構差異可以總結如下：

- 在 cgroups v1 中，每種類型的控制器（CPU、記憶體等）都有自己的一組 cgroup。一個程序可以屬於每個控制器中的一個 cgroup，這意味著一個程序可以屬於多個 cgroup。例如，在 v1 中，一個程序可以屬於一個 cpu cgroup 和一個 memory cgroup。
- 在 cgroups v2 中，一個程序只能屬於一個 cgroup。你可以為每個 cgroup 設定不同類型的控制器。

讓我們視覺化兩者之間的差異，假設在這裡有三組程序：A、B 和 C。我們希望在每個程序上使用 CPU 控制器和記憶體控制器。圖 8-1 是 cgroups v1 的示意圖。我們總共需要六個 cgroup，因為每個 cgroup 僅限於一個控制器。

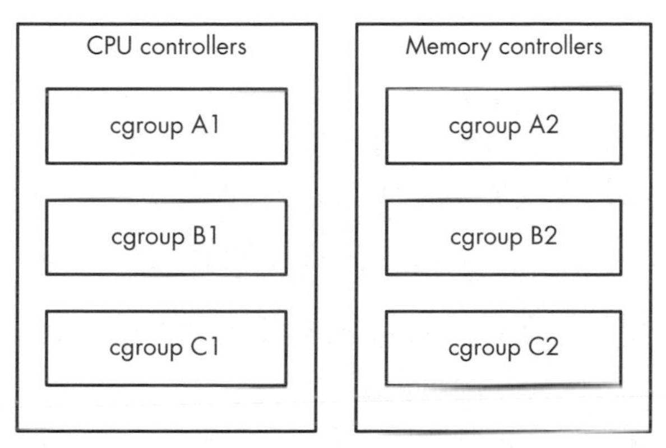

圖 8-1：cgroups v1。一個程序可能屬於每個控制器中的一個 cgroup。

圖 8-2 展示如何在 cgroups v2 中執行此操作。我們只需要三個 cgroup，因為我們可以為每個 cgroup 設定多個控制器。

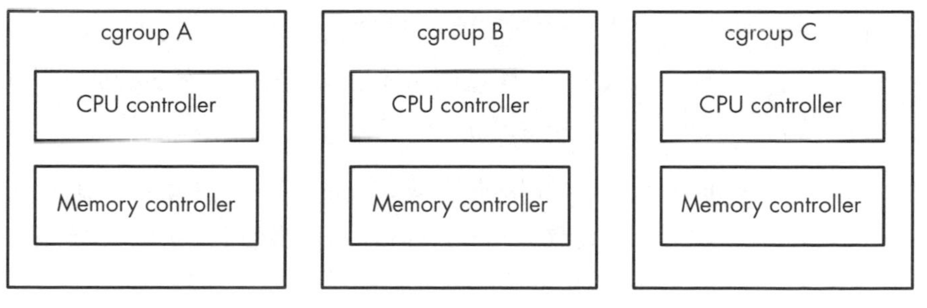

圖 8-2：cgroups v2。一個程序可能只屬於一個 cgroup。

透過查看 /proc/<pid> 中的 cgroup 檔案，你可以列出所有程序的 v1 和 v2 cgroup。你可以先使用以下指令來查看 shell 的 cgroup：

```
$ cat /proc/self/cgroup
12:rdma:/
11:net_cls,net_prio:/
10:perf_event:/
9:cpuset:/
8:cpu,cpuacct:/user.slice
7:blkio:/user.slice
6:memory:/user.slice
```

```
5:pids:/user.slice/user-1000.slice/session-2.scope
4:devices:/user.slice
3:freezer:/
2:hugetlb:/testcgroup ❶
1:name=systemd:/user.slice/user-1000.slice/session-2.scope
0::/user.slice/user-1000.slice/session-2.scope
```

如果你系統上的輸出明顯較短，請不要驚慌；這只是代表「你可能只有 cgroups v2」。這裡的每一行輸出都以「一個數字」開頭，並且是一個不同的 cgroup。以下是有關如何閱讀它的一些提示：

- 數字 2 到 12 用於 cgroups v1。這些控制器列在數字旁邊。
- 數字 1 也適用於 v1，但它沒有控制器。這個 cgroup 僅用於管理目的（在這種情況下，由 systemd 設定）。
- 最後一行的數字 0，用於 cgroups v2。此處看不到任何控制器。在沒有 cgroups v1 的系統上，這將是唯一的輸出行。
- 名稱是有階層的（hierarchical），看起來像檔案路徑的一部分。你可以在這個例子中看到一些 cgroup 被命名為 /user.slice，其他則是 /user.slice/user-1000.slice/session-2.scope。
- 建立 /testcgroup❶ 這個名稱是為了表明「在 cgroups v1 中，一個程序的 cgroup 可以完全獨立」。
- user.slice 下「那些包含 session 的名稱」是登入連線視窗，由 systemd 分配。當你查看 shell 的 cgroup 時就會看到它們。系統服務的 cgroup 將位於 system.slice 下。

你可能已經猜到，cgroups v1 在某些方面比 v2 更具有靈活性，因為可以將不同的 cgroup 組合並指派給程序。然而事實證明，實際上沒有人以這種方式使用它們，而且這種方法的設定和實作，會比簡單地「讓每個程序擁有一個 cgroup」更複雜。

由於 cgroups v1 正在逐步被淘汰，因此我們的討論將集中在 cgroups v2 上。請注意，如果在 cgroups v1 中使用控制器，由於潛在的衝突，該控制器不能同時在 v2 中使用。這意味著如果你的系統仍然使用 v1，我們將要談到的控制器特定部分將無法正常工作，不過，如果你有找到正確的方式，你還是能夠以 v1 達到相同的效果。

8.6.2 檢視 cgroup

和用於與核心溝通的「傳統 Unix 系統呼叫介面」有所不同，cgroup 完全透過檔案系統存取，該檔案系統通常會是 cgroup2 檔案系統，並掛載在 /sys/fs/cgroup 下。（如果你仍在執行 cgroups v1，這可能位於 /sys/fs/cgroup/unified 下。）

讓我們探索一下 shell 的 cgroup 設定。先打開一個 shell，並從 /proc/self/cgroup 中找到它的 cgroup（如之前所示）。然後查看 /sys/fs/cgroup（或 /sys/fs/cgroup/unified），你會找到一個同名的目錄。進去該目錄並檢視一下目錄下的檔案：

```
$ cat /proc/self/cgroup
0::/user.slice/user-1000.slice/session-2.scope
$ cd /sys/fs/cgroup/user.slice/user-1000.slice/session-2.scope/
$ ls
```

NOTE 在喜歡為每個啟動的新應用程式建立一個新 cgroup 的桌面環境中，cgroup 名稱可能會很長。

在這裡可能會找到非常多的檔案，其中主要的 cgroup 介面檔案會以 cgroup 開頭。 首先查看 cgroup.procs（使用 `cat` 就很方便），其中列出了 cgroup 中的程序。一個類似的檔案 cgroup.threads，其中也包含執行緒。

要查看目前用於 cgroup 的控制器，請查看 cgroup.controllers：

```
$ cat cgroup.controllers
memory pids
```

大部分用於 shell 的 cgroup 都有這兩個控制器，可以控制其使用的記憶體大小，以及 cgroup 中的程序總數量。若要與控制器溝通，可以試試看與控制器前置（prefix）配對的檔案。舉例來說，如果你想查看 cgroup 中運行的執行緒數量，就可以檢視 pids.current：

```
$ cat pids.current
4
```

若要查看 cgroup 可以消耗的最大記憶體大小，請檢視 memory.max：

```
$ cat memory.max
max
```

max 的值意味著這個 cgroup 沒有特定的限制，但是因為 cgroup 是階層式的，一個 cgroup 回到子目錄鏈可能會限制它。

8.6.3 cgroup 的操作和建立

儘管你可能永遠不需要更改 cgroup，但因為這並不複雜，這邊還是帶入討論一下。要將某程序加入到其中一個 cgroup，請將其 PID 以 root 身分寫入其 cgroup.procs 檔案：

```
# echo pid > cgroup.procs
```

這就是對 cgroup 所做的更改的工作量。舉例來說，如果你想限制一個 cgroup 的最大 PID 數（例如，3,000 個 PID），請執行以下操作：

```
# echo 3000 > pids.max
```

建立 cgroup 則比較棘手。從技術上來說，這就像是在 cgroup 樹的某處建立一個子目錄一樣簡單；當你這樣做時，核心會自動建立其介面檔案。如果 cgroup 沒有程序，即使存在介面檔案，你也可以使用 rmdir 刪除 cgroup。但是管理 cgroup 的規則就會讓你大吃一驚，包括：

- 你只能將程序放在較深層（葉（leaf））的 cgroup 中。舉例來說，假設你有一個名為 /my-cgroup 和 /my-cgroup/my-subgroup 的 cgroup，你不能把程序放在 /my-cgroup 中，但 /my-cgroup/my-subgroup 就可以。（一個例外是如果 cgroup 沒有控制器，但我們先不要進一步討論。）
- 如果「父 cgroup」沒有該控制器，其「子 cgroup」就不能有。
- 你必須為「子 cgroup」很清楚的指定控制器。你可以透過 cgroup.subtree_control 檔案執行此操作；舉例來說，如果你希望「子 cgroup」擁有 cpu 和 pids 控制器，請將 +cpu +pids 寫入此檔案。

這些規則中的一個例外，是位於階層結構基礎路徑（base path）的 root cgroup，你可以在這個 cgroup 中放置程序。可能想要這樣做的其中一個原因，是將程序從 systemd 的控制中抽離出來。

8.6.4 檢視資源工具程式

除了可以透過 cgroup 限制資源之外，你也可以查看其 cgroup 中所有程序的目前資源使用率。即使沒有啟用控制器，你也可以透過查看 cgroup 的 cpu.stat 檔案來檢視 cgroup 的 CPU 使用情況：

```
$ cat cpu.stat
usage_usec 4617481
user_usec 2170266
system_usec 2447215
```

因為這是 cgroup 整個生命週期內累積的 CPU 使用率，所以你可以看到服務如何消耗處理器時間，即使它產生了許多最終「終止」的子程序。

如果啟用了適當的控制器，你就可以查看其他相對應類型的使用率。例如，記憶體控制器給予存取 memory.current 檔案和 memory.stat 檔案的權限，分別可以用來檢視「目前記憶體的使用率」，以及在 cgroup 生命週期內「詳細的記憶體資料」。這些檔案在 root cgroup 中是不可用的。

你可以從 cgroup 中得到更多資訊。核心檔案中提供了「如何使用每個單獨的控制器」的完整細節，以及建立 cgroup 的所有規則；只需在網路上搜尋「cgroup2 documentation」，你應該就可以找到它（譯註：主要是 kernel.org 的官方說明）。

不過，就目前而言，你應該對 cgroup 的工作原理有一個還不錯的認知。了解其操作的基礎有助於解釋 systemd 如何組織流程。稍後，當你閱讀有關「容器」（container）的內容時，你會看到它們如何被用於不同的目的。

8.7 更深入的主題

針對資源監控的工具有很多，其中一個原因是資源的種類很多，不同資源的使用方式不同。本章我們介紹了「程序」、「程序中的執行緒」和「核心」是如何使用 CPU、記憶體和 I/O 等系統資源的。

另外一個原因是系統的資源是**有限的（limited）**，考慮到效能及系統良好的運作，系統中的各個元件都需要盡可能地減少資源消耗。過去很多使用者共享一台電腦，所以需要保證每個使用者公平地獲得資源。現在的桌機系統都是單人使用，但是其中的程序仍然相互競爭以獲取資源。高效能的網路伺服器對「系統資源監控」的要求更高，因為它們需要處理非常多的程序，以應付同時來自各處的需求。

有關「資源監控」和「效能分析」，更加深入的主題有以下幾個方面：

- `sar`（即**系統活動報告，System Activity Reporter**）：`sar` 包含很多 `vmstat` 的持續監控功能，另外還記錄系統資源隨時間的使用情況。`sar` 讓你能夠查看過去某一時刻的系統狀態，這在你需要查看「已發生的系統事件」時非常有用。
- `acct`（即**程序統計，Process Accounting**）：這個 `acct` 套件能夠記錄程序以及它們的資源使用情況。
- `quota`（即**配額，Quota**）：你可以使用 `quota` 來限制使用者可以使用的磁碟空間。

如果你對系統調度尤其是系統效能感興趣，可以參考 Brendan Gregg 的著作《*Systems Performance: Enterprise and the Cloud, 2nd edition*》（Addison-Wesley, 2020）。

關於網路監控和資源使用，我們還有很多工具未介紹。在使用這些工具之前，你需要先了解網路的工作原理，我們將在下一章介紹。

9

網路與設定

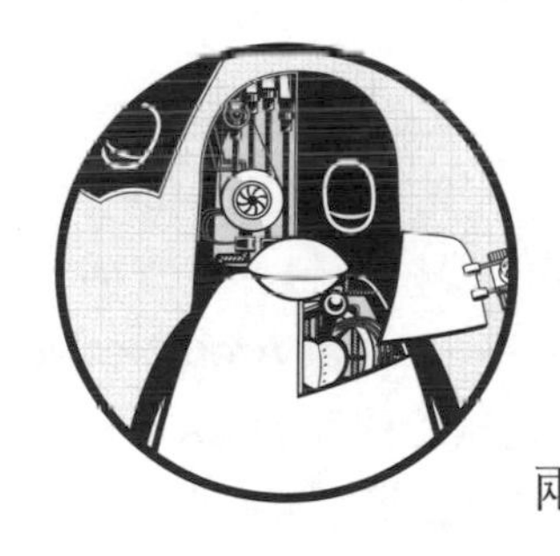

網路能實現電腦之間的連接與資料收發。聽起來夠簡單的，但想理解個中運作原埋，你要先弄懂下面兩個基礎問題：

- **發送方怎麼知道要發往哪裡？**
- **接收方怎麼知道接收了什麼？**

而答案就是：電腦會用一系列負責接收、發送和識別資料的「元件」來完成這個過程。這些元件被劃分在不同的組，而這些組層疊起來才形成一套完整的系統，叫作**網路層（network layer）**。Linux 核心處理網路通訊的方式類似「第 3 章」的 SCSI 子系統。

因為各層傾向於相互獨立，所以這些元件的組合方案是多種多樣的。這就是網路設定的難點所在。因此，本章先以非常簡單的網路來做開始。你將學到如何查看自己的網路設定，而當你明白每層的工作時，你就可以學習如何自行針對網路各層做設定。最後，你會接觸一些更進階的內容 ，例如建立自己的網路以及設定防火牆。（如果對該部分無興趣，也可以先跳過，需要時再回頭看。）

9.1 網路基礎

在講解理論之前，先看一下圖 9-1 中的簡單網路。

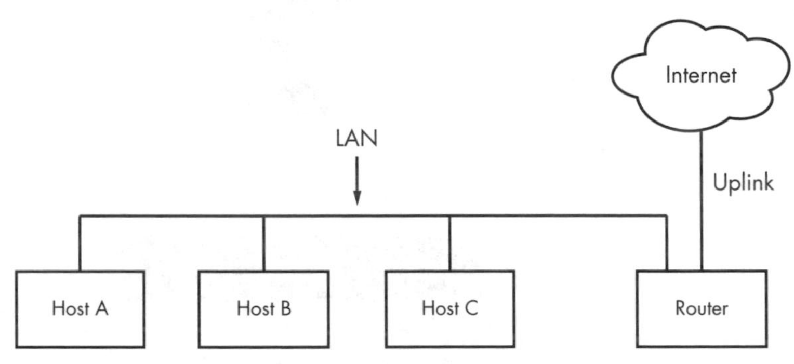

圖 9-1：一個透過路由器連接到網際網路的典型區域網路

這種網路很普遍，大多數家庭和小型辦公室都是這樣設定的。該網路中的每台機器都叫作**主機**（**host**），它們都能與**路由器**（**router**）相連。路由器也是一種主機，它使網路與網路之間能傳輸資料。這些機器（主機 A、B、C 和路由器）組成了一個**區域網路**（**Local Area Network**，**LAN**）。LAN 中的連接可以是有線的也可以是無線的。對 LAN 的定義並沒有太嚴謹，在同一個 LAN 上面的主機一般來說實體位置都很接近，而且也都會共享同樣的組態設定和存取權限，等一下你就會看到一個實際的案例。

路由器還連接到網際網路——圖中的雲。這種連接被稱為**上行鏈結**（**uplink**）或**廣域網路**（**Wide Area Network**，**WAN**）連接，因為它將較小的 LAN 連接到較大的網路。由於路由器同時連接到 LAN 和網際網路，所以 LAN 上的所有機器也可以透過路由器連接到網際網路。本章的目標之一是了解路由器如何提供這種存取方式。

下面先從 LAN 中安裝了 Linux 的機器開始，如上圖中的主機 A（Host A）。

9.2 封包

資料被分成一區塊區塊的在網路上傳輸，每一個區塊叫作一個**封包**（**packet**）。每一個封包中分為兩部分：**表頭**（**header**）和**負載**（**payload**）。表頭含有一些識別資訊，如發送方、接收方以及基本的協定。負載則含有實際需要傳送的資料，如 HTML 或圖片資料。

主機可以按任何順序發送、接收和處理封包，無論它們來自哪裡或要去哪裡，這使得多台主機可以「同時」進行通訊。舉例來說，如果主機需要同時向另外兩台主機傳輸資料，它可以在兩個目的端「傳出的封包」（outgoing packet）中進行調整，將訊息分成「更小的單元」還可以更容易地檢測和修補傳輸中的錯誤。

大多數情況下，你沒必要擔心封包和你的應用程式所使用的資料之間的轉換，因為作業系統帶有這樣的功能。然而，理解封包在以下介紹的網路層中扮演什麼角色還是很有用的。

9.3 網路層

一個功能完整的網路，包含一整套被稱為**網路協定堆疊**（**network stack**）的網路層，任何可用的網路都是透過協定堆疊的方式存在。典型的網路協定堆疊，從頂部到底部如下所示：

- **應用層**（**Application Layer**）：包含應用程式之間、伺服器之間溝通所使用的「語言」——通常是一種高階的協定。一般有「超文字傳輸協定」（Hypertext Transfer Protocol，以下簡稱 HTTP，用於 Web）、「加密協定」（像是 TLS）、「檔案傳輸協定」（File Transfer Protocol，以下簡稱 FTP）。應用層的協定一般都能夠相互搭配使用，例如 TLS 就常跟 HTTP 一起用，變成 HTTPS。

  應用層的處理會發生在「使用者空間」。

- **傳輸層**（**Transport Layer**）：用於規範應用層的資料傳輸形式。該層包括資料完整性的檢查、來源和目標連接埠，以及在「主機端」將應用程式資料切割成封包大小（如果應用層未切割的話），並在「目的端」將其重新組合。「傳輸控制協定」（Transmission Control Protocol，以下簡稱 TCP）和「使用者封包協定」（User Datagram Protocol，以下簡稱 UDP）是傳輸層最常見的協定。這層有時也被稱為**協定層**（**Protocol Layer**）。

在 Linux 中，傳輸層（含）以下的所有協定主要都是核心在處理，但是當某些封包需要被傳送到「使用者空間」做處理時就是例外了。

- **網路層（Network Layer，或稱作網際網路層，Internet Layer）**：定義如何讓封包從「來源主機」移動到「目標主機」。**IP**（**internet protocol，網際網路協定**）規定了網際網路所使用的封包傳輸規則。因為本書只討論網際網路，所以我們只談及網路層。然而，網路分層就是為了做到與硬體無關，所以，你可以在同一台機器上設定不同的網路層（如 IP (IPv4)、IPv6、IPX、AppleTalk 等）
- **實體層（Physical Layer）**：規定如何透過實體媒介（如乙太網路和 modem）發送原始資料。這層有時也被稱為**鏈結層**（**Link Layer**）或**網路介面層**（**Host-to-Network Layer**）。

理解「網路協定堆疊」的結構是很重要的。因為你的資料在到達目的地之前，至少要穿越它兩次。舉個例子，若你要在圖 9-1 中從「主機 A」發送資料到「主機 B」，你的位元組會經歷「主機 A」的應用層、傳輸層、網路層，下至實體層，經過傳輸媒介，然後再由下至上穿越「主機 B」中的這些層次，到達「主機 B」的應用層。如果需要透過路由器發送到網際網路上的其他主機，那麼途中還會經歷路由器或其他設備中的網路層次（這裡的層次通常少些）。

有時一些層次會以特別的方式來干涉其他層的資料，因為按順序地經歷各層次不一定是高效的做法。例如，為了高效地過濾和轉發資料，一些以往只負責「實體層」的設備，現在也會去檢查「傳輸層」和「網路層」的資料。此外，術語本身可能令人困惑。例如，TLS 代表 Transport Layer Security（傳輸層安全性協定），但實際上，它位於更高的一層，即「應用層」。（現在只講基礎，你還不用擔心這些問題。）

下面看看 Linux 機器如何連接到網路，以解答本章開頭「發送方怎麼知道要發往哪裡」的問題。這裡涉及協定堆疊底部的「實體層」和「網路層」。然後再看看上面的兩層，以解答「接收方怎麼知道接收了什麼」的問題。

NOTE 也許你聽說過「開放系統互連（OSI）參考模型」，它是一種七層的網路模型，常用於教學和設計網路。但我們這裡不會去解釋OSI模型，只會把重點放在你會用到的四層結構。想知道更多有關網路結構（或是一般網路）方面的東西，可以閱讀Andrew S. Tanenbaum和David J. Wetherall的著作《*Computer Networks, 5th edition*》（Prentice Hall，2010）。

9.4 網際網路層（Internet Layer）

網路協定堆疊中的實體層對讀者來說太底層了，難理解，不如從網路層（network layer）講起，這比較好理解。我們現在所用的網際網路（internet），是基於「網際網路協定第四版」（IPv4）以及基於「網際網路協定第六版」（IPv6）。網際網路層的重點之一就是，它與硬體或作業系統無關，也就是說，你能使用任何一種硬體或作業系統在網際網路上收發網路封包。

我們的討論將從IPv4開始，因為我們更容易閱讀它的位址（也更容易理解其侷限性），但我們也會解釋它與IPv6的主要差異。

網際網路的拓撲結構是去中心化的，它由更小的網路——**子網路**（**subnet**）構成。意思是，各子網路以某些方式相連。如圖9-1的LAN就是一個子網路。

一個主機可以置於不止一個子網路中。正如你在9.1節看到的，負責將資料從一個子網路送到另一子網路的那種主機叫作路由器（也叫**閘道**（**gateway**））。圖9-2對圖9-1進行了補充，將該LAN標識為一個子網路，並替路由器和每個主機標上了網路位址。圖中路由器有兩個位址，一個用於區域子網路的10.23.2.1和另一個用於網際網路的「上行位址」（Uplink Address，這個位址在這裡並不重要）。我們先看一下那些位址，以及子網路的記號。

網際網路中的每台主機至少各有一個數字型態的**IP位址**（**IP address**），對IPv4來說，它的形式會是a.b.c.d，如10.23.2.37，這種位址的標記方式叫作dotted-quad sequence。如果有台主機連接了多個子網路，它在每個子網路中都至少有一個IP位址。每個主機的IP位址在網際網路中應該是唯一的。但你即將看到，在「私有網路」和「網路位址轉換」（Network Address Translation，NAT）的情況中，它會有點混亂。

先不用擔心圖 9-2 中子網路的記號，我們很快就會討論到。

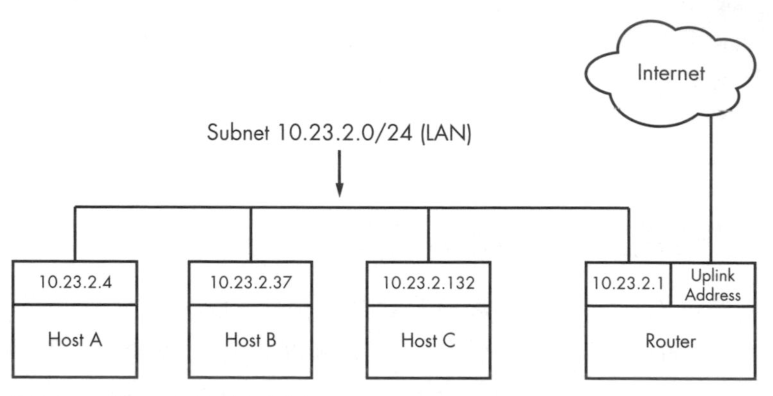

圖 9-2：帶有 IP 位址的網路

> **NOTE** 從技術上來說，一個 IP 位址由 4 個位元組（32 位元）組成。現以 abcd 指代，a 和 d 位元組的範圍都是 1~254，b 和 c 都是 0~255。電腦按位元組的原始形式處理 IP 位址。但人們為了方便，將其記為 10.23.2.37 這種格式，而不是十六進位制的 0x0A170225。

IP 位址在某種程度上就像郵政地址。你如果想跟其他主機交流，你必須先知道其他主機的 IP 位址。

讓我們先來看看自己機器的位址吧。

9.4.1 查看 IP 位址

一個主機可以有多個 IP 位址，這其中可以包含多個實體介面、虛擬網路介面等等。若要查看 Linux 系統中已啟用的網路位址，可以使用以下指令：

```
$ ip address show
```

它會輸出很多結果（會依照實體介面分類，在 9.10 節會介紹），其中應該包括以下內容：

```
2: enp0s31f6: <BROADCAST,MULTICAST,UP,LOWER_UP> mtu 1500 qdisc fq_codel state
UP group default qlen 1000
    link/ether 40:8d:5c:fc:24:1f brd ff:ff:ff:ff:ff:ff
    inet 10.23.2.4/24 brd 10.23.2.255 scope global noprefixroute enp0s31f6
       valid_lft forever preferred_lft forever
```

這個 `ip` 指令能展現網路層和實體層的許多細節。（有時甚至都沒有網路位址！）我們之後會對它們進行詳解，現在先把重點放在第四行，它顯示該主機有一個 IPv4 的位址 10.23.2.4（用 `inet` 提示），還有在位址之後的 `/24`，這是子網路遮罩，定義了 IP 位址屬於哪一個子網路。下面看看它是怎麼回事。

NOTE `ip` 指令是目前標準的網路設定工具程式。在其他說明文件中，你可能還會看到 `ifconfig` 指令，這個較舊的指令已經在其他版本的 Unix 中使用了幾十年，但功能較弱。為了與目前建議的做法保持一致（以及很多發行版在預設情況下甚至可能不包含 `ifconfig`），我們會使用 `ip` 指令做介紹。其他一些被 `ip` 指令取代的工具是 `route` 和 `arp`。

9.4.2 子網路

子網路就是一組相互連接的、帶有按序排列的 IP 位址的主機。舉例來說，10.23.2.1 至 10.23.2.254 的主機可以構成一個子網路，甚至 10.23.1.1 至 10.23.255.254 的都可以。如圖 9-2 所示，通常這組主機會在同一個實體網路中。

劃分子網路需要考慮兩點：一個是**網路前置**（**network prefix**，也可以稱作**路由前置**（**routing prefix**）或是網路 ID），一個是**子網路遮罩**（**subnet mask**，也可以稱作**網路遮罩**（**network mask**）或是**路由遮罩**（**routing mask**））。假如你要建立一個包含 10.23.2.1 到 10.23.2.254 的子網路，那麼它們的網路前置就是這個子網路中「共用的所有位址」。在這個例子中，就是 10.23.2.0 配上子網路遮罩的 255.255.255.0。下面解釋為什麼是這樣。

前置和遮罩是怎樣表示子網路中的可用 IP 的？我們必須先看一下二進位表示法。遮罩標記了子網路內主機能共用的 IP 位址。舉例來說，這是將 10.23.2.0 和 255.255.255.0 轉換成二進位的表示方式：

```
10.23.2.0:          00001010 00010111 00000010 00000000
255.255.255.0:      11111111 11111111 11111111 00000000
```

再將 10.23.2.0 中與「遮罩的那些 1」對應的位元位置加粗：

```
10.23.2.0:          00001010 00010111 00000010 00000000
```

任何位址，只要包含「粗體位置所設定的位元」，都屬於同一個子網路。查看「非粗體的位元」（最後一組八個 0），將這些位元中的任意數量設置為 1，就會變成該子網路中的有效 IP 位址，但全 0 或全 1 除外。

把它們合在一起，你就知道一個 IP 為 10.23.2.1、子網路遮罩為 255.255.255.0 的主機是如何跟「其他以 10.23.2 開頭的主機」共處一個子網路的了。這整個子網路可記為 10.23.2.0/255.255.255.0。

現在讓我們看看，這如何成為你從 `ip` 等工具程式中看到的速記符號（例如 `/24`）。

9.4.3 共用子網路遮罩與 CIDR

在大多數網際網路的工具中，你會遇到一種不同形式的子網路表示法，稱為**無類別域間路由**（**Classless Inter-Domain Routing**，以下簡稱 **CIDR**）表示法，其中 10.23.2.0/255.255.255.0 這個子網路會用 10.23.2.0/24 來表示。這種速記法是利用了子網路遮罩所遵循的一種簡單模式。

繼續以上一節提到的二進位遮罩為例來講解 CIDR，你會發現，幾乎所有子網路遮罩都是一堆 1，其後接一堆 0。像 255.255.255.0 就是 24 個 1 後面接 8 個 0。遮罩在 CIDR 中只記錄其開頭的 1 的個數，因此，10.23.2.0/24 這樣的組合已完整地表達了前置（prefix）與遮罩（mask）。

表 9-1 顯示了幾個子網路遮罩的範例，以及其 CIDR 形式。/24 子網路遮罩是本地終端使用者網路中最常見的；它通常與你即將在 9.22 節中看到的其中一個私有網路結合使用。

表 9-1：子網路遮罩

長形式	CIDR 形式
255.0.0.0	/8
255.255.0.0	/16
255.240.0.0	/12
255.255.255.0	/24
255.255.255.192	/26

NOTE 如果你不擅長十進位、二進位和十六進位之間的轉換，你可以使用 `bc` 或 `dc` 這樣的計算指令來輔助。例如在 `bc` 中輸入 `obase=2; 240`，能將 240 以二進位形式輸出。

更進一步，你可能已經注意到，如果你有 IP 位址和子網路遮罩，甚至不需要單獨定義網路。你可以將它們組合起來，正如你在 9.4.1 節中看到的那樣；`ip address show` 指令的輸出中就包括 10.23.2.4/24。

識別子網路和其中的主機只是第一課，接下來你還要學會將子網路連接起來。

9.5 路由和核心路由表

將網際網路中的子網路串在一起，主要是透過「連接到多個子網路的主機」並發送資料的過程。回到圖 9-2，看看 IP 位址為 10.23.2.4 的主機 A，這台主機連接到 10.23.2.0/24 的區域網路，並且可以直接存取該網路上的主機。要存取網際網路其餘部分的主機，它必須透過「位於 10.23.2.1 的路由器（主機）」進行溝通。

Linux 核心是如何區分兩個不同類型的目標位址的呢？其實，它是透過一種叫作**路由表（routing table）**的設定檔案來決定自身的路由行為的。`ip route show` 指令可以顯示出路由表。以下是 10.23.2.4 這種簡單的主機可能擁有的路由表：

```
$ ip route show
default via 10.23.2.1 dev enp0s31f6 proto static metric 100
10.23.2.0/24 dev enp0s31f6 proto kernel scope link src 10.23.2.4 metric 100
```

NOTE 查看路由的傳統工具是 `route` 指令，執行方式為 `route -n`。`-n` 選項告訴路由顯示 IP 位址，而不是嘗試將 IP 解析為主機和網路名稱。這是一個值得你記住的重要選項，因為你可能會在其他與網路相關的指令中使用它，例如 `netstat`。

這個輸出的結果可能會有些難懂。每一行都是一個路由規則（routing rule），在範例中我們先從第二行開始看，再進到其中的每一欄位。

你遇到的第一個欄位是 10.23.2.0/24，它是目標網路（destination network）。與前面的範例一樣，這是主機的區域子網路。該規則表示主機可以透過其「網路介面」直接到達區域子網路，該介面會由目的地後面的 `dev enp0s31f6` 機制標籤（mechanism label）所指示。（在此欄位之後是有關路由的更多詳細資訊，包括它是如何設定的，你現在無需擔心。）

然後我們可以回到輸出的第一行，它具有目標網路的預設值。這個規則會完全套用到所有的主機，它也被稱為**預設路由**（**default route**），我們將在下一節中解釋。該機制是想要透過 10.23.2.1 來表示「使用預設路由的流量」將被傳送到 10.23.2.1（在我們範例的網路中，這是一個路由器）；`dev enp0s31f6` 表示「實體傳輸」將發生在該網路介面上。

9.6 預設閘道

路由表中的預設項目具有特殊意義，因為它符合網際網路上的任何位址。在 CIDR 表示法中，IPv4 為 0.0.0.0/0，這是預設路由，在預設路由中被設定為媒介的位址就是**預設閘道**（**default gateway**）。當沒有其他規則符合時，就會符合預設路由的條件，而預設閘道是你在別無選擇時傳送訊息的管道。你可以設定一個沒有預設閘道的主機，但它將會無法存取路由表中目標之外的主機。

在大多數網路遮罩為 /24（255.255.255.0）的網路上，路由器在子網路的位址通常都是 1（例如 10.23.2.0/24 中的 10.23.2.1）。這只是一個約定俗成的方式，可能會有例外。

核心如何選擇路由？

路由中有一個棘手的細節。假設主機想向 10.23.2.132 發送一些東西，它會符合路由表中的兩個規則，即預設路由和 10.23.2.0/24。核心如何知道使用第二個規則呢？因為路由表中的順序無關緊要，所以核心會選擇符合「目標前置」（destination prefix）最長的結果。這就是 CIDR 表示法特別方便的地方：符合 10.23.2.0/24，它的前置長度是 24 位元；也符合 0.0.0.0/0，但它的前置長度是 0 位元（即沒有前置），因此 10.23.2.0/24 的規則優先。

9.7 IPv6 的位址和網路

如果你回顧 9.4 節，你會發現 IPv4 的位址是由 32 位元或 4 個位元組所組成，這總共產生了大約 43 億個位址，這對於當前的網際網路規模來說是不夠的。IPv4 位址短缺這件事情會導致一些問題，因此網際網路工程任務小組（Internet Engineering Task Force，IETF）開發了下一個版本：IPv6。在查看更多網路相關的工具之前，我們先討論 IPv6 的位址空間。

一個 IPv6 的位址會有 128 位元，即 16 個位元組，分為八段，每段 2 個位元組。在長格式中，位址如下所示：

```
2001:0db8:0a0b:12f0:0000:0000:0000:8b6e
```

這裡用十六進位為表示方式，每個數字的範圍從 0 到 f。有幾種常用的縮寫表示方法。首先，你可以省略任何前導零（例如，0db8 變為 db8），並且一組（且只有一組）連續的零組合可以變為 ::（兩個冒號）。 因此，你可以將前述位址寫為：

```
2001:db8:a0b:12f0::8b6e
```

子網路仍以 CIDR 表示法表示。對於終端使用者來說，它們一般都佔了位址空間中可用的一半位置（/64），但也有使用較少的情況。每個主機都會有唯一的位址空間（address space），這部分稱為**介面 ID**（**interface ID**）。圖 9-3 展示了一個具有 64 位元子網路的範例，以及如何將位址區分開來。

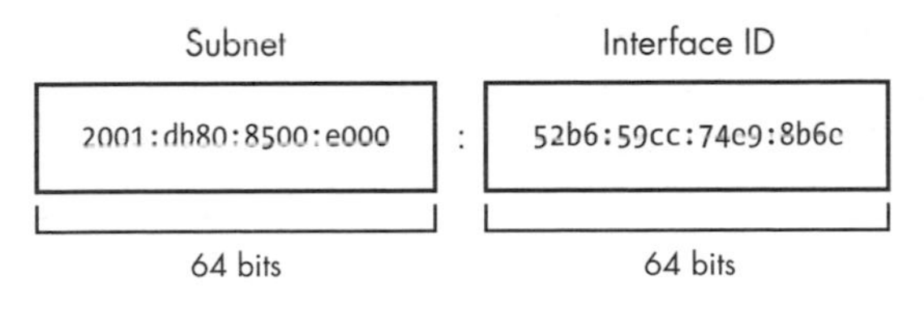

圖 9-3：標準 IPv6 位址的子網路和介面 ID

NOTE 在本書中，我們一般會以使用者的角度來觀察重點。對於服務供應商來說會略有不同，子網路進一步可以再分為路由前置和另一個網路 ID（有時也稱為子網路）。現在不要擔心這個。

關於 IPv6 的最後一件事，是主機通常至少有兩個位址：第一個在網際網路上有效，稱為**全域唯一位址**（**global unicast address**），第二個在區域網路上有效，稱為**區域鏈結位址**（**link-local address**）。 區域鏈結位址會一直保有 fe80::/10 前置，後面接著全都是零的 54 位元網路 ID，再以 64 位元介面 ID 結尾。結果是，當你在系統上看到區域鏈結位址時，它將位於 fe80::/64 的子網路中。

NOTE 全域唯一位址會使用 2000::/3 作為前置。由於第一個位元組以 001 開頭並帶有此前置，因此該位元組可以用 0010 或 0011 來完成。所以全域唯一位址始終以 2 或 3 開頭。

9.7.1 在你的系統上檢視 IPv6 設定

如果你的系統具有 IPv6 的設定，你可以從之前執行的 ip 指令中獲得一些 IPv6 的資訊。要挑出 IPv6，請使用 -6 選項：

```
$ ip -6 address show
1: lo: <LOOPBACK,UP,LOWER_UP> mtu 65536 state UNKNOWN qlen 1000
    inet6 ::1/128 scope host
       valid_lft forever preferred_lft forever
2: enp0s31f6: <BROADCAST,MULTICAST,UP,LOWER_UP> mtu 1500 state UP qlen 1000
    inet6 2001:db8:8500:e:52b6:59cc:74e9:8b6e/64 scope global dynamic
noprefixroute
       valid_lft 86136sec preferred_lft 86136sec
    inet6 fe80::d05c:97f9:7be8:bca/64 scope link noprefixroute
       valid_lft forever preferred_lft forever
```

除了迴路介面（loopback interface，我們稍後會談到）之外，你還可以看到另外兩個位址：「全域唯一位址」會使用 scope global 表示，而「區域鏈結位址」則會使用 scope link 表示。

查看路由的方式也類似：

```
$ ip -6 route show
::1 dev lo proto kernel metric 256 pref medium
❶ 2001:db8:8500:e::/64 dev enp0s31f6 proto ra metric 100 pref medium
❷ fe80::/64 dev enp0s31f6 proto kernel metric 100 pref medium
❸ default via fe80::800d:7bff:feb8:14a0 dev enp0s31f6 proto ra metric 100
pref medium
```

這比 IPv4 的設定稍微複雜一些，因為同時設定了「區域鏈結子網路」和「全域子網路」。第二行的 ❶ 用來將「本地」連接到「全域唯一位址子網路中的目的地」；主機知道可以直接到達它們，而「下面 ❷ 的區域鏈結那一行」也是類似的。對於預設路由 ❸（在 IPv6 中也寫為 ::/0；請記住，這是針對所有「沒有直接連接管道的對象」），此設定會安排流量通過區域鏈結位址 fe80::800d:7bff:feb8:14a0 的路由器，而不是它在全域子網路上的位址。稍後你會看到，路由器通常不關心它如何取得流量，只關心流量應該去哪裡。使用「區域鏈接位址」作為預設閘道的優點是，如果「全域 IP 位址空間」發生變化，它也不需要更改。

9.7.2 設定雙協定堆疊網路

正如你現在可能已經猜到的那樣，可以將主機和網路設定為同時執行 IPv4 和 IPv6。 這有時被稱為**雙協定堆疊網路（dual-stack network）**，儘管「堆疊」一詞的使用是有問題的，因為在這種情況下實際上只有「單層典型的網路協定」被複製（真正的「雙協定堆疊」類似於 IP+IPX）。在這樣的架構下，IPv4 協定和 IPv6 協定相互獨立，可以同時執行。在這樣的主機上，由應用程式（例如 Web 瀏覽器）選擇 IPv4 或 IPv6 來連接到另一台主機。

最初針對 IPv4 規劃的應用程式並不會自動支援 IPv6。幸運的是，由於雙協定堆疊中位於網路層之上的協定層沒有改變，所以用來與 IPv6 溝通所需的程式碼非常少，且容易加入。目前比較重要的應用程式和伺服器都會支援 IPv6。

9.8 基本 ICMP 和 DNS 工具

現在是時候來看一些操作主機的實用工具了。它們涉及兩種協定：用於尋找路由和連接問題的「網際網路控制訊息協定」（Internet Control Message Protocol，以下簡稱 ICMP），以及使用名稱代替 IP 位址以便人們記憶的「域名系統」或「網域名稱系統」（Domain Name Service，以下簡稱 DNS）。

ICMP 是一種用於設定和診斷網際網路連線的傳輸層協定（transport layer protocol），它與其他傳輸層協定的不同之處在於它不攜帶任何真實的使用者資料，因此它之上沒有應用層。相比之下，DNS 是一種應用層協定（application layer protocol），用於將人類可讀的名稱對應到網際網路的位址。

9.8.1 ping

`ping`（見 https://ftp.arl.army.mil/~mike/ping.html）是最常見的網路除錯工具之一。它發送一個 ICMP echo 的請求（request）封包給一台主機，並要求

接收端主機回覆給發送端。只要接收端主機有接收到，且系統設定是會回覆狀態的，接收端就會回送一個 ICMP echo 的回應（response）封包。

例如你執行 `ping 10.23.2.1`，然後得到這樣的輸出資訊：

```
$ ping 10.23.2.1
PING 10.23.2.1 (10.23.2.1) 56(84) bytes of data.
64 bytes from 10.23.2.1: icmp_req=1 ttl=64 time=1.76 ms
64 bytes from 10.23.2.1: icmp_req=2 ttl=64 time=2.35 ms
64 bytes from 10.23.2.1: icmp_req=4 ttl=64 time=1.69 ms
64 bytes from 10.23.2.1: icmp_req=5 ttl=64 time=1.61 ms
```

這裡第一行說的是你發了「56（包括表頭的話，是 84）位元組的封包」給 10.23.2.1（預設一秒一個封包），接下來的行是 10.23.2.1 的回應資訊。該輸出中最重要的是序列號（sequence number）（`icmp_req`）和來回時間（round-trip time）（`time`）。回傳資訊的容量是發送資訊的容量加 8（封包的內容對你來說完全不重要）。

漏掉的序列號（如 2 和 4 之間的 3）通常說明連線有點問題。另外，如果回送的次序是亂的，那也是有問題的，因為現在是一秒一個封包，間隔算長的了，而如果有些封包超過一秒（1,000 ms）才回收到，那說明連線速度很慢。

來回時間是指封包從發出到收回所經歷的時間。如果封包無法到達目的地，那麼最後一站的路由器會回傳 host unreachable（無法到達主機）的訊息封包給 `ping`。

有線的區域網路環境中，應該要做到沒有丟包和快速回應，也就是極低的來回時間（上面的例子來自無線區域網路）。測試自己的網路環境和 ISP 業者所提供的網路時也應如此。

NOTE 因為一些安全性問題，網際網路上有些主機是不會回應 ICMP echo 的請求封包的，所以你可以打開某些網站，但使用 `ping` 卻無法收到回應。

你可以分別利用 `-4` 和 `-6` 的選項來強迫 `ping` 使用 IPv4 或是 IPv6。

9.8.2 DNS 與 host

IP 位址難記而且常更換，所以我們用 www.example.com 這種名字來取代它。你系統上的 DNS 函式庫通常會幫你搞定這種轉換，但有時你可能會想自己在 IP 和名稱兩者間手動轉換。要找出域名（網域名稱）的 IP 位址，可以使用 host 指令：

```
$ host www.example.com
example.com has address 172.17.216.34
example.com has IPv6 address 2001:db8:220:1:248:1893:25c8:1946
```

請注意，這個例子同時顯示了 IPv4 位址 172.17.216.34 和一個更長的 IPv6 位址。一台主機有可能會有超過一個的 IP 位址，而且輸出中也可能會有其他資訊，像是郵件交換伺服器。

你也可以用 host 來反查 IP 位址的域名，即輸入 IP 位址而不是域名，這樣可以透過 IP 位址找到其對應的主機名稱。不過這個不太可靠。因為不同的主機名稱可以指向同一個 IP 位址，所以 DNS 無法得知哪個主機名稱才是你要的。對此，該主機的系統管理者必須手動建立反向的對應關係，但通常沒人這麼做。

DNS 的問題遠不是一個 host 指令能說清楚的，我們會在 9.15 節講解基本的用戶端設定。

host 指令也有 -4 和 -6 的選項，但其作用和你所想的不一樣。它們會迫使 host 指令透過 IPv4 或 IPv6 來獲取其資訊，但由於無論網路協定使用哪一種，該資訊都應該相同，因此輸出可能包括 IPv4 和 IPv6。

9.9 實體層與乙太網路

關於網際網路有一個必須理解的重點，就是它是一個**軟體**（software）的概念，至今我們都還沒講到硬體方面的東西。雖說網際網路的成功正是因為它無關硬體，能在任何電腦、任何作業系統、任何網路設備上通用，但如果你想和其他電腦溝通，你還是必須把網路層放到某個硬體的上面，而這個硬體介面就是實體層。

本書討論最常見的一種實體層：乙太網路（Ethernet network）。在 IEEE 802 協定的標準文件中，定義了很多種的乙太網路，從有線到無線，但它們總有一些共性，如下所列：

- 所有乙太網路上的設備都有各自的**媒體存取控制**（Media Access Control，以下簡稱 MAC）位址，有時這也叫**硬體位址**（hardware

address）。它與主機的 IP 位址無關，而且它在主機所處的乙太網路中是唯一的（但在網際網路這種大型的軟體網路中不一定唯一）。MAC 位址大概長這樣：10:78:d2:eb:76:97。

- 乙太網路上的設備以**訊框**（**frame**，乙太網路層的封包名稱）的形式發送資訊。訊框就像是一個包裝紙，裡面除了原本傳送的資料，還有發送者和接收者的 MAC 位址。

乙太網路並沒有想要嘗試在一個網路中跨越不同的硬體。假設你有一台主機連接了兩種不同類型的乙太網路（兩個不同的網路介面設備），你是無法直接使訊框透過該主機從一個乙太網路傳送到另一個乙太網路的，除非該主機有設定乙太網路橋接器（Ethernet Bridge，跨硬體傳輸的網路功能），而這就是網路層中較高層級（如網際網路層）的工作了。一般約定一個乙太網路就是一個網際網路中的子網路。雖然訊框無法離開一個實體網路，但路由器可以將「訊框中的資料」取出，重新封裝，再發給目標（位於另一個實體網路的主機），這也正是網際網路的做法。

9.10 理解核心網路介面

實體層和網際網路層必須連接起來，這樣網際網路網層才能保持其獨立於硬體的彈性。Linux 核心在兩層之間保持自己的劃分，並提供一種通訊標準來連結彼此，稱為**（核心）網路介面**（**(kernel) network interface**）。設定網路介面時，將「網際網路端的 IP 位址設定」與「實體設備端的硬體標籤」連接起來。網路介面通常具有代表底層硬體類型的名稱，例如 enp0s31f6（PCI 插槽中的介面）。像這樣的名稱被稱為**可預測的網路介面設備名稱**（**predictable network interface device name**），因為它在重新啟動後保持不變。在啟動時，介面是有其傳統名稱的，例如 eth0（電腦中的第一張乙太網路卡）和 wlan0（無線介面），但在大多數運行 systemd 的主機上，它們很快就會被重新命名。

在 9.4.1 節中，你已學到了查看和設定網路介面的指令 `ip address show`，其輸出就是根據網路介面來歸類的。這裡是我們之前看到的：

```
2: enp0s31f6: <BROADCAST,MULTICAST,UP,LOWER_UP> mtu 1500 qdisc fq_codel state
❶ UP group default qlen 1000
 ❷ link/ether 40:8d:5c:fc:24:1f brd ff:ff:ff:ff:ff:ff
  inet 10.23.2.4/24 brd 10.23.2.255 scope global noprefixroute enp0s31f6
```

```
       valid_lft forever preferred_lft forever
    inet6 2001:db8:8500:e:52b6:59cc:74e9:8b6e/64 scope global dynamic
noprefixroute
       valid_lft 86054sec preferred_lft 86054sec
    inet6 fe80::d05c:97f9:7be8:bca/64 scope link noprefixroute
       valid_lft forever preferred_lft forever
```

每個網路介面都有一個編號；這個介面編號為 2。介面 1 幾乎都是 9.16 節中將會描述的迴路（loopback）。`UP` 標籤告訴你介面正在工作 ❶。除了我們已經介紹的網際網路層部分之外，你還可以看到實體層上的 MAC 位址，`link/ether`❷。

雖然 `ip` 顯示出一些硬體的資訊，但它主要用於查看和設定「連接到介面的軟體層」。要深入了解網路介面背後的硬體和實體層，請使用 `ethtool` 之類的指令來顯示或更改乙太網路卡上的設置。（我們將在 9.27 節簡單介紹無線網路。）

9.11 設定網路介面

至此，網路協定堆疊底部的所有基本內容（實體層、網路層、Linux 核心網路介面）已經涵蓋。接著你還要做以下工作，把那些知識點串起來，幫助 Linux 機器連到網際網路：

1. 接上網路硬體，並確認核心中有它的驅動程式。如果有，可以使用 `ip address show` 指令來顯示所有的設備，就算它還沒被設定也會顯示出來；
2. 對任意的實體層進行設定，例如可以設定網路名稱或是密碼；
3. 替核心網路介面綁定一個 IP 位址和子網路遮罩，使得核心的設備驅動程式（實體層）和網際網路子系統（網際網路層）能夠相互溝通；
4. 新增必要的路由，包括預設閘道。

如果是一些連在一起的大型工作站，那會簡單一些：第 1 步由核心來做，第 2 步不用做，第 3 步使用舊式的 `ifconfig` 指令和第 4 步使用舊式的 `route` 指令來執行。我們來看一下如何透過 `ip` 指令做到這些。

9.11.1 手動設定介面

我們現在將了解如何手動設定介面，但我們不會詳細介紹，因為很少會需要這樣做，並且容易出錯。這一般是你在測試系統時才會做的事情。甚至在設定時，你可能會希望使用 Netplan 等工具程式在文字檔案中規劃設定，而不是使用如下所示的一系列指令。

你可以使用 ip 指令將某個介面綁定到網際網路層。要為核心網路介面新增 IP 位址和子網路，你可以這樣做：

```
# ip address add address/subnet dev interface
```

這裡的 interface 是介面的名稱，像是 enp0s31f6 或 eth0。這對 IPv6 的環境也適用，除非你需要加入一些參數（舉例來說，你想要表示出「區域鏈結的狀態」）。如果你想看看所有的選項，可以參考 ip-address(8) 的說明手冊。

9.11.2 手動新增和刪除路由

當介面已經成功啟動，你可以加入路由，一般重點都是在設定預設閘道，像這樣：

```
# ip route add default via gw-address dev interface
```

這邊的 gw-address 參數是你預設閘道的 IP 位址；這個 IP 位址必須位於你其中一個網路介面上所設定好並已連線的「區域子網路」。

若要刪除預設閘道，你可以這樣做：

```
# ip route del default
```

你可以很輕鬆地將預設閘道替換成其他的路由。例如，假設你的主機是在 10.23.2.0/24 的子網路中，你想要連結到的是 192.168.45.0/24 的子網路，並且你知道 10.23.2.44 這台主機可以擔任該子網路的路由器，那麼你就可以執行以下的指令，將「準備傳送到 192.168.45.0 的流量」發送到該路由器：

```
# ip route add 192.168.45.0/24 via 10.23.2.44
```

你不需要指定路由器就可以直接刪除路由：

```
# ip route del 192.168.45.0/24
```

在你被路由逼到抓狂之前，你應該要知道，設定路由通常比看起來更複雜。對於這個特殊的範例，你還必須確保 192.163.45.0/24 上所有主機的路由都可以回到 10.23.2.0/24，否則你加入的第一條路由基本上是無效的。

一般來說，你應該盡量讓事情保持簡單，把區域網路設定好，以便所有的主機只需要一個預設路由。如果你需要多個子網路以及它們之間的路由能力，通常最好是將路由器設定為預設閘道，以完成不同區域子網路之間的所有路由工作。（你將在 9.21 節中看到一個範例。）

9.12 開機啟動的網路設定

我們已經講過手動設定網路的各種方法，而驗證網路設定可用的傳統方法，是讓 init 執行一個 script，以在啟動時（boot time）執行手動設定。這件事情會發生在啟動的整個過程中的某處，來執行像是 `ip` 指令之類的工具程式。

我們曾經嘗試過多種方法以使開機啟動網路設定檔案規範化。例如 `ifup` 和 `ifdown` 指令；（理論上）開機 script（boot script）可以執行 `ifup eth0`，來執行正確的 `ip` 指令以設定 eth0 介面。不幸的是，不同的發行版對 `ifup` 和 `ifdown` 的實作各有不同，以至於設定檔案也不一樣。

由於網路設定的組成部分存在於各個不同的網路層中，因此會有更大的差異；結果就是，負責帶動網路的「軟體」也會分散在核心和使用者空間工具程式的幾個部分中，這樣當然會由不同的開發人員編寫和維護。在 Linux 中，普遍同意不在單獨的工具套件或函式庫之間共享設定檔案，因為對一個工具程式所做的更改可能會破壞另一個工具程式。

從上面看來，網路設定需要在幾個不同的地方進行處理，這讓管理系統變得很麻煩。因此這些不同的網路管理工具中，每種工具都有自己解決設定問題的方法。然而，這些往往是專門針對 Linux 機器可以服務的特定類型的角色，而且工具程式很有可能只是在桌面環境上工作，但不適用於伺服器。

一個名為 Netplan 的工具程式，為「設定」問題提供了一種不同的方法。Netplan 不對網路進行管理，它只不過是一個統一的網路設定標準，和一個將「設定」轉換為「現有網路管理者所使用的檔案」的工具。目前，Netplan 可以支援 NetworkManager 和 systemd-networkd，我們將在本章後面討論。Netplan 檔案為 YAML 格式，位於 /etc/netplan。

在我們討論用來做網路設定的管理程式之前，讓我們仔細看看它們面臨的一些問題吧。

9.13 手動和開機啟動的網路設定帶來的問題

以前大多數系統（現在還有很多）都在開機時設定網路，但現代的網路的動態特性意味著一台機器的 IP 位址不是一成不變的。在 IPv4 的環境中，與其將 IP 位址和其他網路資訊存放在本機上，不如在存取網路時從其他地方獲取。大部分網路用戶端的應用程式並不會在乎你用什麼 IP 位址，只要能通就行。「動態主機設定協定」（Dynamic Host Configuration Protocol，以下簡稱 DHCP，9.19 節有詳細介紹）的工具可以為某些用戶端做一些簡單的網路層設定。而在 IPv6 環境中，用戶端能夠在一定程度上進行自我設定，我們將在 9.20 節中簡單介紹一下。

不過這還不是全部的。例如，無線網路還有更多的介面設定，諸如網路名稱、驗證、加密技術等。當你看得更全面一點，你會發現你的系統要應付如下問題：

- 對於帶有多個網路介面的機器（如筆記型電腦的有線網卡和無線網卡），怎樣選擇用哪個網卡？
- 系統是如何設定實體網路介面的？對於無線網路，這包括掃描網路名稱、從中選擇一個網路、驗證的溝通等等。
- 當實體網路介面連線後，怎樣設定那些軟體網路層，例如網際網路層？
- 如何讓使用者選擇連線的選項？舉例來說，如何讓使用者選取一個無線網路？
- 網路介面被斷開時，機器應該做些什麼？

普通的開機 script 做不到上面所說的，另外，手動做也很麻煩。正確的做法是使用系統服務來監控實體網路，根據一系列規則選擇出（和自動設定）使用者需要的核心網路介面。該服務還需要回應使用者的需求，使得使用者無需使用「極具破壞力的 root 帳號」也能在不同環境選擇想要的網路。

9.14 一些網路設定管理器

基於 Linux 的系統都有一些自動設定網路的方法。桌上型電腦端或筆記型電腦端常用 NetworkManager。在 systemd 中有一個內建的功能套件，名為 systemd-networkd，它可以進行基本的網路設定，對於不需要太多彈性的系統（例如伺服器）很有用，但它沒有 NetworkManager 的動態功能。其他網路設定的管理系統主要都是針對較小的嵌入式系統，如 OpenWRT 的 `netifd`、Android 的 ConnectivityManager 服務、ConnMan 和 Wicd。

我們會簡單討論 NetworkManager，因為它是你最有可能遇到的。不過，我們不會詳細介紹，因為在你看到基本概念之後，NetworkManager 和其他設定的系統會更容易理解。如果你對 systemd-networkd 感興趣，systemd.network(5) 說明手冊描述了設定的細節，其設定存放的目錄是 /etc/systemd/network。

9.14.1 NetworkManager 的操作

NetworkManager 是一個開機時系統就啟動的常駐程式（daemon）。跟其他常駐程式一樣，它不依賴執行中的桌面相關軟體，它的任務是監聽系統和使用者的事件，並根據一堆規則來改變網路設定。

NetworkManager 執行的時候，會維護兩種基本層級的設定。第一層是關於可用硬體設備的資訊整合，它通常從核心收集，並透過在桌面匯流排（D-Bus）上監控 udev 來維護。第二層的設定層級是**更具體的連線清單**：硬體設備和額外的實體層、網路層的設定參數。例如，一個無線網路就可看作是一個連線。

NetworkManager 啟動一個連線的做法，是將任務交給其他特定的網路工具或常駐程式（例如 `dhclient`，它會從連接到的區域實體網路那裡獲得網際網路層的設定資訊）。因為網路設定工具和方案因不同發行版而異，所以 NetworkManager 需要外掛程式來搭配它們，而非強推自己的標準。例如 Debian/Ubuntu 和 Red Hat 相關系列都有對應的外掛程式。

NetworkManager 啟動時，會收集所有可用網路設備的資訊，在連線清單中搜尋，然後在清單當中決定啟動某一個。以下是它對乙太網路介面「做出決定」的方法：

1. 優先連接可用的有線網路，若沒有，則連無線網路；
2. 對於無線網路，優先選擇以前連過的；
3. 如果有多個都是以前連過的，則選擇最近一次連接的那個。

連接建立以後，就由 NetworkManager 維護，直至其斷開，或被更好的網路取代（例如用著無線的時候接上了有線），或使用者強行更換。

9.14.2 與 NetworkManager 互動

多數人是透過桌面右上（或右下）角的一個指示連接狀態（有線連接、無線連接或無連接）的圖示來跟 NetworkManager 互動的。當你點擊它時，它會彈出一些選項，例如讓你選擇無線網路，以及斷開目前網路。這一圖示在不同的桌機環境中會有所不同。

除了用圖示，你還可以在 shell 中使用其他工具來查詢和操控 NetworkManager。使用不帶參數的 `nmcli` 指令，可以快速地列出你目前的連接狀態，裡面有網路介面及它們的參數。這有些類似 `ip`，只是比 `ip` 更詳細，尤其是關於無線網路方面。

`nmcli` 指令可以讓你透過純指令的方式操控 NetworkManager。該指令可以做到的事情有點廣泛，除了一般的說明手冊 nmcli(1) 之外，nmcli-examples(5) 都有其詳細介紹。

最後，`nm-online` 指令會告訴你網路能不能用。如果能用，則回傳結束碼（exit code）0，其他情況，回傳非 0。（「第 11 章」會詳細介紹如何在 shell script 中使用結束碼。）

9.14.3 NetworkManager 的設定

一般 NetworkManager 的設定檔案是放在 /etc/NetworkManager 目錄中，裡面有各種不同的設定檔案。通常我們是看 NetworkManager.conf 這個檔案。

它的格式類似 XGD 風格的 .desktop 檔案和 Microsoft 的 .ini 檔案，將一些鍵值參數（key-value parameters）寫在不同的小節中。幾乎所有的設定檔案都有 [main] 小節，用以定義外掛程式。以下就是在 Ubuntu 和 Debian 中啟動 ifupdown 外掛程式的例子：

```
[main]
plugins=ifupdown,keyfile
```

其他發行版的外掛程式還有 ifcfg-rh（用於 Red Hat 類的發行版）和 ifcfg-suse（用於 SuSE 發行版）。上例中的 keyfile 外掛程式用於支援 NetworkManager 內建設定檔案。使用它，你就能在 /etc/NetworkManager/system-connections 中看到系統已記錄的連接。

大多數情況下，你無需更改 NetworkManager.conf，因為更具體的設定是在其他檔案中。

不受管理的介面

雖然 NetworkManager 可以幫你管理大部分的網路介面，但有時你可能也想讓 NetworkManager 忽略某些網路介面。例如，大部分使用者不會需要讓 localhost（lo；請參考 9.16 節）介面被動態調整，因為其設定是從來都不需要改變的，而且人們也希望在開機時就把它設定好，因為可能有其他服務需要用到它。所以大多數的發行版都會讓 localhost 免受 NetworkManager 管理。

你可以用外掛程式來讓 NetworkManager 忽略某個網路介面。如果你在正在使用 ifupdown 外掛程式（在 Ubuntu 和 Debian 上），那麼，將介面的設定加到 /etc/network/interfaces 檔案中，然後在 NetworkManager.conf 檔案的 ifupdown 小節，把 managed 設為 false：

```
[ifupdown]
managed=false
```

對於 Fedora 或 Red Hat 的 ifcfg-rh 外掛程式，則是在 /etc/sysconfig/network-scripts 的「名為 ifcfg-* 的設定檔案」中找出這樣的行：

```
NM_CONTROLLED=yes
```

如果沒找到這樣的行，或找到值為 no 的行，則代表 NetworkManager 會忽略該介面。通常 ifcfg-lo 檔案就設好了是「忽略」的。你還可以指定忽略某個硬體位址：

```
HWADDR=10:78:d2:eb:76:97
```

如果這兩類網路設定方案你都不使用，你還是可以透過 keyfile 外掛程式，直接在 Network Manager.conf 檔案裡指定要忽略的硬體位址，如下：

```
[keyfile]
unmanaged-devices=mac:10:78:d2:eb:76:97;mac:1c:65:9d:cc:ff:b9
```

調度

NetworkManager 設定的最後一個細節問題是，讓其他系統事件與網路介面的開啟或關閉產生關聯。舉個例子，有些關於網路的常駐程式需要知道何時才開始或停止監聽某個網路介面（如下一章講到的安全 shell 常駐程式）。

當網路介面的狀態改變時，NetworkManager 會執行 /etc/NetworkManager/dispatcher.d 裡面的所有東西，並給予一個 up 或 down 的參數。這種是比較簡單的，但很多系統都有自己的一套網路控制 script，而不會把調度程式（dispatcher）script 放在那個目錄裡。就像 Ubuntu，它有一個名為 01ifupdown 的 script，用來執行 /etc/network 下某個子目錄裡面的東西，例如 /etc/network/if-up.d。

這些 script 的細節，跟其餘 NetworkManager 的設定一樣，都是不重要的，重要的是記錄下你修改過哪些設定以及其存放位置（或是使用 Netplan 來幫忙找到這些位置），以便恢復。還有，要勤於查看系統中的 script 檔案。

9.15 解析主機名稱

設定網路還有一個基礎任務，就是用 DNS 解析主機名稱。前文我們已講過，用主機名稱解析工具 host 可以將「主機名稱」（如 www.example.com）轉換成「IP 位址」（如 10.23.2.132）。

DNS 與之前的網路話題的不同之處在於它在應用層，完全是使用者空間的事。技術上來說，它與本章所說到的實體層和網路層沒什麼關係。但若沒有正確的 DNS 設定，你的網路連接也不會起作用。IP 位址可能會改變，而且沒人想記住一長串數字來瀏覽網頁或是使用 email 信箱。

差不多所有 Linux 中的網路應用程式都會做 DNS 查詢（lookup）。解析（resolution）的步驟基本如下所示：

1. 應用程式會呼叫一個函數，去尋找主機名稱對應的 IP 位址。該函數在系統共享函式庫中，應用程式只管呼叫，而無需理解其中實作手段；
2. 當該函數執行時，它會根據一系列規則（規則在 /etc/nsswitch.conf 中，可參考 9.15 節）來決定查詢的計畫。例如，通常會有這樣的規則——先檢查 /etc/hosts 裡手動的其他設定，再使用 DNS；
3. 當一個函數決定使用 DNS 來做名稱搜尋時，會先透過一個額外的設定檔來確認 DNS 伺服器，該伺服器會以 IP 位址的方式記錄；
4. 該函數（透過網路）發送一個 DNS 查詢請求給 DNS 伺服器；
5. DNS 伺服器將回覆其主機名稱所對應的 IP 位址 ，再由函數將這個 IP 位址回傳給應用程式。

簡單來說就是這樣。典型的現代系統中還加入了其他東西來提高尋找效率和增加擴充性，但現在我們先不涉及這些，只看看基本的內容。在其他的網路設定環境中，你可能不需要更改主機名稱的解析內容，但了解一下如何運作也是很有幫助的。

9.15.1 /etc/hosts

大多數系統都允許你透過 /etc/hosts 檔案來覆蓋掉原本被解析出來的主機名稱，該檔案看起來會是這樣：

```
127.0.0.1       localhost
10.23.2.3       atlantic.aem7.net       atlantic
10.23.2.4       pacific.aem7.net         pacific
::1             localhost ip6-localhost
```

一般都會在這裡看到 localhost 的項目（9.16 節會介紹）。其他的項目顯示如何簡易地在一個區網子網路中新增主機。

NOTE 在以往的艱苦歲月裡，人人都要複製一份集中的主機檔案（central hosts file）到自己機器上，以便跟上 IP 的變更（詳見 RFC 606、608、623 和 625）。但隨著 ARPANET 和網際網路的發展，已經不需要這樣做了。

9.15.2 resolv.conf 檔案

傳統的做法是在 /etc/resolv.conf 檔案中指定 DNS 伺服器。簡單的話，會像以下這樣，這裡 ISP 的 DNS 伺服器為 10.32.45.23 和 10.3.2.3：

```
search mydomain.example.com example.com
nameserver 10.32.45.23
nameserver 10.3.2.3
```

`search` 的那行定義了針對不完整主機名稱（只需要主機名稱的第一部分，如 `myserver` 而非 `myserver.example.com`）的搜尋規則。這裡的設定，讓解析的函式庫會試著搜尋這兩個完整的主機名稱：`*host*.mydomain.example.com` 和 `*host*.example.com`。

一般而言，名稱的解析已經不再是這麼簡單，已經多了很多針對 DNS 設定的補強和改動。

9.15.3 快取和零設定 DNS

傳統的 DNS 設定有兩個主要的問題。**第一個問題**是本機不快取「DNS 伺服器的回應」，這樣每次都請求解析會使網路減慢。為了解決這個問題，很多機器（包括作為 DNS 伺服器的路由器）都會執行一個作為媒介（intermediate）的常駐程式，盡可能地攔截 DNS 請求，並將回覆都快取下來，之後盡量以「快取中的 DNS 回應」做回覆，做不到的話才把請求發送到 DNS 伺服器。最常見的這種常駐程式是 systemd-resolved，你也會在系統中看到一些像是 dnsmasq 和 nscd 的常駐程式。你還可以建立 BIND（標準的 Unix DNS 常駐程式）來做快取。如果你在 /etc/resolv.conf 檔案中，或在執行 `nslookup -debug` *`host`* 時看到 127.0.0.1 或 127.0.0.53，那你就正執行著 DNS 快取常駐程式。不過，你再仔細看一下：當你執行 systemd-resolved 時，你應該會注意到 resolv.conf 在 /etc 中並不是一個檔案，而是一個連結，這個連結指向 /run 下被自動產生的檔案。

systemd-resolved 的功能遠比看起來還要多，因為它可以組合多個名稱搜尋服務，並根據不同的介面來展示其結果。這解決了傳統名稱伺服器設定的**第二個問題**：為了在區域網路上搜尋名稱，還需要進行大量設定，這並不是很彈性。舉例來說，假設你在網路上設定了一個網路設備，你會希望立即按照名稱找到它。這是「零設定名稱服務系統」，如「多點傳送 DNS」（mDNS）和「區域鏈結多點傳送名稱解析」（LLMNR）等等背後的理念之一。如果一個程序想在區域網路上按照名稱尋找一個主機，它只需要透過網路廣播一個請求；如果該主機存在，目標主機將回覆它的位址。這些協定還提供有關可用服務的資訊，進而超越了主機名稱解析的功用。

你可以使用 `resolvectl status` 指令來檢查目前的 DNS 設定（請注意，這在舊系統上可能稱為 `systemd-resolve`）。你會取得一份全域設定的清單（通常很少使用），然後你將看到每一張獨立介面的設定，它看起來像這樣：

```
Link 2 (enp0s31f6)
      Current Scopes: DNS
       LLMNR setting: yes
MulticastDNS setting: no
      DNSSEC setting: no
    DNSSEC supported: no
         DNS Servers: 8.8.8.8
          DNS Domain: ~.
```

你可以在這邊找到所支援的名稱協定，以及 systemd-resolved 為「它不知道的名稱」所諮詢的名稱伺服器。

我們不會更深入地討論 DNS 或 systemd-resolved，因為這是一個龐大的話題。如果要更改設定，請查閱 resolved.conf(5) 說明手冊並繼續更改 /etc/systemd/resolved.conf。不過，你可能需要閱讀大量和 systemd-resolved 檔案相關的文件，並從 Cricket Liu 和 Paul Albitz 的這本著作來開始熟悉 DNS：《*DNS and BIND, 5th edition*》（O'Reilly, 2006）。

9.15.4 /etc/nsswitch.conf 檔案

在我們離開名稱解析這個話題之前，還有最後一個設定是你需要認識的。/etc/nsswitch.conf 檔案掌管著一些域名相關的優先等級設定，例如帳號和密碼，其中也有主機解析的設定。你系統中的這個檔案應該有這樣的一行：

```
hosts:          files dns
```

files 在 dns 之前，表明先尋找 /etc/hosts，後尋找 DNS 伺服器（包含 systemd-resolved）。通常這種做法是可行的（尤其是尋找 localhost，下文會提到），但你的 /etc/hosts 應盡可能簡短，以免帶來效能問題。小型私人區域網路裡面的主機名稱當然可以放進去，但一般的經驗法則是，如果特定主機位於 DNS 項目中，則不適合放在 /etc/hosts 檔案內。（/etc/hosts 還可在開機初期、當網路不可用時幫助解析主機名稱。）

所有這些都是透過系統函式庫中的「標準呼叫」來實現的。要記住所有可能發生名稱解析的位置，這的確是一件很複雜的事情，但是如果你需要從下往上追蹤某些內容，請從 /etc/nsswitch.conf 開始。

9.16 localhost

當你執行 ip address show 指令時，輸出中會有一個「lo 介面」出現：

```
1: lo: <LOOPBACK,UP,LOWER_UP> mtu 65536 qdisc noqueue state UNKNOWN
group default qlen 1000
    link/loopback 00:00:00:00:00:00 brd 00:00:00:00:00:00
    inet 127.0.0.1/8 scope host lo
       valid_lft forever preferred_lft forever
    inet6 ::1/128 scope host
       valid_lft forever preferred_lft forever
```

lo 介面是一個虛擬的網路介面，它叫作**迴路**（**loopback**），因為它指向的是自己。連接 127.0.0.1（或是 IPv6 中的 ::1），其實就是連接本機。當發送資料到核心網路介面 lo，核心只會將其重新包裝，並透過 lo 回覆，供「任何正在監聽的伺服器程式」使用（預設情況下，大多數都是如此處理）。

開機 script 中所用到的靜態網路設定一般就是 lo 這個「迴路介面」（loopback interface）。例如，Ubuntu 的 ifup 指令會讀取 /etc/network/interfaces 中的 lo。然而這通常是多餘的，因為 systemd 在啟動時會自動設定迴路介面。

迴路介面有一個特性，你可能也已經注意到了。其網路遮罩是 /8，任何以 127 開頭的都會被指派給迴路介面。這讓你在迴路空間中，可以用不同的 IPv4 位址來執行不同的伺服器，而無需設定額外的介面。其中一個利用這一點的伺服器就是 systemd-resolved，它使用 127.0.0.53。如此一來，它就不會干擾在 127.0.0.1 上運行的另一個名稱伺服器。到目前為止，IPv6 只定義了一個迴路位址，但已有人提議改變這一點。

9.17 傳輸層：TCP、UDP 和服務（Service）

到目前為止，我們只看到了封包如何在網際網路的主機之間傳遞，即本章開頭的「發送方怎麼知道要發往哪裡」。那麼現在就該談談「接收方怎麼知道接收了什麼」了。電腦如何將「從其他主機接收到的封包」呈現給「正在執行中的程序」，這是個很重要的問題。核心擅長處理封包，但使用者空間程式則不擅長。另外，彈性也是要考慮的：不同的應用程式要能同時地使用網路（例如你可以同時執行郵件應用程式和其他一些網頁程式）。

傳輸層協定（**Transport Layer Protocol**）能填補「網際網路層的原始封包」與「應用層的精細需求」中間的差距，其中最常用的兩個協定就是 TCP（傳輸控制協定）和 UDP（使用者資料報協定）。我們主要講一下 TCP，因為它是用得最多的，但同時也會簡要地講一下 UDP。

9.17.1 TCP 連接埠與連線

TCP 提供：一台主機上不同的網路應用程式可以使用不同的**網路連接埠**（**network port**）；連接埠只是一個數字，用來在同一個 IP 位址時可以做區分。如果把主機的 IP 位址比作大廈的住址，那麼連接埠就是大廈裡不同的信箱號碼，是一種更細的劃分。

使用 TCP 時，應用程式會在本機的一個連接埠和遠端機器的一個連接埠之間建立**連線**（**connection**，不要跟 NetworkManager 的連線混淆）。例如，網頁瀏覽器會在本機的 36406 連接埠和遠端的 80 連接埠之間建立連線。從該應用程式的角度來看，36406 是本地連接埠（local port），80 是遠端連接埠（remote port）。

一個連線可以用成對的「IP 位址 + 連接埠」資訊來表示。要想查看你機器上目前已打開的連線，可用 netstat。這裡展示了一些 TCP 連線；選項 -n 表示不用對主機名稱進行 DNS 解析，而 -t 則是只輸出 TCP 連線：

```
$ netstat -nt
Active Internet connections (w/o servers)
Proto Recv-Q Send-Q Local Address           Foreign Address         State
tcp        0      0 10.23.2.4:47626         10.194.79.125:5222      ESTABLISHED
tcp        0      0 10.23.2.4:41475         172.19.52.144:6667      ESTABLISHED
tcp        0      0 10.23.2.4:57132         192.168.231.135:22      ESTABLISHED
```

Local Address 和 Foreign Address 欄位的內容是以你機器的角度來判斷的，也就是說，你的機器有一個網路介面使用了 IP 位址 10.23.2.4，其中連接埠 47626、41475 和 57132 都已連線了。第一個連線的內容是：連接埠 47626 與 10.194.79.125 的連接埠 5222 連線了。

如果只要顯示 IPv6 的連線內容，可以使用 netstat 的 -6 選項。

建立 TCP 連接

要建立傳輸層的連線，程序會發送一系列特別的封包，先初始化一個從其「本機連接埠」到「遠端連接埠」的連線。為了識別這個連線請求並進行答覆，遠端必須要有一個程序**監聽著**（listening）那個被請求的連接埠。通常「請求方」被稱為**用戶端**（client），「監聽方」被稱為**伺服器**（server）（第 10 章有更詳細的介紹）。

你應該要理解的是，用戶端挑選的本地連接埠是目前未用到的，而遠端連接埠則是「公認的連接埠」（well-known port）。回憶上一節講的 netstat 的輸出：

```
Proto Recv-Q Send-Q Local Address           Foreign Address         State
tcp        0      0 10.23.2.4:47626         10.194.79.125:5222      ESTABLISHED
```

稍微了解一下連接埠編號約定，你可以看到此連線可能是由「本地用戶端」發起到「遠端的服務器」，因為本地端的連接埠（47626）看起來像是一個動態分配的數字，而遠端連接埠（5222）則是 /etc/services 中列出的 well-known 服務（具體來說，是 Jabber 或 XMPP 訊息傳遞服務）。在大多數桌上型電腦上，你會看到許多連到連接埠 443（HTTPS 的預設連接埠）的連線。

NOTE 動態挑選的連接埠叫作「暫時連接埠」（ephemeral port）。

而如果本機的連接埠是「公認的連接埠」，那麼這個連線就可能是從遠端發起的。下面例子中，172.24.54.234 的遠端連線到本機的連接埠 443：

```
Proto Recv-Q Send-Q Local Address       Foreign Address       State
tcp        0      0 10.23.2.4:443       172.24.54.234:43035   ESTABLISHED
```

遠端與你「公認的連接埠」連著，意味著你機器上有伺服器正在監聽著該連接埠。想對此進行確認，可用 `netstat` 列出你的機器正在監聽的所有 TCP 連接埠：

```
$ netstat -ntl
Active Internet connections (only servers)
Proto Recv-Q Send-Q Local Address           Foreign Address         State
❶ tcp        0      0 0.0.0.0:80              0.0.0.0:*               LISTEN
❷ tcp        0      0 0.0.0.0:443             0.0.0.0:*               LISTEN
❸ tcp        0      0 127.0.0.53:53           0.0.0.0:*               LISTEN
--snip--
```

Local Address 有 0.0.0.0:80 的那一行 ❶，說明本機正監聽著來自所有遠端對自己連接埠 80 的連線。（在 ❷）對連接埠 443 來說也是一樣的道理。伺服器可以限制某些介面的存取，正如最後一行 ❸ 所示，某個本地端的介面只監聽著連接埠 53 的連線。在這個例子中，是 systemd-resolved 所呈現的結果，我們在 9.16 節中有提到，為何不用 127.0.0.1，而是監聽 127.0.0.53 這個位址。想知道更多，可用 `lsof` 來識別是哪個程序正在進行監聽（我們會在 10.5.1 節介紹 `lsof`）。

連接埠的數字和 /etc/services

如何得知哪些連接埠是「公認的連接埠」呢？這個問題沒有標準答案，但有一個不錯的判定方法，就是去看看 /etc/services。這是一個純文字檔案，保存著一些常用連接埠及其服務的名稱，如下所示：

```
ssh             22/tcp                  # SSH Remote Login Protocol
smtp            25/tcp
domain          53/udp
```

第一欄是服務名稱，第二欄是連接埠及其指定的傳輸層協定（可以不是 TCP）。

NOTE 除了 /etc/services，還有一個由 RFC 6335 網路標準文件管理的連接埠線上註冊網站：http://www. iana.org/。

Linux 中只有超級使用者執行的程序才能使用 1 到 1023 的連接埠，它們又被稱為「系統連接埠」、「公認的連接埠」或是「特殊權限連接埠」（privileged ports）。其餘的使用者程序可以監聽或建立 1024 及以上連接埠的連線。

TCP 的特點

作為一種傳輸層協定，TCP 之所以流行是因為它對應用程式沒什麼要求。應用程式的程序只需要知道如何打開（或監聽）、讀取、寫入和關閉連線即可。對應用程式來說，這一過程就像收發資料流一樣，而程序的工作就跟處理檔案一樣簡單。

然而，還是有很多「幕後」工作的。其一，TCP 實作需要知道怎樣將「發出的資料流」切割成「封包」。比這麻煩的，是要知道怎樣將「收到的一系列封包」轉換成「程序所需的資料流」，尤其是當這些封包不是按照順序到達時，更為麻煩。其二，使用 TCP 的主機還要做錯誤檢查：封包在經由網際網路傳輸的過程中可能會遺失或受損，TCP 必須進行糾正。圖 9-4 簡單描繪了主機使用 TCP 的方式發送資訊的過程。

幸好，你不需要很了解其中的細節，只要知道 Linux 的 TCP 實作基本是在核心當中，並且這些與傳輸層一起工作的程序會試著操控核心的資料結構。其中一個例子是 9.25 節討論的 iptables 封包過濾系統。

9.17.2 UDP

UDP 比 TCP 簡單得多。單一資訊就可以構成一次傳輸，沒有資料流的說法。跟 TCP 不同的是，UDP 不會糾正封包的遺失或亂序。事實上，儘管 UDP 也有連接埠的概念，但不會用此來建立連線！一台主機從其「某個連接埠」發送資訊到一台伺服器的「某個連接埠」，然後該伺服器想回就回，不想回就不回。UDP 確實有偵錯的功能，但並不要求接收方錯誤更正。

要用 TCP 的方式發送的訊息

Hi! How are you today?

來源主機將訊息拆成多個封包

Seq: 1	Seq: 2	Seq: 3	Seq: 4	Seq: 5
Hi! H	ow ar	e you t	oday	?

網際網路將封包發送給目標

Internet

封包到達目標主機（不一定以傳輸時的順序到達）

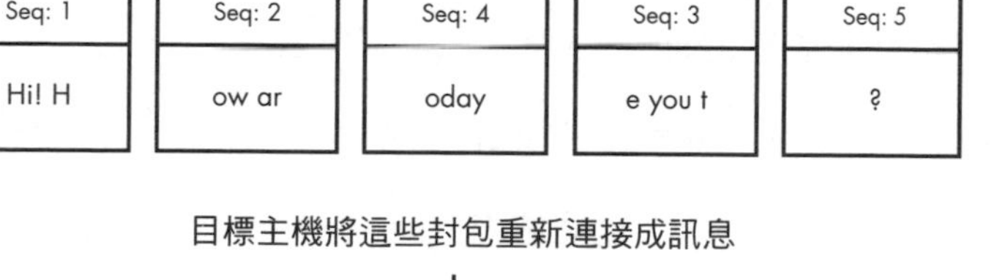

目標主機將這些封包重新連接成訊息

Hi! How are you today?

圖 9-4：用 TCP 的方式傳送一則訊息

若把 TCP 看成是打電話，那麼 UDP 就像是寄信、發電報或發即時訊息（當然即時訊息稍微可靠些）。採用 UDP 的應用程式，看重的是速度——儘快發出訊息。它們不願承擔 TCP 的開銷，因為它們已假設兩台主機之間的網路是可靠的。它們不需要 TCP 的錯誤更正功能，因為它們有自己的一套錯誤更正系統，或它們根本不在乎出錯。

使用 UDP 的一個例子就是**網路時間協定**（**Network Time Protocol**，以下簡稱 NTP）。用戶端發送一個簡短的請求給伺服器，以獲取目前時間，而伺服器的回覆也同樣簡短。因為用戶端希望盡可能快速得到回應，所以使用 UDP 是很合適的。如果伺服器的回覆傳丟了，那麼用戶端可以再請求，或放棄。另一個例子是影音通話。它用 UDP 的方式發送圖像，如果有些遺失了，接收方會盡力修補。

NOTE 本章剩餘部分是一些進階的網路話題，例如網路過濾、路由器等。它們屬較低的網路層級：實體層、網路層和傳輸層。如果你對這些內容不感興趣，可直接跳到下一章：使用者空間的應用層。你會從使用者程序的角度看待網路的使用，而不僅僅是停留在位址和封包的傳輸層面。

9.18 重新審視普通區域網路

下面來看看 9.4 節所介紹的普通網路的另外一些元件。回憶一下，這個網路由「作為子網路的 LAN」和連接子網路與網際網路的「路由器」構成。而現在你要學的是以下內容：

- 子網路中的主機如何自動獲取網路設定？
- 如何建立路由？
- 路由器究竟是什麼？
- 如何知道子網路該用什麼 IP ？
- 如何建立防火牆，以過濾來自網際網路的無用資訊？

大部分的內容都會以 IPv4 為主（若沒有特殊原因，這個位址是比較好理解的），但是當 IPv6 有不同的情況時，你會知道的。

我們先從「子網路中的主機如何自動獲取網路設定」開始。

9.19 理解 DHCP

在 IPv4 環境下，當你要讓一台網路主機可以自動從網路取得其需要的設定時，就是讓主機使用「動態主機組態協定」（Dynamic Host Configuration Protocol，以下簡稱 DHCP）來獲取 IP、子網路遮罩、預設閘道和 DNS 伺服器。除了無需手動設定網路設定的好處以外，DHCP 還可以幫助網路管理員防止 IP 衝突，以及減輕網路變更帶來的影響。現在很少有不使用 DHCP 的網路。

主機必須先能發送訊息至其網路中的 DHCP 伺服器，才能透過 DHCP 獲取網路設定，因此每個實體網路必須有自己的 DHCP 伺服器，而在簡單網路中（9.1 節講的那種），我們通常以路由器充當 DHCP 伺服器。

NOTE 第一次發送 DHCP 請求時，主機是不知道 DHCP 伺服器的位址的，所以它通常會把「請求」廣播給「網路中的所有主機」（通常所有主機都會在同一個實體網路中）。

主機只向 DHCP 伺服器要求在一定時間內「租用」（lease）某個 IP，當租用期結束，DHCP 用戶端可以要求更新租約。

9.19.1 Linux 的 DHCP 用戶端

儘管網路管理系統有很多種，但只有兩種 DHCP 的用戶端軟體是實際在做取得租約的工作。比較傳統的標準用戶端軟體是「網際網路軟體聯盟」（Internet Software Consortium，以下簡稱 ISC）的 `dhclient` 程式。但是現在 systemd-networkd 也內建了自己的 DHCP 用戶端程式。

在啟動時，`dhclient` 會把它的程序 ID 儲存在 /var/run/dhclient.pid 檔案中，另外租約的資訊則是儲存在 /var/lib/dhcp/dhclient.leases 檔案中。

你可以在命令列上手動測試 `dhclient`，但在此之前，你必須移除所有預設閘道路由（請參考 9.11.2 節）。在這個測試中，只需要很簡單地指定「網路介面」的名稱（在這裡是 enp0s31f6）：

```
# dhclient enp0s31f6
```

與 `dhclient` 不同的是，systemd-networkd 的 DHCP 用戶端軟體沒辦法透過命令列手動執行。在 systemd.network(5) 的說明手冊中有提到，其設定是在 /etc/systemd/network 中，但這和其他的網路設定一樣，可以被 Netplan 自動產生。

9.19.2 Linux 的 DHCP 伺服器

你可以在 Linux 機器上執行 DHCP 伺服器，以妥善地管理 IP 位址。然而，除非你管理著一個擁有多個子網路的大型網路，否則你最好還是選擇內建 DHCP 伺服器的路由器硬體。

關於 DHCP 伺服器，最重要的一點可能是：一個子網路最好只有一個 DHCP 伺服器，以防止 IP 衝突和設定錯誤。

9.20 自動的 IPv6 網路設定

DHCP 在實際運用中執行良好，但它依賴於某些假設，包括擁有可用的 DHCP 伺服器、伺服器正確被架設且穩定，以及它可以追蹤和維護租約。儘管有一個用於 IPv6 的 DHCP 版本稱為 DHCPv6，但還有一個更常見的替代方案。

IETF 利用龐大的 IPv6 位址空間設計了一種不需要中央伺服器的新型網路設定方式，這被稱為**無狀態設定**（**stateless configuration**），因為用戶端不需要儲存任何資料，例如租約的分配。

無狀態 IPv6 網路設定從「區域鏈結網路」開始。回想一下，這個網路包括前置為 fe80::/64 的位址。因為區域鏈結網路上有很多可用位址，所以主機可以產生一個在網路上任何地方都不太可能重複的位址。此外，網路前置已經固定，因此主機可以向網路廣播（broadcast），詢問網路上是否有其他主機正在使用該位址。

一旦主機有一個區域鏈結位址，它就可以確定一個全域位址。它透過監聽「路由器」偶爾在區域鏈結網路上發送的「路由器通告（router advertisement，RA）訊息」來做到這一點。RA 訊息包括全域網路前置（global network prefix）、路由器 IP 位址和可能的 DNS 資訊。透過該資訊，主機可以嘗試填入全域位址的介面 ID 部分，類似於它對區域鏈結位址所做的事情。

無狀態設定依賴於最多 64 位元長度的全域網路前置（換句話說，它的網路遮罩為 /64 或更低）。

NOTE 路由器也會發送 RA 訊息，以回應來自主機的路由器請求訊息。這些以及其他的訊息是 IPv6 的 ICMP 協定（ICMPv6）的一部分。

9.21 將 Linux 設定成路由器

你可以把路由器看成是一種不止一個網路介面的電腦。將 Linux 機器設定成路由器不是什麼難事。

假設你有兩個 LAN 子網路：10.23.2.0/24 和 192.168.45.0/24。你可以用一個「擁有三個網路介面（兩個用於 LAN 的子網路、一個用於連接網際網路的上行鏈結）的 Linux 路由器」連通它們，如圖 9-5 所示。

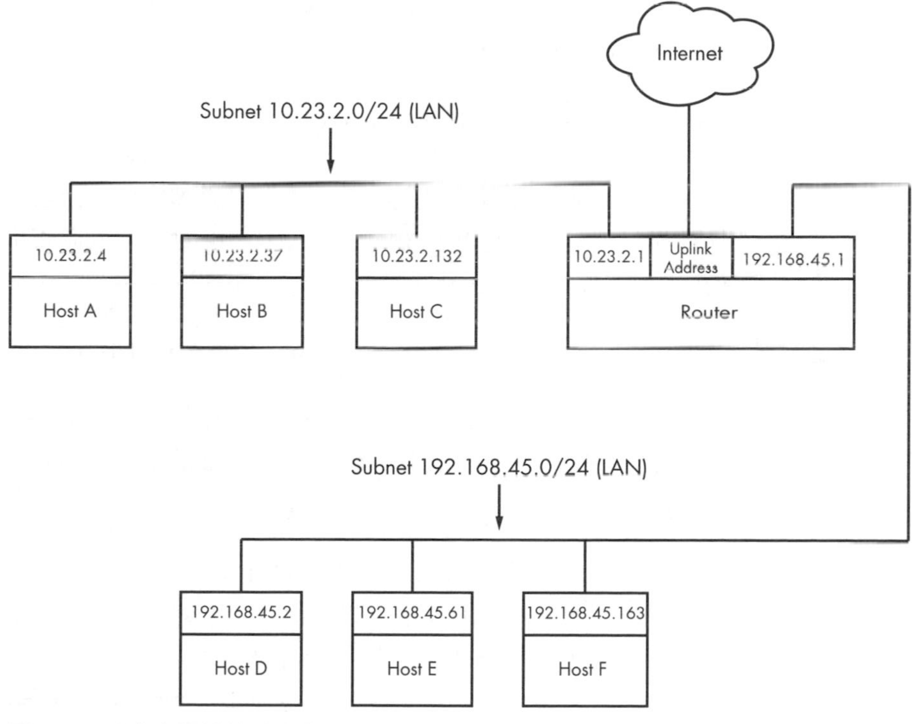

圖 9-5：以路由器連接的兩個子網路

這跟之前講過的普通網路的例子沒太大區別。該路由器在兩個 LAN 子網路的 IP 分別是 10.23.2.1 和 192.168.45.1。設定好這兩個 IP 之後，它的路由表大概會如下所示（現實中的介面名字可能會不一樣；可以暫時忽略用於網際網路的 IP）：

```
# ip route show
10.23.2.0/24 dev enp0s31f6 proto kernel scope link src 10.23.2.1 metric 100
192.168.45.0/24 dev enp0s1 proto kernel scope link src 192.168.45.1 metric 100
```

現在兩個子網路上的主機都可以使用「路由器」作為預設閘道了（10.23.2.0/24 的是 10.23.2.1，而 192.168.45.0/24 的是 192.168.45.1）。如果 10.23.2.4 想傳送一個封包給 10.23.2.0/24 以外的任何機器，它會將封包傳給 10.23.2.1。例如，想從 10.23.2.4（主機 A）傳送一個封包到 192.168.45.61（主機 E），封包會經過路由器（10.23.2.1）的 enp0s31f6 介面，再從路由器的 enp0s1 出去。

然而，在一些基本設定的環境下，Linux 核心不會自動地在不同的子網路之間進行封包轉送。為了使基本路由功能生效，你需要用以下指令啟動路由器核心的 **IP 轉送**（**IP forwarding**）：

```
# sysctl -w net.ipv4.ip_forward=1
```

一旦你輸入這個指令，兩個子網路的主機就會懂得在不同子網路之間轉送封包，不過，前提是這些子網路中的主機知道如何將「它們的封包」傳送到「你剛剛建立的路由器」。

NOTE 你可以透過 sysctl net.ipv4.ip_forward 指令來檢查 IP 轉送機制的狀態。

要使它即使重啟也能如舊，你可以在 /etc/sysctl.conf 檔案裡加入這個指令。有些發行版允許你把它寫到 /etc/sysctl.d 的某個檔案裡，以使升級時不覆蓋掉該指令。

當該路由器有第三個介面作為網際網路的上行鏈結，並也已設定好時，兩個子網路中使用該路由作為預設閘道的所有主機就都能連上網際網路了。但這也使得事情變複雜了。因為像 10.23.2.4 這樣的 IP 位址是處於所謂的「私有網路」（private network）中，對於網際網路來說是不可見的。為了連上網際網路，你必須在路由器上建立**網路位址轉換**（**Network Address Translation**，以下簡稱 **NAT**）的功能。幾乎所有的路由器軟體都支援這功能，所以這裡也不例外。下面我們再詳細看一下私有網路。

9.22 私有網路（IPv4）

假設你想建立你自己的網路，且你已準備好了機器、路由器和網路硬體，那麼按你目前對一個普通網路的認識程度，你接下來應該會問：「我應該用什麼 IP 子網路？」

如果你想讓你的 IP 在網際網路上可見，你應該從 ISP 那裡買一個。然而，因為 IPv4 的位址數非常有限，所以要買的話，花費會比較高，而且除了讓網路上的人可以看到你的伺服器之外，也沒有什麼其他用處。大多數人是不需要這樣做的，因為他們只需要作為用戶端來存取網際網路。

相對的，比較經濟的替代方案是採用網際網路標準文件 RFC 1918/6761 定義的那些私有子網路中的 IP 位址，如表 9-2 所示。

表 9-2：RFC 1918 和 6761 定義的私有網路

網路	子網路遮罩	CIDR 形式
10.0.0.0	255.0.0.0	10.0.0.0/8
192.168.0.0	255.255.0.0	192.168.0.0/16
172.16.0.0	255.240.0.0	172.16.0.0/12

你可以隨意對私有子網路進行分割。除非你想讓 254 個以上的主機組成單一網路，不然採用本章舉例的 10.23.2.0/24 那樣的小型子網路就可以了。（遮罩為 24 的網路，也叫 Class C 網路。儘管這種叫法有點過時，但依然是有意義的。）

這是什麼意思呢？私有網路對網際網路來說是不可見的，而網際網路也不會直接傳送封包到私有網路裡。如果沒有其他輔助的話，私有網路中的主機是無法跟外界溝通的。在網際網路上擁有真實 IP 位址的路由器，需要一些方法來溝通私有網路和網際網路。

9.23 網路位址轉換（IP 偽裝）

NAT 是把單一 IP 分享給整個私有網路的常見方法，而且一般它在家庭和小型辦公網路環境中都可用。Linux 中，人們用得最多的 NAT 是 **IP 偽裝**（**IP masquerading**）。

NAT 背後的基本思想是，路由器做的不只是將封包從一個子網路傳到另一個子網路，而且還將封包轉換了。網際網路上的主機只看到該路由器，而看不到其背後的私有網路。私有網路裡的主機無需什麼特別的設定，預設閘道就使用該路由器。

這個系統大概是按下面的方式運作的：

1. 私有網路裡的一個主機想與外界通訊，所以它會透過路由器發出連接請求的封包；

2. 路由器攔截了該請求，而不是傳出去（因為傳出去的話是沒用的，外界不能用它私有網路的 IP 找到它）；

3. 路由器根據該封包中關於目標的資訊，開啟其自身與該目標的連線；

4. 連接成功後，路由器就偽造一個「連接已建立」的資訊回傳給內網主機；

5. 現在路由器成了內網主機和遠端主機之間的中介。遠端主機並不知道該內網主機的存在，該連線從遠端主機看來是從路由器發起的。

但實際上沒這麼簡單。一般 IP 路由知道的就只有來源和目標的 IP 位址。然而，如果路由器只有網際網路層，那麼分處「內網」和「外網」的兩台主機就不能在同一時間建立多個連線，因為網際網路層不能區分「同一個來源」對「同一個目標」的不同的應用請求。因此，NAT 必須在網際網路層之前就對封包進行解析，以得到更多用以辨識的資訊（尤其是獲取傳輸層的 UDP 和 TCP 連接埠號）。UDP 比較簡單，因為它只獲取連接埠號，而不建立連線，但 TCP 就複雜多了。

要使 Linux 機器成為 NAT 路由器，就要啟動以下所有核心設定：網路封包過濾（「防火牆支援」）、連線監控、iptables 支援、Full NAT（核心中的 NAT 支援範圍）以及 MASQUERADE 目標支援。大多數發行版都有內建這些功能。

接下來，你還要執行一些看起來挺複雜的 iptables 指令，來讓路由器為「私有子網路」提供 NAT 功能。下面就是 enp0s2 接內網、enp0s31f6 接外網的 NAT 例子（iptables 的詳細語法將在 9.25 節介紹）：

```
# sysctl -w net.ipv4.ip_forward=1
# iptables -P FORWARD DROP
# iptables -t nat -A POSTROUTING -o enp0s31f6 -j MASQUERADE
# iptables -A FORWARD -i enp0s31f6 -o enp0s2 -m state --state
ESTABLISHED,RELATED -j ACCEPT
# iptables -A FORWARD -i enp0s2 -o enp0s31f6 -j ACCEPT
```

除非是軟體開發人員，否則一般不會用到以上指令，尤其是現在已經有了那麼多功能各異的路由器產品。不過，有很多的虛擬化軟體可以設定 NAT，以用於虛擬機器和容器（container）的網路連線。

儘管 NAT 在實務上應用廣泛，但請記住，它只是應付 IPv4 位址貧乏的一個技巧。在 IPv6 的環境下不需要 NAT，這要歸功於 9.7 節所描述的，更大、更複雜的位址空間。

9.24 路由器與 Linux

在早期寬頻的年代，人們是使用各自的頻寬連接網際網路的。但過沒多久，很多使用者就想讓自己的多個網路環境可以共享一個寬頻連線，尤其是 Linux 使用者，他們經常會拿一台額外的機器，把它設定成為用來運行 NAT 的路由器。

製造商們為了回應新的市場需求，推出了專屬的路由硬體，其中包含高效的處理器、快閃記憶體、多個網路連接埠——這樣的能力足以為一般的網路提供 DHCP、NAT 等重要服務。在軟體方面，製造商則選用 Linux 來強化他們的路由器。他們新增必要的核心功能，抽掉一些使用者軟體，再建立一個圖形化的管理介面。

這類路由器一面世，就吸引了很多人去搞硬體。有個製造商，Linksys，因為其元件中某一部分的版權問題，被要求開放其某個軟體的原始程式碼，開放之後，便出現了一個 Linux 發行版，叫作 OpenWRT。（WRT 是 Linksys 的某個產品型號。）

除了出於興趣，還是有其他原因促使人們採用這些發行版的：它們通常比製造商的韌體要穩定，尤其是對於較舊的路由器，而且它們一般都會額外加上一些功能。例如，想橋接（bridge）一個無線網路的話，很多製造商都會要你買配對的硬體，但有了 OpenWRT，你就不再需要擔心品牌的差異或硬體的新舊。因為該作業系統是開放的，只要裡面新增了對某硬體的支援，就可執行該硬體。

你可以使用本書的知識來測試那些自訂的 Linux 韌體，雖然它們各不相同，尤其是登入時的差異。因為它們很多都是嵌入式的，所以開放式韌體（open firmware）傾向於使用 BusyBox 來提供 shell 功能。BusyBox 是一個單獨的可執行程式，能讓我們使用 `ls`、`grep`、`cat`、`more` 等 Unix 指令，雖然功能都是有限制的，但可節省很多的記憶體空間。還有，嵌入式系統的開機初始化程式都是很簡約的。然而，這些限制通常都不是問題，因為自訂的 Linux 韌體大多包含一個網頁化的管理介面，跟原廠的差不多。

9.25 防火牆

路由器尤其應該包含某種防火牆，來為你的網路抵禦一些不速之客的請求。**防火牆**（**firewall**）是一種軟體和（或）硬體的設定，處於網際網路和小型網路之間的路由器之中，以保證小型網路免於來自網際網路的攻擊。你也可以為每一台機器都配備防火牆，這樣每一台機器都可以從「封包的級別」篩選進出的資料（從「應用層級別」的話，往往是使用伺服器的程式進行存取控制）。為每一台機器配備防火牆，這叫作 **IP 過濾**（**IP filtering**）。

系統可以在這些情況下過濾封包：

- 接收封包時。
- 發送封包時。
- 或將封包轉送（路由）到其他主機或閘道時。

沒有防火牆的話，系統只會按原來的做法來處理封包。防火牆會在上述的幾種場合設立檢查點（checkpoint）。這些檢查點通常會根據以下標準來丟棄、拒絕或接受封包：

- 來源或目標的 IP 位址或子網路。
- 來源或目標的連接埠（傳輸層的資訊）。
- 防火牆的網路介面。

防火牆能讓你接觸到 Linux 核心中處理 IP 封包的子系統。現在我們就來看一下。

9.25.1 Linux 防火牆基礎

Linux 中，防火牆的規則（rule）稱作**鏈**（**chain**）。一個**表**（**table**）就是一系列的規則鏈。封包在 Linux 網路子系統的各部分移動時，核心就會套用某些鏈中的規則在封包上。例如，從實體層接收到一個新的封包之後，核心就會根據其輸入的資料來分類，再啟動與輸入相對應的鏈中之規則。

這些資料結構由核心來維護。整套系統叫作 **iptables**，可以使用「使用者空間的 `iptables` 指令」來建立和修改規則。

NOTE 有一個更新的系統（名為 nftables），它的目的是為了取代 iptables，但在撰寫本書時，iptables 仍然是使用最廣泛的系統。管理 nftables 的指令是 `nft`，而對於本書中的 iptables 指令，有一個名為 `iptables-translate` 的 iptables-to-nftables 轉換器。更複雜的是，最近還有一個採用了不同方法的系統（名為 bpfilter）。盡量不要被指令的細節困擾，重要的是效果。

因為規則表有很多，表裡面的規則也很多，所以使得封包的流動變得比較複雜。然而，你一般都只會接觸到一個叫作 **filter**（**過濾**）的表，它控制基本的封包流動。該表裡面有三個基本的鏈：輸入封包的 INPUT、輸出封包的 OUTPUT 和轉送封包的 FORWARD。

圖 9-6 和圖 9-7 簡要展示了對封包套用這些規則的流程。之所以有兩張圖，是因為要區分從「網路介面」進入系統的封包（圖 9-6）和「本機程序」所產生的封包（圖 9-7）。

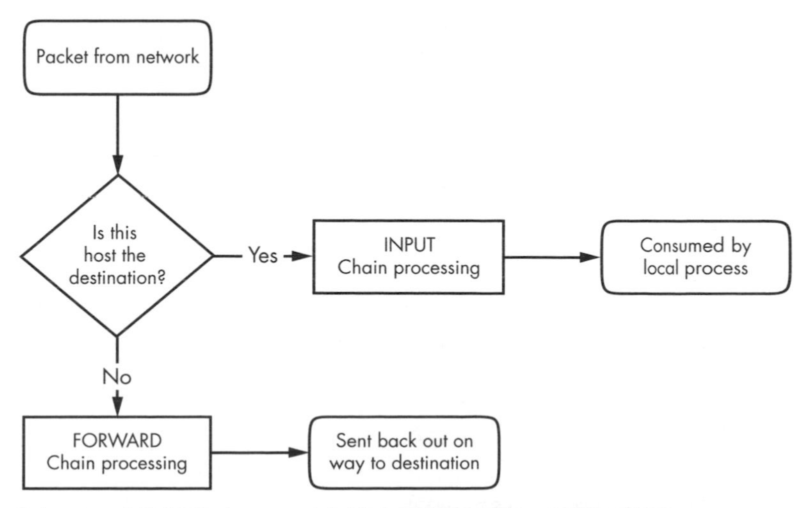

圖 9-6：「從網路（network）進入系統的封包」所經歷的鏈

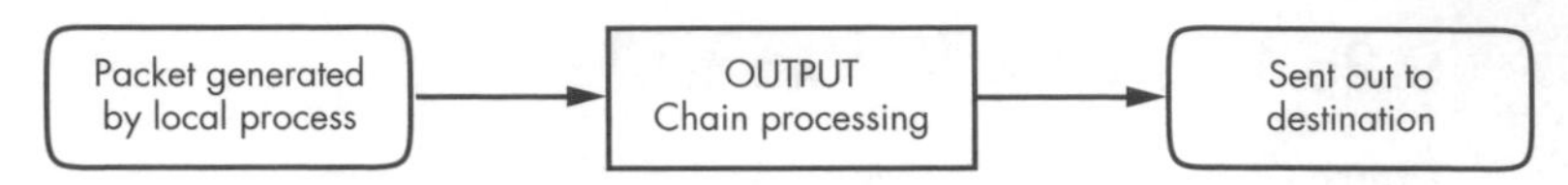

圖 9-7：「本機程序（local process）所產生的封包」所經歷的鏈

如你所見，「來自網路所傳入的封包」可能會被使用者程序使用，並且可能無法到達 FORWARD 鏈或 OUTPUT 鏈。「使用者程序產生的封包」則不會到達 INPUT 鏈或 FORWARD 鏈。

而實際上，整個過程並不只涉及這三個鏈。例如，PREROUTING 鏈和 POSTROUTING 鏈也會對封包產生作用，而鏈程序也可能會在三個底層網路層次的任意一層發生。想看到全部的規則，可以在網路上試著搜尋「Linux netfilter packet flow」（Linux 網路過濾器封包流）。但這樣搜尋出來的圖，都嘗試將封包所有可能的路線納入其中。而將路線圖按「封包的來源」進行分解會比較好理解，如圖 9-6 和圖 9-7 所示。

9.25.2 設定防火牆規則

現在來看看 iptables 系統實際上是如何工作的。先用以下指令查看目前的設定：

```
# iptables -L
```

通常這些鏈所輸出的內容都是空的：

```
Chain INPUT (policy ACCEPT)
target     prot opt source               destination
Chain FORWARD (policy ACCEPT)
target     prot opt source               destination
Chain OUTPUT (policy ACCEPT)
target     prot opt source               destination
```

如果沒有指定對封包使用何種規則，防火牆就會執行其預設的**策略（policy）**。在上面的範例中，三個鏈的預設策略都是 ACCEPT，即核心允許讓封包通過「封包過濾系統」。DROP 策略是告訴核心要放棄封包。指令 `iptables -P` 可以設定鏈的策略：

```
# iptables -P FORWARD DROP
```

WARNING 先別去管這些策略，把這一整節看完再下定論。

如果你對 192.168.34.63 這個使用者不勝其煩，想將該使用者屏蔽掉，你可以執行這個指令：

```
# iptables -A INPUT -s 192.168.34.63 -j DROP
```

在上例中，參數 `-A INPUT` 為 INPUT 鏈增加了一個規則。而 `-s 192.168.34.63` 就是指定規則中的來源 IP，`-j DROP` 指的是，當封包符合規則時，要告訴核心將其丟棄。因此，你的機器就會丟棄所有來自 192.168.34.63 的封包。

想查看設定好的規則，請使用 **`iptables -L`** 指令：

```
Chain INPUT (policy ACCEPT)
target     prot opt source               destination
DROP       all  --  192.168.34.63        anywhere
```

麻煩的是，192.168.34.63 那傢伙還發動了他子網路上的所有人向你請求建立 SMTP 連線（TCP 連接埠為 25）。想擺脫他們，執行以下指令：

```
# iptables -A INPUT -s 192.168.34.0/24 -p tcp --destination-port 25 -j DROP
```

這個例子為「來源位址」增加了網路遮罩的數字，並用 `-p tcp` 限定了只針對 TCP 封包。再詳細一點，用 `--destination-port 25` 聲明只套用到連接埠 25。現在 IP 表中的 INPUT 應該是像下面這樣：

```
Chain INPUT (policy ACCEPT)
target     prot opt source               destination
DROP       all  --  192.168.34.63        anywhere
DROP       tcp  --  192.168.34.0/24      anywhere           tcp dpt:smtp
```

現在問題解決了，但後來你會發現，你位址為 192.168.34.37 的朋友不能寄 email 給你了，因為你連他也屏蔽掉了。為了快速修復其規則，你可能會執行以下指令：

```
# iptables -A INPUT -s 192.168.34.37 -j ACCEPT
```

但不管用。要想查明原因，看看下面的新鏈：

```
Chain INPUT (policy ACCEPT)
target     prot opt source              destination
DROP       all  --  192.168.34.63       anywhere
DROP       tcp  --  192.168.34.0/24     anywhere              tcp dpt:smtp
ACCEPT     all  --  192.168.34.37       anywhere
```

核心是按照從上到下的順序來讀取鏈的設定，並執行第一條符合配對的設定。

第一條並不配對 192.168.34.37，但第二條卻可以，因為它適用於從 192.168.34.1 到 192.168.34.254 的所有主機，而第二條的策略是丟棄封包。當某策略可用時，核心就按其執行，且不再往下看了。（你會發現，192.168.34.37 可以將封包發送到你的機器上「除了 25 之外的所有連接埠」，因為第二條規則只適用於「連接埠 25」。）

解決方法是將該規則移到頂端。首先，執行以下指令來刪掉第三條：

```
# iptables -D INPUT 3
```

然後，使用 `iptables -I` 在鏈的頂端插入第三條規則：

```
# iptables -I INPUT -s 192.168.34.37 -j ACCEPT
```

想在頂端以外的任何位置插入規則，可在鏈名後指定行號（如 `iptables -I INPUT 4 ...`）。

9.25.3 防火牆策略

雖然以上教學告訴你怎樣新增規則，以及核心是如何處理 IP 鏈的，但我們還沒真正了解防火牆是如何進行工作的。下面就來介紹一下。

防火牆的基本應用場景有兩種：一種是保護單台機器（在每台機器的 INPUT 鏈插入規則），另一種是保護整個網路裡的機器（在路由器的 FORWARD 鏈插入規則）。在這兩種情況中，如果你只設定預設 ACCEPT，並針對不斷出現的垃圾資訊封包而持續新增 DROP，那麼就不能實現真正意義上的安全。你只能允許可信任的封包流入，而對其他的封包則進行阻斷。

舉例來說，假設你有一個 SSH 伺服器在 TCP 連接埠 22，那就不應該讓別人連到你 22 以外的連接埠。要做到這樣，首先可將 INPUT 鏈策略設定為 DROP：

```
# iptables -P INPUT DROP
```

但可透過以下指令，允許 ICMP 通訊（給 ping 或其他工具使用）：

```
# iptables -A INPUT -p icmp -j ACCEPT
```

確保你能收到自己發給自己的封包，包括你自己的 IP 位址和 127.0.0.1（localhost）。假設你主機的 IP 位址為 *my_addr*：

```
# iptables -A INPUT -s 127.0.0.1 -j ACCEPT
# iptables -A INPUT -s my_addr -j ACCEPT
```

WARNING 不要在只有遠端存取權限的機器上一個一個地執行這些指令。因為第一個 DROP 指令會立即斷掉你的存取，並且你將無法重新獲得存取權限，直到你進行手動干預（例如，透過重新啟動機器）。

如果你控制著你的整個子網路（並信任其中所有東西），你可以將 *my_addr* 替換為你的子網路位址和遮罩，例如 `10.23.2.0/24`。

現在，雖然你想阻止所有 TCP 連接請求，但你還得確保你能對外界發出 TCP 連接請求。畢竟所有的 TCP 連線都是由一個 SYN 封包（連線請求封包）開始的，如果你讓「除了 SYN 封包以外的所有 TCP 封包」通過，那也不會有問題：

```
# iptables -A INPUT -p tcp '!' --syn -j ACCEPT
```

上例中的 `!` 代表「否決」，所以 `! --syn` 表示任何非 SYN 的封包。

接著，如果你用的是基於 UDP 的 DNS，你必須允許接收網域名稱伺服器發給你的封包，這樣你的機器才能借助 DNS 尋找網域名稱。例如，允許接收 /etc/resolv.conf 中所有 DNS 伺服器的封包的話，用以下這個指令（*ns_addr* 是網域名稱伺服器位址）：

```
# iptables -A INPUT -p udp --source-port 53 -s ns_addr -j ACCEPT
```

最後，允許所有 SSH 連接：

```
# iptables -A INPUT -p tcp --destination-port 22 -j ACCEPT
```

以上 iptables 設定適用於很多情況，涵蓋了所有方向的連接（尤其是寬頻），因為入侵者大部分都喜歡以掃描連接埠的方式來攻擊。你還可以按路由器的場景來改變一下防火牆的策略：把 INPUT 改成 FORWARD，並在來源（source）和目標（destination）處填入子網路。要進行更高級的設定，可以使用 Shorewall 之類的工具。

以上討論僅與安全策略（security policy）有關。其中的關鍵概念是，選出可信的，而不是選出可疑的。還有，IP 防火牆只是網路安全的一部分而已。（下一章有更多介紹。）

9.26 乙太網路、IP、ARP 和 NDP

關於乙太網路上的 IP 協定，我們還有一點很有趣的沒講到。之前講過，主機把「IP 封包」封裝成「乙太網路訊框」（Ethernet frame），好讓它能在實體層上被傳輸到另一台主機。我們還講過，訊框裡面是不帶有 IP 位址資訊的，只有 MAC（硬體）位址。那麼問題是：在為 IP 封包進行訊框的封裝時，主機怎麼知道哪個 MAC 位址對應哪個目標 IP 位址呢？

一般來說，我們不會考慮這個問題，因為網路軟體包含了一套尋找 MAC 位址的自動化系統，在 IPv4 中叫作**位址解析協定**（**Address Resolution Protocol**，以下簡稱 **ARP**）。使用乙太網路作為實體層、IP 作為網路層的主機，維護著一個叫作 **ARP 快取**（**ARP cache**）的表，其中包含了 IP 位址與 MAC 位址的映射關係。在 Linux 中，ARP 快取在核心中。想要查看你的機器的 ARP 快取，可以使用指令 `ip neigh`。（當你看到 IPv6 相同的項目時，「neigh 部分」將變得有意義。使用 ARP 快取的舊指令是 `arp`。）

```
$ ip -4 neigh
10.1.2.57 dev enp0s31f6 lladdr 1c:f2:9a:1e:88:fb REACHABLE
10.1.2.141 dev enp0s31f6 lladdr 00:11:32:0d:ca:82 STALE
10.1.2.1 dev enp0s31f6 lladdr 24:05:88:00:ca:a5 REACHABLE
```

我們使用 -4 選項將輸出限制為 IPv4。你可以看到核心所知道主機的 IP 和硬體位址，最後一個欄位表示快取中項目的狀態。REACHABLE 表示最近與主機發生了一些溝通，STALE 則表示已經有一段時間了，應該更新項目。

一台機器剛開機時，是沒有 ARP 快取的。那麼 MAC 位址是怎樣被快取進來的呢？一切始於該機器想發送封包給另一台主機時。如果目標 IP 位址不在 ARP 快取中，那麼下列步驟就會執行：

1. 來源主機建立一個包含 ARP 請求封包的乙太網路訊框，以求獲知目標 IP 位址所對應的 MAC 位址；
2. 來源主機向目標子網路的整個實體網路廣播該訊框；
3. 如果子網路中有個主機知道確切的 MAC 位址，它就會建立一個包含該位址的回覆封包（reply packet）和訊框，並傳送給來源主機。通常，發出回覆的就是「目標主機」，它只是把自己的 MAC 位址回覆給來源主機；
4. 來源主機將「IP-MAC 位址」成對的加入到 ARP 快取中，並繼續進行其他步驟。

NOTE 記住，ARP 只適用於區域子網路。至於你子網路以外的地方，你的主機只會將封包發給路由器，之後的事就不由你管了。當然，你的主機還是要知道路由器的 MAC 位址，而這也是用 ARP 來獲取。

ARP 唯一的實際問題是，如果你把某個 IP 的網路介面換了（例如在測試時），那麼其快取就相當於過期了，因為另一個網路介面的 MAC 位址是不同的。Unix 系統會定時丟棄那些不活躍的 ARP 快取項目，所以，除了那些過期的快取資料會暫時帶來一些小干擾外，並沒有太大的問題。如果想立即刪除的話，可以用這個指令：

```
# ip neigh del host dev interface
```

ip-neighbour(8) 說明手冊介紹了如何手動設定 ARP 快取項目，但一般來說你用不著這麼做。請務必留意拼字。

NOTE 別把 ARP 跟「反向位址解析協定」（Reverse Address Resolution Protocol，以下簡稱 RARP）混淆。RARP 按 MAC 位址來尋找 IP 位址。在 DHCP 流行之前，一些無磁碟工作站（diskless workstations）和其他設備會用 RARP 來獲取網路設定，而現在已經很少這樣做了。

IPv6：NDP

你可能想知道，為什麼操作「ARP 快取」的指令不包含 arp？（換句話說，如果你隱約記得以前看過這些東西，你可能想知道，為什麼我們不使用 arp？）在 IPv6 中，區域鏈結網路上使用了一種名為**鄰居發現協定**（**Neighbor Discovery Protocol，NDP**）的新機制。ip 指令統一了來自 IPv4 的 ARP 和來自 IPv6 的 NDP。NDP 包括以下兩種訊息：

- **Neighbor Solicitation（鄰居徵請，縮寫 NS）**：用於獲取有關區域鏈結主機的資訊，包括主機的硬體位址。
- **Neighbor Advertisement（鄰居通告，縮寫 NA）**：用來回應 Neighbor Solicitation 的訊息。

NDP 中還有其他元件，包含你在 9.20 節中看到的 RA 訊息。

9.27 無線乙太網路

原理上，無線乙太網路（即 Wi-Fi）與有線網路沒有太大區別。跟任何有線設備一樣，它們都有 MAC 位址，也使用乙太網路訊框來收發資料，因此 Linux 能像處理「有線網路介面」那樣處理「無線網路介面」。網路層及其以上的層次都是一樣的，主要不同就在於實體層中多加了一些元件，如頻段、網路 ID、安全元件等等。

無線網路的設定是十分開放的，不像有線設備那樣擁有很強的自適應性。想要它正確地工作，Linux 需要更多的設定工具。

下面快速瀏覽一下無線網路多出的元件：

- **傳輸細節**：這些細節都是實體特性，例如頻率。

- **網路標識**：因為允許一套設備分出多個無線網路，所以必須要有辦法區分它們。每個無線網路的標識就是它的「服務組識別碼」（Service Set Identifier，又稱「網路名稱」，以下簡稱 SSID）。

- **管理**：雖然可以做到讓無線網路中的主機直接交流，但大多數做法還是透過**無線存取點**（Access Point，AP）來溝通。無線存取點通常橋接著有線網路和無線網路，讓兩者看起來是一個單一的網路。

- **驗證**：你可能會想要限制無線網路的准入。想做到這點，你可以對存取點進行設定，以要求使用者輸入密碼或其他認證碼才能連上。

- **加密**：除了限制連接請求，一般我們還會對電波進行加密以保資訊安全。

這些元件的設定和工具分布在 Linux 的幾個不同的地方。有些在核心：Linux 有一套無線的擴充程式，以規範使用者程序對硬體的存取。一旦講到使用者程序，那麼無線網路的設定就變得複雜了，所以大部分人更喜歡使用 GUI 的前端（例如 NetworkManager 的桌上型系統小程式）來做設定。儘管如此，我們還是來簡單看一下無線網路背後的一些事情。

9.27.1 iw

你可以透過一個叫 `iw` 的工具來查看和改變核心空間設備與網路的設定。要使用它，你得先知道設備的網路介面名稱，例如本例的 wlp1s0（這是可預測的名稱）或是傳統的 wlan0。以下是掃描可用無線網路的例子。（如果你是在市區，可能會顯示大量可用無線網路。）

```
# iw dev wlp1s0 scan
```

NOTE 網路介面處於被使用（up）狀態時，這條指令才有意義（網路介面沒執行的話，請執行 `ip link set wlp1s0 up`），但因為這還在實體層的階段，網路層的參數（例如 IP 位址）則不用設定。

如果網路介面已存取到某個無線網路，那就可以這樣來查看網路的詳細情況：

```
# iw dev wlp1s0 link
```

其中的 MAC 位址是你所連的存取點的 MAC 位址。

NOTE iw 能夠區分實體設備名稱（如 phy0）和網路介面名稱（如 wlp1s0），並允許你調整它們的各種設定。你甚至還可以給一個實體設備建立多個網路介面。然而，多數情況下，一般人都只會與網路介面名稱打交道。

以下指令用於將網路介面連接到一個不安全的無線網路：

```
# iw wlp1s0 connect network_name
```

能連接安全的網路固然最好。那麼對於不太安全的有線等效加密協定（Wired Equivalent Privacy，以下簡稱 WEP）來說，你可以在用 iw 的時候加上 keys 參數。然而，如果你很注重安全問題，那還是不要用 WEP，而且沒有太多網路會支援該協定。

9.27.2 無線網路安全

Linux 主要依靠一個叫 wpa_supplicant 的常駐程式來管理無線網路介面的認證和加密，以保證無線網路安全。這個常駐程式可以處理 WPA2 和 WPA3（WiFi Protected Access，WiFi 網路安全存取，不要使用舊式不安全的 WPA） 的認證機制，以及幾乎所有的無線網路加密技術。首次啟動時，它會讀取設定檔案（預設是 /etc/wpa_supplicant.conf），然後嘗試在所指定的網路中向存取點提供自己的資訊，並與其建立連接。該系統的幫助文件很詳盡，尤其是 wpa_supplicant(8) 說明手冊中有詳細的描述。

每次需要建立連接時才手動啟動該常駐程式，是很繁瑣的。事實上，正是因為設定檔案中選項很多，所以操作起來很乏味。更糟糕的是，`iw` 和 wpa_supplicant 只是建立了實體層的連接，而沒有設定好網路層的。所以你可以使用 NetworkManager 之類的自動化工具來解決問題。雖然這些工具也只是呼叫其他程式來工作，但是它們能正確地安排工作步驟，參考相應的設定檔案，最終連好你的無線網路。

9.28 總結

現在你應該理解了各網路層次的位置與角色，這對於理解 Linux 網路工作方式、實施網路設定是很關鍵的。雖然我們講到的都是基礎，但實體層、網路層、傳輸層的進階知識都能由此引申而來。所有層次都還可以分得更細，就像你剛才看到的無線網路的實體層還可以進一步細分。

本章講解了大量針對核心的操作，涉及使用一些基本的使用者空間控制工具修改核心資料結構（例如路由表）。這是操作網路的傳統方式。然而，也像本書所提到的其他話題一樣，出於複雜性和彈性需求的考慮，有些任務是不適合由核心來做的，於是我們使用使用者空間的工具來做。其中還特別提到了用 NetworkManager 來監控和修改核心的設定。此外，一個例子就是動態路由協定，例如用在大型網際網路路由器的邊界閘道協定（Border Gateway Protocol，以下簡稱 BGP）。

現在你可能對網路設定有點厭倦了，下面我們談談使用網路吧，這就與應用層相關了。

10

網路應用程式與服務

本章探索基本的網路應用程式（network application）——在應用層的使用者空間執行的用戶端與伺服器。因為這層在網路堆疊的頂層，靠近使用者，所以你會覺得本章內容比上一章更好理解。這是當然的，因為你天天都在使用網頁瀏覽器之類的網路用戶端應用程式。

網路用戶端（network client）必須與它們相應的網路伺服器（network server）連接起來才能正常工作。Unix 伺服器有很多種形式。伺服器程式可以直接或間接地透過第二台伺服器去監聽連接埠。接下來，我們會介紹一些常見的伺服器以及用於除錯的工具。

網路用戶端使用作業系統的傳輸層協定與介面，所以我們必須對 TCP 和 UDP 傳輸層（transport layer）有基本的理解。下面就來看看一些網路應用程式，先從一個使用 TCP 的網路用戶端開始。

10.1 服務的基本概念

TCP 服務是最好理解的概念之一，因為它建立在簡單、無中斷的雙向資料流之上。或許最佳的解釋方式，是讓你直接透過 TCP 與某個沒有加密過的 Web 伺服器的連接埠 80 溝通，去看看資料是如何在該連線上移動的。例如，用以下指令連接一個 IANA 文件範例所用的 Web 伺服器：

```
$ telnet example.org 80
```

你會得到類似這樣的輸出，即表示成功連線上該伺服器：

```
Trying some address...
Connected to example.org.
Escape character is '^]'.
```

現在輸入：

```
GET / HTTP/1.1
Host: example.org
```

NOTE HTTP 1.1 和前一個版本 HTTP 1.0 類似，但也已經有點年代了；比較新的版本有 HTTP/2、QUIC 和最近興起的 HTTP/3。

敲兩次 ENTER，伺服器就會回覆一堆 HTML 文字。若要終止此連線，可以按下 CTRL-D。

這個測試告訴我們：

- 遠端主機那裡有一個 Web 伺服器程序監聽著 TCP 連接埠 80。
- `telnet` 是初始化這個連線的用戶端。

你需要使用 CTRL-D 來終止連線的原因是，由於大多數網頁需要透過多個請求來載入，因此保持連線的開啟是有意義的。如果你在協定級別探索 Web 伺服器，你可能會發現這種行為有所不同。舉例來說，許多伺服器在連線打開後，若沒有立即收到請求，就會快速離線。

NOTE telnet 原本是用於登入遠端主機的。在你的發行版中可能預設沒有安裝用戶端的 telnet 程式，但安裝這樣一個額外的程式非常簡單。雖然 telnet 遠端登入伺服器是一種不安全的登入伺服器（後面會講到），但 telnet 用戶端卻是一個 debug 遠端服務的實用工具。telnet 只用到 TCP，不會用到 UDP 或其他傳輸層協定。如果你要的是多用途網路用戶端，可以考慮使用 netcat，我們會在 10.5.3 節介紹它。

10.2 深入剖析

在上面的例子中，你用 telnet 手動與一個 Web 伺服器進行了互動，使用到了應用層的 HTTP 協定。儘管你平時都是用網頁瀏覽器來進行此類的連線，但我們還是從 telnet 往前踏一小步，使用一個命令列工具來看看怎樣與 HTTP 的應用層通訊。我們要用的是 curl，以及一個記錄溝通細節的選項：

```
$ curl --trace-ascii trace_file http://www.example.org/
```

NOTE 你的發行版可能沒有預設安裝 curl 套件，但安裝這個套件對你來說應該不是難事。

你會得到大量的 HTML 輸出。請忽略它們（或將它們重新導向到 /dev/null），並去看看剛剛建立出來的檔案 trace_file。假設連接成功，那麼檔案的開頭部分看起來應該是下面這樣的，表明剛開始時 curl 嘗試跟該伺服器建立 TCP 連接：

```
== Info:   Trying 93.184.216.34...
== Info: TCP_NODELAY set
== Info: Connected to www.example.org (93.184.216.34) port 80 (#0)
```

至此你看到的一切都是發生在傳輸層或其下層的。然而，如果連接成功了，那麼 curl 就會嘗試發送請求（即「表頭」）；這裡就開始有應用層（application layer）了：

```
❶ => Send header, 79 bytes (0x4f)
❷ 0000: GET / HTTP/1.1
  0010: Host: www.example.org
  0027: User-Agent: curl/7.58.0
  0040: Accept: */*
  004d:
```

上面的範例中，第 ❶ 行是 curl 的除錯資訊輸出，告訴了你它接下來要做的事情。剩下的行展示了 curl 發送給伺服器的資訊。「粗體的內容」是發送到伺服器的。開頭的十六進位數只是一個除錯位移量（debugging offset），告訴你收發的資料有多少。

在第 ❷ 行，你可以看到 curl 先發了一個 GET 指令給伺服器（就像用 telnet 那樣），接著是一些有關伺服器的額外資訊，以及一個空行。然後伺服器回應了，首先是它自身的表頭（粗體部分）：

```
<= Recv header, 17 bytes (0x11)
0000: HTTP/1.1 200 OK
<= Recv header, 22 bytes (0x16)
0000: Accept-Ranges: bytes
<= Recv header, 12 bytes (0xc)
0000: Age: 17629
--snip--
```

跟之前那段輸出很像，<= 開頭的行是除錯資訊，0000: 是位移量，在輸出行之前先告訴你（在 curl 中，表頭不會被計入位移量；這就是為什麼所有這些行都以 0 開頭）。

伺服器回應的表頭可以很長，然後，某行的表頭出現了我們請求的內容，就像下面這樣：

```
  <= Recv header, 22 bytes (0x16)
  0000: Content-Length: 1256
  <= Recv header, 2 bytes (0x2)
❶ 0000:
  <= Recv data, 1256 bytes (0x4e8)
  0000: <!doctype html>.<html>.<head>.    <title>Example Domain</title>.
  0040: .    <meta charset="utf-8" />.    <meta http-equiv="Content-type
  --snip--
```

該輸出同樣展示了應用層的一個重要特性。儘管除錯資訊裡面有 Recv header 和 Recv data，意味著伺服器回傳的資訊可分為兩種，但 curl 向作業系統獲取這兩種資訊的方法卻沒有不同，作業系統對它們的處理方式也沒有不同，甚至底層網路對它們的封包的處理方式也是一樣的。如果說有不同，那完全是在使用者空間的 curl 內部。curl 知道在此之前它會一直收到表頭資訊，但是當它收到一個空行 ❶ 時，便代表 HTTP 表頭的結束，它知道其隨後的任何內容都會是真正的回應內容了。

在伺服器發送資料方面也同樣如此。伺服器並不區分發給作業系統的表頭和內容，區分只發生於使用者空間的伺服器程式。

10.3 網路伺服器

大多數網路伺服器跟 cron 之類的伺服器常駐程式很像，只不過網路伺服器是與網路連接埠進行互動的。事實上，我們在「第 7 章」講到的 syslogd，它如果加上 -r 選項的話，就會接受連接埠 514 的 UDP 封包。

以下是一些常見的網路伺服器，在你系統中可能也會見到：

- **httpd、apache、apache2、nginx**：Web 伺服器。
- **sshd**：安全 shell 常駐程式（Secure Shell Daemon）。
- **postfix、qmail、sendmail**：郵件伺服器。
- **cupsd**：列印伺服器。
- **nfsd、mountd**：網路檔案系統（檔案共享）常駐程式。
- **smbd、nmbd**：Windows 檔案共享常駐程式。
- **rpcbind**：遠端程序呼叫（RPC）連接埠對應服務常駐程式。

大多數網路伺服器有一個共同的特性，即它們通常是多程序的。其中至少有一個程序在監聽網路連接埠，而當它接收到一個要進入到系統的新連線時，就會使用 fork() 來建立一個子程序，負責那個新的連線。該子程序（child process），也叫**任務程序（worker process）**，會隨著連接的終止而終止。同時，原本的監聽程序會在該網路連接埠上繼續監聽的工作。如此一來，一個伺服器就能輕鬆地處理多個連線，一般不會有什麼問題。

然而，這個模型也會有一些異常情況。呼叫 fork() 是會增加系統負擔的，而高效能 TCP 伺服器（如 Apache Web 伺服器）能在啟動時就建立一定數量的任務程序，以備連接需要。接受 UDP 封包的伺服器並不需要使用到 fork()，因為它們並沒有要監聽的連線，它們只是單純地接收資料和對其資料做出反應。

10.3.1 Secure Shell

各種伺服器的工作方式都是有些許的差別的。現在我們來詳細看一下獨立的 Secure Shell（以下簡稱 SSH）伺服器。SSH 是最常見的網路服務應用程式之一，它是一種遠端連接 Unix 機器的標準。設定好之後，我們就能透過 SSH 進行安全的 shell 登入、執行遠端程式、共享簡單的檔案等等。此外，SSH 還憑藉公鑰認證和簡單的對話加密，取代了舊的、不安全的遠端登入系統 `telnet` 和 `rlogin`。大多數 ISP 和雲端供應商都要求以 SSH 來使用他們的服務，另外很多基於 Linux 的網路設備（如 NAS）也是這樣要求的。OpenSSH（http://www.openssh.com/）是一個比較流行的、針對 Unix 的 SSH 實作，而且幾乎所有的 Linux 發行版也預裝了它。OpenSSH 的用戶端是 `ssh`，伺服器是 sshd。SSH 協定有兩個主要版本：1 和 2。OpenSSH 只支援版本 2，已經放棄對版本 1 的支援，因為版本 1 有既有的漏洞，且較少使用。

SSH 的功能和特性使它能做到以下事情：

- 對密碼和對話內容加密，保護你不受竊聽困擾。
- 作為其他網路連線的管道（tunnel），包括來自 X Window 用戶端的連線。（我們會在「第 14 章」詳細介紹 X。）
- 幾乎所有作業系統都可用 SSH 連線。
- 使用密鑰做主機驗證（host authentication）。

NOTE 「作為其他網路連線的管道」的意思是，使用一個程序，將某個連線包裝並轉換成另一個。採用 SSH 包裝 X Window 連線的好處是，它在提供顯示環境（display environment）的同時，還對 X 的資料進行了加密。

但 SSH 也有缺點。其中一個就是，若想建立 SSH 連接，你必須先知道遠端主機的公鑰（public key），它是不需要透過什麼保密的渠道就能獲得的（當然你也可以手動檢查它的真假）。想知道那些加密技術的運作方式，你可以參考 Jean-Philippe Aumasson 的著作：《*Serious Cryptography: A Practical Introduction to Modern Encryption*》（No Starch Press, 2017）。深入介紹 SSH 的書籍有兩本：Michael W. Lucas 的《*SSH Mastery: OpenSSH, PuTTY, Tunnels and Keys, 2nd edition*》（Tilted Windmill Press，2018），以及 Daniel J. Barrett、Richard E. Silverman 和 Robert G. Byrnes 的《*SSH, The Secure Shell, 2nd edition*》（O'Reilly，2005）。

> **公鑰密碼學**
>
> 我們一直使用「公鑰」這個術語，卻沒有相對應的內容來解釋它，所以這邊讓我們暫緩一下，先簡單討論它，以防你不熟悉它。直到 1970 年代，加密演算法都是**對稱的**（**symmetric**），要求訊息的「傳送者」和「接收者」擁有相同的密鑰。「破解密碼」就是「竊取密鑰」的問題，擁有它的人越多，它被破壞的機會就越大。但是在公鑰密碼學中，則有兩個密鑰：「公鑰」（public key）和「私鑰」（private key）。公鑰可以加密訊息，但不能解密；因此，誰有權存取此密鑰並不重要。只有「私鑰」才能從公鑰中將訊息解密。在大多數情況下，保護私鑰更容易，因為只需要一份副本，並且不必傳輸。
>
> 加密之外的另一種應用是身分驗證；有一些方法可以在不傳輸任何密鑰的情況下驗證「某人是否持有專屬於某公鑰的私鑰」。

10.3.2 sshd 伺服器

執行 sshd 伺服器，讓你的系統接受遠端連線，需要一個設定檔案（configuration file）以及主機密鑰（host keys）。大多數發行版都把設定檔案放在 /etc/ssh 設定目錄中，並在你安裝它們的 sshd 套件時，嘗試將一切都設定好。（這裡的設定檔案名稱 sshd_config 跟用戶端的檔案名稱 ssh_config 很容易混淆，請注意區分。）

你應該不用改變 sshd_config 裡面的任何東西，但檢查一下是可以的。這個檔案包含了鍵值對，如下列片段所示：

```
Port 22
#AddressFamily any

#ListenAddress 0.0.0.0
#ListenAddress ::
#HostKey /etc/ssh/ssh_host_rsa_key
#HostKey /etc/ssh/ssh_host_ecdsa_key
#HostKey /etc/ssh/ssh_host_ed25519_key
```

以 # 開頭的是註釋，而 sshd_config 中很多的註釋都暗示了不同參數所使用的預設值，從這個小片段就可以看出來。sshd_config(5) 說明手冊包含了所有參數和可能的值的解釋，而以下這些是最重要的：

- **HostKey *file***：使用 file 作為主機密鑰。（我們馬上就會介紹主機密鑰。）
- **PermitRootLogin *value***：若 value 為 yes 則允許超級使用者透過 SSH 登入，否則不允許。
- **LogLevel *level***：按照 syslog 的級別 level 來記錄資訊（預設為 INFO）。
- **SyslogFacility *name***：按照 syslog 設施的名稱 name 來記錄資訊（預設為 AUTH）。
- **X11Forwarding *value***：若 value 為 yes 則允許 X Window 用戶端被 SSH 管道接駁。
- **XAuthLocation *path***：設定 xauth 的路徑。找不到路徑的話，X 的管道連線（tunneling）將無法工作。如果 xauth 不在 /usr/bin 裡面，則需寫明 xauth 的完整路徑。

產生主機密鑰

OpenSSH 有幾套主機密鑰。每套都有一個公鑰（副檔名為 .pub 的檔案）和一個私鑰（無副檔名）。

WARNING 不要讓任何人知道你的私鑰，否則就有被入侵的危險。

SSH 版本 2 有 RSA 和 DSA 的密鑰。RSA 和 DSA 都是公鑰加密演算法。密鑰的檔案名稱如表 10-1 所示。

表 10-1：OpenSSH 密鑰檔案

檔案名稱	密鑰類型
ssh_host_rsa_key	RSA 私鑰
ssh_host_rsa_key.pub	RSA 公鑰
ssh_host_dsa_key	DSA 私鑰
ssh_host_dsa_key.pub	DSA 公鑰

建立密鑰的過程涉及到產生公鑰和私鑰的數值計算。一般你不用自己建立密鑰，因為 OpenSSH 的安裝程式或是你發行版的安裝腳本會為你做好，但若你要使用 ssh-agent 之類的程式進行無密碼驗證，你還是需要知道密鑰是如何建立的。例如建立 SSH 版本 2 的密鑰，可用 OpenSSH 內建的 ssh-keygen 程式：

```
# ssh-keygen -t rsa -N '' -f /etc/ssh/ssh_host_rsa_key
# ssh-keygen -t dsa -N '' -f /etc/ssh/ssh_host_dsa_key
```

SSH 伺服器和用戶端還使用了一個名為 ssh_known_hosts 的**密鑰檔案**（**key file**），來儲存來自其他主機的公鑰。如果你打算使用基於遠端用戶端身分的身分驗證，那麼伺服器的 ssh_known_hosts 檔案必須包含所有受信任用戶端的公用主機密鑰（public host keys）。如果你要更換主機，了解密鑰檔案會比較方便。從頭安裝新主機時，你可以從舊主機匯入密鑰檔案，這樣使用者在連接到新主機時，就不會出現密鑰不配對的情況了。

啟動 SSH 伺服器

儘管大多數發行版都帶有 SSH，但預設情況下卻不會啟動 sshd 伺服器。在 Ubuntu 和 Debian 上，預設並不會在新系統中安裝 SSH 伺服器套件；但只要安裝 SSH 伺服器就會建立密鑰、啟動服務，並在開機腳本中加上啟動 SSH 的設定。

在 Fedora 上，sshd 是預設安裝的，但預設是關閉的。想設定在開機時啟動 sshd，可以像下面這樣使用 `systemctl`：

```
# systemctl enable sshd
```

如果你希望不用重新開機，就直接啟動該伺服器，你可以使用下面的指令：

```
# systemctl start sshd
```

Fedora 一般會在 sshd 初次啟動時補建漏掉的主機密鑰檔案。

如果你正在使用其他的發行版，那麼可能不需要手動設定 sshd 啟動。然而，你應該知道有兩種啟動模式：standalone（獨立）和 on-demand（按需）。standalone 伺服器更為常見，只需以 root 身分執行 sshd。sshd 伺服器程序就會把自己的 PID 寫入 /var/run/sshd.pid 檔案（當然，當由 systemd 執行時，它也會被其 cgroup 追蹤，正如你在「第 6 章」中看到的那樣）。

作為替代方案，systemd 可以透過 socket 單元按需啟動 sshd。這通常不會是一個好辦法，因為伺服器偶爾需要產生密鑰檔案，而這個過程可能需要很長的時間。

10.3.3 fail2ban

如果你在你的主機上設定了一個 SSH 伺服器，並將它開放到網際網路上，你很快就會發現不斷地有嘗試入侵的動作發生。如果你的系統設定正確並且你沒有選擇太簡單的密碼，那麼這些暴力攻擊將不會成功。但是，它們會很煩人，會消耗 CPU 時間，並且會毫無意義地將你的系統日誌弄亂。

為了防止這種情況，你需要設置一種機制來阻止重複登入的嘗試手法。在撰寫本書時，fail2ban 套件是最流行的方法。它只是一個監視「日誌訊息」的 script。在特定時間範圍內看到來自一個主機「一定數量的失敗請求」後，fail2ban 會使用 `iptables` 建立一個規則來拒絕來自該主機的流量。在主機可能已放棄嘗試連線的指定時間段後，fail2ban 會刪除該規則。

大多數 Linux 發行版都提供了 fail2ban 套件，其中也包含針對 SSH 預先設定好的預設值。

10.3.4 SSH 用戶端

想登入遠端主機，執行：

```
$ ssh remote_username@remote_host
```

如果你在本機的帳號跟遠端的主機（*remote_host*）一樣，那麼你就可以省略 *remote_username@*。你還可以像下面的例子一樣，用管線（pipeline）來連接 `ssh` 指令，把一個叫作 dir 的目錄複製到另一台主機：

```
$ tar zcvf - dir | ssh remote_host tar zxvf -
```

全域的 SSH 用戶端設定檔案 ssh_config 應該在 /etc/ssh 裡面，就如同 sshd_config 檔案一樣。跟伺服器設定檔案類似，用戶端設定檔案也有鍵值對，但你應該不用去改它。

SSH 用戶端的最常見問題是，你本機的 ssh_known_hosts 或 .ssh/known_hosts 裡的公鑰跟遠端主機的不配對，這會導致如下回傳錯誤：

```
@@@@@@@@@@@@@@@@@@@@@@@@@@@@@@@@@@@@@@@@@@@@@@@@@@@@@@@@@@@
@    WARNING: REMOTE HOST IDENTIFICATION HAS CHANGED!     @
@@@@@@@@@@@@@@@@@@@@@@@@@@@@@@@@@@@@@@@@@@@@@@@@@@@@@@@@@@@
IT IS POSSIBLE THAT SOMEONE IS DOING SOMETHING NASTY!
```

```
Someone could be eavesdropping on you right now (man-in-the-middle
attack)!
It is also possible that the RSA host key has just been changed.
The fingerprint for the RSA key sent by the remote host is
38:c2:f6:0d:0d:49:d4:05:55:68:54:2a:2f:83:06:11.
Please contact your system administrator.
Add correct host key in /home/user/.ssh/known_hosts to get rid of this
message.
❶ Offending key in /home/user/.ssh/known_hosts:12
RSA host key for host has changed and you have requested
strict checking.
Host key verification failed.
```

通常這表示遠端主機的管理員更改了密鑰（經常是在更換硬體或是雲端伺服器更新時發生）。為了確認狀況，不妨跟管理員聯繫一下。總之，以上的資訊告訴你，錯誤的密鑰是在使用者的 known_hosts 檔案的第 12 行，如上例中 ❶ 處所示。

如果你確定沒問題，就移除錯誤的那行，或換一個正確的公鑰。

SSH 檔案傳輸用戶端

OpenSSH 包含了檔案傳輸程式（file transfer program）：scp 和 sftp。這兩個指令用以取代舊的、不安全的指令 rcp 和 ftp。你可以用 scp 在本機和遠端主機之間傳輸檔案，它就像 cp 指令一樣。以下是一些例子。

從遠端主機複製一個檔案到現在的目錄：

```
$ scp user@host:file .
```

從本機複製一個檔案到遠端主機上：

```
$ scp file user@host:dir
```

從一個遠端主機複製一個檔案到另一個遠端主機：

```
$ scp user1@host1:file user2@host2:dir
```

`sftp` 程式就好比是命令列的 `ftp` 用戶端，它有 `get` 和 `put` 指令。遠端主機必須裝好 `sftp-server` 程式（如果遠端裝了 OpenSSH，那麼通常都會帶上這個）。

NOTE 如果你對功能性和靈活性的要求超越了 `scp` 和 `sftp` 所能提供的（例如你經常進行大宗檔案的傳送），那就試一下 `rsync`，我們會在「第 12 章」講到這個指令。

非 Unix 平台的 SSH 用戶端

所有流行的作業系統都有相應的 SSH 用戶端，你要選擇哪一個呢？ PuTTY 是一個不錯的基本 Windows 用戶端程式，它包含了安全的檔案複製程式。maxOS 是基於 Unix 的，也包含 OpenSSH。

10.4 在 systemd 之前的網路連線伺服器：inetd 和 xinetd

在 6.3.7 節中介紹的 systemd 和 socket 單元被廣泛使用之前，有少數伺服器提供了一種建置網路服務的標準方法。許多基礎網路服務的連線要求非常相似，為每一種服務實作獨立的伺服器好像並不太符合高效率的需求。每個伺服器都要分別設定連接埠監聽、存取控制以及連接埠設定。大多數服務的設定方式都是一樣的，只是處理連線的方式不同。

傳統的解決方法是使用 inetd 常駐程式，它是一種**超級伺服器（superserver）**，用於規範「網路連接埠的存取」和「伺服器程式與網路連接埠之間的介面」。啟動 inetd 之後，它會讀取自己的設定檔案，並監聽其中提到的網路連接埠。當連接到來時，inetd 就會新開一個程序來處理它。

xinetd 是 inetd 的新版本，它提供更簡單的設定和更優秀的存取控制，但 xinetd 正被 systemd 取代，不過你還是可以在一些比較舊的系統，或是沒有採用 systemd 服務的系統中看到 xinetd 的身影。

> **TCP 封裝器：tcpd、/etc/hosts.allow 和 /etc/hosts.deny**
>
> 在網路底層的防火牆（像是 iptables）流行之前，很多管理員都會用 TCP 封裝器（TCP wrapper）的函式庫和常駐程式來操控網路服務。具體做法是，讓 inetd 執行 `tcpd` 程式，而 `tcpd` 在接收連線時會查看 /etc/hosts.allow 和 /etc/hosts.deny 檔案中的存取控制清單（access control list）。`tcpd` 會記下該連線，並在審查通過後，將連線交給最終的服務程式。雖然仍有系統採用 TCP 封裝器，但因為它的使用率已不高，所以我們不會詳細介紹。

10.5 診斷工具

下面來看看一些比較有用的針對應用層的診斷工具。它們有些還會涉及傳輸層和網路層，因為應用層最終還是需要這些底層支撐。

如「第 9 章」講到的，`netstat` 是一個基本的網路服務除錯工具，能顯示一些傳輸層和網路層的統計資訊。表 10-2 羅列了一些檢視連線的有用選項。

表 10-2：一些有用的 netstat 連線報告選項

選項	描述
-t	列印 TCP 連接埠資訊
-u	列印 UDP 連接埠資訊
-l	列印監聽中的連接埠
-a	列印所有活動中的連接埠
-n	取消名稱解析（能加快速度，就算沒使用 DNS 也有效）
-4, -6	將輸出限制在 IPv4 版本或是 IPv6 版本

10.5.1 lsof

在「第 8 章」我們講過，`lsof` 能夠追蹤打開的檔案，但其實它還可以列出正在使用或監聽連接埠的程式。想完整列出這些程式，可以執行以下指令：

```
# lsof -i
```

若以一般使用者身分執行，它只會顯示出該使用者的程序。而以 root 身分執行的話，就會列出全部程序，像下面這樣：

```
COMMAND     PID     USER    FD   TYPE   DEVICE SIZE/OFF NODE NAME
rpcbind     700     root    6u   IPv4    10492      0t0  UDP *:sunrpc ❶
rpcbind     700     root    8u   IPv4    10508      0t0  TCP *:sunrpc (LISTEN)
avahi-dae   872    avahi   13u   IPv4 21736375      0t0  UDP *:mdns ❷
cupsd      1010     root    9u   IPv6 42321174      0t0  TCP ip6-localhost:ipp (LISTEN) ❸
ssh       14366    juser    3u   IPv4 38995911      0t0  TCP thishost.local:55457-> ❹
    somehost.example.com:ssh (ESTABLISHED)
chromium- 26534    juser    8r   IPv4 42525253      0t0  TCP thishost.local:41551-> ❺
    anotherhost.example.com:https (ESTABLISHED)
```

這個例子展示了伺服器程式和用戶端程式的使用者和 PID：從頂部的舊式 RPC 服務 ❶，到 avahi 提供的多點傳輸 DNS 服務 ❷，甚至還有 IPv6 相容的印表機服務（cupsd）❸。最後兩條是來自用戶端的連線：一個 SSH 連線 ❹ 和一個 Chromium 網頁瀏覽器 ❺。因為輸出可能會很長，所以最好是加上過濾器（下面會講到）。

lsof 與 netstat 相似的一點是，它試圖將每個 IP 反向解析成主機名稱，這會減慢結果的輸出。我們可以使用 -n 選項來阻止它這麼做：

```
# lsof -n -i
```

你還可以用 -P 取消對 /etc/services 的連接埠名稱搜尋。

按協定和連接埠來過濾

如果你正在尋找一個特定的連接埠（假設你知道有個程序正在使用該連接埠，而你想知道是哪個程序），那就執行：

```
# lsof -i:port
```

完整的語法如下：

```
# lsof -iprotocol@host:port
```

protocol、*@host*、和 *:port* 參數都是可選的，它們會對 lsof 的輸出進行過濾。就如大多數的網路工具一樣，*host* 和 *port* 可以填名稱或數字。例如你只想查看 TCP 連接埠 443（HTTPS 連接埠）的連線，就用：

```
# lsof -iTCP:443
```

要根據 IP 版本進行過濾，請使用 -i4（IPv4）或 -i6（IPv6）。你可以以單獨的選項方式使用，或者在較複雜的過濾器中加入數字（舉例來說，-i6TCP:443）。

你也可以從 /etc/services 列出的服務名稱中指定名稱（如 -iTCP:ssh）而不是數字。

按連線狀態來過濾

lsof 還有個特別好用的過濾器——連線狀態（connection status）。例如，只查看正在監聽 TCP 連接埠的程序，就用：

```
# lsof -iTCP -sTCP:LISTEN
```

這個指令能讓你概覽執行中的網路伺服器程序。然而，因為 UDP 伺服器並不會監聽也不會產生連線，所以你要用 -iUDP 來查看伺服器和用戶端。通常這不是什麼問題，因為一般你的系統中不會有太多 UDP 伺服器。

10.5.2 tcpdump

你的系統通常不會理會在網路流量中「不是標記為自己 MAC 位址的網路封包」。如果你想明確地知道你的網路上有什麼在流通，你可用 tcpdump 將網路介面置於**混雜模式**（**promiscuous mode**），並向你回報每一個通過的封包。如下所示，不帶參數地執行 tcpdump，就包含了 ARP 請求和 Web 連線：

```
# tcpdump
tcpdump: listening on eth0
20:36:25.771304 arp who-has mikado.example.com tell duplex.example.com
20:36:25.774729 arp reply mikado.example.com is-at 0:2:2d:b:ee:4e
20:36:25.774796 duplex.example.com.48455 > mikado.example.com.www: S
3200063165:3200063165(0) win 5840 <mss 1460,sackOK,timestamp 38815804[|tcp]>
(DF)
```

```
20:36:25.779283 mikado.example.com.www > duplex.example.com.48455: S
3494716463:3494716463(0) ack 3200063166 win 5792 <mss 1460,sackOK,timestamp
4620[|tcp]> (DF)
20:36:25.779409 duplex.example.com.48455 > mikado.example.com.www: . ack 1 win
5840 <nop,nop,timestamp 38815805 4620> (DF)
20:36:25.779787 duplex.example.com.48455 > mikado.example.com.www: P 1:427(426)
ack 1 win 5840 <nop,nop,timestamp 38815805 4620> (DF)
20:36:25.784012 mikado.example.com.www > duplex.example.com.48455: . ack 427
win 6432 <nop,nop,timestamp 4620 38815805> (DF)
20:36:25.845645 mikado.example.com.www > duplex.example.com.48455: P 1:773(772)
ack 427 win 6432 <nop,nop,timestamp 4626 38815805> (DF)
20:36:25.845732 duplex.example.com.48455 > mikado.example.com.www: . ack 773
win 6948 <nop,nop,timestamp 38815812 4626> (DF)

9 packets received by filter
0 packets dropped by kernel
```

你可以加入過濾器，讓 tcpdump 的內容更精確。過濾器可以是來源主機、目標主機、網路、乙太網路位址、各層協定等等。各種封包協定中，tcpdump 能認出的有：ARP、RARP、ICMP、TCP、UDP、IP、IPv6、AppleTalk、IPX。例如，讓 tcpdump 只輸出 TCP 封包，可執行：

```
# tcpdump tcp
```

想看網頁封包和 UDP 封包，執行：

```
# tcpdump udp or port 80 or port 443
```

關鍵字 or 指定「若左側或右側的條件為 true，就可以通過過濾器」。同樣地，關鍵字 and 要求「兩個條件都為 true」。

NOTE 如果是需要進行大量的封包監測，可用諸如 Wireshark 之類的 GUI 工具來代替 tcpdump。

基元

在上面的例子中，tcp、udp 和 port 80 都是過濾器的基礎元件，稱為**基元**（**primitive**）。表 10-3 列舉了最重要的一些基元。

表 10-3：tcpdump 基元

基元	指定封包
tcp	TCP 封包
udp	UDP 封包
ip	IPv4 封包
ip6	IPv6 封包
port *port*	來自（去往）連接埠 *port* 的 TCP 和（或）UDP 封包
host *host*	來自（去往）主機 *host* 的封包
net *network*	來自（去往）網路 *network* 的封包

運算子

上例中的 or 是一個運算子。tcpdump 有很多種運算子（例如 and 和 !），並且可以將運算子組合起來。如果你要用 tcpdump 來做一些複雜的工作，請仔細閱讀 pcap-filter(7) 說明手冊，尤其是關於基元（primitive）的那一節。

NOTE 使用 tcpdump 時要格外留心。本節前面的例子中只列印出了 TCP（傳輸層）和 IP（網路層）的表頭的資訊，但你可以指定 tcpdump 列印出整個封包的內容。儘管大部分重要的網路流量都已經被 TLS 加密保護，但你最好不要隨便監測網路，除非該網路是你所有的。

10.5.3 netcat

如果你覺得用 telnet *host* *port* 連接遠端主機不夠靈活，試試 netcat（或 nc）。netcat 可以與遠端的 TCP 和 UDP 連接埠通訊、指定本地連接埠、監聽連接埠、掃描連接埠、對網路輸入輸出重新導向到標準輸入輸出等等。用 netcat 開啟一個 TCP 的連接埠，可參考下面的指令：

```
$ netcat host port
```

netcat 只在對方關閉連線時終止，所以如果你將標準輸入重新導向到 netcat，就會有點麻煩，因為在送出資料之後，你的提示字元可能不會回來（這結果幾乎和任何其他指令管線（command pipeline）都不同）。你可以使用 CTRL-C 來隨時關閉連線。（如果你希望由標準輸入流來決定程式和網路連線的關閉，可以改用 sock 程式。）

想監聽某個指定的連接埠，可執行以下指令：

```
$ netcat -l port_number
```

當 netcat 成功監聽某個連接埠時，它會等待該連接埠，而當連線建立完成後，會將該連線上的輸出列印出來，並把所有的標準輸入傳送到該連線上。

這邊有一些 netcat 的額外說明：

- 預設情況下，並沒有太多的除錯輸出資訊。如果失敗，netcat 只會靜靜的失敗，但其實有適當的結束碼（exit code）。如果你需要一些額外資訊，請嘗試加入 -v（verbose）選項。
- 預設情況下，netcat 用戶端程式會採用 IPv4 和 IPv6 連線。但在伺服器模式下，netcat 預設會以 IPv4 連線。若要手動設定協定，可以使用 -4 指定 IPv4 或是 -6 指定 IPv6。
- 可以使用 -u 選項來指定 UDP 協定，而不是 TCP 協定。

10.5.4 掃描連接埠

有時你可能想知道你網路中的機器正提供著什麼服務，或哪個 IP 正在被使用，這時你可以用「網路映射器」（Network Mapper，以下簡稱 Nmap）程式來掃描並列舉出一台機器（或一個網路中的機器）的開放連接埠。大多數的發行版都有安裝 Nmap 套件，或你可以從 http://www.insecure.org/ 獲取。（想了解 Nmap 的功能，請看說明手冊及線上資源。）

在列舉你機器的連接埠時，至少從這樣兩個不同的角度來執行 Nmap 程式會更好：從本機和從另一台機器（可能是區域網路之外的）。這樣做可以看到你防火牆擋住了什麼。

WARNING 如果你想用 Nmap 掃描的網路是由他人控制的，那就需要獲得准許。網路管理員通常會監察這種連接埠掃描（port scan）的行為，並且會停用那些執行掃描動作的機器。

執行 **nmap *host*** 來對一個主機進行連接埠掃描，例如：

```
$ nmap 10.1.2.2
Starting Nmap 5.21 ( http://nmap.org ) at 2015-09-21 16:51 PST
Nmap scan report for 10.1.2.2
Host is up (0.00027s latency).
Not shown: 993 closed ports
PORT     STATE SERVICE
22/tcp   open  ssh
25/tcp   open  smtp
80/tcp   open  http
111/tcp  open  rpcbind
8800/tcp open  unknown
9000/tcp open  cslistener
9090/tcp open  zeus-admin

Nmap done: 1 IP address (1 host up) scanned in 0.12 seconds
```

如你所見，這裡有很多服務開啟了，其中不少服務是多數 Linux 版本預設關閉的。事實上，通常是預設開啟的就只有 111 連接埠，即 rpcbind 連接埠。

如果加入 -6 選項，Nmap 還能夠透過 IPv6 掃描連接埠，這是一種識別「不支援 IPv6 服務」的便捷方式。

10.6 遠端程序呼叫

上一節提到的 rpcbind 服務是什麼意思呢？**RPC** 意指**遠端程序呼叫**（**Remote Procedure Call**），它是應用層中較底層的一個系統。它是為了方便程式設計師存取網路應用程式而設計的，能使用戶端程式呼叫函式庫並在遠端伺服器執行。每一種遠端伺服器程式都會按照「被指定的程式編號」來辨識。

RPC 的實作需要用到傳輸層協定，如 TCP 和 UDP。它需要一種特別的中介服務來將程式編號（program number）與 TCP 和 UDP 的連接埠號對應起來。這種服務就是 rpcbind，執行 RPC 服務就需要用到它。

想看你的電腦執行了什麼 RPC 服務，可執行：

```
$ rpcinfo -p localhost
```

RPC 是一種難以消亡的協定。網路檔案系統（Network File System，NFS）和網路資訊服務（Network Information Service，NIS）就用得到它，但單機環境下是不需要這些服務的。當你以為你已經對 rpcbind 不會再有任何需要時，就會有些依賴它的東西出現，例如 GNOME 的檔案存取監控（File Access Monitor，FAM）。

10.7 網路安全

因為 Linux 是 PC 平台上風行的 Unix 相似系統，尤其是它被廣泛用作網頁伺服器，所以它也招致了很多駭客攻擊。9.25 節已介紹過了防火牆，但網路安全的話題不止那些。

網路安全帶來了兩個極端：「真心想攻破系統的人」（不管是為了錢還是為了好玩）和「精心設計防禦方案的人」（這個也很有利可圖）。幸好，你不需要了解太多東西來維持系統的安全。這裡有一些經驗法則：

- **打開的服務越少越好**：駭客不能攻擊你機器上不存在的服務。如果你知道有哪個服務是你不需要的，那就別打開它，等你真正用到那個服務時再打開。
- **防火牆擋掉得越多越好**：Unix 系統有一些內部服務是你可能不知道的（例如用於 RPC 連接埠映射的 TCP 連接埠 111），因此也別讓其他機器知道它們的存在。追蹤和規範本機的服務是很困難的，因為監聽的程式和被監聽的連接埠錯綜複雜。為了避免駭客發現你系統上的內部服務，請使用有效的防火牆規則，並為路由器安裝防火牆。
- **記錄你提供給網際網路的服務**：如果你執行著 SSH 伺服器、Postfix 或類似的東西，請保持你軟體的更新，以及使用合適的安全警報。（更多的網上資源可參考 10.7.2 節。）
- **讓伺服器使用「長期支援」的系統版本**：安全團隊一般會把精力集中在穩定、有支援的系統版本上面。開發版或測試版如 Debian Unstable 和 Fedora Rawhide 不太受他們關注。
- **帳號不要發給不用的人**：透過本地帳號獲取超級使用者的權限，比遠端入侵要簡單得多。事實上，大多數系統上的軟體都有這樣那樣的漏洞，只要你能登入 shell，就有可能獲取超級使用者的權力。不要指望你的朋友懂得如何保護密碼（或懂得使用複雜的密碼）。

- **避免安裝可疑的二進位套件**：它們可能包含木馬。

進行安全保護的方法基本就這些。但為什麼要這麼做呢？因為有以下三種基本的網路攻擊：

- **全面威脅**：意思是獲取了超級使用者的權限（對一台機器完全掌控）。駭客可以透過服務攻擊，例如緩衝區溢位（buffer overflow）、接管一個沒什麼保護措施的帳號，或利用一個寫得不太好的 setuid，來做到「全面威脅」。
- **拒絕服務（Denial-of-Service，DoS）攻擊**：這使得機器無法繼續提供服務，或無需透過登入就用某些方法造成機器故障。通常，DoS 攻擊只是大量的網路請求，但它也可能是利用伺服器程式中的缺陷導致崩潰。這種攻擊更難防範，但很容易應對。
- **惡意軟體**：Linux 使用者大多對惡意軟體（如電子郵件蠕蟲和病毒）免疫，只因為他們的電子郵件用戶端不會蠢到執行附件裡的程式。但 Linux 惡意程式確實存在。請勿從陌生的地方下載並安裝二進位軟體。

10.7.1 典型漏洞

有兩種重要的漏洞是需要擔心的：直接攻擊和刺探明文密碼。所謂**直接攻擊（direct attacks）**，就是擺明要攻陷一台機器。最常見的一種方法是在你的系統上找出未受保護或易受攻擊的服務，這就像是預設情況下不用經過身分驗證的服務一樣簡單，例如沒有密碼的管理者帳號。一旦入侵者可以存取系統上的一項服務，他們就可以使用它來嘗試破壞整個系統。過去，常見的直接攻擊是利用緩衝區溢位漏洞，粗心的程式設計師不會檢查緩衝區陣列（buffer array）的邊界值。核心中的「位址空間佈局隨機化」（Address Space Layout Randomization，ASLR）技術和其他地方的保護措施已經在一定程度上緩解了這種情況。

第二種漏洞，即**刺探明文密碼（cleartext password sniffing attack）**，是指擷取網路上明文傳輸的密碼。一旦攻擊者拿到你的密碼，那你就玩完了。從那開始，攻擊者就會直接登入，嘗試獲取超級使用者的權限（這比遠端攻擊要簡單），或以該機器攻擊其他機器，或用其他機器攻擊該機器。

NOTE 如果你有些服務是不帶加密功能的，那就試試 Stunnel（http://www.stunnel.org/）。它是一個加密封裝器套件，就像 TCP 封裝器一樣。Stunnel 擅長封裝一般常用到的 systemd socket 單元和 inetd 服務。

有些服務因為設計缺陷而經常成為攻擊目標。例如以下這些服務，你應該停用它們（以現在來看，這些服務都已經過時了，所以其實大多數系統都是預設關閉的）：

- **ftpd**：不管什麼原因，所有的 FTP 伺服器都存在漏洞。除此之外，大多數 FTP 伺服器都用明文密碼。如果你要在主機之間移動檔案，請考慮一下基於 SSH 的方案或 rsync 伺服器。
- **telnetd**、**rlogind**、**rexecd**：這邊提到的幾種服務，它們都把 session 內容（包括密碼）用明文傳輸。不要使用它們，除非你有一個啟用 Kerberos 的版本。

10.7.2 安全資源

以下是三個不錯的安全網站：

- SANS Institute（http://www.sans.org/）：提供培訓、服務、免費的高風險漏洞週報、安全策略範例等等。
- 卡內基美隆大學（Carnegie Mellon University）的軟體工程學院的 CERT 部門（http://www.cert.org/）：這裡是個好地方，你可以找到最危險的問題（漏洞）資訊。
- Insecure.org（http://www.insecure.org/）：這是駭客和 Nmap 創始人 Gordon "Fyodor" Lyon 的一個專案，有著 Nmap 各種資訊和各種網路漏洞測試工具的指標。與許多其他網站相比，它對漏洞的呈現更加開放和具體。

如果你對網路安全有興趣，你應該學習一下 TLS（Transport Layer Security，傳輸層安全性協定）及其前身，即 SSL（Secure Socket Layer，安全通訊協定）。這些使用者空間的協定層被加入到用戶端和伺服器，用公鑰加密和認證來支援網路通訊。Joshua Davies 的《*Implementing SSL/TLS Using Cryptography and PKI*》（Wiley, 2011）或是 Jean-Philippe Aumasson 的《*Serious Cryptography: A Practical Introduction to Modern Encryption*》（No Starch Press, 2017）都是不錯的指南。

10.8 學習前導

如果你對一些複雜的網路伺服器感興趣，這裡有兩個常見的：Apache 網頁伺服器（nginx 網頁伺服器）和 Postfix 郵件伺服器。尤其是網頁伺服器，它安裝簡單，而且大多數系統版本都有各自提供套件。如果你的機器裝有防火牆或 NAT 路由器，你可以不用擔心安全問題，盡情體驗。

在前面的幾章裡，我們逐漸從「核心空間」過渡到了「使用者空間」。本章只有少量工具是與核心互動的，如 `tcpdump`。本章餘下的部分講解 socket 如何將「核心的傳輸層」與「使用者空間的應用層」串接起來。這是相對進階的內容，程式設計師可能比較感興趣，不感興趣的讀者可以自由跳到下一章。

10.9 網路 socket

現在我們稍微轉變一下話題，看看程序是怎樣從網路讀取資料，以及怎樣向網路寫入資料的。對「已經建立完成的連線」讀寫資料是很容易的，只需要做一些系統呼叫工作（參考 recv(2) 和 send(2) 說明手冊）。從程序的角度來看，或許最重要的是要知道在使用系統呼叫時如何去存取網路。在 Unix 上，程序是用 socket 來識別與網路通訊的時機與方式的。**socket** 是程序透過核心存取網路的「介面」，它代表使用者空間與核心空間的邊界（boundary）。它也常被用於「程序間通訊」（Interprocess Communication，IPC）。

因為程序需要以不同的方式存取網路，所以 socket 也分不同種類。例如，TCP 連線會用「串流 socket」（stream socket，程式設計師稱之為 `SOCK_STREAM`），而 UDP 連線則用「資料報 socket」（datagram socket，`SOCK_DGRAM`）。

建立網路 socket 有點複雜，因為你有時需要知道 socket 類型、IP 位址、連接埠、傳輸協定。然而，當所有初始的細節整理好後，伺服器就能用相應的標準模型來處理網路通訊了。圖 10-1 的流程圖展示了伺服器處理收到的串流 socket 連線。

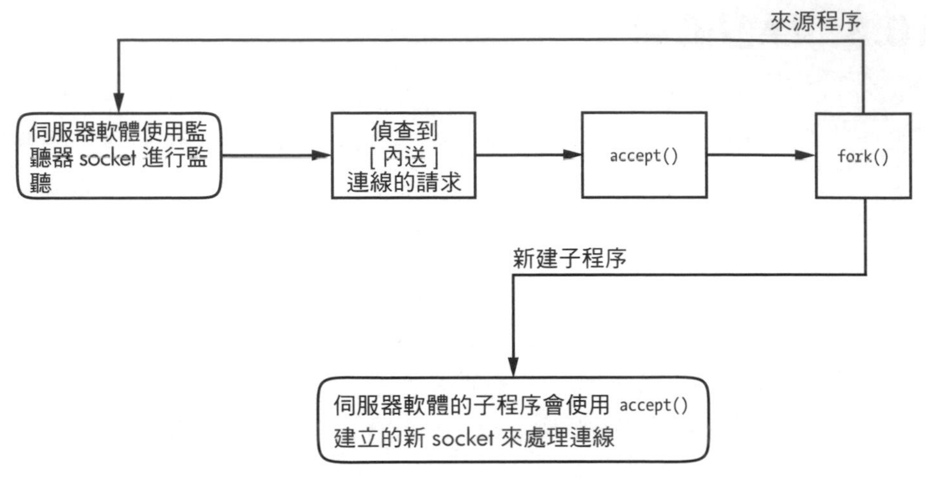

圖 10-1：接受和處理內送連線（incoming connections）的一種方法

注意，這種伺服器涉及到兩種 socket：「監聽 socket」（listening socket）和「讀寫 socket」（read/write socket）。主程序用監聽 socket 在網路中尋找連線。當進來一個新的連線時，主程序就用 `accept()` 系統呼叫來接受該連線，它能為該連線建立專用的讀寫 socket。接著，主程序用 `fork()` 建立一個新的子程序來處理該連線。最終，最初的 socket 會保留「監聽 socket」繼續監聽，為主程序帶來更多連線。

在程序設定了特定類型的 socket 之後，它可以使用適合 socket 類型的方式與其溝通。這就是 socket 靈活好用的原因：如果你需要更改傳輸層中的內容，你不必重寫所有傳送和接收資料的部分；你主要需要修改初始化的程式碼。

如果你是程式設計師，並且想知道如何使用 socket 介面，可以看一下 W. Richard Stephens、Bill Fenner 和 Andrew M. Rudoff 的著作《*Unix Network Programming, Volume 1, 3rd edition*》（Addison-Wesley Professional, 2003），這是一本經典教案，Volume 2 也講到了程序間通訊（IPC）。

10.10 Unix domain socket

使用網路設施的應用程式不需要將兩台分隔的主機牽扯在一起。很多應用程式都是使用像「用戶端－伺服器」或「點對點」那樣的機制建立起來的，同一台機器上的程序則使用「程序間通訊」（IPC）來協商有哪些工作要做，以及由誰來做。例如，回想一下 systemd 和 NetworkManager 這樣的常駐程式利用 D-Bus 來監控和應對系統事件的做法。

程序間通訊可以使用本地主機（127.0.0.1 或是 ::1）來做常規的 IP 網路通訊，但我們一般使用另一種特別的 socket，叫作 **Unix domain socket**（**Unix 網域 socket**）。「程序與 Unix domain socket 的連線」幾乎與「網路 socket 連線」一樣：程序可以監聽和接收 socket 上的連線，還可以選擇不同類型的 socket 來實現 TCP 式或 UDP 式的工作方式。

NOTE 要記住，Unix domain socket 並不是網路 socket，其背後也沒有網路。使用它不需要設定網路。而且 Unix domain socket 不需要非得與 socket 檔案綁定。程序可以建立一個「非命名 Unix domain socket」，並與其他程序分享它的位址。

開發人員們喜歡 Unix domain socket 的以下兩點。第一，開發人員可以透過管理檔案系統中的 socket 檔案的存取權限，來管理 Unix domain socket 的存取權限。也就是說，不能存取某個 socket 檔案的程序，也就不能使用該 socket。此外，因為它沒有網路互動，所以更簡單，更能減少網路攻擊的機會。例如，你可以在 /var/run/dbus 裡面找到 D-Bus 的 socket 檔案：

```
$ ls -l /var/run/dbus/system_bus_socket
srwxrwxrwx 1 root root 0 Nov  9 08:52 /var/run/dbus/system_bus_socket
```

第二，因為 Linux 核心與 Unix domain socket 通訊並不需要經歷網路層次，所以效能會比網路 socket 好。

為 Unix domain socket 寫程式碼跟支援一般的網路 socket 沒多大不同。因為它的好處十分明顯，所以有些網路伺服器會同時提供網路 socket 和 Unix domain socket 的溝通方式。例如，MySQL 的資料庫伺服器 mysqld 能接受來自遠端的用戶端連線，同時也以 /var/run/mysqld/mysqld.sock 提供 Unix domain socket。

你可以使用 lsof -U 來查看系統正在使用中的 Unix domain socket：

```
# lsof -U
COMMAND     PID     USER  FD   TYPE      DEVICE SIZE/OFF     NODE NAME
mysqld    19701    mysql  12u  unix 0xe4defcc0      0t0 35201227 /var/run/mysqld/mysqld.sock
chromium- 26534    juser   5u  unix 0xeeac9b00      0t0 42445141 socket
tlsmgr    30480  postfix   5u  unix 0xc3384240      0t0 17009106 socket
tlsmgr    30480  postfix   6u  unix 0xe20161c0      0t0    10965 private/tlsmgr
--snip--
```

因為很多現代的應用都用到了非命名（unnamed）socket，所以這個清單可能會很長。你可以借助「socket」來識別那些「非命名 socket」（如 NAME 欄所見）。

11

Shell Script

如果你可以在 shell 中輸入指令，那麼你就可以使用 **shell script**（**shell 腳本**，又被稱為 **Bourne shell script**）。所謂 shell script，就是將一系列指令寫在一個檔案當中，然後讓 shell 從該檔案讀取指令，就像從終端機讀取一樣。

11.1 shell script 基礎

Bourne shell script 一般以如下所示的行開頭，它表示我們要用 `/bin/sh` 程式來執行 script 檔案中的指令。（請確認 script 檔案開頭沒有空格。）

```
#!/bin/sh
```

其中的 `#!` 叫作 **shebang**，你在本書的其他 script 例子中也會看到這一行。你可以在該行之後列出任何你想讓 shell 幫你執行的指令。例如：

```
#!/bin/sh
#
# Print something, then run ls

echo About to run the ls command.
ls
```

NOTE 除了 script 最上面的 shebang 是個例外，若某一行以字元 # 開頭，則表示該行為註釋，即 shell 會忽略一行中 # 之後的所有東西。註釋可用於解釋 script 中難懂的部分，或是可以提醒自己當初寫這行程式碼的原因。

就像 Unix 系統的其他程式一樣，你需要替 shell script 檔案設定「執行位元」（executable bit）和「讀取位元」（read bit，讓 shell 能夠讀取該檔案）。最簡單的設定方法是像下面這樣：

```
$ chmod +rx script
```

如此執行 `chmod`，就會讓其他使用者都能查看和執行 script。如果你不希望這樣，可轉用絕對模式（absolute mode）`700`（請參考 2.17 節來溫習一下權限）。

建立好 shell script 並設定好它的權限之後，你就可以把該 script 放到你指令路徑的某個目錄中，然後在命令列裡輸入「script 的名稱」來執行它。如果它在你的目前目錄下，你也可以用 `./script` 來執行它。當然也可以輸入它「完整的路徑名稱」來執行。

使用 shebang 來執行 script 幾乎（但不完全）等於在 shell 上直接執行指令，例如，執行一個叫作 `myscript` 的 script，會讓核心執行 `/bin/sh myscript`。

基於這些基礎知識，現在來看看 shell script 的侷限性。

NOTE shebang 不一定必須是 `#!/bin/sh`；它可以被設定為在你的系統上執行「任何接受 script 輸入的東西」，例如使用 `#!/usr/bin/python` 來執行 Python 程式。此外，你可能會遇到具有不同模式的 script，包括 `/usr/bin/env`。舉例來說，你可能會在第一行看到類似 `#!/usr/bin/env python` 的內容。這是在指示 `env` 工具程式去執行 `python`。原因很簡單：`env` 會搜尋在目前的指令路徑中可以執行的指令，因此你不需要可執行檔案的標準化位置。缺點是指令路徑中「第一個配對的可執行檔案」可能不是你想要的。

11.1.1 shell script 的侷限性

使用 Bourne shell 能方便地操控指令和檔案。在 2.14 節中，我們看到了 shell 能將輸出重新導向，這是 shell script 程式設計的重要元素之一。然而，shell script 只是 Unix 程式設計的一個輔助工具，雖然它相當有用，但也有一些侷限性。

shell script 的主要優點是，它能使任務簡單化、自動化，而不用你在命令列提示字元下一條條地輸入指令（這對批次處理檔案很方便）。但如果你要分解字串、做繁複的數學計算、存取複雜的資料庫，或你想寫函數以及複雜的控制結構，你最好還是使用 Python、Perl 之類的腳本語言（scripting language），或 awk，甚至是 C 這樣的編譯型語言（compiled language）。（這是很重要的，所以本章將會多次提到這點。）

最後，注意你 shell script 的大小，儘量寫得短小一些。Bourne shell script 不應該寫太大（雖然有人還是會寫很大）。

11.2 引號與字面常數

shell 和 shell script 最令人困惑的一點就是，何時需要使用「引號」和「其他標點符號」，且為什麼這麼做。假設你想列印出字串 `$100`，於是你這麼做：

```
$ echo $100
00
```

為什麼會列印出 `00` 呢？因為 shell 看到了 `$1`，它是一個 shell 變數（這很快會講到）。於是你可能會想替它加上「雙引號」，讓 shell 不管 `$1`。但這樣也不行：

```
$ echo "$100"
00
```

然後有人告訴你，要用「單引號」：

```
$ echo '$100'
$100
```

為什麼這樣就行呢？

11.2.1 字面常數

引號通常用於建立**字面常數**（literal），即原封不動的字面意義，不要在將該字串傳送給命令列之前做分析（或更換）。除了在剛剛的範例中看到的 `$`，又例如你想把 `*` 傳給 `grep` 之類的指令，或在指令中用「分號」（`;`）。

在撰寫 script 以及在命令列之上運作時，先想想 shell 是如何執行一條指令的：

1. 在執行之前，shell 會尋找其中的變數、萬用字元以及其他替換物，如果有的話，就將它們進行替代；
2. 將替換後的結果回傳給指令。

涉及字面常數的問題是很微妙的。假設你想尋找 /etc/passwd 中符合正規表示法 `r.*t`（意思是含有先 `r` 後 `t` 的行，例如含有使用者名稱 `root`、`ruth` 或 `robot` 的行）的所有項目，你可以執行這樣的指令：

```
$ grep r.*t /etc/passwd
```

大多數時候這樣是行得通的，但有時卻神秘地失效了。為什麼呢？問題可能在於你目前的目錄。如果目前目錄包含名稱如 r.input 和 r.output 的檔案，那麼 shell 就會將 `r.*t` 擴充為 r.input 和 r.output，指令就會變成：

```
$ grep r.input r.output /etc/passwd
```

避免這種問題的關鍵是，先找出可能被擴充的字元，然後用「正確的引號」來保護它。

11.2.2 單引號

建立字面常數的最簡單的方法就是用單引號（single quote，'）將字串包圍，就像以下在 `grep` 指令中用 `*` 的字面常數：

```
$ grep 'r.*t' /etc/passwd
```

對於 shell 來說，單引號之間的字元（包括空格），都會被當作一個單獨的參數（parameter）。所以，**以下指令是行不通的**，因為這樣參數就只有一個了，它會讓 `grep` 在標準輸入中尋找字串 `r.*t /etc/passwd`：

```
$ grep 'r.*t /etc/passwd'
```

當你想使用字面常數時，請優先考慮單引號，它保證 shell 不會做任何替換，因此語法上也十分整潔。然而，可能有時你的需求會有點複雜，那麼再考慮雙引號。

11.2.3 雙引號

雙引號（double quote，"）跟單引號的效果差不多，只是 shell 會對雙引號中的所有變數都進行擴充。你可以試試以下指令，然後換成單引號再試試：

```
$ echo "There is no * in my path: $PATH"
```

當你執行該指令時，你會看到，指令中的 `$PATH` 會被轉換，但 * 卻沒事。

NOTE 如果你使用雙引號來列印大段文字，可考慮使用將在 11.9 節講到的 here document（here 文件）。

11.2.4 單引號的字面意義

若想在 Bourne shell 中使用單引號的字面意義，那就有點棘手了。有種解決方法是在「單引號」前加一個「反斜線」：

```
$ echo I don\'t like contractions inside shell scripts.
```

該反斜線和單引號絕不能被任何成對的單引號框住，而 `'don\'t` 這樣的語法也是錯的。稀奇的是，雙引號裡可以用單引號，就像下面的例子（效果跟上面的例子一樣）：

```
$ echo "I don't like contractions inside shell scripts."
```

如果你想知道「不做轉換」的一般法則，可參照以下做法：

1. 將所有 `'`（單引號）改成 `'\''`（單引號、反斜線、單引號、單引號）；
2. 用單引號框住整個字串。

因此，對於 this isn't a forward slash: \ 這種麻煩的東西，可以這樣做：

```
$ echo 'this isn'\''t a forward slash: \'
```

NOTE 反覆提醒自己：「引號中的任何東西」都會被當成一個參數。所以，a b c 是三個參數，而 a "b c" 則是兩個。

11.3 特殊變數

大多數 shell script 都能夠理解命令列的參數，以及懂得執行 script 裡的指令。想要讓 script 變成一個靈活的程式而不僅僅是一個指令清單，你需要知道特殊變數（special variable）的用法。這些特殊變數跟 2.8 節介紹的變數很像，只是你不能直接改變它們的值。

NOTE 讀完下面幾節，你就會知道為什麼 shell script 會有這麼多特別的字元。如果你正在試著理解一個 shell script，而你在 script 中遇到很難理解的語句，試試將其分拆。

11.3.1 個體參數：$1、$2、……

像 $1、$2 等所有以非零正整數命名的變數，都包含了 script 的參數值。例如，假設我們現在有一個 script，名稱是 pshow：

```
#!/bin/sh
echo First argument: $1
echo Third argument: $3
```

執行以下 script，看它怎樣列印參數：

```
$ ./pshow one two three
First argument: one
Third argument: three
```

shell 的內建指令 shift 能刪除第一個參數 $1，並用後面的補上。說具體一點，就是 $2 變成 $1，$3 變成 $2，如此類推。例如，假設現在有一個 script，名稱是 shiftex：

```
#!/bin/sh
echo Argument: $1
shift
echo Argument: $1
shift
echo Argument: $1
```

讓我們執行，來看看它是怎樣運作的：

```
$ ./shiftex one two three
Argument: one
Argument: two
Argument: three
```

如你所見，shiftex 每次只列印第一個參數，但因重複地使用 shift，所以全部參數都打出來了。

11.3.2 參數的數量：$#

$# 變數持有傳給 script 的變數的數量，這對迴圈使用 shift 來遍歷參數很有幫助。當 $# 為 0 時，就代表沒有參數了，所以 $1 會是空。（請參考 11.6 節與迴圈相關的知識。）

11.3.3 所有參數：$@

$@ 變數代表 script 接收的所有參數，可以整個傳給 script 內的某個指令。例如，Ghostscript 指令（gs）通常又長又複雜。假設你想以 150dpi 來掃描一個 PostScript 檔案，並用標準輸出列印，同時又想為別人傳其他選項預留一些可能性，這時，你就可以這樣撰寫 script，來允許額外的命令列選項：

```
#!/bin/sh
gs -q -dBATCH -dNOPAUSE -dSAFER -sOutputFile=- -sDEVICE=pnmraw $@
```

NOTE 如果 script 中有一行的長度超出了文字編輯器的範圍，你可以用反斜線（\）來分割它。例如，可將上面的例子改為：

```
#!/bin/sh
gs -q -dBATCH -dNOPAUSE -dSAFER \
   -sOutputFile=- -sDEVICE=pnmraw $@
```

11.3.4 script 名稱：$0

`$0` 持有 script 的名稱，這對產生診斷資訊很有幫助。舉例來說，假設你希望 script 能報告 `$BADPARM` 變數出現非法值的情況，你就可以像下面這樣寫，使得「script 名稱」包含在回傳錯誤資訊中：

```
echo $0: bad option $BADPARM
```

所有的回傳錯誤資訊都應該轉到「標準錯誤」。回憶一下 2.14.1 節講的標準錯誤，其中提到的 `2>&1` 能讓「標準錯誤」重新導向到「標準輸出」。若想反轉這一過程，將上例的「標準輸出」重新導向到「標準錯誤」，可以使用 `1>&2`：

```
echo $0: bad option $BADPARM 1>&2
```

11.3.5 程序識別碼：$$

`$$` 變數持有 shell 的程序識別碼（程序 ID，PID）。

11.3.6 結束碼：$?

`$?` 變數持有 shell 執行的最後一條指令的結束碼。它對掌控 shell script 來說非常重要，接下來就會講到。

11.4 結束碼

Unix 程式結束時，會留一個**結束碼**（exit code）給啟動該程式的父程序。它是一個數字，有時也叫**錯誤碼**（error code）或**結束值**（exit value）。當結束碼是 `0` 時，通常表示程式執行正常。而如果是非正常結束，那麼結束碼通常會是非零數（也不一定是這樣，下面會說到）。

因為 `$?` 這一特殊變數含有最後一條指令的結束碼，所以你可以透過 shell 提示字元來查看它：

```
$ ls / > /dev/null
$ echo $?
0
```

```
$ ls /asdfasdf > /dev/null
ls: /asdfasdf: No such file or directory
$ echo $?
1
```

從上例可以看到，成功的指令回傳 0，失敗的指令回傳 1（當然，我們假設你系統中沒有 /asdfasdf 這樣的目錄）。

如果你要用某條指令的結束碼，那就必須在執行完該指令後馬上使用，不然就要先保存起來（因為下一個指令會覆蓋掉之前結束碼的值）。例如，你連續執行了兩次 echo $?，那麼第二條的結果肯定總是為 0，因為第一個 echo 總是成功。

在撰寫 shell 程式碼時，你可能會遇到 script 因錯誤（例如錯誤的檔案名稱）而需要停止的情況。當需要讓 script 非正常結束時，可使用 exit 1，並將結束碼 1 回傳給執行該 script 的父程序。（你可以為不同情況使用不同的結束碼。）

要注意的是，有些程式，如 diff 和 grep，正常結束時也會使用「非零的結束碼」。例如，grep 會在配對時回傳 0，不配對時回傳 1。對於這些程式來說，結束碼 1 不代表出錯；grep 和 diff 使用 2 來代表出錯。如果你不確定某個程式是否用「非零結束碼」來表示執行成功，可參考其說明手冊，通常在 EXIT VALUE 或 DIAGNOSTICS 小節中能找到解釋。

11.5 條件判斷

針對條件判斷（conditional），Bourne shell 有一種特別的程式碼結構，如 if/then/else 和 case 語句。舉個例子，以下帶有 if 條件判斷的 script 會檢查第一個參數是否為 hi：

```
#!/bin/sh
if [ $1 = hi ]; then
   echo 'The first argument was "hi"'
else
   echo -n 'The first argument was not "hi" -- '
   echo It was '"'$1'"'
fi
```

以上 script 的 if、then、else 和 fi 是 shell 關鍵字，其餘都是指令。這樣區分是很重要的，如 [$1 = "hi"] 就是一個特殊的 shell 語法，其中 [字元是 Unix 系統中的一個實際存在的程式，而不是 shell 的語法。所有 Unix 系統都有一個指令叫 [，它能進行條件測試。這個程式還有另外一個名字，叫作 test；test 和 [的說明手冊都是一樣的。（很快你就會看到 shell 並不是永遠都執行 [，但現在就先暫時把它理解成不同的指令吧。）

理解了 11.4 節講的結束碼，才能看懂上例 script 的運作：

1. shell 執行 if 關鍵字之後的指令，獲取了其結束碼；
2. 如果結束碼是 0，shell 就會接著執行 then 關鍵字後的指令，直至遇到 else 或 fi 關鍵字；
3. 如果結束碼為非 0，並且有 else，就會執行 else 後的指令；
4. 條件判斷止於 fi。

我們已經確定 if 後面的 test 是一個指令，所以讓我們看一下「分號」（;）。它只是指令結束的常規 shell 標誌符號，它存在理由是因為我們將 then 關鍵字放在同一行。如果沒有分號，shell 會將 then 作為參數傳遞給 [指令，這通常會導致難以追蹤的錯誤。你可以藉由把 then 關鍵字放在單獨的行上來避免使用分號，如下所示：

```
if [ $1 = hi ]
then
   echo 'The first argument was "hi"'
fi
```

11.5.1 防範空參數

上例的條件判斷還有個小問題，一個大家可能會忽視的情況，即 $1 可能會是空值，因為使用者在執行 script 時可能沒有輸入參數。沒有參數的話，該 script 中的測試讀取到的就會是 [= hi]，而 [指令就會出錯並中止（abort）。你可用以下其中一種方法（兩種都很常見）來修復：

```
if [ "$1" = hi ]; then
if [ x"$1" = x"hi" ]; then
```

11.5.2 使用其他指令來測試

除了 [之外，還是有很多其他指令可用於測試的。以下就是一個用 grep 來測試的例子：

```
#!/bin/sh
if grep -q daemon /etc/passwd; then
    echo The daemon user is in the passwd file.
else
    echo There is a big problem. daemon is not in the passwd file.
fi
```

11.5.3 elif

if 後面還可以用 elif 關鍵字，如下所示：

```
#!/bin/sh
if [ "$1" = "hi" ]; then
   echo 'The first argument was "hi"'
elif [ "$2" = "bye" ]; then
   echo 'The second argument was "bye"'
else
   echo -n 'The first argument was not "hi" and the second was not "bye"-- '
   echo They were '"'$1'"' and '"'$2'"'
fi
```

請記住，條件控制的過程僅會停在第一個成功的條件，因此，如果你使用參數 hi bye 來執行這個 script，你只會得到 hi 參數的結果。

NOTE 盡量不要使用過多的 elif，因為（你將在 11.5.6 節中看到的）case 結構通常更合適這類的情況。

11.5.4 邏輯結構

你會經常看到這兩種單行的條件判斷結構：&&（「和」）和 ||（「或」）。&& 結構是這樣用的：

```
command1 && command2
```

在這一個範例中，shell 會執行 *command1*，如果其結束碼是 `0`，就會接著執行 *command2*。

`||` 結構也類似。如果 `||` 之前的指令回傳了「非 `0` 的結束碼」，`||` 之後的指令就會被執行。

`if` 測試中也常常用到 `&&` 和 `||`。無論是用哪一個，都是由「最後執行的指令的結束碼」來決定條件判斷的走向。在 `&&` 的情況中，如果第一條指令失敗了，shell 就會用到 `if` 語句的結束碼，但如果它成功了，則會用第二條指令的結束碼。在 `||` 的情況中，如果第一條指令成功了，`if` 就會用到它的結束碼，但如果它失敗了，則會用第二條指令的結束碼。

例如：

```
#!/bin/sh
if [ "$1" = hi ] || [ "$1" = bye ]; then
    echo 'The first argument was "'$1'"'
fi
```

如果你的條件判斷包含了測試指令（`[`），如上例所示，那麼你可以不用 `&&` 和 `||`，而改用 `-a` 和 `-o`，像這樣：

```
#!/bin/sh
if [ "$1" = hi  -o "$1" = bye ]; then
   echo 'The first argument was "'$1'"'
fi
```

你可以在測試的條件之前加入 `!` 運算子來做反向測試（即邏輯的「非」），例如：

```
#!/bin/sh
if [ ! "$1" = hi  ]; then
   echo 'The first argument was not hi'
fi
```

在這種特定的比較情況下，你可能會看到 `!=` 被用來當作替代方案，但是 `!` 可以與下一節中描述的任何條件測試（condition tests）一起使用。

11.5.5 測試條件

你已經見識過 `[` 的運作方式：測試成功回傳 `0`，測試失敗回傳 `1`。你也知道了可以用 `[ str1 = str2 ]` 來判斷字串是否相同。然而你還要知道，`[` 這個實用的測試牽扯到檔案的屬性（property），使得 shell script 很適合處理檔案。例如，以下程式碼就測試了一個檔案是否為一般檔案（非目錄或特殊檔案）：

```
[ -f file ]
```

你可能會看到有 script 將 `-f` 測試置於迴圈之中，如下所示，用來測試目前目錄裡的所有項目（關於迴圈，很快就會在 11.6 節中提到）：

```
for filename in *; do
    if [ -f $filename ]; then
        ls -l $filename
        file $filename
    else
        echo $filename is not a regular file.
    fi
done
```

NOTE 因為 test 指令在 script 中應用廣泛，所以很多 Bourne shell 版本（包括 bash）都內建了 test，這使得 shell 不需要為每個測試都單獨執行一次指令，進而加快了速度。

測試運算子有一大堆，它們可分為三類：檔案測試、字串測試和算術測試。Info 說明手冊有完整的線上文件，但參考 test(1) 說明手冊更方便快捷。以下小節概述了主要的測試。（已將不常用的忽略。）

檔案測試

大部分的檔案測試（file test），像 `-f`，被稱為**一元運算子**（**unary operator**），因為它們只要求一個參數：被測試的檔案。例如下面這兩個重要的檔案測試：

- `-e`：檔案存在時回傳 true
- `-s`：檔案非空時回傳 true

有些運算子能檢查檔案的類型，這意味著它們能看出一個東西是普通檔案、目錄，還是某種特殊設備（如表 11-1 所示）。另外，也有一些一元運算子是檢查檔案權限的，如表 11-2 所示。（關於檔案權限，詳見 2.17 節。）

表 11-1：檔案類型運算子（File Type Operator）

運算子	用於測試
-f	一般檔案
-d	目錄
-h	符號連結
-b	區塊設備
-c	字元設備
-p	命名管道
-S	Socket

NOTE 如果 test 指令被用在一個符號連結（symbolic link）上，那麼 test 指令會直接測試符號連結所指定的檔案，而不是連結本身（除非用 -h 測試）。意思是，如果 link 是某個一般檔案的符號連結，則 [-f link] 回傳 true（結束碼為 0）。

表 11-2：檔案權限運算子（File Permissions Operator）

運算子	用於測試
-r	可讀取
-w	可寫入
-x	可執行
-u	Setuid
-g	Setgid
-k	「Sticky」

最後，還有三個**二元運算子**（**binary operator**，需要兩個檔案作為參數）是用於檔案測試的，但不常用。看看以下包含 -nt（意思是「newer than，新於」）的指令：

```
[ file1 -nt file2 ]
```

如果 *file1* 的修改時間比 *file2* 要新，指令就回傳 true。而 -ot（意思是「older than，舊於」）則相反。若想檢測一個檔案是否是另一檔案的實體連結（hard link），可用 -ef，當它們共享 inode 編號和設備檔案時，會回傳 true。

字串測試

之前講過，當兩個字串相同時，二元字串運算子 = 會回傳 true。而 != 是在兩個字串不相同時回傳 true。這邊有兩個額外的一元字串運算子：

- -z：參數為空時回傳 true（[-z ""] 回傳 0）
- -n：參數為非空時回傳 true（[-n ""] 回傳 1）

算術測試

你需要認識到，等號（=）是用於檢驗**字串相等性**（**string equality**）的，而不是**數字相等性**（**numeric equality**）。因此，[1 = 1] 回傳 0（true），但 [01 = 1] 回傳 false。當你想要檢驗兩個數字是否相等時，請用 -eq，而非等號：[01 -eq 1] 會回傳 true。表 11-3 展示了所有比較數字的運算子。

表 11-3：比較數字的運算子

運算子	當參數一與參數二相比，……時，回傳 true
-eq	相等
-ne	不等
-lt	更小
-gt	更大
-le	更小或相等
-ge	更大或相等

11.5.6 case

關鍵字 case 用於另一種條件判斷結構，在進行字串配對時，它格外好用。case 條件判斷不執行任何測試指令，因此不會去判斷結束碼，但它是可以做模式配對（pattern matching）的。以下例子大概說明了它的情況：

```
#!/bin/sh
case $1 in
    bye)
        echo Fine, bye.
        ;;
    hi|hello)
        echo Nice to see you.
        ;;
    what*)
        echo Whatever.
        ;;
    *)
        echo 'Huh?'
        ;;
esac
```

script 的執行過程如下：

1. script 將 `$1` 與每個 `)` 字元前的 case（案例）進行對比；
2. 如果某個 case 的值符合 `$1`，就會執行該 case 後的指令，直至遇到 `;;` 時，跳到 `esac` 關鍵字；
3. 整個條件判斷結果以 `esac` 關鍵字結束。

每一個 case 的值都可以是單一字串（如上例的 `bye`）或是用 `|` 分隔的多個字串（如果 `$1` 是 `hi` 或 `hello`，則 `hi|hello` 回傳 true），或者，你也可以使用 `*` 或 `?` 模式（如 `what*`）。若想定義一個指定 case 以外的預設 case，可使用 `*`，如上面程式碼的最後一個 case。

NOTE 每個 case 都應以雙分號（;;）結束，否則可能會導致語法錯誤。

11.6 迴圈

Bourne shell 中有兩種迴圈（loop）：`for` 和 `while`。

11.6.1 for 迴圈

for 迴圈（其實是「for each」迴圈）是最常見的，如下所示：

```
#!/bin/sh
for str in one two three four; do
    echo $str
done
```

以上的 for、in、do 和 done 都是 shell 關鍵字。它的執行過程是這樣的：

1. 將變數 str 設置為關鍵字 in 後的「四個以空格區分的值」的「第一個」（也就是 one）；
2. 執行 do 和 done 之間的 echo 指令；
3. 回到 for 那一行，把下一個值（two）賦予 str，執行 do 和 done 之間的 echo 指令……這樣重複著，直至關鍵字 in 後的值都經歷過。

這個 script 的輸出如下：

```
one
two
three
four
```

11.6.2 while 迴圈

Bourne shell 的 while 迴圈會使用到結束碼，就像 if 一樣。例如，下面的 script 範例做了 10 次迭代（iteration）：

```
#!/bin/sh
FILE=/tmp/whiletest.$$;
echo firstline > $FILE

while tail -10 $FILE | grep -q firstline; do
    # add lines to $FILE until tail -10 $FILE no longer prints
"firstline"
    echo -n Number of lines in $FILE:' '
    wc -l $FILE | awk '{print $1}'
```

```
    echo newline >> $FILE
done

rm -f $FILE
```

以上程式碼會進行 `grep -q firstline` 的測試。只要該測試的結束碼非零（本例中，若 `$FILE` 的最後 10 行不包含字串 `firstline`，則非零），迴圈就會結束。

你可以用 `break` 語句來打斷 `while` 迴圈。Bourne shell 還有一種類似 `while` 迴圈的 `until` 迴圈，它在「結束碼為零，而不是非零」時結束迴圈。但是，你不應該經常使用 `while` 或 `until`。實際上，當你覺得應該使用 `while` 迴圈時，你其實應該使用 `awk` 或 Python 來代替 `while`。

11.7 指令替換

Bourne shell 能夠做到將一個指令的標準輸出重新導向回該 shell 的命令列。意思是，你可以將「一個指令的輸出」作為另一個指令的參數，或用 `$()` 將指令框住，使「該指令的輸出」能被當作 shell 變數使用。

以下例子就把「一個指令的輸出」保存在「名為 `FLAGS` 的變數」中。程式碼第二行的粗體部分展示了這種指令替換（command substitution）：

```
#!/bin/sh
FLAGS=$(grep ^flags /proc/cpuinfo | sed 's/.*://' | head -1)
echo Your processor supports:
for f in $FLAGS; do
    case $f in
        fpu)    MSG="floating point unit"
                ;;
        3dnow)  MSG="3DNOW graphics extensions"
                ;;
        mtrr)   MSG="memory type range register"
                ;;
        *)      MSG="unknown"
                ;;
    esac
    echo $f: $MSG
done
```

本例說明，你可以在指令替換中使用「單引號」和「管線」，看起來有點複雜。其中，grep 指令的結果被發送到 sed 指令（詳見 11.10.3 節）。該 sed 指令會將「配對 .*: 的內容」都清空掉，然後得到的結果再發送給 head 指令。

注意不要過度使用指令替換。例如，請不要在 script 中使用 $(ls)，而是改用 shell 展開 *，因為這樣更快速。同樣地，如果你想將 find 指令查到的檔案用作另一個指令的參數，請不要用指令替換，而考慮用管線將結果發到 xargs，或使用 find 的 -exec 選項（詳見 11.10.4 節）。

NOTE 指令替換的傳統做法是使用「反引號」（``）框住指令，你會在很多 shell script 中看到。$() 語法是一種較新的形式，但它符合 POSIX 標準，所以更容易閱讀和編寫。

11.8 管理臨時檔案

有時需要建立一個臨時檔案（temporary file）來收集輸出，以供以後的指令使用。建立這類檔案時，請確保檔案名稱足夠清楚，以免其他程式意外寫入。有時候，在檔案名稱中使用像 shell 的 PID（$$）這樣簡單的東西是可行的，但是當你需要確定不會發生衝突時，mktemp 之類的工具程式通常是更好的選擇。

以下展示了如何使用 mktemp 指令來建立臨時檔案名稱。這個 script 能顯示出過往兩秒內的設備中斷資訊：

```
#!/bin/sh
TMPFILE1=$(mktemp /tmp/im1.XXXXXX)
TMPFILE2=$(mktemp /tmp/im2.XXXXXX)

cat /proc/interrupts > $TMPFILE1
sleep 2
cat /proc/interrupts > $TMPFILE2
diff $TMPFILE1 $TMPFILE2
rm -f $TMPFILE1 $TMPFILE2
```

給予 mktemp 的參數是一個範本。mktemp 會將 XXXXXX 轉換成一個唯一的字串，並以該名稱建立出一個空檔案。請注意，這個 script 將檔案名稱保存在變數中，所以更改檔案名稱的話，就只需要改一行而已。

NOTE 並非所有版本的類 Unix 系統（Unix-like system）都帶有 mktemp。如果移植程式碼後出現問題，最好先安裝一下 GNU coreutils 套件。

在 script 中使用臨時檔案還有一個問題，就是如果 script 中止了，臨時檔案就可能不會被刪掉。上例中，如果在第二個 cat 之前按下 CTRL-C 的話，就會使得臨時檔案留在 /tmp 裡。請盡可能防止這種事情的發生。你可以用 trap 指令來建立一個訊號處理程式（signal handler），在捕獲到 CTRL-C 的訊號時，刪除臨時檔案，如下所示：

```
#!/bin/sh
TMPFILE1=$(mktemp /tmp/im1.XXXXXX)
TMPFILE2=$(mktemp /tmp/im2.XXXXXX)
trap "rm -f $TMPFILE1 $TMPFILE2; exit 1" INT
 --snip--
```

你必須在該處理過程中直接使用「結束碼」來結束 script 的執行，否則在 trap 過後，script 仍會繼續往下執行。

NOTE 你不需要為 mktemp 提供參數；當你沒有提供參數時，範本的檔案名稱會以 /tmp/tmp. 為開頭。

11.9 here document

假設你想列印大段文字，或將大段文字傳給另一個指令，與其用一大堆 echo 指令，不如用 shell 的 here document（here 文件）功能。如下所示：

```
#!/bin/sh
DATE=$(date)
cat <<EOF
Date: $DATE

The output above is from the Unix date command.
It's not a very interesting command.
EOF
```

上例的粗體部分（即 <<EOF）就控制著 here document。shell 會把 <<EOF 之後的標準輸入都重新導向到 <<EOF 之前的指令（本例中的 cat）。重新導向截止於 EOF 再次單獨出現之時。你也可以指定 EOF 之外的標誌

（marker），但要記住，起始標誌與結束標誌必須一樣。此外，一般約定標誌是用大寫的。

請注意 here document 中 $DATE 這個 shell 變數。here document 中的 shell 變數都會被展開，這在列印包含大堆變數的報告時十分有用。

11.10 重要的 shell script 工具

有一些程式在 shell script 中相當有用。像 basename 之類的工具，是很少單獨使用的，所以你可能只會在 script 中看到它。而 awk 之類的工具，則是在命令列上也常用到。

11.10.1 basename

想要去掉檔案的副檔名，或是去掉路徑全名中的目錄部分，可以使用 basename。試試以下指令，看 basaname 能輸出什麼結果：

```
$ basename example.html .html
$ basename /usr/local/bin/example
```

以上兩條指令 basename 都會回傳 example。其中第一條會將 example.html 中的副檔名 .html 去掉，第二條會將完整路徑中的目錄部分去掉。

以下例子展示了如何在 script 中使用 basename 把 GIF 圖像轉換成 PNG 格式：

```
#!/bin/sh
for file in *.gif; do
    # exit if there are no files
    if [ ! -f $file ]; then
        exit
    fi
    b=$(basename $file .gif)
    echo Converting $b.gif to $b.png...
    giftopnm $b.gif | pnmtopng > $b.png
done
```

11.10.2 awk

awk 並不是為單一目的而設計的指令，實際上它是一種很強大的程式設計語言。不幸的是，它就像一門失落的藝術，正被更大型的語言（如 Python）取代。

關於 awk 的書有很多，例如 Alfred V. Aho、Brian W. Kernighan 和 Peter J. Weinberger 的《*The AWK Programming Language*》（Addison-Wesley, 1988）。然而，很多人都只是用 awk 來做一件事——從輸入流中截取單一的欄位，就像這樣：

```
$ ls -l | awk '{print $5}'
```

這句指令會將 ls 指令輸出的第五個欄位（檔案大小）列印出來，其結果就是一個檔案大小的清單。

11.10.3 sed

sed（意思是 stream editor，串流編輯器）程式是一個自動的文字編輯器，它能根據一些表示法來修改「輸入流」（檔案或標準輸入）的內容，並將修改結果列印到標準輸出。sed 有很多方面都很像 Unix 原始的文字編輯器 ed。它有大量的運算子、配對工具和定位功能。跟 awk 一樣，講解 sed 的書也有很多，而 Arnold Robbins 的《*sed & awk Pocket Reference, 2nd edition*》（O'Reilly, 2002）就是一本涵蓋 sed 和 awk 的快速指南。

雖然 sed 是個很大的程式，本書不能對其深入分析，但講解它的運作是很簡單的。我們把位址（address）和操作（operation）組合起來，當作 sed 的一個參數。其中，位址是行的集合，而指令則代表了我們對這些行所要執行的操作。

sed 的常見用法，是根據一個正規表示法（詳見 2.5.1 節）進行文字替換，像下面這樣：

```
$ sed 's/exp/text/'
```

如果你想將 /etc/passwd 的第一個冒號替換成 %，可以這麼做：

```
$ sed 's/:/%/' /etc/passwd
```

如果你想將 /etc/passwd 的所有冒號都替換成 %，可以在末尾加上 g（global）修飾子（modifier）：

```
$ sed 's/:/%/g' /etc/passwd
```

以下是按行處理的例子，它讀取 /etc/passwd 的內容，並把三到六行去掉之後，列印到標準輸出：

```
$ sed 3,6d /etc/passwd
```

本例中，3,6 是位址（行的範圍），而 d 是運算子（delete，刪除）。如果沒有寫位址的話，sed 就會在輸入流中的所有行上應用該操作。最常用的 sed 運算子應該是 s（search and replace，搜尋並取代）和 d 了。

你也可以用正規表示法作為位址。以下指令會刪除所有符合正規表示法 exp 的行：

```
$ sed '/exp/d'
```

在所有這些範例中，都是讓 sed 寫入標準輸出，這是迄今為止最常見的用法。在沒有給予檔案參數的情況下，sed 會從標準輸入讀取資料，這是你在 shell 管線（pipeline）中經常遇到的模式。

11.10.4 xargs

當你把巨量的檔案當作一個指令的參數時，該指令或 shell 可能會告訴你緩衝區不足以容納這些參數。要解決這個問題，可以使用 xargs，它能對自身輸入流的每個檔案名稱逐個地執行指令。

很多人會把 xargs 和 find 一起用。例如，下面這個 script 能幫你驗證「目前目錄樹」中「所有以 .gif 結尾的檔案」是否真的是 GIF 圖像：

```
$ find . -name '*.gif' -print | xargs file
```

在上面的範例中，xargs 會執行 file 指令。不過，這樣執行的話可能會出錯，或造成安全問題，因為檔案名稱可能包含「空格」（space）或「換行符號」（newline）。所以當建立 script 時，請改用以下形式。

這樣，find 的輸出和 xargs 的參數的分隔符號就會是空字元（a NULL character），而不是換行符號了：

```
$ find . -name '*.gif' -print0 | xargs -0 file
```

xargs 會發起**多個程序**，所以如果是處理大量檔案的話，不要期望它效能有多好。

如果任何目標檔案有可能以「單一破折號」（-）開頭，你可能需要在 xargs 指令的尾端加入兩個破折號（--）。「雙破折號」（--）告訴指令「後面的任何參數」都是檔案名稱，而不是選項。但是，請記住，並非所有程式都支援使用「雙破折號」。

使用 find 的時候，可以用選項 -exec，而不用 xargs。不過它的語法有點麻煩，你需要加上一個 {} 來代表檔案名稱，以及一個轉成字面意義的 ; 來表示指令的結束。以下是用 find 來改寫上例：

```
$ find . -name '*.gif' -exec file {} \;
```

11.10.5 expr

如果需要在 shell script 中進行算術操作，可使用 expr（它甚至能進行字串操作）。例如，指令 expr 1 + 2 會輸出 3。（執行 expr --help，查看所有的運算子。）

其實 expr 做算術操作效率很低。如果你經常要做算術操作，你可以改用 Python，而不用 shell script。

11.10.6 exec

exec 指令是 shell 內建的，它會用 exec 其後所指定的程式來取代「你目前的 shell 程序」。它用到了「第 1 章」講到的 exec() 系統呼叫，此功能的目的是節省系統資源，但記住，它是沒有回傳值的。當你在 shell script 中執行 exec 的時候，該 script 以及執行該 script 的 shell 都會失蹤，而被 exec 後的指令頂替。

你可以在 shell 視窗中執行 exec cat 來看看它的效果。當你按下 CTRL-D 或 CTRL-C 的時候，shell 視窗就會消失，因為已經沒有任何子程序了。

11.11 子 shell

假設你要稍微改動一下環境變數，但又不想做永久的改動，你可以用 shell 變數來暫存和恢復部分環境變數（例如工作路徑或目前工作目錄）。但這種做法很笨拙。簡單的做法是使用**子 shell（subshell）**，即開啟一個嶄新的 shell 程序來執行一兩條指令。新 shell 複製了「原本的 shell」的環境變數，而在其結束時，你對其環境變數的任何更改卻不會影響到「原本的 shell」。

將指令置於括號中，即可執行子 shell。例如下面這行指令，它在 uglydir 目錄裡執行了 uglyprogram，而並不影響原本的 shell：

```
$ (cd uglydir; uglyprogram)
```

以下是一個「為了避免永久改動工作路徑 PATH 變數而用了 shell 來操作」的例子：

```
$ (PATH=/usr/confusing:$PATH; uglyprogram)
```

用「子 shell」來暫時改變一個環境變數是很常見的，因此，還誕生了一種避免子 shell 的內建語法：

```
$ PATH=/usr/confusing:$PATH uglyprogram
```

管線和背景程序可以與子 shell 一同使用。下面例子的意思是，用 tar 將 orig 下的整個目錄樹打包，並在 target 目錄中解包。這一做法很有效率地複製了 orig 中的檔案和目錄（這種做法很有用，因為它保留了權限，而且一般會比 cp -r 快）：

```
$ tar cf - orig | (cd target; tar xvf -)
```

NOTE 在執行之前請仔細檢查這類指令，以確保「目標目錄」存在並且與「原本的 orig 目錄」完全分開（在 script 中，你可以利用 `[ -d orig -a ! orig -ef target ]` 來檢查）。

11.12 在 script 中納入其他檔案

點（.）運算子可以在 script 中納入其他檔案。例如，下面的例子就表示「執行了 config.sh 裡的指令」：

```
. config.sh
```

這種納入（inclusion）的方法也被稱為 **sourcing 一個檔案**（**sourcing a file**），對於讀取「變數」（例如在一個「共用設定檔案」中）和「其他類型的定義」來說很有用。這與執行另一個 script 不同；當你執行一個 script（當作是一個指令）時，它會在一個新的 shell 中啟動，除了輸出和結束碼之外，你什麼也得不到。

11.13 讀取使用者輸入

`read` 指令可以將標準輸入的內容讀取到變數中。例如，以下指令會將輸入置於 `$var`：

```
$ read var
```

這個內建的 shell 指令可以與本書未提及的其他 shell 特性結合使用。使用 `read`，你可以建立簡單的互動模式，例如提示使用者輸入需要的內容，而不是要求他們在命令列上列出所有內容，並建置「Are you sure?」這類的危險操作確認提示。

11.14 什麼時候（不）應該使用 shell script

shell 的功能之豐富，使得我們難以用區區一章講完它的所有重點。如果你想知道 shell 還能做些什麼，不妨參考一些關於「shell 程式設計」的書籍，例如：

- Stephen G. Kochan 和 Patrick Wood 的《*Unix Shell Programming, 3rd edition*》（SAMS Publishing, 2003）
- Bran W. Kernighan 和 Rob Pike 的《*The UNIX Programming Environment*》（Prentice Hall, 1984）中的 shell script 部分

然而，在某些情況下（尤其是你準備大量使用內建的 read 指令時），你應該反問一下自己，你是否正在使用正確的工具來完成這項工作？請記住 shell script 的強項：操控簡單的檔案和指令。如前面提到的，當你發現你的 script 寫得有點繁瑣，特別是涉及複雜的字串或數學處理時，或許你就該試試 Python、Perl 或 awk 之類的腳本語言了。

12

在網路上傳輸檔案

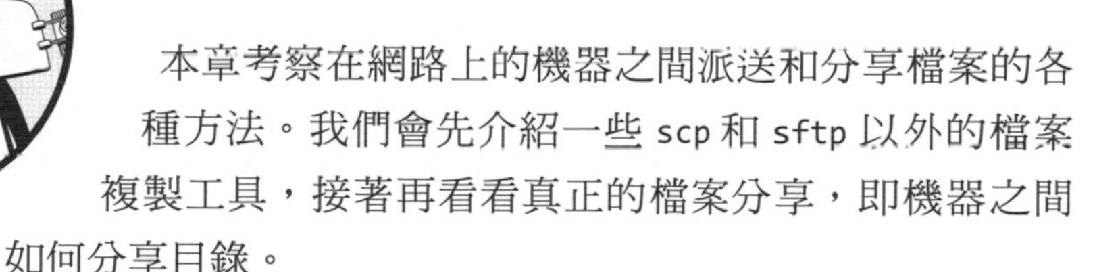

本章考察在網路上的機器之間派送和分享檔案的各種方法。我們會先介紹一些 `scp` 和 `sftp` 以外的檔案複製工具，接著再看看真正的檔案分享，即機器之間如何分享目錄。

由於派送（distribute）和共享（share）檔案的方式有很多種，這裡列出了一些使用情境和相應的解決方案：

情境	解決方案
讓你的 Linux 主機上的檔案或目錄暫時可讓其他主機使用。	Python SimpleHTTPServer (12.1 節)
主機之間的派送（複製）檔案，尤其是規律性的。	rsync (12.2 節)
定期將 Linux 主機上的檔案分享給 Windows 主機。	Samba (12.4 節)
將 Windows 的共享目錄掛載到你的 Linux 主機上。	CIFS (12.4 節)
以最少的設定來實作 Linux 主機之間的小規模共享空間。	SSHFS (12.5 節)
從信任的區域網路中的 NAS 或其他伺服器掛載更大的檔案系統。	NFS (12.6 節)
將雲端的儲存設備掛載到你的 Linux 主機上。	一些基於 FUSE 的檔案系統 (12.7 節)

請注意，這裡並沒有關於在多個位置與許多使用者進行「大規模共享」的內容。雖然並非不可能，但這樣的解決方案通常需要大量的工作，這部分並不在本書的範圍之內，我們將透過討論「為什麼會這樣」來結束本章。

與本書的許多其他章節不同，本章的最後部分並非是進階的話題。實際上，你可能從中獲得最大價值的部分是最「理論」的部分。12.3 節和 12.8 節將幫助你理解「為什麼」這邊會先列出了這麼多選項。

12.1 快速複製

假設你想在你的網路上從你的 Linux 主機複製檔案到另一台機器上，並且不打算複製回來或進行其他操作——你要的只是快，那麼，使用 Python 就是一種方便的做法。直接打開該檔案的目錄，然後執行：

```
$ python -m SimpleHTTPServer
```

這會啟動一個基本的網頁伺服器，使得網路上的瀏覽器能夠看到該目錄。它通常使用 8000 連接埠，所以，如果你在 10.1.2.4 位址的主機上執行，那麼，利用瀏覽器連到 http://10.1.2.4:8000 就可以獲取你想要的東西。

WARNING 這個方法的前提是你的區域網路是安全的。請不要在公眾網路或其他不信任的網路環境下操作，這並不是安全的做法。

12.2 rsync

當你想要開始複製的不僅僅是一兩個檔案時，你可以求助於需要目標伺服器支援的工具。例如，你可以使用 `scp -r` 將整個目錄結構複製到另一個位置，前提是遠端目標支援 SSH 和 SCP 伺服器軟體（這適用於 Windows 和 macOS）。我們已經在「第 10 章」看到了這個選項：

```
$ scp -r directory user@remote_host[:dest_dir]
```

這種做法可行，但不靈活。具體來說，傳輸結束時，在遠端的那個目錄可能並不真的就是本目錄的副本。如果遠端已經有了上例提到的 `directory` 目錄，並且裡面包含其他檔案，那麼傳輸完成時，那些檔案會是依然存在的。

如果你日常需要定期的做這種事情（並希望自動化），可用一些專業的同步系統，還可以幫忙做一些分析和驗證。`rsync` 是 Linux 平台上標準的同步工具，它功能多樣，效能強大。在本章中，我們會介紹一些實用的 `rsync` 操作模式和它的一些奇特之處。

12.2.1 開始使用 rsync

要使 `rsync` 在兩台主機之間運作，必須在來源機器和目標機器上面都安裝好該套件。接著，你還需要知道從一台機器存取另一台機器的方法。而最簡單的方式，就是使用「遠端的 shell 帳號」（假設你想用 SSH 方式傳輸）來進行檔案傳輸。其實，`rsync` 還可以在同一台機器上進行檔案和目錄的複製，例如從一個檔案系統複製到另一個檔案系統。

表面上，`rsync` 指令跟 `scp` 沒什麼區別。實際上，`rsync` 可以使用相同的參數。例如，想複製一組檔案到「你名為 `host` 的主機」的家目錄（home directory），就可以輸入：

```
$ rsync file1 file2 ... host:
```

在所有現代作業系統中，rsync 都假設你是用 SSH 連接遠端的。

小心這種回傳錯誤：

```
rsync not found
rsync: connection unexpectedly closed (0 bytes read so far)
rsync error: error in rsync protocol data stream (code 12) at io.c(165)
```

這個資訊是說，在遠端找不到 rsync。如果遠端安裝了 rsync，但沒在路徑中，請用 --rsync-path=*path* 來指定遠端中它的位置。

如果你的遠端帳號跟本機的不一樣，那就在「遠端主機名稱」前面加上 *user@*，這裡說的 *user* 指的是「你名為 *host* 的主機」上面的遠端帳號：

```
$ rsync file1 file2 ... user@host:
```

除非你加了其他選項，不然 rsync 只會複製檔案。實際上，如果你只是用到我們剛剛提過的那些選項，並加上「一個名為 *dir* 的目錄」作為參數，你就會收到以下資訊：

```
skipping directory dir
```

想要完整地、遞迴地傳輸整個目錄——包括符號連結、權限、模式、設備檔案——那就用 -a 選項。還有，如果你想複製到其他地方，而不是你的家目錄，你可以在「遠端主機名稱」（如本例中的 host）後面加上具體位址，就像這樣：

```
$ rsync -a dir host:dest_dir
```

複製目錄是需要技巧的，如果你不清楚傳輸過程中會發生什麼，你可以使用 -nv 選項組合。-n 選項會讓 rsync 進入「試跑」（dry run）模式，即模擬複製而非真的複製。-v 選項則是冗長模式（verbose mode），它會將涉及的檔案和傳輸過程的細節顯示出來：

```
$ rsync -nva dir host:dest_dir
```

輸出大概會是這樣：

```
building file list ... done
ml/nftrans/nftrans.html
[more files]
wrote 2183 bytes read 24 bytes 401.27 bytes/sec
```

12.2.2 準確複製目錄結構

預設情況下，rsync 複製檔案或目錄時是不關心目標目錄的原本內容的。舉例來說，假設你把一個包含檔案 a 和 b 的目錄 d 複製到另一台機器，而該機器已有了一個目錄 d，並且其中包含檔案 c，那麼經 rsync 傳輸過後，目標目錄就會包含有 a、b、c 三個檔案。

若想要做到準確複製，你就需要將目標目錄中比來源目錄多出的內容清除掉，例如上述範例的 c 檔案。要想實現這種效果，你可以使用 --delete 選項：

```
$ rsync -a --delete dir host:dest_dir
```

WARNING 這樣做是有點危險的，你需要檢查一下會不會誤刪檔案。記住，如果你不確定傳輸是否能達到理想結果，可先以 -nv 選項做一下測試，看看是否會刪除檔案。

12.2.3 以斜線結尾

在 rsync 中把目錄作為來源時，要特別小心。想想我們談過的傳輸目錄的基本做法：

```
$ rsync -a dir host:dest_dir
```

執行過後，*host* 機器的 *dest_dir* 下就會有了目錄 *dir*。圖 12-1 就展示了這種情況（假設目錄裡面有檔案 a 和 b）。

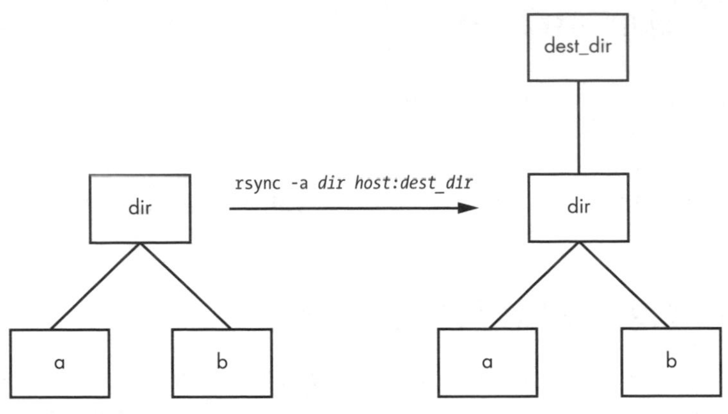

圖 12-1：一般的 rsync 複製

而如果你的來源目錄名稱是「以斜線（/）結尾」的話，則是另一番景象：

```
$ rsync -a dir/ host:dest_dir
```

這樣的話，rsync 就會直接將 *dir* 裡的內容全部複製到 *dest_dir* 中，而不會先在 *dest_dir* 建立 *dir* 目錄。因此，你可把 *dir/* 的傳輸看成是在本地檔案系統中執行 cp *dir/* dest_dir*。

舉例來說，如果你有一個包含檔案 a 和 b 的目錄 dir（dir/a 和 dir/b），然後你執行了「以斜線結尾」的那個版本的指令來將檔案傳輸到 host 主機中的 *dest_dir* 目錄：

```
$ rsync -a dir/ host:dest_dir
```

傳輸過後，*dest_dir* 裡面就會有 a 和 b 的副本，**但並無目錄 dir**。而如果你沒有在 dir 結尾「加上斜線」，那麼 *dest_dir* 得到的將會是「目錄 dir 的副本」（裡面包含 a 和 b），即遠端產生了 *dest_dir*/dir/a 和 *dest_dir*/dir/b 這樣的路徑和檔案。從圖 12-2 我們可以看出，「加上斜線」的結果是不同於圖 12-1 的。

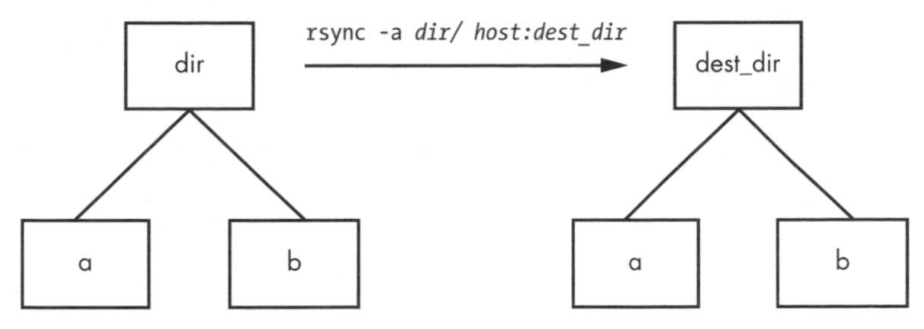

圖 12-2：以斜線結尾的效果

如果傳輸目錄和檔案到目標主機時，不小心在路徑後面加上了斜線，是沒什麼大不了的，只是可能有點麻煩而已。你需要到遠端去建立 dir 目錄，並將檔案放回去。需要擔心的是，如果你不幸將它跟 `--delete` 選項結合使用，那就可能會誤刪無辜的檔案。

WARNING 由於這種可能性，請注意 shell 的自動檔案名稱補齊功能。在你按 TAB 後，許多 shell 會在「完整的目錄名稱」結尾後面加上斜線。

12.2.4 排除檔案與目錄

`rsync` 有個很重要的功能，就是它可以排除（exclude）某些檔案與目錄的傳輸。舉例來說，你想將一個本地目錄 src 傳輸到 host，但想排除其中叫作 .git 的任何東西。那你可以這樣做：

```
$ rsync -a --exclude=.git src host:
```

注意，這條指令會排除「所有名為 .git 的檔案與目錄」，因為這裡 `--exclude` 採取的是模式（pattern）的方式，而非一個絕對的檔案名稱。要想排除一個指定的項目，那就「以 / 開頭」來指定一個絕對路徑（absolute path），就像這樣：

```
$ rsync -a --exclude=/src/.git src host:
```

NOTE `/src/.git` 中的第一個 / 不是系統的 root 目錄，而是傳輸的基本目錄。

以下還有一些按模式進行排除的技巧：

- `--exclude` 選項可以有多個。
- 常用的模式可保存在純文字檔案中（一行一個模式），並使用 `--exclude-from=file`。

- 只想排除「名為 item 的目錄」，不想排除「名為 item 的檔案」，可以斜線結尾：--exclude=*item*/。
- 模式配對是以一個完整的檔案或目錄名稱為單位的，模式可包含萬用字元。例如，t*s 能與 this 配對，但不與 ethers 配對。
- 如果你發現你要排除的內容太多了，你也可以用 --include 來指定要包含的檔案或目錄。

12.2.5 檢查、保護及冗長模式

為了提高效率，rsync 會先快速檢查一下目標位置是否已包含來源內容。這種快速檢查只看檔案大小及最後修改時間。在你第一次將整個目錄結構傳輸到遠端時，rsync 發現遠端並不存在任何這些檔案，於是它就整份傳輸過去。你可以用 rsync -n 來測試傳輸。

傳輸過一次之後，再用 rsync -v 做一次。你會發現這次的檔案清單為空，那是因為目標位置已有了來源內容，並且修改時間也一致。

當「來源檔案」與「目標檔案」不一致時，rsync 會對遠端已存在的同樣檔案進行覆寫（overwrite）。那麼，之前提到的快速檢查功能就可能不夠用了，因為你可能還需要更準確地驗證兩邊檔案是否一樣，以免 rsync 錯誤地略過它們，又或說你想要更多安全保障。這時，你可以求助於以下這些選項：

- **--checksum**（縮寫 **-c**）：透過計算檔案的總和檢查碼（checksum，大部分情況下是唯一的）來檢查一致性。這會在傳輸時消耗少量的 I/O 和 CPU 資源，但如果你想準確地傳輸，又擔心檔案大小不足以判斷一致性，那麼這個選項就是必須的。
- **--ignore-existing**：不覆寫已存在的檔案。
- **--backup**（縮寫 **-b**）：不覆寫已存在的檔案，只在傳輸新檔案之前，在那些「已存在於遠端的檔案名稱」中加上 ~ 副檔名，為它們重命名。
- **--suffix=s**：將 --backup 用的副檔名 ~ 改為 s。
- **--update**（縮寫 **-u**）：當目標檔案的修改時間比來源檔案的更早時，才進行覆寫。

在沒有使用什麼特別選項時，rsync 的執行會是悄無聲息的，只在遇到錯誤時才會有輸出。你可以用 rsync -v（冗長模式）來顯示傳輸過程的細節，甚至用 rsync -vv 來顯示得更細。（v 越多則越詳細，但兩個 v 通常已足夠。）想在傳輸過後得到一些綜合資訊，可用 rsync --stats。

12.2.6 壓縮

很多人喜歡在用 -a 的時候加上 -z，以在傳輸前先進行壓縮：

```
$ rsync -az dir host:dest_dir
```

某些情況下，壓縮是能加快傳輸速度的，例如上傳速度緩慢，或是主機間的延遲很多，而你又要傳輸大量檔案的情況時。然而，如果網路很快，那麼壓縮和解壓的過程會佔用較多 CPU 時間，此時反而不做壓縮會傳得更快一些。

12.2.7 限制頻寬

上傳大量資料時，可能會堵塞上行鏈結（uplink）。儘管這並不佔用下行鏈結（downlink），但如果不限制上傳速度，就算不使用下行鏈結（一般都蠻大量的），當你讓 rsync 在沒有被限制的情況下盡可能的傳輸，你的連線還是會變慢的，因為發出的 TCP 封包（如 HTTP 請求）需要與你的檔案傳輸爭奪頻寬。

要想避免這種情況，可以使用 --bwlimit 來為「你的上行鏈結」留點空間。例如，若要令其頻寬的上限為 100,000Kbps，可以這麼做：

```
$ rsync --bwlimit=100000 -a dir host:dest_dir
```

12.2.8 傳檔案到你的電腦

rsync 不僅能從本機傳檔案到遠端，還能從遠端傳檔案到本機，你只需將「遠端主機名稱」和「遠端來源檔案路徑」作為第一個參數即可。因此，想將遠端主機 host 的 *src_dir* 傳到本機的 *dest_dir*，就可以這樣執行：

```
$ rsync -a host:src_dir dest_dir
```

NOTE 之前也提過，若忽略主機名稱 host: 的話，意味著是在本機上進行目錄複製。

12.2.9 更多有關 rsync 的話題

無論何時，rsync 都應該是檔案複製的首選工具之一。rsync 的批次模式（batch mode）很有用，特別是將「一批相同的檔案」複製到多台主機上，因為它可以將該傳輸加速，並在傳輸中斷後進行續傳。

rsync 還能用於備份。例如，你可以接上一些網路的儲存設備（如 Amazon 的 S3）到你的 Linux 系統，然後使用 rsync --delete 來定期地進行檔案同步，這樣的備份系統效率是很高的。

沒談到選項還有很多。想大概理解一下的話，可執行 rsync --help 來查看更多的內容。此外，rsync(1) 說明手冊及其主頁 https://rsync.samba.org/ 也提供了詳細的參考資訊。

12.3 檔案共享

你的網路中應該不只有你一台 Linux 機器，而在擁有多台機器的網路中，很多時候我們都需要進行「檔案共享」（file sharing）。在本章剩下的內容中，我們會先看到與 Windows 或 macOS 主機的檔案共享，你也可以了解 Linux 如何試著和其他完全不同的作業系統環境互動。對於在 Linux 機器之間分享檔案，或是存取「網路附接儲存設備」（Network Attached Storage，以下簡稱 NAS）中的檔案，我們會簡單介紹一下，看看怎樣以使用者的身分去使用 SSHFS 和「網路檔案系統」（Network File System，以下簡稱 NFS）。

12.3.1 檔案共享的用法和效能

在使用任何類型的檔案共享系統時，首先你需要問自己一件事：為什麼要這樣做？在傳統的 Unix 網路中，主要有兩個原因：方便和缺乏區域的儲存設備。一個使用者可以登入到網路上數台主機中的一台，每台主機都可以直接存取「使用者的家目錄」。將「儲存」集中在少量「集中式伺服器」上，比為「網路上的每台機器」購買和維護大量「區域儲存設備」要划算得多。

這種模式的優勢被多年來「一直保持不變的一個主要缺點」所掩蓋：與「本機的儲存設備」相比，「網路儲存」的效能通常很差。某些類型的資料存取是可以的；例如，較新的硬體和網路在將「影像和聲音資料」從伺服器「以串流的方式」傳輸到媒體播放器時沒有問題，部分原因是資料存取的模式比較可以預測。從大型檔案或串流中發送資料的伺服器，可以有效地預先載入和緩衝資料，因為它知道用戶端可能會按順序存取資料。

然而，如果你正在執行更複雜的操作，或是一次存取許多不同的檔案，你會發現，你的 CPU 經常因為網路而等待。而「延遲」（latency）是罪魁禍首之一。這是從「任何隨機（任意）網路檔案存取」中接收資料所需的時間。在向「用戶端」發送任何資料之前，「伺服器」必須接受並 decipher（解碼或是解譯）該請求，然後定位並載入資料。第一步通常是最慢的，並且幾乎每次新的檔案存取都要再完成一次。

這個故事的寓意是，當你開始考慮網路檔案共享時，問問自己「為什麼要這樣做」。如果是針對不需要頻繁隨機存取的大量資料，你可能不會遇到問題。但是，如果你正在編輯影像或開發任何大型的軟體系統，你應該會希望將所有檔案保存在「本機的儲存設備」中。

12.3.2 檔案共享的安全性

傳統上，檔案共享協定的安全性並未被視為較高的優先等級，但這點卻會影響你希望「如何」以及在「何處」執行檔案共享。如果你有任何理由懷疑共享檔案環境中主機之間網路的安全性，你便需要在設定中同時考慮到授權、身分驗證和加密。良好的授權和身分驗證意味著，只有具有正確憑證的各方才能存取檔案（並且伺服器就是它宣告的身份），並且加密以確保沒有人能夠在內容傳輸到目的地時竊取檔案或資料。

最容易設定的檔案共享選項通常是最不安全的，不幸的是，沒有標準化的方法來保護這些類型的存取方式。不過，如果你願意花時間將正確的各個工具程式串在一起，Stunnel、IPSec 和 VPN 等工具都可以保護基本檔案共享協定之下的層級。

12.4 用 Samba 分享檔案

如果你有機器執行著 Windows，你可能想允許它透過標準的 Windows 網路協定——**伺服器訊息區塊**（**Server Message Block**，**SMB**）來存取你 Linux 系統的檔案和印表機。macOS 也支援 SMB 檔案共享，但你也會需要使用到 SSHFS，這在 12.5 節中會討論到。

Unix 的標準檔案共享軟體套件叫作 **Samba**。它不只能讓你網路上的 Windows 主機存取你的 Linux 系統，還能反過來——用你的 Linux 主機上的 Samba 用戶端軟體去存取和列印 Windows 伺服器上的檔案。

要建立一台 Samba 伺服器，可跟從以下步驟：

1. 建立 smb.conf 檔案；
2. 在 smb.conf 中加入檔案共享小節；
3. 在 smb.conf 中加入印表機共享小節；
4. 啟動 Samba 常駐程式 `nmbd` 和 `smbd`。

當你從發行版套件庫中安裝 Samba 時，你的系統會執行以上的步驟，並給予 Samba 伺服器一些合理的預設設定。然而，它無法為你決定「你想要在你的 Linux 系統上共享什麼東西」。

NOTE 本章關於 Samba 的介紹是很簡單的，而且僅限於讓單一子網路中的 Windows 機器透過「網路芳鄰」（Windows Network Places）來查看 Linux 主機。因為「存取控制」和「網路拓撲」也有各種可能性，所以設定 Samba 的方法無窮無盡。想知道大型伺服器的設定方法，請參考 Gerald Carter、Jay Ts 和 Robert Eckstein 的著作《*Using Samba, 3rd edition*》（O'Reilly, 2007），裡面談到的東西很廣泛。另外，也可參考 Samba 的網站：https://www.samba.org/。

12.4.1 設定伺服器

Samba 的核心設定檔案是 smb.conf，大多數發行版都會將它置於 etc 目錄中，如 /etc/samba。然而，它也有可能不在該目錄中，而是被放在 lib 目錄中，如 /usr/local/samba/lib。

smb.conf 的格式類似於你曾經看過的 XDG 風格（如 systemd 設定檔案的格式），並分為不同的小節，每節的名稱以方括號包圍（例如 `[global]` 和 `[printers]`）。smb.conf 檔案中的 `[global]` 小節包含了會套用到整個伺服器和所有共享的通用選項，這些選項主要是關於網路設定和存取控制的。以下的 [global] 範例展示了如何設定「伺服器名稱」（server name）、「描述」（description）和「工作群組」（workgroup）：

```
[global]
# server name
netbios name = name
# server description
server string = My server via Samba
# workgroup
workgroup = MYNETWORK
```

這些參數的涵義如下所示：

- **netbios name**：伺服器名稱，如果沒填，則 Samba 會用 Unix 主機名稱。NetBIOS 是一個 API，SMB 主機使用它來和其他主機溝通。
- **server string**：關於伺服器的簡短描述。預設是 Samba 的版本號碼。
- **workgroup**：SMB 工作群組名稱。如果你在 Windows 的網域中，那就把該參數設為 Windows 網域的名稱。

12.4.2 伺服器存取控制

你可以在 smb.conf 中新增選項來「限制」那些能存取你 Samba 伺服器的機器和使用者。以下列舉的是一些包括了很多可設在 [global] 小節的選項，這些可以控制個別的共享限制（稍後講解）。

- **interfaces**：使 Samba 監聽某個網路或介面。例如：

```
interfaces = 10.23.2.0/255.255.255.0
interfaces = enp0s31f6
```

- **bind interfaces only**：使用 interfaces 選項時，將此選項設為 yes，如此一來，Samba 將只可存取到「那些可以直接透過該介面連接到的主機」。
- **valid users**：只允許「指定的使用者」存取 Samba，例如：

```
valid users = jruser, bill
```

- **guest ok**：設為 true 則會使網路上的「匿名使用者」可看到共享。在設定為 true 前，請先確認網路是私有網路。
- **browseable**：設定網路瀏覽軟體是否可見共享資源。當某個共享小節被設為 no 時，你其實還是可以存取到該 Samba 伺服器的共享，但是要指定具體名稱才能存取共享內容。

12.4.3 密碼

一般來說，存取 Samba 伺服器應該先透過密碼驗證。不幸的是，Unix 的基本密碼系統跟 Windows 的是不一樣的，所以，除非你指定了明文（cleartext）的網路密碼或 Windows 伺服器驗證密碼，否則你必須要有另一套密碼系統。本節會教你如何用「Samba 的 **Trivial Database**（即 **TDB**）後端」建立一套密碼系統，它很適合小型網路。

首先，在 smb.conf 的 [global] 小節中建立以下項目，來定義 Samba 密碼資料庫的特性：

```
# use the tdb for Samba to enable encrypted passwords
security = user
passdb backend = tdbsam
obey pam restrictions = yes
smb passwd file = /etc/samba/passwd_smb
```

這幾行程式碼能讓你能夠透過 smbpasswd 來操作 Samba 密碼資料庫。obey pam restrictions 參數保證了「使用者透過 smbpasswd 修改密碼時」需要遵照 PAM（Pluggable Authentication Module，「第 7 章」有提過）的規則。而對於 passdb backend 參數，你還可以在「冒號」後面指定 TDB 檔案的路徑名稱，如 tdbsam:/etc/samba/private/passwd.tdb。

NOTE 如果你使用 Windows 網域，你可以設定 security = domain 以令 Samba 使用網域的驗證系統，而無需密碼資料庫。但是，為了讓網域的使用者可以存取正在執行 Samba 的主機，每個網域使用者都必須在該主機上擁有一個具有相同使用者名稱的本地帳號。

新增和刪除使用者

為了讓 Windows 使用者能存取 Samba 伺服器，你必須先用 smbpasswd -a 來把 Windows 使用者的「使用者名稱」新增到密碼資料庫中：

```
# smbpasswd -a username
```

smbpasswd 所使用的 *username* 參數必須是 Linux 系統中有效的使用者名稱。

跟一般系統中的 passwd 程式一樣，smbpasswd 也會讓你為「新的 SMB 使用者」輸入兩次密碼。如果密碼能通過必要的安全檢查，那麼新使用者就會被建立。

要移除使用者，使用 -x 選項：

```
# smbpasswd -x username
```

-d 選項可令使用者暫時失效；而 -e 選項則可將使用者重新啟用：

```
# smbpasswd -d username
# smbpasswd -e username
```

修改密碼

超級使用者可不加任何選項或關鍵字就直接更改任何一個使用者的 Samba 密碼：

```
# smbpasswd username
```

然而，如果 Samba 伺服器是在執行中，則任何使用者都可透過在命令列輸入 smbpasswd 來修改自己的密碼。

最後，設定中還有一點是需要注意的，即如果你在 smb.conf 中看到這樣的一行，那就要小心了：

```
unix password sync = yes
```

這行會使 smbpasswd 在修改 Samba 密碼的同時也改掉 Linux 密碼。這可能會帶來困擾，尤其是當使用者將 Samba 密碼修改為「非 Linux 登入密碼」後，卻發現不能登入 Linux 了。有些發行版的 Samba 套件，正是將此參數預設設為 yes 的！

12.4.4 手動啟動伺服器

如果你不是用發行版套件庫中的 Samba 套件來安裝，那麼你可能需要自己啟動伺服器。你可以先用 systemctl --type=service 指令來確認服務是否有被啟動。不過，如果你是從原始程式碼（source code）直接安裝，你要做的是用以下參數來執行 nmbd 和 smbd，而其中的 *smb_config_file* 是你 smb.conf 檔案的完整路徑：

```
# nmbd -D -s smb_config_file
# smbd -D -s smb_config_file
```

nmbd 常駐程式是一個 NetBIOS 名稱伺服器，而 smbd 才是真正處理「共享請求」的程序。-D 選項用於指定它們以「常駐程式模式」執行。如果你在 smbd 執行期間修改了 smb.conf 檔案，你可以用「HUP 訊號」通知常駐程式重讀設定，不過，一般最好是利用 systemd 來管理伺服軟體，這樣你就可以讓 systemd 來幫你完成這些工作。

12.4.5 診斷和日誌檔案

如果 Samba 伺服器啟動過程中出錯，那麼錯誤訊息就會出現在命令列上。但執行時的診斷資訊是去到 log.nmbd 和 log.smbd 檔案的，它們通常在 /var/log 目錄中，如 /var/log/samba。在那裡，你還可以看到其他日誌檔案，例如每個獨立用戶端個別的日誌檔案。

12.4.6 設定檔案共享

要向 SMB 用戶端輸出一個目錄（即「與用戶端共享一個目錄」），需要在你的 smb.conf 檔案中新增如下這樣的一個小節。其中 label 是該共享的名稱（像是 mydocuments），path 是目錄的完整路徑：

```
[label]
path = path
```

```
comment = share description
guest ok = no
writable = yes
printable = no
```

以下參數對於目錄共享是很有幫助的：

- **guest ok**：當設定值為 yes 時，代表允許訪客存取。與 public 參數同義。
- **writable**：當設定值為 yes 或 true 時，表示該共享可讀可寫。千萬不要給「一個訪客可存取的共享設定」可讀可寫。
- **printable**：設定為共享印表機。如果是目錄共享，那就要設定為 no 或 false。
- **veto files**：符合模式的檔案將不參與共享。每個模式用「斜線」包圍（像 */pattern/* 這樣）。例如，veto files = /*.o/bin/ 這條指令會隱藏物件檔案（object file）以及所有叫作 bin 的檔案和目錄。

12.4.7 家目錄

你可以在 smb.conf 檔案裡面新增 [homes] 小節，讓「家目錄」（使用者的家目錄）能被共享。這個小節大概是這樣：

```
[homes]
comment = home directories
browseable = no
writable = yes
```

預設情況下，Samba 會讀取登入使用者的 /etc/passwd 項目來獲知他們的家目錄。然而，如果你不想用預設的做法（即你想讓 Windows 的家目錄與 Linux 的不同），那麼你可以在 path 參數處使用 %S 替換字元。例如，下面這個例子就可以將一個使用者的 [homes] 目錄切換成 /u/user：

```
path = /u/%S
```

Samba 會將 %S 替換成目前的使用者名稱。

12.4.8 共享印表機

你可以透過在 smb.conf 檔案中加入一個 `[printers]` 小節來和 Windows 用戶端共享印表機。以下是使用 CUPS（標準 Unix 列印系統）時，`[printers]` 小節的設定：

```
[printers]
comment = Printers
browseable = yes
printing = CUPS
path = cups
printable = yes
writable = no
```

要使用 `printing = CUPS` 參數，你的 Samba 必須設定和連接了 CUPS 函式庫。

NOTE 根據你的需要，你可能還想設定 `guest ok = yes`，以允許訪客存取你的印表機，而不是還要給「有需求的使用者」一個 Samba 的帳號密碼，因為在區域網路中用「防火牆規則」來限制印表機存取是很容易的。

12.4.9 使用 Samba 用戶端

Samba 的用戶端程式 `smbclient` 可以存取和列印出 Windows 的共享。當你需要與 Windows 伺服器互動時，這個工具能讓你仍按 Unix 風格來工作。

在開始使用 `smbclient` 時，先用 `-L` 選項列出「名為 *SERVER* 的遠端伺服器」的共享：

```
$ smbclient -L -U username SERVER
```

如果「你的 Linux 使用者名稱」與「遠端的使用者名稱」一樣，就不需要 `-U` *username*。

輸入指令後，`smbclient` 就會問你密碼。若要以訪客身分存取，就直接 ENTER 確認，否則輸入 *SERVER* 主機中你的密碼。成功後，你就會看到以下結果：

```
Sharename    Type      Comment
---------    ----      -------
Software     Disk      Software distribution
Scratch      Disk      Scratch space
IPC$         IPC       IPC Service
ADMIN$       IPC       IPC Service
Printer1     Printer   Printer in room 231A
Printer2     Printer   Printer in basement
```

可以根據 `Type` 欄位來搞清楚每一行共享的作用，並把重點放在 `Disk` 和 `Printer` 共享（`IPC` 共享屬遠端管理）。這個清單包含了兩個共享磁碟和兩個共享印表機。可用 `Sharename` 欄中的名字來存取它們。

作為用戶端去存取檔案

如果你只是隨意存取共享磁碟上的檔案，可用以下指令。（同樣地，如果「你的 Linux 使用者名稱」與「遠端的使用者名稱」一致，可以去掉 -U *username*。）

```
$ smbclient -U username '\\SERVER\sharename'
```

成功執行後，你會看到以下提示，意味著你可以開始傳輸檔案了：

```
smb: \>
```

在這種傳輸模式下，`smbclient` 跟 Unix 的 `ftp` 指令是很像的，你可以執行下列指令：

- **get *file***：將遠端的檔案 *file* 複製到本機目前目錄。
- **put *file***：將本機的檔案 *file* 複製到遠端伺服器。
- **cd *dir***：跳到遠端的 *dir* 目錄。
- **lcd *localdir***：跳到本機的 *localdir* 目錄。
- **pwd**：列印出遠端伺服器的目前目錄，包括伺服器與共享的名稱。
- **!*command***：在本機執行指令 *command*。可以用 `!pwd` 和 `!ls` 來查看本機的目前目錄和目錄中的檔案。
- **help**：顯示所有可用指令。

使用 CIFS 檔案系統

如果你要經常存取 Windows 伺服器上的檔案，你可以透過 mount 來將一個共享附加到你的系統上，語法如下（請注意，這邊的格式是 *SERVER*:*sharename*，而不是一般所見的 *SERVER**sharename*）：

```
# mount -t cifs SERVER:sharename mountpoint -o user=username,pass=password
```

要像這樣使用 mount，你需要在系統中先安裝好「通用網際網路檔案系統」（Common Internet File System，以下簡稱 CIFS）這套工具程式，大多數發行版都需要額外安裝該套件。

12.5 SSHFS

在不影響 Windows 檔案共享系統的情況下，本節我們將討論 Linux 系統之間的檔案共享。對於不是特別複雜的使用情況，其中一個便利的方式是採用 SSHFS。這只不過是一個使用者空間中的檔案系統，它會開啟一個 SSH 連線，並將另一端的檔案顯示在你主機上的掛載點（mount point）。大多數發行版預設是沒有安裝此套件的，因此你可能需要安裝發行版中的 SSHFS 套件。

在命令列上使用 SSHFS 的語法表面上看起來與你之前看到的 SSH 指令相似。當然，你需要提供共享目錄（在遠端主機上）和所需的掛載點：

```
$ sshfs username@host:dir mountpoint
```

就像在 SSH 中一樣，如果「遠端主機上的使用者名稱」相同，可以刪除 *username@*。如果你只想從另一端掛載家目錄，也可以省略 *:dir*。如有必要，這個指令會在另一端詢問密碼。

因為這是一個使用者空間的檔案系統，所以如果你以一般使用者的身分執行它，就必須使用 fusermount 卸載它：

```
$ fusermount -u mountpoint
```

超級使用者也可以使用 umount 卸載這些檔案系統。為了確保「擁有權」和「安全性」的一致性，這種類型的檔案系統通常最好以「一般使用者的身分」來掛載。

SSHFS 有以下這些優點：

- 它的設定非常少。對遠端主機的唯一要求是啟用 SFTP，而大多數 SSH 伺服器預設都有啟用它。
- 它不依賴於任何類型的特定網路設定。只要你可以打開 SSH 連線，SSHFS 就可以運作，無論它是在安全的區域網路上，或是在不安全的遠端網路上。

SSHFS 的缺點是：

- 效能受到影響。花費很多資源在加密、翻譯（轉換）與傳輸（但可能沒有你想像的那麼糟糕）。
- 多使用者的設定是有限的。

如果你認為它可能對你有用，那麼絕對值得嘗試一下 SSHFS，因為它設定上非常簡單。

12.6 NFS

Unix 系統中標準的檔案共享系統是 NFS。不同版本的 NFS 適用於不同的情境。你可以透過 TCP 和 UDP 來提供 NFS 服務，並加上一大堆驗證和加密技術（但可惜的是，其中只有極少數是在預設情況下啟用的）。正因為選擇繁多，所以 NFS 是一個很大的話題，於是我們只會講講 NFS 用戶端的一些基本知識。

想在一個伺服器上透過 NFS 掛載一個遠端目錄，可使用與「掛載 CIFS 目錄」相同的語法：

```
# mount -t nfs server:directory mountpoint
```

技術上來說，你應該不用指定 `-t nfs`，因為 `mount` 會幫你自動識別，但你可能也想了解說明手冊 nfs(5) 裡的選項。你會看到可以利用 `sec` 選項來採取好幾種不同的安全策略。很多小型、封閉網路的管理者會使用「基於主機」的存取控制，而更複雜的那些方法，如基於 Kerberos 的驗證，則需要額外的設定檔案。

當你發現網路上的檔案系統使用量很大時，那就建立自動掛載（automounter）吧，使得檔案系統在被需要使用時才掛載，以避免開機時因為依賴關係的問題而出錯。傳統的自動掛載工具是 automount，它的新版叫作 amd，但它們都正在被 systemd 的自動掛載單元取代。

NFS 伺服器

設定 NFS 伺服器來將檔案共享到其他 Linux 主機，會比設定用戶端更複雜。你需要執行伺服器端的常駐程式（mountd 和 nfsd），並設定好 /etc/exports 檔案來反映你正在共享的目錄。然而，我們不會涵蓋 NFS 伺服器這個話題，主要是因為透過網路共享儲存設備通常更方便，只需購買一個 NAS 設備，它就會幫你處理好這些事情。其中許多設備都是基於 Linux 的，因此它們自然會支援 NFS 伺服器。供應商藉由提供他們自己的管理工具來為他們的 NAS 設備增加價值，協助我們擺脫繁瑣的工作，例如設定 RAID 配置和雲端備份。

12.7 雲端儲存設備

講到雲端備份，有一種網路檔案儲存服務叫「雲端儲存」（cloud storage），例如 AWS S3 或是 Google Cloud Storage。這些系統的儲存效能不若本機儲存設備的效能，但它們確實提供了兩個顯著優勢：你永遠不需要去維護它們，而且你不必擔心備份的問題。

除了所有雲端儲存供應商都提供的「Web（和可程式化）介面」之外，還有一些方法可以在 Linux 系統上掛載大多數類型的雲端儲存設備。與迄今為止我們看到的大多數檔案系統不同，這些檔案系統幾乎都被實作為「FUSE（Filesystem in USErspace，使用者空間的檔案系統）介面」。對於一些較普及的雲端儲存供應商來說，如 S3，甚至有多種選擇。這是有道理的，因為 FUSE 處理程式（handler）只不過是一個使用者空間常駐程式，充當「資料來源」與「核心」之間的媒介。

本書並不會討論特定的雲端儲存用戶端的設定，因為每一種都不一樣。

12.8 網路檔案共享的狀態

目前看來，你可能會覺得前述關於「NFS」和「檔案共享」的討論似乎有些不太完整——可能是這樣沒錯，但可能只有「檔案共享系統」本身。我們在 12.3.1 節和 12.3.2 節討論了「效能」和「安全」問題。特別是 NFS 的基本安全級別非常低，需要大量額外的工作來改進。CIFS 系統在這方面要好一些，因為必要的加密層中已經內建了較新的軟體。然而，「效能」的限制並不容易克服，更不用說系統在暫時無法存取其網路儲存設備時的「效能」有多糟糕。

其實已經有過多次嘗試處理這個問題。也許最接近可行的是 Andrew File System（AFS），它最初是在 1980 年代設計的，它是由圍繞這些問題的解決方案所建構的。那麼為什麼不是每個人都使用 AFS 或類似的東西呢？

這個問題沒有一個答案，但大部分歸咎為「設計」的某些部分缺乏彈性。例如，安全機制需要 Kerberos 身分驗證系統。雖然普遍可用，但它在 Unix 系統上從未成為標準，並且需要大量工作來設定和維護（甚至你必須為其架設一台伺服器）。

對於大型機構而言，滿足 Kerberos 等需求不是問題。這正是 AFS 蓬勃發展的環境。大學和金融機構是大型 AFS 的站台。但對於小型使用者來說，不這樣做更簡單，他們更喜歡 NFS 或 CIFS 共享等更簡單的選項。這種限制甚至延伸到 Windows；從 Windows 2000 開始，Microsoft 切換到 Kerberos 作為其伺服器產品的預設身分驗證，但小型網路環境並不傾向於使用這種採用這類伺服器的 Windows 網域。

除了身分驗證先備條件之外，還有一個問題源於更多技術因素。許多網路檔案系統的用戶端程式，傳統上都是使用核心程式碼（kernel code），尤其是 NFS。不幸的是，網路檔案系統的要求非常複雜，以至於問題開始出現。單獨的身分驗證在核心中沒有位置。核心用戶端的實作還嚴重限制了網路檔案系統的潛在開發人員基礎，進而阻礙了整個系統。在某些情況下，用戶端程式碼在使用者空間中，但其中總有一些核心客製化的部分。

目前，我們發現自己在 Linux/Unix 世界中沒有真正標準的網路檔案共享方式（如果你不是大型站台，或者你不願意投入大量工作的話，更是如此）。但是，情況不一定總是如此。

當供應商開始提供雲端儲存時，很明顯地，傳統的網路檔案共享形式不適合。在雲端架構中，存取方法是建立在 TLS 等安全機制之上，無需設定大型系統（如 Kerberos）即可存取儲存設備。如上一節所述，透過 FUSE 可以使用許多選項來存取雲端儲存設備。我們不再依賴於「用戶端」任何部分的核心；任何類型的身分驗證、加密或處理都可以在「使用者空間」中輕鬆完成。

所有這一切都意味著，未來很可能會看到一些檔案共享的設計，會在安全性和其他領域（如檔案名稱轉換）方面具有更大的彈性。

13

使用者環境

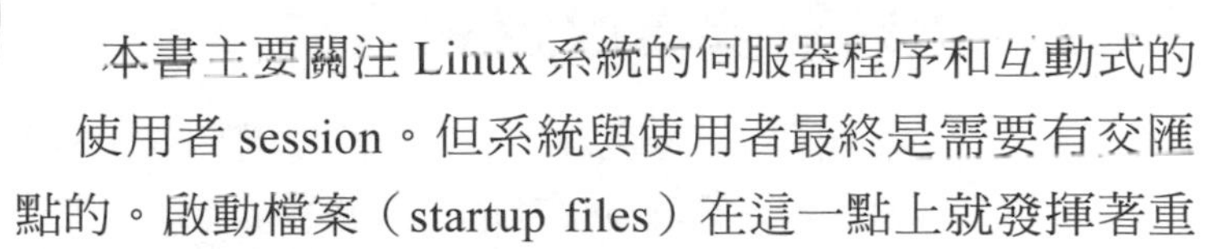

本書主要關注 Linux 系統的伺服器程序和互動式的使用者 session。但系統與使用者最終是需要有交匯點的。啟動檔案（startup files）在這一點上就發揮著重要的作用，因為它們為 shell 和其他互動式程式設定了預設的參數。它們決定了使用者登入時所能看到的系統的模樣。

大多數使用者平時是不太關心啟動檔案的，只會在想要新增一些方便功能時才接觸它們，例如新增別名（alias）。隨著時間過去，這些檔案便充斥了非必要的環境變數和測試，進而導致一些煩人（甚至嚴重）的問題。

如果你的 Linux 機器已經用了好一段時間，你會發現你的家目錄累積了大量的啟動檔案。它們通常會被稱為 **dot 檔案（dot files）**，只因它們的檔案名稱以 `.`（dot，點）開頭，這些檔案大部分都被「`ls` 的預設呈現方式」或是「檔案管理類的軟體」排除掉。它們很多是在某些程式初次啟動時產生的，而一般人是不會去更改它們的。本章主要講解 shell 啟動檔案。這些檔案你很可能會修改甚至完全改寫。現在來看看你需要為此花多少心思。

13.1 建立啟動檔案的規則

設計啟動檔案時，要考慮到使用者。如果該機器只有你在用，那就不用太擔心，因為有問題也只會影響到你，而且容易修復。但如果你建立的啟動檔案是該機器或該網路所有新使用者的預設設定，或是它會被複製到其他機器上使用，那麼這個設計的過程就變得比較艱難了。如果你的啟動檔案在 10 個使用者那裡出錯，那麼你最終可能就要為此進行 10 次修復工作。

為別的使用者建立啟動檔案時，必須要記住以下兩點：

- **簡單**：啟動檔案的數量和內容都要盡量精簡，以使它們易守難攻。因為在啟動檔案中每多一個項目，就意味著多一個突破口。
- **可讀**：善用註釋功能，方便使用者理解檔案的每一部分有什麼用。

13.2 何時需要修改啟動檔案

在修改一個啟動檔案之前，先試著問自己一下，真的非修改不可嗎？以下是一些修改啟動檔案的好時機參考範例：

- 你想改變預設提示字元。
- 你需要將一些安裝在本機的重要軟體整合進去。（但還是建議你先考慮使用 wrapper script，也就是利用 script 來使用這些軟體。）
- 現存的啟動檔案有問題。

如果本來你的 Linux 運作正常，那更要小心了。另外，有些預設的啟動檔案會與 /etc 裡的其他檔案互動。

雖然說了這麼多，但如果你對修改預設設定沒有興趣，那麼你是不需要閱讀本章的，所以我們直接來看一下哪些是重要的內容。

13.3 shell 啟動檔案的元素

shell 啟動檔案裡該有什麼？很明顯地，需要有指令路徑和提示字元的設定。但指令路徑和提示字元具體應該是怎樣的呢？還有，啟動檔案裡面放多少東西才算是過多呢？

接下來的幾個小節將討論 shell 啟動檔案的必要元素——指令路徑、提示字元、別名以及權限遮罩。

13.3.1 指令路徑

shell 啟動檔案中最重要的就是指令路徑（command path）。該路徑應包含使用者要用到的所有應用程式所在的目錄。至少，按照順序應包含這些：

```
/usr/local/bin
/usr/bin
/bin
```

此順序確保你可以使用「位於 /usr/local 中」各指定主機所使用的變體，去覆蓋標準的預設程式。

大多數 Linux 發行版中，幾乎所有的使用者軟體套件的可執行檔案都會被安裝到 /usr/bin 中。但還要留意一些少數情況，例如遊戲會放在 /usr/games 中，而圖形化應用程式又放在另外的地方。所以先檢查一下你系統的預設設定，然後確保所有常用的程式都能在以上目錄找到。如果找不到，那麼你的系統可能就沒辦法用了。不要為了遷就「新安裝軟體的目錄」而改變「預設的指令路徑」。為了適應分散的軟體目錄，你可以用一個簡單的方法，就是把那些軟體的「符號連結」放到 /usr/local/bin 中。

很多人喜歡在自有的 bin 目錄中放置 shell script 和程式，所以你可以把以下這行放在指令路徑的開頭：

```
$HOME/bin
```

NOTE 有一種新的慣用方法是把二進位檔案放在 $HOME/.local/bin 中。

如果你對系統工具感興趣（如 `sysctl`、`fdisk` 和 `lsmod`），可以為你的路徑加上 sbin 目錄：

```
/usr/local/sbin
/usr/sbin
/sbin
```

> **在指令路徑裡加 .（點）**
>
> 指令路徑中還有一個頗有爭議性的小元素：.（點）。指令路徑中有了「點」的話，你就不用在指令名稱前面加 ./，即可直接執行目前目錄中的程式。乍看之下，這對於撰寫 script 和編譯程式來說很方便，但其實是有問題的，主要有以下兩個原因：
>
> - 可能會導致安全性問題。永遠不要把「點」放在指令路徑的前端。考慮一下可能會發生的後果：駭客將木馬打包成一個叫作 `ls` 的檔案，散布於網路上。就算你把「點」放在指令路徑的末端，你也可能因為打錯（`sl` 或 `ks`）而觸發意外。
> - 可能產生不一樣的結果，令人混淆。目前目錄的切換可能會導致「指令相同，但效果不同」。

13.3.2 說明手冊的路徑

傳統的說明手冊路徑來自於環境變數 `MANPATH`，但你不應該設定它，因為這樣會重寫了 /etc/manpath.config 的預設設定。

13.3.3 提示字元

有經驗的使用者都不想看到冗長、複雜、無用的提示字元（prompt）。相比之下，儘管很多 shell 的預設提示字元已經很亂也有沒太大用處，很多管理者和發行版卻還是喜歡將所有東西都拖拽到預設的提示字元中。舉例來說，預設的 `bash` 提示字元都會包含 shell 的名稱和版本編號。你做出的選擇應該是反映出使用者的需要，如果他們真的需要目前工作目錄、主機名稱、使用者名稱，則可以將它們加入到提示字元中。

最重要的是，不要用到 shell 的關鍵字，例如：

```
{ } = & < >
```

NOTE 要特別小心 > 字元。如果你拿 shell 視窗的內容來複製貼上，可能會導致你的目前目錄中出現空檔案（回憶一下 > 的功能，它會把「輸出」重新導向到一個檔案）。

以下這個簡單的 bash 提示字元設定以常見的 $ 結尾（傳統的 csh 提示字元則以 % 結尾）：

```
PS1='\u\$ '
```

\u 用於代替目前使用者（詳見 bash(1) 說明手冊的 PROMPTING 小節）。其他常用的替代選項如下所示：

- **\h**：主機名稱（不含網域名稱的短形式）。
- **\!**：history 指令的編號。
- **\w**：目前目錄。因為這可能很長，你可以用 \W 來只顯示目前路徑末端的目錄。
- **\$**：一般使用者顯示為 $，root 使用者顯示為 #。

13.3.4 別名

別名（alias）是使用者環境的難點之一。它是 shell 的一種特性，能在執行指令之前替換其中的字串，可作為一種減少打字量的途徑。但其實它也是有缺點的，如下所列：

- 在參數的操作上會比較麻煩。
- 它容易讓人困惑。shell 的內建指令 which 可以告訴你一個東西它是不是別名，但不能告訴你哪裡定義了這個別名。
- 它在子 shell 和非互動式 shell 中無法使用，只能在目前 shell 中使用。

定義別名時的一個典型錯誤是向「現有的指令」增加「額外的參數」——例如，為 ls 建立別名 ls -F。在最好的情況下，當你不需要 -F 參數時，將會很難刪除它。在最壞的情況下，對於不了解「他們並沒有使用預設參數」的使用者來說，可能會造成嚴重後果。

鑒於以上缺點，你應該盡可能避免使用別名，因為編寫 shell 函數或全新的 shell script 會更好控制。現代電腦都能快速地啟動和執行 shell，所以別名與全新的指令用起來幾乎沒有差異。

然而，當你僅想在某部分 shell 環境中改變指令意義時，使用別名還是相當方便的。shell script 是無法改變環境變數的，因為它執行於子 shell 中。（但你可以改用「定義 shell 函數」來執行此任務。）

13.3.5 權限遮罩

如「第 2 章」所述，你可以使用 shell 的內建指令 `umask`（permissions mask，權限遮罩）來設定預設權限。你應該在某個啟動檔案中使用 `umask`，以確保無論你用什麼程式來建立檔案，都能為該檔案賦予你需要的權限。以下是兩個值得參考的遮罩選擇：

- **`077`**：此遮罩最嚴格，它使得新建的檔案與目錄只能由建立者存取。在多使用者的系統中，如果你不想其他人查看你的檔案，那麼是可以用這個的。然而，如果預設設成這樣，而你的使用者又不懂怎樣自行修改權限的話，那麼他們在分享檔案的時候就會出現問題。（經驗不足的使用者可能會將檔案修改成所有人可寫。）
- **`022`**：此遮罩能讓其他使用者查看新建的檔案和目錄的內容。這在單一使用者的環境中是一個不錯的方式，因為很多常駐程式是以偽使用者（pseudo-user）的形式執行的，它們不能存取以 `077` 遮罩建立的檔案和目錄。

NOTE 某些應用程式（特別是郵件應用程式）會將遮罩重寫成 `077`，因為這些應用程式認為由它們建立的檔案只應由「建立者」查看。

13.4 啟動檔案的順序及範例

在理解了啟動檔案該有的內容後，現在來看一下具體的例子。令人意外的是，建立啟動檔案的難點之一，竟是選擇使用哪些啟動檔案。下一節我們會介紹兩個最普及的 Unix shell：`bash` 和 `tcsh`。

13.4.1 bash shell

在 bash 裡，有 .bash_profile、.profile、.bash_login 和 .bashrc 等啟動檔案名稱可供選擇。那麼到底哪個適合設定指令路徑、說明手冊路徑、提示字元、別名和權限遮罩呢？答案就是：你應該使用 .bashrc，並建立「名為 .bash_profile 的符號連結」指向它，因為 bash shell 的執行個體（instance）是有不同類型的。

shell 執行個體的類型主要有兩種：互動式（interactive）和非互動式（noninteractive）。但其中我們只關心「互動式 shell」，因為「非互動式 shell」（例如執行 shell script 的那些）通常不讀取啟動檔案。而互動式 shell 則是從終端機讀取並執行指令的環境，本書中曾提到過，它分為「登入 shell」和「非登入 shell」兩種。

登入 shell

按照傳統說法，**登入 shell（login shell）**就是你透過 /bin/login 之類的程式登入系統時所獲得的 shell。用 SSH 來遠端登入，獲取的也是登入 shell。登入 shell 的基本概念就是，它是一個初始 shell。可以用 `echo $0` 來驗證一個 shell 是不是登入 shell：如果它列印出的第一個字元是破折號（-），那目前的 shell 就是登入 shell。

當 bash 以「登入 shell」的形式執行時，它會執行 /etc/profile。然後就會尋找使用者的 .bash_ profile、.bash_login 和 .profile 檔案，並只會執行它所找到的第一個檔案。

讓一個「非互動式 shell」像「登入 shell」一樣執行啟動檔案，也是可以的，雖然聽起來有點怪。要想這樣做，只要在啟動該 shell 時帶上 `-l` 或 `--login` 選項即可。

非登入 shell

非登入 shell（non-login shell）就是登入以後另外再執行的 shell，即所有不屬於登入 shell 的互動式 shell。視窗化的系統終端機程式（如 xterm、GNOME 終端機等）都會啟動「非登入 shell」，除非你指定它提供「登入 shell」。

當 bash 以「非登入 shell」的形式啟動時，它會執行 /etc/bash.bashrc 以及使用者的 .bashrc。

兩種 shell 所帶來的影響

之所以有兩種 shell，是因為以前人們透過終端機登入時使用的是「登入 shell」，而登入後執行視窗化程式或 screen 程式的「子 shell」則是使用「非登入 shell」。如果在所有「非登入的子 shell」中都執行使用者環境的設定程式，那是很浪費資源的。所以，你可以在「登入 shell」中執行包含各種各樣啟動指令的 .bash_profile，而讓「非登入的 .bashrc 檔案」只包含別名設定和其他「輕量」（lightweight）的東西。

今時今日，大多數的桌機使用者都是透過圖形介面管理器（下一章你就會學到）登入的。它們大多數是以一個「非互動式的登入 shell」啟動，以保留原本的登入與非登入模式。如果不這麼做的話，你就必須在 .bashrc 中做好所有的環境設定（指令路徑、說明手冊路徑等等），不然你的 shell 終端機視窗將沒有你的個人設定。如果你想透過控制台或遠端登入來登入系統，那麼你就還需要有 .bash_profile，因為登入 shell 是不會讀取 .bashrc 的。

.bashrc 範例

為了同時滿足非登入 shell 和登入 shell，你會如何建立一個能被當作 .bash_profile 使用的 .bashrc 呢？以下是一個初級的例子（其實也足夠完美了）：

```
# Command path.
PATH=/usr/local/bin:/usr/bin:/bin:/usr/games
PATH=$HOME/bin:$PATH

# PS1 is the regular prompt.
# Substitutions include:
# \u username \h hostname \w current directory
# \! history number \s shell name \$ $ if regular user
PS1='\u\$ '

# EDITOR and VISUAL determine the editor that programs such as less
# and mail clients invoke when asked to edit a file.
EDITOR=vi
VISUAL=vi

# PAGER is the default text file viewer for programs such as man.
PAGER=less
```

```
# These are some handy options for less.
# A different style is LESS=FRX
# (F=quit at end, R=show raw characters, X=don't use alt screen)
LESS=meiX

# You must export environment variables.
export PATH EDITOR VISUAL PAGER LESS

# By default, give other users read-only access to most new files.
umask 022
```

在這個啟動檔案中，路徑的前面有 `$HOME/bin`，因此那裡的可執行檔案優先於系統版本。如果你需要系統的可執行檔案，請新增 `/sbin` 和 `/usr/sbin`。

如早先提到的，你可以建立「名為 .bash_profile 的符號連結」來指向 .bashrc，以共用 .bashrc 的內容，或直接在 .bash_profile 中只寫這麼一行：

```
. $HOME/.bashrc
```

檢查是否是登入和互動式 shell

當 .bashrc 與 .bash_profile 一致時，一般不用再讓「登入 shell」執行什麼額外的指令了。然而，如果你還想為互動式 shell 和非互動式 shell 定義不同的行為，那麼可以在 .bashrc 中加入以下測試，它會檢查 shell 的變數 `$-` 是否包含 `i` 字元：

```
case $- in
 *i*) # interactive commands go here
    command
    --snip--
    ;;
 *)   # non-interactive commands go here
    command
    --snip--
    ;;
esac
```

13.4.2 tcsh shell

實際上，所有 Linux 系統標配的 csh 都是 tcsh。它是 C shell 的加強版，突出了命令列編輯、多模式檔案名稱、指令補齊等特性。即使你沒將 tcsh 作為新使用者的預設 shell（bash 應該會是預設值），你也應該提供 tcsh 的啟動檔案，以防你遇到想用 tcsh 的人。

在 tcsh 中，你不用擔心登入和非登入的區別。它啟動的時候，會先尋找 .tcshrc 檔案，如果沒找到，就會去找 csh 的啟動檔案 .cshrc。之所以按照這個順序，是因為 .tcshrc 檔案可以放置 csh 不支援的 tcsh 延伸功能。儘管沒什麼人會用 csh，但你還是應該堅持使用 .cshrc，而非 .tcshrc。如果碰巧遇到有使用 csh 的，那麼幸好 .cshrc 還能運作。

.cshrc 範例

以下是 .cshrc 的一個例子：

```
# Command path.
setenv PATH $HOME/bin:/usr/local/bin:/usr/bin:/bin

# EDITOR and VISUAL determine the editor that programs such as less
# and mail clients invoke when asked to edit a file.
setenv EDITOR vi
setenv VISUAL vi

# PAGER is the default text file viewer for programs such as man.
setenv PAGER less

# These are some handy options for less.
setenv LESS meiX

# By default, give other users read-only access to most new files.
umask 022

# Customize the prompt.
# Substitutions include:
# %n username %m hostname %/ current directory
# %h history number %l current terminal %% %
set prompt="%m%% "
```

13.5 使用者預設設定

為新使用者編寫啟動檔案和選擇預設設定的最佳方法，就是以新使用者的身分來試用一個系統。即新建測試帳號，賦予該使用者一個空的家目錄，並且從頭開始撰寫啟動檔案，而非複製你家目錄的啟動檔案到測試帳號中。

當你認為你寫好的時候，就用「新的測試帳號」以各種方式（控制台、遠端等）登入。確保自己測試越多的內容越好，包括視窗化系統操作和說明手冊查閱。當你覺得操作順暢時，就建立另一個測試帳號，並從之前的測試帳號那裡複製啟動檔案。如果依然可行，那麼你這套新的啟動檔案就可以發布使用了。

接下來的討論概述了一些可作為參考的新使用者預設設定。

13.5.1 shell 預設設定

Linux 上的預設 shell 應該是 `bash`，因為：

- 使用者與之互動的 shell，最好和編寫 script 的 shell 一致。（由於許多原因（我不會在此詳述），`csh` 是一個不太適合做為腳本工具的環境。）
- Linux 發行版的預設是 `bash`。
- `bash` 使用 GNU readline 函式庫讀取輸入，因此它的介面與其他工具是相同的。
- `bash` 的 I/O 重新導向和檔案操作很容易上手。

然而，有很多 Unix 舊手是只用 `csh` 和 `tcsh` 的，因為他們不想改變習慣。當然，你也可以按自己喜好來選擇用哪一種 shell。如果沒有特殊喜好，那就用 `bash`，並把新使用者的預設 shell 設定為 `bash`。（使用者可以用 `chsh` 指令來切換到自己喜歡的 shell。）

NOTE shell 的種類還有很多（`rc`、`ksh`、`zsh`、`es` 等）。有些是不適合新手的，但 `zsh` 和 `fish` 是比較受新使用者歡迎的兩個替代選擇。

13.5.2 編輯器

在傳統的系統上，預設編輯器（editor）是 vi 或 emacs。一般來說，幾乎所有的 Unix 系統中最少都會有它們兩者的存在（或是至少可供安裝），且這麼常見就意味著它們是沒什麼問題的。不過，很多 Linux 發行版則會將 nano 設定為預設編輯器，因為它對於新手來說更容易使用。

但在 shell 的啟動檔案中，應該避免大量的編輯器設定。在 .exrc 中寫上 set showmatch 是沒有壞處的（讓 vi 顯示括號的配對情況），但最好別寫上 showmode、自動縮排或右邊距之類能明顯改變編輯器行為或外觀的設定。

13.5.3 翻頁器

翻頁器（pager）是一個和 less 類似的程式，讓我們可以一頁一頁地觀看文字。將 PAGER 環境變數設為 less 是不會有錯的。

13.6 啟動檔案的一些陷阱

在 shell 啟動檔案中，務必注意以下事項：

- 不要在 shell 啟動檔案中放置任何圖形指令，因為不是所有的 shell 都可以在圖形環境中執行。
- 不要在 shell 啟動檔案中設定環境變數 DISPLAY。我們還沒有看到圖形環境的部分，但這個設定可能會造成你的圖形啟動失敗或異常。
- 不要在 shell 啟動檔案中設定終端機類型。
- 不要在啟動檔案中吝嗇於註釋。
- 不要在啟動檔案中列印東西到標準輸出。
- 不要在 shell 啟動檔案中設定 LD_LIBRARY_PATH（詳見 15.1.3 節）。

13.7 學習前導

因為本書只講解 Linux 系統的底層，所以不會涉及視窗環境（windowing environment）的啟動檔案。那當然是一個很大的話題，因為供你登入用的顯示管理器（display manager）也有自己的一套啟動檔案，諸如 .xsession、.xinitrc，以及無盡的 GNOME 和 KDE 相關的組合項目。

視窗環境的啟動檔案的選擇看起來令人眼花繚亂，而且沒有通用標準。下一章就會講到各種可能性。不過，當你決定好系統的用途時，你可能會大幅更動那些圖形相關的環境設定。這無所謂，但千萬別把改動套到新使用者身上。「保持簡單」這一宗旨不僅適用於 shell 啟動檔案，也適用於 GUI 啟動檔案。事實上，你甚至可能完全不需要修改 GUI 啟動檔案。

14

Linux 桌面系統與列印概覽

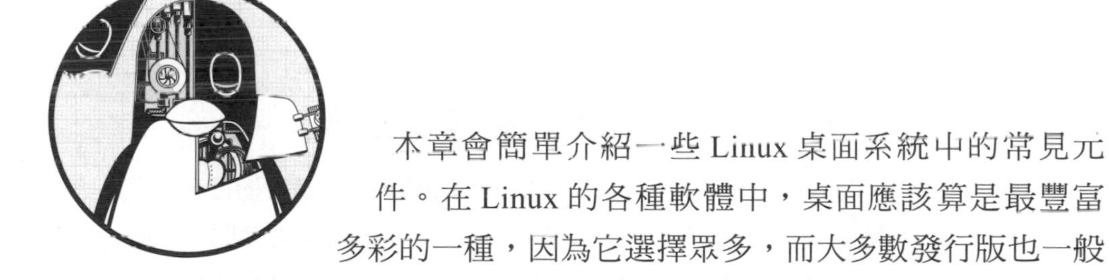

本章會簡單介紹一些 Linux 桌面系統中的常見元件。在 Linux 的各種軟體中，桌面應該算是最豐富多彩的一種，因為它選擇眾多，而大多數發行版也一般都會提供相對簡單的桌面系統版本供使用者使用。

跟 Linux 的其他部分（如儲存設備和網路）不同，桌面系統結構沒有涉及到太多層級。桌面系統的每個元件都只對應特定的任務，只在必要時才與其他元件溝通。有些元件會共享通用的函式庫（特別是圖形工具函式庫），你可以把它視為抽象的層次，也就是它所能到達的深度。

大致上，本章宏觀地討論各個桌面系統元件，其中兩個會講得比較細：X Window 系統（它是大多數桌面系統的核心基礎設施），以及 D-Bus（一種應用於系統各部分的「程序間通訊」服務）。動手實踐也只限於一些診斷工具，雖然它們不常用到（因為大部分 GUI 是不需要用 shell 指令來互動的），但會幫助你了解系統的底層機制，或許還能在探索的路上為你提供一些樂趣。我們還會很快的介紹一下列印，因為桌面系統的工作站一般都會分享印表機。

14.1 桌面系統元件

Linux 桌面系統設定有很大的靈活性。使用者體驗（桌面系統的外觀及給人的感覺）基本上來自各種應用程式或應用程式中的元件。如果你不喜歡某個應用程式，你可以找一個替代品。如果找不到，你還可以自己寫一個。Linux 開發人員往往有不同喜好，這使得開發出來的產品有很多花樣。

為了協同工作，所有應用程式都需要有一些共同點。在撰寫本書時，Linux 桌面系統的核心（core）正處於過渡狀態。從最早到現在，Linux 桌面都使用 **X**（**X Window System**，也稱為 **Xorg**，與其維護組織同名）。但是，這種情況現在正在改變；許多發行版已經過渡到**基於 Wayland 協定的套裝軟體**，以此建構出一個視窗系統。

要理解是什麼推動了底層技術的這種變化，讓我們先退一步，了解一些圖形基礎知識。

14.1.1 framebuffer（影像緩衝區）

任何圖形顯示機制的底層都是 **framebuffer**（**影像緩衝區**），這是圖形硬體「讀取」並「傳輸」到螢幕進行顯示的一區記憶體空間。framebuffer 中幾個單獨的位元組代表顯示器的每個像素，因此這裡想法是，如果要更改某些內容的外觀，就需要將「新的值」寫入 framebuffer 的記憶體中。

視窗系統必須解決的一個問題是「如何管理對 framebuffer 的寫入」。在任何現今的系統上，視窗（或一堆視窗）都屬於單一的程序，它們所有的圖形更新都是獨立進行的。因此，如果允許使用者四處移動視窗，並將一些視窗重疊在其他視窗之上，應用程式如何知道「在哪裡繪製其圖形」，以及你又該如何確保一個應用程式「不被允許覆蓋其他視窗的圖形」呢？

14.1.2 X Window 系統

X Window 系統（X Window System）採用的做法是啟動一個伺服器（即 **X 伺服器**（**X server**）），它充當桌面的一種「核心」，藉此管理各種事物：從「渲染（rendering）視窗」到「設定顯示介面」，再到「處理來自設備（如鍵盤和滑鼠）的輸入」等等。X 伺服器並沒有規定任何事物的行為或出現方式。反之，**X 用戶端程式（X client program）**會負責處理使用者介面。基本的 X 用戶端應用程式（X client application），例如終端機視窗和 Web 瀏覽器，會與 X 伺服器建立連線並請求繪製視窗。作為回應，X 伺服器會先確定「放置視窗的位置」以及「渲染用戶端圖形的位置」，另外，它也承擔了「將圖形渲染到 framebuffer」的一部分責任。X 伺服器還會在適當的時候將「輸入」引導至「用戶端軟體」。

因為它充當了一切的媒介，X 伺服器可能是一個重要的瓶頸。此外，它還包含許多不再使用的功能，而且它也相當古老，可以追溯到 1980 年代。不知何故，它的靈活性很好，可以容納許多新功能（因此得以延長其使用壽命）。我們將在本章後面描述如何與 X Window 系統溝通的基本知識。

14.1.3 Wayland

與 X 不同的地方在於，Wayland 在設計上很明顯是去中心化的（decentralized）：沒有大型顯示伺服器來管理許多圖形用戶端軟體的 framebuffer，也沒有用於渲染圖形的集中權限。反之，每個用戶端軟體都為「自己的視窗」取得「自己的記憶體緩衝區」（你可以把它視為一種次 framebuffer（sub-framebuffer）），然後，一個名為**合成器（compositor）**的軟體將「所有用戶端軟體的緩衝區」組合成必要的形式，以便複製到螢幕的 framebuffer。因為這個任務通常會有硬體支援，所以合成器的效率可以非常高。

就某些方面來說，Wayland 中的「圖形模型」與大多數「X 用戶端軟體」多年來一直執行的做法並沒有太大區別。大多數用戶端軟體並沒有從 X 伺服器獲得任何幫助，而是將「自己的所有資料」渲染為 bitmap，然後將 bitmap 發送到 X 伺服器。在某種程度上可以承認這一點：X 有一個已經使用了多年的合成擴充功能。

對於將「輸入」引導至「正確的應用程式」的任務來說，大多數的 Wayland 設定和許多 X 伺服器皆使用「一個名為 **libinput** 的函式庫」來標準化用戶端軟體的事件。Wayland 協定不需要這個函式庫，但在桌面系統上，它幾乎是通用的。我們將在 14.3.2 節討論 libinput。

14.1.4 視窗管理器

X 系統和 Wayland 系統之間的一個主要區別在於**視窗管理器**（**window manager**），該軟體會決定「如何在螢幕上擺放視窗」，而這會是使用者體驗的核心。在 X 中，視窗管理器是一個充當服務助手的用戶端軟體：它繪製視窗的裝飾（例如標題欄和關閉按鈕），處理這些裝飾的輸入事件，並告訴伺服器將視窗移動到哪裡。

但是在 Wayland 中，視窗管理器或多或少是**一個伺服器**。它負責將「所有用戶端軟體的視窗緩衝區」結合到顯示介面的 framebuffer 之中，並處理「輸入設備事件」的通道（channel）。因此，它需要比 X 的視窗管理器做更多的工作，但大部分程式碼在視窗管理器的實作之間是通用的。

在兩個系統中，視窗管理器的實作有很多種，但 X 因其年齡較長而具有更多功能。 然而，大多數流行的視窗管理器，例如 Mutter（在 GNOME 中）和 Kwin（來自 KDE），也已擴展為包括 Wayland 合成器的支援。不管底層技術如何，都不可能有標準的 Linux 視窗管理器。由於使用者的品味和需求是多樣化、不斷變化的，所以也經常誕生新的視窗管理器。

14.1.5 工具包

桌面系統應用程式都有一些相似的元素，例如按鈕、選單，這些都叫作 **widget**。為了加快開發的速度，以及提供一個符合人們習慣的介面，程式設計師們都會使用**圖形工具包**（**graphical toolkits**）來製作這些元素。在 Windows 或 macOS 這類作業系統中，供應商會提供一套通用的工具包，大多數程式設計師都會使用到。而 Linux 最常用的則是 GTK+ 工具包，除此之外，Qt framework 和其他工具包所建構出的 widget 也不少見。

工具包一般會包含共享函式庫和支援檔案，如圖像和主題資訊。

14.1.6 桌面環境

儘管工具包能提供統一的外觀，但有些桌面系統的細節還是需要不同的應用程式進行「某種程度的協作」才能表現的。舉例來說，你可能想讓某個應用程式與另一個應用程式共享資料，或更新桌面系統上共用的通知欄。若要滿足這一需求，可以將工具包和其他函式庫綁在一起，放到一個叫作**桌面環境**（**desktop environment**）的大型套件中。GNOME、KDE、Unity 和 Xfce 都是常見的 Linux 桌面環境。

工具包在多數桌面環境中都處於核心位置，但要建立一個統一的桌面環境，還必須具備各種支援檔案（support file），例如圖示和設定所構成的主題（theme）。所有這些都要與描述「設計規範」（design convention）的文件捆綁在一起，「設計規範」的例子有：應用程式選單和標題如何呈現、應用程式對某些系統事件要做什麼反應等等。

14.1.7 應用程式

桌面系統的頂端就是各種應用程式了，諸如網頁瀏覽器、終端機視窗等。最原始如 crude（如同骨灰級的 xclock 程式），複雜如 Chrome 瀏覽器和 LibreOffice 套件，都是 X 應用程式。一般情況下它們是獨立工作的，但其實它們也會使用「程序間通訊」來回應與它們有關的事件。例如，一些應用程式會對以下情況做出反應：掛載了新的儲存設備、收到新郵件或一則即時訊息。這些通訊一般發生在 D-Bus 上，我們會在 14.5 節講到。

14.2 你正在執行 Wayland 還是 X ?

當我們開始我們的實作討論時，你需要確定你擁有的圖形系統。只需打開一個 shell 並檢查 $WAYLAND_DISPLAY 環境變數的值。如果是一個類似 wayland-0 的值，那麼你正在執行的就是 Wayland。如果這個值沒有設定，那麼你正在執行的就是 X（只是可能；還是會有例外，但你不太可能在此測試中遇到它們）。

這兩個系統並不相互排斥。如果你的系統是使用 Wayland，它也有可能正在執行一台 X 相容伺服器（an X compatibility server）。你也可以在 X 中啟動一個 Wayland 合成器（a Wayland compositor），不過這可能會有點奇怪（稍後會再提到）。

14.3 近觀 Wayland 系統

我們將從 Wayland 開始說明，因為它是新興的標準，目前在許多發行版中都會預設使用它。不幸的是（部分原因在於它的設計和它的年輕），Wayland 並沒有像 X 那樣多的工具。我們會盡我們所能。

但首先，讓我們談談 Wayland 是什麼，以及它不是什麼。**Wayland** 這個名字是指「合成視窗管理器」與「圖形用戶端軟體」之間的通訊協定。若你試圖尋找一個大型的 Wayland 核心套件，你不會找到一個，但你會找到大多數用戶端軟體用來與「協定」對話的 Wayland 函式庫（至少現在是這樣）。

還有一個名為 Weston 的「參考用合成視窗管理器」，以及一些相關的用戶端軟體和工具程式。在這裡，**參考用**（**reference**）意思是 Weston 包含合成器的必要功能，但它不適合一般使用，因為它具有裸露的系統介面。這個想法是「合成視窗管理器的開發人員」可以查看 Weston 的原始程式碼，藉此了解如何正確完成關鍵功能。

14.3.1 合成視窗管理器

這聽起來或許很奇怪：你可能不知道你實際正在執行的是哪一個 Wayland 合成視窗管理器（compositing window manager）。你可以在介面的資訊選項裡面找到名稱，但沒有固定位置可供查看。不過，你幾乎總是可以透過追蹤它用來與「用戶端軟體」溝通的 Unix domain socket 來找到正在執行的合成器程序（compositor process）。socket 是 `WAYLAND_DISPLAY` 環境變數中的顯示介面名稱，通常是 `wayland-0`，一般在 /run/user/<uid> 中可以找到，其中 <uid> 是你的使用者 ID（如果不是，請檢查 `$XDG_RUNTIME_DIR` 環境變數）。以 root 的身分執行，你可以使用 `ss` 指令找到正在監聽此 socket 的程序，但輸出看起來有點瘋狂：

```
# ss -xlp | grep wayland-
u_str             LISTEN              0                          128
/run/user/1000/wayland-0 755881
* 0             users:(("gnome-shell",pid=1522,fd=30),("gnome-
shell",pid=1522,fd=28))
```

然而，你只需要選擇它即可；你可以在這裡看到合成器程序是 `gnome-shell`，PID 1522。不幸的是，這裡還有間接的另一層；GNOME shell 是 Mutter 的一個外掛程式（plug-in），Mutter 是 GNOME 桌面環境中使用的合成視窗管理器。（在這裡，將 GNOME shell 稱為外掛程式只是「它呼叫 Mutter 作為一個函式庫」的一種花哨說法。）

NOTE Wayland 系統更不尋常的方面之一是繪製「視窗裝飾」（window decoration）的機制，例如標題欄。在 X 中，視窗管理器完成了這一切，但在 Wayland 的初始實作中，這是由「用戶端應用程式」決定的，這有時會導致視窗在同一螢幕上具有多種不同的裝飾。現在有一部分協定（稱為 XDG-Decoration）允許「用戶端」與「視窗管理器」協商，以查看視窗管理器是否願意繪製裝飾。

在 Wayland 合成器的內容中，你可以將「顯示介面」視為「可見空間」，由 framebuffer 表示。如果有多個顯示器連接到主機，則顯示範圍可以跨越多個顯示器。

雖然很少見，但你可以一次執行多個合成器。一種方法是在單一的虛擬終端機上執行合成器。在這種情況下，第一個合成器通常會將「顯示名稱」設置為 `wayland-0`，第二個合成器設置為 `wayland-1`，依此類推。

你可以使用 `weston-info` 指令深入了解你的合成器，該指令顯示了合成器可用介面的一些特徵。但是，除了顯示器和某些輸入設備上的資訊之外，你不應期望太多。

14.3.2 libinput

為了從設備（例如鍵盤）擷取從核心到用戶端軟體的輸入，Wayland 合成器需要收集該輸入並以標準化形式將其導向到正確的用戶端軟體。libinput 函式庫包括從各種 /dev/input 核心設備收集輸入並對其進行處理所需的支援。在 Wayland 中，合成器通常不只是按原樣傳遞「輸入事件」。它在發送給用戶端軟體之前會將事件轉換為 Wayland 協定。

通常，談論 libinput 之類的東西不會很有趣，但它帶有一個小型工具程式，也被稱為 `libinput`，它可以讓你檢查核心所呈現的輸入設備和事件。

嘗試以下方法來查看可用的輸入設備（你可能會得到很多輸出，因此請準備好換頁）：

```
# libinput list-devices
--snip--
Device:           Cypress USB Keyboard
Kernel:           /dev/input/event3
Group:            6
Seat:             seat0, default
Capabilities:     keyboard
Tap-to-click:     n/a
```

```
Tap-and-drag:       n/a
Tap drag lock:      n/a
Left-handed:        n/a
--snip--
```

在這一部分看得到的資訊中，你會發現設備的類型（鍵盤）以及核心 evdev（event device）設備檔案的位置（/dev/input/event3）。當你使用下面的方式監聽事件時，該設備檔案就會出現：

```
# libinput debug-events --show-keycodes
-event2   DEVICE_ADDED      Power Button                           seat0 default
group1  cap:k
--snip--
-event5   DEVICE_ADDED      Logitech T400                          seat0 default
group5  cap:kp left scroll-nat scroll-button
-event3   DEVICE_ADDED      Cypress USB Keyboard                   seat0 default
group6  cap:k
--snip--
 event3   KEYBOARD_KEY       +1.04s      KEY_H (35) pressed
 event3   KEYBOARD_KEY       +1.10s      KEY_H (35) released
 event3   KEYBOARD_KEY       +3.06s      KEY_I (23) pressed
 event3   KEYBOARD_KEY       +3.16s      KEY_I (23) released
```

執行這個指令時，移動滑鼠指標並試著按一些鍵，你會得到一些描述這些事件的輸出。

請記住，libinput 函式庫只是一個用於擷取「核心事件」的系統。因此，它不僅在 Wayland 系統下使用，它也在 X Window 系統下使用。

14.3.3 Wayland 中 X 的相容性

在進入 X Window 系統的概述之前，讓我們先探討一下它與 Wayland 的相容性。X 擁有非常豐富的應用程式，而這也是現在很多「從 X 轉移到 Wayland」的過程容易受到「缺乏 X 支援」阻礙的原因。目前有兩種方法正在試圖減少兩者間的差距。

第一種方法是幫應用程式加上「Wayland 支援」，以此建立一個原生（native）的 Wayland 應用程式。大多數在 X 上執行的圖形應用程式已經使用工具包，例如 GNOME 和 KDE 中的工具包。因為在這些工具包中增加「Wayland 支援」的工作已經完成，所以把「X 應用程式」製作成「原生的

Wayland 應用程式」並不困難。除了把重點放在對「視窗裝飾」與「輸入設備設定」的支援之外，開發人員只需處理應用程式中罕見的、零星的 X 函式庫依賴關係。對於許多主要的應用程式而言，這項工作已經完成。

另一種方法是透過 Wayland 中的「相容層」來執行 X 應用程式，這是透過「拿 Wayland 用戶端軟體來執行整個 X 伺服器」來完成的。這個伺服器名為 `Xwayland`，實際上只是 X 用戶端下的另一層，預設情況下由大多數的「合成器啟動序列」來執行。`Xwayland` 伺服器需要翻譯（轉換）輸入事件，還要另外去維護其視窗的緩衝區。像這樣引入另一個中間的角色（middleman），總是會降低一些效能，但這幾乎是無關痛癢的。

反過來的做法卻是行不通的。你不能以同樣的方式在 X 上執行 Wayland 用戶端軟體（理論上，可以寫出這樣的系統，但沒有多大意義）。但是，你可以在 X 視窗中執行合成器。舉例來說，假設你正在執行 X，你可以在命令列上執行 `weston` 來叫出合成器。你可以在其中打開終端機視窗和任何其他 Wayland 應用程式，而如果你已正確啟動 `Xwayland`，你甚至可以在合成器中執行 X 用戶端軟體。

不過，如果你讓這個合成器繼續執行，並回到你使用的 X session（X 對話視窗），你可能會發現「某些工具程式」無法按預期工作，而當你希望它們顯示為 X 視窗時，它們也可能會顯示在合成器視窗中。原因是 GNOME 和 KDE 等系統上的許多應用程式現在都支援 X 和 Wayland。它們將首先搜尋 Wayland 合成器，預設情況下，如果沒有設定 `WAYLAND_DISPLAY` 環境變數，則 `libwayland` 中的程式碼會試著找到一個顯示介面（預設為 `wayland-0`）。如果可以搜尋到，找到「可用的合成器」的那個應用程式將使用它。

避免這種情況的最好方法就是不要在 X 內部執行合成器（或與 X 伺服器同時執行合成器）。

14.4 近觀 X Window 系統

相較於 Wayland 系統，X Window 系統（http://www.x.org/）歷來就很龐大，它基礎的發行版包括了 X 伺服器、用戶端軟體支援函式庫和各種用戶端軟體。因為 GNOME 和 KDE 等桌面環境的出現，X 的角色也一直在變換。現在它的關注點主要在核心伺服器（core server，即管理渲染和輸入設備的部分），以及簡化的用戶端函式庫。

X 伺服器的執行不難識別。它就叫 X 或是 Xorg，當你在檢視程序清單的時候，通常會發現它以這些選項執行著：

```
Xorg -core :0 -seat seat0 -auth /var/run/lightdm/root/:0 -nolisten tcp vt7
-novtswitch
```

這裡的 `:0` 被稱為 **X 的顯示介面**（**X display**），也就是一個編號，代表著一個或多個用一般鍵盤和（或）滑鼠存取的一台（或多台）顯示器。通常，顯示介面只與單一顯示器對應，但你也可以將多個顯示器放到一個顯示介面上。想要讓程序執行在 X session 時，就需要將環境變數 `DISPLAY` 指定為該顯示介面的編號。

NOTE 顯示介面可以細分為多個螢幕，例如 :0.0 和 :0.1，但這種做法越來越少見了，因為 X 擴充（如 RandR）能將多個顯示器合併成一個更大的虛擬螢幕。

Linux 的 X 伺服器是執行在虛擬終端機之上的。在上面的範例中，`vt7` 參數表明了它執行在 /dev/tty7 之上。（一般伺服器會優先選擇第一個可用的虛擬終端機。）你可以在不同的虛擬終端機上同時執行不同的 X 伺服器，這樣每個伺服器都會需要一個各自獨立的顯示介面編號。你可以用 CTRL-ALT-FN 鍵或 `chvt` 指令在不同伺服器之間切換。

14.4.1 顯示管理器

一般你是不會從命令列啟動 X 伺服器的，因為這麼做不會啟動任何用戶端軟體來連接到這個服務，結果只會得到一個空白的螢幕。相反，通常的做法是用**顯示管理器**（**display manager**）來啟動 X 伺服器，它會在螢幕上啟動一個登入視窗。當你登入成功之後，顯示管理器就會啟動一系列的用戶端軟體，諸如視窗管理器和檔案管理器，以便你使用機器。

顯示管理器有很多種，例如 `gdm`（用於 GNOME）和 `kdm`（用於 KDE）。上例中的參數裡面所看到的 `lightdm` 是一個跨平台的顯示管理器，它能啟動 GNOME 和 KDE 的 session。

若你堅持想試試看從「虛擬控制台」而非「顯示管理器」開啟 X session 的話，你可以執行 `startx` 或是 `xinit` 指令。然而，這樣所得到的 session 會相當簡單，與顯示管理器的 session 完全不同，因為它們的機制以及啟動檔案都不同。

14.4.2 網路透明性

X 還有一個特性就是其網路透明性（network transparency）。因為用戶端軟體跟伺服器的溝通是遵循「協定」的，所以我們可以讓伺服器監聽連接埠 6000 的 TCP 連線。也就是說，可以透過網路來連接不同機器上的用戶端軟體和伺服器。用戶端軟體只需透過驗證，就可將視窗資訊發送給伺服器。

不幸的是，這個方法是沒有加密的，所以並不安全。為了填補這個漏洞，大多數發行版都會關閉 X 伺服器的網路監聽器（network listener，如上例的 `-nolisten tcp` 選項）。但是，你還是可以使用 SSH 通道（tunnel）從遠端機器上執行 X 伺服器，如「第 10 章」所述，透過將 X 伺服器的 Unix domain socket 連線到遠端機器上的 socket。

NOTE 目前沒有簡單的方法可以讓 Wayland 做到遠端執行，因為用戶端有自己的螢幕記憶體（screen memory），合成器必須直接存取才能顯示。但是，許多新興系統，例如 RDP（Remote Desktop Protocol，遠端桌面協定），可以與合成器一起工作以提供遠端功能。

14.4.3 探索 X 用戶端

雖然一般人不會從命令列的角度來思考 GUI 的運作，但還是有一些工具可以幫助你探索部分的 X Window 系統。借助它們，你可以監控用戶端的執行。

`xwininfo` 是最簡單的工具之一。不帶參數執行它的話，它會要你點選一個視窗：

```
$ xwininfo
xwininfo: Please select the window about which you
          would like information by clicking the
          mouse in that window.
```

選完之後，它就會列印出該視窗的資訊清單，如位置和尺寸：

```
xwininfo: Window id: 0x5400024 "xterm"

  Absolute upper-left X: 1075
  Absolute upper-left Y: 594
--snip--
```

注意這裡的「視窗 ID」，它是 X 伺服器和視窗管理器用來識別「視窗」的識別碼。xlsclients -l 指令可列印出所有的視窗 ID 和用戶端軟體。

14.4.4 X 事件

X 用戶端透過事件系統獲取輸入和伺服器狀態等資訊。X 事件的工作方式類似於其他非同步程序間通訊（如 udev 事件和 D-Bus 事件）：X 伺服器從輸入設備等源頭獲取資訊，再將它們當作事件重新分發給感興趣的 X 用戶端。

你可以透過執行 xev 指令來體驗什麼叫作事件。執行 xev，就會打開一個可以打字、點擊和使用滑鼠的視窗。根據你的操作，xev 就會輸出 X 伺服器接收到的事件的描述。以下是一個滑鼠事件的輸出例子：

```
$ xev
--snip--
MotionNotify event, serial 36, synthetic NO, window 0x6800001,
    root 0xbb, subw 0x0, time 43937883, (47,174), root:(1692,486),
    state 0x0, is_hint 0, same_screen YES

MotionNotify event, serial 36, synthetic NO, window 0x6800001,
    root 0xbb, subw 0x0, time 43937891, (43,177), root:(1688,489),
    state 0x0, is_hint 0, same_screen YES
```

注意括號中的坐標。第一個坐標代表了視窗中滑鼠的位置，而第二個（root:）則是滑鼠在整個螢幕中的位置。

其他低層次的事件還包括鍵盤敲擊和按鈕點擊，而滑鼠進入或離開視窗、視窗獲得或失去視窗管理器的焦點則屬高級事件。以下就是對應的離開事件和失去焦點事件：

```
LeaveNotify event, serial 36, synthetic NO, window 0x6800001,
    root 0xbb, subw 0x0, time 44348653, (55,185), root:(1679,420),
    mode NotifyNormal, detail NotifyNonlinear, same_screen YES,
    focus YES, state 0

FocusOut event, serial 36, synthetic NO, window 0x6800001,
    mode NotifyNormal, detail NotifyNonlinear
```

xev 的一個常見用法是從不同的鍵盤擷取 keycode（鍵碼）和 key symbol（鍵符號），並對這些鍵盤按鍵進行重新映射（remapping）。以下是敲擊 L 鍵的輸出情況，其 keycode 是 46：

```
KeyPress event, serial 32, synthetic NO, window 0x4c00001,
    root 0xbb, subw 0x0, time 2084270084, (131,120), root:(197,172),
    state 0x0, keycode 46 (keysym 0x6c, l), same_screen YES,
    XLookupString gives 1 bytes: (6c) "l"
    XmbLookupString gives 1 bytes: (6c) "l"
    XFilterEvent returns: False
```

你還可以在 xev 指令中加上 -id *id* 選項（其中 *id* 是 xwininfo 輸出的 ID，會是一個以 0x 開頭的 16 進位數字），讓 xev 與某個現有的視窗 ID 關聯。

14.4.5 X 輸入以及偏好設定

X 最讓人困惑的地方或許是它提供多種途徑設定偏好，但不是所有的都可行。例如，有一種常見的鍵盤偏好是將 Caps Lock 鍵映射到 Control 鍵。它的實現方法有很多種，可用古老的 xmodmap 指令進行微小的調整，也可用 setxkbmap 工具提供一個全新的鍵盤對應表。但你怎麼知道該用哪個呢？你需要知道系統的哪一區塊負責這個問題，但這有些困難。不過至少要記住，桌面環境是可以有自己的設定以及重寫的。總結起來，底層基礎設施有以下幾點是需要了解的。

輸入設備（通用）

X 伺服器使用 **X 輸入擴充**（**Input Extension**）來管理各種不同設備的輸入。基本的輸入設備有兩種——鍵盤和指標（滑鼠）——其實你可以想用多少設備就用多少。為了做到同時使用多個同種設備，X 輸入擴充會建立一個**虛擬核心**（**virtual core**）設備，用於將輸入彙集到 X 伺服器。

查看機器上的設備設定，可用 xinput --list 指令：

```
$ xinput --list
| Virtual core pointer                          id=2    [master pointer  (3)]
|   ↳ Virtual core XTEST pointer                id=4    [slave  pointer  (2)]
|   ↳ Logitech Unifying Device                  id=8    [slave  pointer  (2)]
⌊ Virtual core keyboard                         id=3    [master keyboard (2)]
    ↳ Virtual core XTEST keyboard               id=5    [slave  keyboard (3)]
    ↳ Power Button                              id=6    [slave  keyboard (3)]
    ↳ Power Button                              id=7    [slave  keyboard (3)]
    ↳ Cypress USB Keyboard                      id=9    [slave  keyboard (3)]
```

每個設備都有一個 ID，可用於 xinput 和其他命令。上例中 2 和 3 這兩個 ID 屬核心設備，而 8 和 9 則是真實設備。可以留意到一點，電源鍵在機器上也是 X 輸入設備。

大多數 X 用戶端只會監聽核心設備的輸入，而對其他具體設備發起的事件卻漠不關心。事實上，大多數用戶端軟體完全不知道「X 輸入擴充」的存在。不過，用戶端其實可以透過輸入擴充來識別出某個具體設備。

每個設備都有自己的**屬性**（**property**）。使用 xinput 時帶上設備的號碼，就可查看其屬性，如下所示：

```
$ xinput --list-props 8
Device 'Logitech Unifying Device. Wireless PID:4026':
        Device Enabled (126):   1
        Coordinate Transformation Matrix (128): 1.000000, 0.000000,
0.000000, 0.000000, 1.000000, 0.000000, 0.000000, 0.000000, 1.000000
        Device Accel Profile (256):     0
        Device Accel Constant Deceleration (257):       1.000000
        Device Accel Adaptive Deceleration (258):       1.000000
        Device Accel Velocity Scaling (259):    10.000000
--snip--
```

如你所見，它能列印出一些有趣的屬性，這些屬性都能使用 --set-prop 選項來更改（詳見 xinput(1) 說明手冊）。

滑鼠

你可以用 xinput 指令修改設備相關的屬性，其中很多最有用的選項都是給滑鼠（指標）用的。很多設定都可以透過直接修改屬性來做到，但其實還有更簡單的方法，就是使用 xinput 的 --set-ptr-feedback 和 --set-button-map 選項。假設你有一個三鍵的滑鼠 *dev*（也就是剛剛的設備 ID），你想改變其按鈕的操作順序（這比較適合慣用左手的使用者），那可以試試以下命令：

```
$ xinput --set-button-map dev 3 2 1
```

鍵盤

鍵盤配置的多樣化使得我們很難將所有設定都整合到 X 中。所以它的核心協定中內建了鍵盤對應的功能，讓你可以透過 xmodmap 指令來定義設定。但為了更方便操控，大部分的現代系統其實也都是使用 XKB（X Keyboard Extension，X 鍵盤擴充），以得到更好的控制。

XKB 很複雜，所以很多人為了順手還是使用 xmodmap。XKB 的基本想法是讓你定義一個鍵盤的對應表，然後用 xkbcomp 指令編譯它，最後用 setxkbmap 指令將它載入到 X 伺服器中並啟動使用該對應表。該系統有以下兩個特別有趣的特性：

- 你可以只定義一部分，以補充現有的對應。這種做法有助於將 Caps Lock 鍵變成 Control 鍵之類的任務，很多桌面環境中的圖形化的鍵盤偏好工具都是這麼做的。
- 你可以為各個需要連接的鍵盤定義各自的對應表。

桌面背景

X 伺服器 **root window**（**最底層的視窗**）會顯示介面的背景（background）。X 有一個舊的指令 xsetroot，它可以讓你設定 root window 的背景色和其他屬性，但在大多數機器上它並不可行，因為 root window 是不可見的。反之，大部分的桌面環境卻會把一個大視窗放置在其他所有視窗的背後，以在其中實現「動態壁紙」（active wallpaper）或「桌面檔案瀏覽」的功能。透過命令列更換背景的方法有很多（例如某些 GNOME 的 gsettings 指令），但真做起來是很花費時間的。

xset

最古老的偏好設定指令或許是 `xset`。它已經很少用了，但 `xset q` 指令確實能夠快速顯示出一些功能的狀態。也許其中最有用的選項是關於螢幕保護程式和**顯示器電源管理訊號**（**Display Power Management Signaling，DPMS**）的設定。

14.5 D-Bus

D-Bus（**Desktop Bus**，即**桌面系統匯流排**）是 Linux 桌面系統最重要的產物之一，它是一個訊息傳遞系統（a message-passing system）。D-Bus 之所以重要，是因為它作為一種程序間通訊的機制，使得各種桌面應用程式能夠相互溝通。同時，大多數的 Linux 系統都是用它來把「系統事件」（例如插入 USB 設備）通知給程序的。

D-Bus 本身包含一個函式庫，它支援任何兩個程序之間的溝通，其中定義了規範「程序間通訊」的協定。該函式庫其實只是一種程序間通訊方式，就像 Unix domain socket。它的重點是一個位於中心的 hub（中樞），叫作 `dbus-daemon`。需要對某些事件做出反應的程序，可以到 `dbus-deamon` 上註冊，然後就能收到想要的事件通知了。當然，連線到 hub 的程序也可以產生事件，舉例來說，`udisks-daemon` 程序會從 udev 監聽磁碟事件，並發送到 `dbus-deamon`，然後 `dbus-deamon` 會把這些事件再轉發給那些對磁碟事件感興趣的應用程式。

14.5.1 系統和 session 執行個體

D-Bus 在 Linux 中正變得越來越重要，而且它的用途不只在桌面系統。舉例來說，systemd 和 Upstart 也使用它來通訊。然而，在核心系統中加入對桌面系統工具的依賴，這有違 Linux 的設計宗旨。

為了解決這個問題，我們將 `dbus-daemon` 執行個體（程序）分為兩種。一種叫系統執行個體（system instance），它在開機時由 init 啟動，並帶上 `--system` 選項。這種執行個體通常作為「D-Bus 使用者」來執行，它的設定檔案是 /etc/dbus-1/system.conf（一般來說，你不應該修改這個檔案）。程序可以透過 /var/run/dbus/system_bus_socket 的 Unix domain socket 連接到該系統執行實體。

另一種叫 session 執行個體（session instance），與系統執行個體不同的是，session 執行個體只在你打開桌面 session 時才會執行，你執行的桌面應用程式會連接這種執行個體。

14.5.2 監聽 D-Bus 訊息

查看 dbus-daemon「系統執行個體」與「session 執行個體」區別的最佳方法之 ，就是監聽匯流排上的訊息。試試使用 dbus-monitor 的 system 模式：

```
$ dbus-monitor --system
signal sender=org.freedesktop.DBus -> dest=:1.952 serial=2 path=/org/
freedesktop/DBus; interface=org.freedesktop.DBus; member=NameAcquired
   string ":1.952"
```

以上啟動資訊說明了該監視器已連線，並獲得了一個名稱。這樣執行的話，能看見的資訊並不多，因為系統執行個體一般來說不太繁忙。想多看點資訊的話，插入一個 USB 儲存設備試試。

相比之下，session 執行個體就比較忙了。假設你登入了一個桌面 session，然後執行以下指令：

```
$ dbus-monitor --session
```

現在嘗試使用桌面應用程式，例如檔案管理器；如果你的桌面系統支援 D-Bus，你應該會收到一連串有關各種更動的訊息。請記住，並非所有應用程式都會產生訊息。

14.6 列印

在 Linux 上列印文件是一個很多步驟的過程，如下所示：

1. 列印程式通常會先將文件轉換成 PostScript 格式，不過也可以不這麼做；
2. 程式將文件傳送給列印伺服器；
3. 列印伺服器收到文件後，把它放到列印佇列中；
4. 當輪到該文件時，列印伺服器會把它傳送到列印過濾器；

5. 如果發現該文件不是 PostScript 格式，列印過濾器可以對其進行轉換；
6. 如果目標印表機無法識別 PostScript 格式，印表機驅動程式就會將該文件轉換成印表機能識別的格式；
7. 印表機驅動程式可在文件上加一些額外的指令，例如紙匣和雙面列印（duplexing）選項；
8. 最後列印伺服器把文件發送給印表機。

這裡面最讓人困擾的，就是要在 PostScript 上繞來繞去。其實 PostScript 是一種程式設計語言，所以如果你用它來列印檔案，那麼你實際上就是發送了「一段程式」給印表機。PostScript 是類 Unix 系統中的列印標準，就像 .tar 是打包標準一樣。（現在有些應用程式開始使用 PDF 輸出，但這在轉換上是相對比較簡單的。）

下面會更詳細地講解列印格式，現在，讓我們先看看佇列系統（queuing system）。

14.6.1 CUPS

CUPS（http://www.cups.org/）是 Linux 和 macOS 的標準列印系統。它的伺服器常駐程式是 `cupsd`，你可以用 `lpr` 指令作為簡易的用戶端軟體來傳送檔案給這個常駐程式。

CUPS 有一個突出的功能，那就是它實作了**網際網路列印協定**（**Internet Print Protocol**，以下簡稱 **IPP**），使得它允許用戶端與伺服器端透過 TCP 連接埠 631 進行類 HTTP 的交易處理。事實上，如果你的系統上執行著 CUPS，你就可以連接 http://localhost:631/ 去看看你的列印設定和列印任務。大多數的網路印表機和列印伺服器都支援 IPP，就連 Windows 也是。IPP 簡化了設置遠端印表機的工作。

透過網頁介面來管理這個系統可能不太可靠，因為它的預設設定不太安全。作為替代方案，發行版中通常內建了圖形介面工具，以便你新增和更改印表機。這些工具會修改設定檔案，它們一般位於 /ets/cups 中。因為設定檔案可能比較複雜，所以最好還是用工具來處理。在出現問題的時候，用圖形工具來建立印表機也是不錯的做法。

14.6.2 格式轉換與列印過濾器

很多印表機，包括幾乎所有低端型號的，都無法識別 PostScript 或 PDF。為了讓 Linux 支援這些印表機，我們必須將文件轉換成它們能識別的格式。CUPS 把文件送給 **RIP**（**Raster Image Processor**，即**光柵圖像處理器**）以產生 bitmap 檔案。而 RIP 幾乎總是使用 Ghostscript（gs）程式來實現這個過程。但是，要讓產生的 bitmap 能適應印表機的格式，還是有點麻煩的。所以，CUPS 使用的印表機驅動程式會參考指定印表機的 **PostScript 印表機定義**（**PostScript Printer Definition**，**PPD**）檔案，以解決解析度和紙張大小之類的問題。

14.7 其他有關桌面系統的話題

Linux 桌面系統的趣味性之一就在於它有很多項目供你選擇，你可以任意選擇你所需要的部分，也可以停用你所不喜歡的東西。想了解不同的桌面系統專案，可參考 http://www.freedesktop.org/ 提供的郵寄清單和專案連結。

Linux 桌面系統還有一大產品，那就是 Chromium OS 開源專案及其對應的 Chromebook 電腦上的 Google Chrome OS。本章談到的很多桌面系統技術都在其中使用到了，只不過它是以 Chromium/Chrome 網頁瀏覽器為核心的。Chrome OS 也拋棄了很多傳統桌面系統的東西。

儘管桌面環境看起來和實驗起來都很有趣，但我們需要先離開這個話題。如果本章激起了你的興趣，而你認為你可能喜歡研究它們，那麼你將需要了解「開發人員工具」的工作原理，這就是我們接下來要去的地方。

15

開發工具

Linux 在程式設計師中很受歡迎，這不只是因為它們有很多的工具以及良好的開發環境，也是因為整個系統的文件非常詳盡並且相當透明。在 Linux 系統上，你不必成為程式開發人員也可以利用開發工具，這是個好消息，因為它們在管理 Linux 系統這方面，比在其他作業系統中發揮更大的作用。至少，你應該能夠認出開發用的工具程式，並了解如何使用它們。

本章篇幅不長，但包含了大量的資訊，但你不需要在這裡掌握所有內容。這邊的範例將非常簡單；你不需要知道如何編寫程式碼就能夠讀懂接下來的內容。你也可以簡單瀏覽一下，以後再回過頭來看。共享函式庫的討論可能是你需要了解的最重要的事情，但要了解共享函式庫的來歷，你需要先知道如何建立程式。

15.1 C 編譯器

理解如何執行 C 編譯器（compiler）能讓你看透 Linux 上的程式的本質。大多數的 Linux 工具，以及很多 Linux 應用程式，都是用 C 或 C++ 寫成的。本章主要以 C 作為例子，但你把這些概念搬到 C++ 上是沒問題的。

C 程式遵照傳統的開發流程：撰寫程式碼、編譯程式碼、執行程式碼。也就是說，想讓寫好的 C 程式碼能執行起來，你必須先將可以讀懂的程式碼**編譯**成低階格式，讓電腦能理解的二進位形式。你寫的這些程式碼就叫作**原始碼（source code）**，你可拿 C 來跟後面講到的一些腳本語言作對比，它們不需要編譯。

NOTE 大多數發行版都預設不含有編譯 C 的工具，因為它們比較佔空間。如果你發現沒有這些工具，對於 Debian/Ubuntu，你可以安裝 build-essential 套件，而對於 Fedora/CentOS，則可以用 `yum groupinstall "Development Tools"`。如果不行，就試著找一下「gcc」或是「C compiler」。

雖然來自 LLVM 專案的新的 C 編譯器 `clang` 越來越流行，但在大部分 Unix 系統上通行的 C 編譯器還是 GNU C 編譯器 `gcc`（常被傳統名稱 `cc` 所指定）。C 原始碼檔案的名稱以 .c 結尾。現在來看一個獨立的 C 原始碼檔案，名為 hello.c，它來自 Brian W. Kernighan 和 Dennis M. Ritchie 的著作《*The C Programming Language, 2nd edition*》（Prentice Hall, 1988）：

```
#include <stdio.h>

int main() {
    printf("Hello, World.\n");
}
```

將以上程式碼置於一個叫作 hello.c 的檔案中，然後執行以下指令：

```
$ cc hello.c
```

這樣會產生一個叫作 a.out 的可執行檔案，你可以像執行其他可執行檔案一樣執行它。不過，你若想替它另起一個名字（例如叫它 hello），可以帶上 -o 選項：

```
$ cc -o hello hello.c
```

小程式一般這麼做就可以了。可能你會想加入其他目錄或函式庫，但在這之前，我們先看看一個稍微大一點的程式。

15.1.1 編譯多個原始碼檔案

大部分的 C 程式都寫得很大，不宜放到一個單獨的原始碼檔案中。大型檔案不便於程式設計師管理，編譯時也可能會出錯。因此，開發人員會把程式碼分成區塊放在多個檔案中。

我們不會將這些 .c 檔案馬上編譯成可執行檔案，而是使用編譯器的 `-c` 選項來為每個檔案產生對應的**物件檔案**（**object file**），其中就會包含最終要被執行的二進位**物件程式碼**（**object code**）。為了理解這是如何運作的，先假設你有這兩個檔案，即 main.c（讓程式啟動）和 aux.c（真正執行工作的）：

這是 main.c：

```
void hello_call();

int main() {
    hello_call();
}
```

這是 aux.c：

```
#include <stdio.h>

void hello_call() {
    printf("Hello, World.\n");
}
```

以下兩條編譯器指令會完成建立程式的大部分工作：建立物件檔案。

```
$ cc -c main.c
$ cc -c aux.c
```

當這些指令完成後，會從這兩個檔案編譯出兩個物件檔案：main.o 和 aux.o。

物件檔案是一種二進位檔案，除了較鬆散的地方，處理器差不多能解讀它。首先，作業系統是不知道如何執行物件檔案的；其次，你可能會需要將一些物件檔案和系統函式庫組合成一個完整的程式。

要從一個或多個物件檔案建立一個功能完整的可執行程式，你需要使用**連接器**（**linker**），如 Unix 中的 `ld` 指令。但程式設計師是很少在命令列上使用它的，因為 C 編譯器本身知道如何執行該連接器程式。所以，想從上面兩個物件檔案建立 `myprog` 的話，就用以下指令來連接它們：

```
$ cc -o myprog main.o aux.o
```

NOTE 雖然這樣可以手動編譯多個原始碼檔案，但正如上例所示，若檔案太多的話，編譯過程還是很難管理的。當檔案數目以倍數增加時，這會更難處理。15.2 節講到的 `make` 系統是傳統 Unix 上標準的編譯管理器，可用於編譯時的「管理」和「自動化」。要管理下面兩節提到的那些檔案，這個系統尤為重要。

把注意力轉回 aux.c 這個檔案。如前所述，它是執行程式實際工作的程式碼，並且可能有許多檔案，如它產生的 aux.o 物件檔案，這些檔案是建置程式所必需的。 現在想像一下，假設其他程式能夠使用我們編寫的例行工作（routine），我們可以重複使用這些物件檔案嗎？這就是我們接下來要討論的部分。

15.1.2 連接函式庫

C 編譯器對系統了解得不多，不足以得到夠多的物件程式碼來建立出有用的可執行程式。你需要額外加上一些函式庫來建立完整的程式。所謂 C 函式庫，就是一些已編譯好的、通用的、可讓你新增到自己程式的函數，但是它實際上只不過是一堆物件檔案（以及一些表頭檔案，我們將在 15.1.4 節中討論）。例如，許多可執行程式都會用到數學函式庫，因為其中包含了三角函數之類的東西。

函式庫主要是在連接的時候發揮作用，即連接器程式（`ld`）從物件檔案產生可執行程式之時。使用函式庫做連接的動作，這件事情一般都會被稱作 **linking against** 一個函式庫。而這也是你最有可能遇到問題的地方。舉例來說，如果你有一個使用 curses 函式庫的程式，但你忘了告訴編譯器你需要連接它，那麼你就會看到這樣的錯誤資訊：

```
badobject.o(.text+0x28): undefined reference to 'initscr'
```

這則錯誤訊息的關鍵是當中的粗體部分。當連接器檢查 badobject.o 這個物件檔案時，發現找不到粗體中所看到的這個函數，於是就無法建立可執行程式了。對於這個例子，你可以懷疑是你自己忘記加上 curses 函式庫了，因為錯誤訊息說找不到的函數是 `initscr()`；如果你針對這個函數做一些網路上的搜尋，你應該可以找到說明手冊，或是一些針對該函式庫的參考頁面。

NOTE `undefined reference` 未必代表找不到函式庫。連接指令中可能遺漏了程式當中的一個物件檔案。通常很容易區分「函式庫函數」和「你物件檔案中的函數」，因為你可能會識別出你編寫的函數，或者至少能夠搜尋它們。

要解決這個問題，首先你要知道 curses 函式庫在哪裡，然後再用編譯器的 `-l` 選項連接它。函式庫分布在系統的各個地方，大多數會放在名為 lib 的子目錄中（系統預設的路徑是在 /usr/lib）。而對於上面的範例，基本的 curses 函式庫檔案是 libcurses.a，而函式庫的名稱是 `curses`。所以完整的連接和編譯應是這樣的：

```
$ cc -o badobject badobject.o -lcurses
```

如果函式庫的所在地不在標準的位置，你必須用 `-L` 選項來告訴連接器。假設 `badobject` 程式需要用到 /usr/junk/lib 中的 libcrud.a，那麼就應該這樣編譯來產生可執行檔案：

```
$ cc -o badobject badobject.o -lcurses -L/usr/junk/lib -lcrud
```

NOTE 如果你想要在一個函式庫中搜尋特定函數，請使用帶有 `--defined-only` 符號過濾器的 `nm` 指令，並為大量的輸出內容做好準備。例如，試試這個：`nm --defined-only libcurses.a`。在許多發行版上，你還可以使用 `less` 指令來查看函式庫的內容。（你可能會需要使用 `locate` 指令來找到 libcurses.a；許多發行版現在會把函式庫放在 /usr/lib 專用系統架構的子目錄中，例如 /usr/lib/x86_64-linux-gnu/。）

在你系統中，有一個名為「C 標準函式庫」的函式庫，其中包含了一些基礎組成元件，這些元件被認為是 C 語言的一部分。它的基本檔案是 libc.a。當你編譯一個程式時，除非你特別排除它，否則都會含有這個函式庫。你系統上的大多數程式都是使用共享版本，所以讓我們談談它是如何運作的。

15.1.3 共享函式庫

名稱以 .a 結尾的函式庫（如 libcurses.a）是**靜態函式庫**（**static library**）。當程式連接的是靜態函式庫時，連接器會將函式庫檔案中的機器碼複製到你的程式中。於是，最終的可執行程式不需要該函式庫也能執行起來，也因為你的可執行程式中已經有一份函式庫程式碼的副本，其行為不會因為 .a 檔案的更改而有所不同。

然而，函式庫是會一直變大的，就如同函式庫會變多一樣，所以複製靜態函式庫很浪費磁碟和記憶體空間。另外，如果某天你發現所用的靜態函式庫有問題，需要修改或替換，那些參考它的程式就都要重新編譯，才能使用到新的函式庫。

共享函式庫（**shared library**）可以解決這些問題。將程式連接到共享函式庫，不會將程式碼複製到最終的可執行檔案中；它只是在函式庫檔案的程式碼中加入對名稱的**參考**（**reference**）。當你執行程式的時候，系統僅在必要時將「函式庫的程式碼」載入到程序的記憶體空間中。許多程序可以在記憶體中分享相同的共享函式庫程式碼。如果你需要稍微修改函式庫程式碼，你通常可以這樣做而無需重新編譯任何程式。在你的 Linux 發行版上更新軟體時，你要更新的套件可能會包含共享函式庫。當你的更新管理器要求你重新啟動電腦時，有時這樣做是為了確保系統的每個部分都在使用「最新版本的共享函式庫」。

使用共享函式庫的代價是管理困難、連接複雜。但是，只要明白以下四點，你就能搞定它：

- 如何列出可執行程式需要的共享函式庫
- 可執行程式如何尋找共享函式庫
- 如何讓可執行程式連接共享函式庫
- 如何避免一些常見的共享函式庫陷阱

接下來，我們會告訴你怎樣使用和維護系統的共享函式庫。如果你想大致了解共享函式庫的工作原理，或是大概了解一下連接器，你可以參考以下這些著作，或是 Program Library HOWTO（http://dwheeler.com/program-library/）之類的線上資源。另外，ld.so(8) 說明手冊也值得一讀：

- John R. Levine 的《*Linkers and Loaders*》（Morgan Kaufmann, 1999）
- David M. Beazley、Brian D. Ward、Ian R. Cooke 合寫的《*The Inside Story on Shared Libraries and Dynamic Loading*》（Computing in Science & Engineering, September/October 2001）

列出共享函式庫的依賴關係

共享函式庫與靜態函式庫通常放在同一個地方。Linux 的兩大標準函式庫目錄是 /lib 和 /usr/lib，儘管有些還是會分散在系統的其他地方。其中 /lib 是不應該包含靜態函式庫的。

共享函式庫名稱的副檔名中通常含有 .so（意思是 shared object，共享物件），例如 libc-2.15.so 和 libc.so.6。想看看一個程式用到了什麼共享函式庫，可執行 `ldd` *prog*，其中 *prog* 是可執行程式的名稱。以下用 `bash` 來舉例：

```
$ ldd /bin/bash
    linux-vdso.so.1 (0x00007ffff31cc000)
    libgtk3-nocsd.so.0 => /usr/lib/x86_64-linux-gnu/libgtk3-nocsd.so.0
(0x00007f72bf3a4000)
    libtinfo.so.5 => /lib/x86_64-linux-gnu/libtinfo.so.5 (0x00007f72bf17a000)
    libdl.so.2 => /lib/x86_64-linux-gnu/libdl.so.2 (0x00007f72bef76000)
    libc.so.6 => /lib/x86_64-linux-gnu/libc.so.6 (0x00007f72beb85000)
    libpthread.so.0 => /lib/x86_64-linux-gnu/libpthread.so.0
(0x00007f72be966000)
    /lib64/ld-linux-x86-64.so.2 (0x00007f72bf8c5000)
```

考慮到最佳效能和靈活性，可執行程式本身通常是不知道「它使用的共享函式庫」的所在位置的。它只知道共享函式庫的名稱，或是只知道一點尋找共享函式庫的提示。`ld.so` 這個小程式是**執行時動態連接器／載入器（runtime dynamic linker/loader）**，它可以幫助程式在執行時找到並載入共享函式庫。在上面 `ldd` 的輸出中，`=>` 的左邊是可執行程式所知道的「函式庫的名稱」，`=>` 的右邊是 `ld.so` 所找到的「函式庫的位置」。

輸出的最後一行顯示了 `ld.so` 的實際位置：/lib64/ld-linux-x86-64.so.2。

ld.so 怎樣找到共享函式庫

共享函式庫的一個常見問題是「動態連接器」無法找到函式庫。如果可執行程式有預先設定好的**執行時函式庫搜尋路徑**（**runtime library search path，rpath**）的話，那麼「動態連接器」一般會先尋找那裡。很快你就會看到怎樣建立這個路徑。

接著，「動態連接器」就會參考系統快取 /etc/ld.so.cache，看看該函式庫是否在標準的位置。這就是函式庫檔案名稱的快速快取（fast cache），而這是從「快取設定檔案 /etc/ld.so.conf 中的目錄清單」獲取的。

NOTE 正如你所見的其他 Linux 設定檔案一樣，ld.so.conf 可能會包含 /etc/ld.so.conf.d 中的設定檔案。

在 ld.so.conf 裡面（或是它包含的檔案中），每一行就是一個你要包含（include）到快取裡面的目錄。這個清單通常很短，內容類似這樣：

```
/lib/i686-linux-gnu
/usr/lib/i686-linux-gnu
```

標準的函式庫目錄 /lib 和 /usr/lib 是隱式的，即你不需要在 /etc/ld.so.conf 中包含它們。

如果你改動了 ld.so.conf 或改變了某個共享函式庫的目錄，你都必須透過以下指令來手動重建 /etc/ld.so.cache 檔案：

```
# ldconfig -v
```

`-v` 選項會輸出被 `ldconfig` 新增到快取的目錄的詳細資訊，以及它所監測到的改動。

`ld.so` 尋找共享函式庫時還會參考一個地方：環境變數 `LD_LIBRARY_PATH`。我們很快就會講到。

不要養成往 /etc/ld.so.conf 裡面亂塞東西的習慣。你應該清楚系統快取中有哪些共享函式庫，而如果你把雜七雜八的東西都放進快取中，你就會面臨一個難以管理的系統，並可能有混淆的風險。如果你想替程式安排一個隱含的函式庫路徑，你可以使用內建的 rpath。下面來看看怎麼做。

把程式與共享函式庫連接起來

假設你在 /opt/obscure/lib 中有一個叫作 libweird.so.1 的共享函式庫，你不應該把這個奇怪的路徑加入到 /etc/ld.so.conf 中，只需要把它與 myprog 連接，可以這麼做：

```
$ cc -o myprog myprog.o -Wl,-rpath=/opt/obscure/lib -L/opt/obscure/lib -lweird
```

-Wl,-rpath 這個選項用於告訴「連接器」將某個目錄包含到程式的 rpath 中。雖然寫了 -Wl,-rpath，但還是需要加上 -L。

對於已編譯的程式，如果你想改變它的 rpath，可以使用 patchelf 來更改，不過最好還是在編譯時就做好。（ELF 是 Executable and Linkable Format 的縮寫，是一種用在 Linux 系統的可執行檔案和函式庫的標準格式。）

共享函式庫的一些問題

共享函式庫的靈活性和一些驚人的技巧會有被濫用的風險，有可能讓你的系統變得亂七八糟。可能導致的後果有以下三種：

- 找不到函式庫
- 效能低落
- 找錯函式庫

出現共享函式庫問題的頭號原因來自環境變數 LD_LIBRARY_PATH。把一些「以冒號分隔的目錄」賦值到這個變數的話，就可令 ld.so 首先尋找這些目錄。如果你沒有原始碼，或是不能使用 patchelf，又或者你只是不想重新編譯，你都可以用這招快速解決函式庫移動後的依賴關係問題。但這可能會造成混亂。

永遠都不要在啟動檔案中或在編譯軟體時設定 LD_LIBRARY_PATH。「動態執行時連接器」看到這個變數時，就會對其中「所有設定好的目錄的內容」進行函式庫的搜尋，它花費的時間遠比你想的還要多。這不僅會造成效能低下，而且更重要的是，它可能會導致函式庫混淆，因為「執行時連接器」會為每一個程式到這些目錄中尋找函式庫。

如果有一些沒有原始碼的無足輕重的程式（又或是一些你不想重新編譯的應用程式，如 Firefox 或其他怪物等級的軟體等），迫使你用 LD_LIBRARY_PATH 來解決函式庫依賴問題，那就把它放進 wrapper script 裡面。假設你有一個可執行程式 /opt/crummy/bin/crummy.bin，它需要 /opt/crummy/lib 中的共享函式庫，你可以撰寫一個類似這樣的 crummy script：

```
#!/bin/sh
LD_LIBRARY_PATH=/opt/crummy/lib
export LD_LIBRARY_PATH
exec /opt/crummy/bin/crummy.bin $@
```

不使用 LD_LIBRARY_PATH 能避免大部分共享函式庫的問題。但開發人員可能還會遇到一個偶爾出現的大問題，那就是函式庫的「應用程式介面」（Application Programming Interface，以下簡稱 API）會隨著版本的變動而改變，使得裝好的軟體都用不了。最好的解決方法就是預防。具體做法是：安裝共享函式庫時也使用 -Wl,-rpath，以此產生「執行時的連接路徑」，或是使用「靜態函式庫」。

15.1.4 表頭（include）檔案和目錄

C 語言的**表頭檔案**（**header file**）是用於保存型別（type）和函數宣告（function declaration）的附加原始碼檔案。例如，stdio.h 就是一個表頭檔案（請回顧 15.1 節中的小程式）。

不幸的是，很多編譯問題是與表頭檔案有關的。大多數情況下是因為編譯器找不到表頭檔案或函式庫。有些情況下是因為程式設計師忘了在程式碼中加入 #include 指示詞（來包含必要的表頭檔案），導致某些程式碼無法通過編譯的過程。

修復 include 檔案的問題

搜尋「正確的 include 檔案」並不是一件容易的事。有時候運氣好，可以透過 locate 來找到它們，但是在其他情況下，有時「相同名稱的 include 檔案」放在了不同的目錄中，令人難以分辨哪個才是需要的。當編譯器找不到 include 檔案時，就會回傳類似這樣的錯誤訊息：

```
badinclude.c:1:22: fatal error: notfound.h: No such file or directory
```

這則訊息說明了「無法找到」badinclude.c 檔案需要參考的 notfound.h 表頭檔案。如果我們看一下 badinclude.c 檔案（正如錯誤訊息所提醒的，這個錯誤源自 badinclude.c 的第一行），我們會看到有一行長這樣：

```
#include <notfound.h>
```

像這樣的 include 指示詞（directive）並沒有指定表頭檔案的位置，這只代表它應該在「預設的位置」或是在編譯器命令列上「指定的路徑」。這些位置的名稱中，大多數都會有著 include 的字樣。Unix 中預設的 include 目錄是 /usr/include；除非你明確告訴它不要尋找這裡，否則編譯器總是會尋找這個位置。當然，如果 include 檔案是在預設的位置，你是不太可能看到上述錯誤的，所以就讓我們看看，如何讓編譯器去搜尋其他的 include 目錄。

假設 notfound.h 在 /usr/junk/include 中，你可以加上 -I 選項，讓編譯器看到這個目錄：

```
$ cc -c -I/usr/junk/include badinclude.c
```

現在就不會因為表頭檔案的參考出錯而不能編譯了。

NOTE 在「第 16 章」中，你會學到更多有關「如何尋找遺失的 include 檔案」的內容。

另外，你還要注意 include 中「雙引號」（" "）與「尖括號」（< >）的區別：

```
#include "myheader.h"
```

「雙引號」意味著表頭檔案不在系統的 include 目錄中，需要編譯器從其他地方尋找。這通常表示它與原始碼檔案處於同一目錄中。如果你使用「雙引號」時出現問題，可能是你要編譯的程式並不完整。

C 預處理器

其實，並不是 C 編譯器去尋找 include 檔案，而是 **C 預處理器**（**C preprocessor**）。它是編譯器在解析程式之前先在原始碼上執行的一個東西。預處理器會將原始碼重寫成一種編譯器能理解的形式，它能使原始碼更易讀（並提供捷徑）。

原始碼中的預處理器指令叫作**指示詞**（**directive**），它們以 # 開頭，分為以下三種：

- **include 檔案**：#include 指示詞會讓預處理器將整個檔案包含進來。例如前面提到的，是「編譯器的 -I 選項」讓預處理器在指定目錄中搜尋 include 檔案。
- **巨集定義**：像 #define BLAH something 這樣的一行，會讓預處理器將原始碼中所有的 BLAH 都替換成 something。一般來說，我們約定「巨集（macro）的名稱」都是大寫的，但有人會將巨集命名得很像函數名稱或變數名稱。（這一直都很讓人頭痛，更有許多程式設計師對濫用預處理器的現象嗤之以鼻。）

NOTE 你也可以不在原始碼中定義巨集，而是使用編譯器的 -D 選項來實作：-DBLAH=something。它的效果就如同上面的 #define BLAH something。

- **條件**：你可以用 #ifdef、#if 和 #endif 來將程式碼分成區塊。#ifdef MACRO 這個指示詞會檢查「預處理器巨集 MACRO」是否已定義，而 #if condition 則會檢查 condition 是否非零。當預處理器發現「if 語句」後的條件為 false 時，它就不會把 #if 和下一個 #endif 之間的程式碼交給編譯器。如果你想看懂 C 程式，最好先習慣這種指示詞。

下面有一個條件指示詞（conditional directive）的例子。當預處理器遇到這段程式碼時，它會檢查巨集 DEBUG 是否已定義。如果是的話，它就會將 fprintf() 那行交給編譯器，否則，就跳過該行，繼續處理 #endif 之後的程式碼：

```
#ifdef DEBUG
  fprintf(stderr, "This is a debugging message.\n");
#endif
```

NOTE C 預處理器並不懂 C 的任何語法、變數、函數或其他元素，它只看巨集和指示詞。

Unix 上的 C 預處理器是 cpp，你也可以用 gcc -E 來執行它。不過一般來說，你很少需要單獨執行預處理器。

15.2 make

如果一個程式需要用到不止一個原始碼檔案，或需要在編譯時加上一些奇怪的選項的話，那麼手動編譯就很麻煩了。這個問題曾經困擾了人們很久，直至 Unix 上出現了一個叫作 make 的編譯管理工具。Unix 的使用者應該對 make 有所理解，因為有些系統工具是會用到它的。不過，本章只會談到它的冰山一角。關於 make 的東西是可以寫出一本書的，例如 Robert Mecklenburg 的《*Managing Projects with GNU Make, 3rd edition*》（O'Reilly, 2005）。此外，大多數的 Linux 套件都是由封裝過的 make 或類似的工具建置的。建置系統有很多，其中有一個叫作 autotools 的，我們會在「第 16 章」談及。

make 是一個很大的系統，但它並不難理解。當看到有名稱是 Makefile 或 makefile 的檔案時，就說明你遇上 make 了。（試著執行 make，看看你能建置什麼東西。）

make 最基礎的概念就是 **target（目標）**，即你想達到的目的。target 可以是檔案（一個 .o 檔案或一個可執行檔案等等）或標籤（label）。另外，有些 target 是依賴於其他 target 的。舉例來說，在連接到你的可執行檔案之前，你得先做好一堆 .o 檔案。這種需求就是**依賴關係（dependency）**。

make 會根據一些規則（例如怎樣把 .c 檔案變成 .o 檔案）來建置 target。make 本身就有一些規則，但你也可以修改它，或增加自己的規則。

15.2.1 一個 Makefile 範例

看一下這個簡單的 Makefile，它會將 15.1.1 節中的 aux.c 和 main.c 建置成一個叫作 myprog 的程式：

```
❶ # object files
❷ OBJS=aux.o main.o

❸ all: ❹myprog

myprog: ❺$(OBJS)
        ❻$(CC) -o myprog $(OBJS)
```

第一行開頭的 #❶ 表示該行是註釋。

下面一行是巨集定義（macro definition），它把 OBJS 這個變數賦值為兩個物件檔案名稱 ❷。這對於後續的操作很重要。現在，你要知道如何定義巨集，以及如何在以後再次使用它（$(OBJS)）。

接下來是第一個 target，也就是 all❸。第一個 target 永遠都會是預設值，也就是當你在命令列上面執行 make 後所要達到的最終結果。

建置 target 的規則寫在「冒號」後面。對於 all 來說，這個 Makefile 檔案告訴你「需要滿足一個叫作 myprog❹ 的東西」，這也是本檔案的第一個依賴關係；all 依賴於 myprog。請注意，myprog 可以是一個真實的檔案（actual file），也可以是另一個規則的 target。在本範例中，它兩者都是（既是 all 的規則，也是 OBJS 的 target）。

為了建置 myprog，這個 Makefile 在依賴關係中使用了巨集 $(OBJS)❺。該巨集展開成 aux.o 和 main.o，於是 myprog 就依賴於這兩個檔案了（它們必須是真實的檔案，因為這個 Makefile 中沒有其他名為 aux.o 或 main.o 的 target）。

NOTE 在 $(CC)❻ 前面的一個空格是 Tab 鍵產生的。make 對 Tab 鍵非常嚴格。

這個 Makefile 假設你有兩個叫作 aux.c 和 main.c 的 C 原始碼檔案與其在同一目錄中。執行 make 的話，就會產生以下輸出，其中顯示了 make 正在執行中的指令：

```
$ make
cc    -c -o aux.o aux.c
cc    -c -o main.o main.c
cc -o myprog aux.o main.o
```

圖 15-1 展示了這些依賴關係。

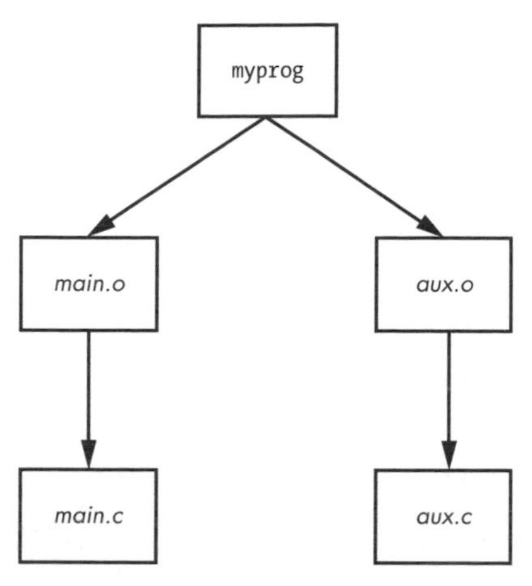

圖 15-1：Makefile 依賴關係

15.2.2 內建規則

那麼 make 是怎麼知道要將 aux.c 變成 aux.o 的呢？不管怎麼看，aux.c 都沒在 Makefile 中出現過。答案就是，make 有自己的內建規則（built in rule）。當你需要 .o 檔案時，它就會自動去找 .c 檔案，它甚至懂得對那些 .c 檔案執行 cc -c 指令，藉此達到「獲得 .o 檔案」的目標。

15.2.3 最終的程式建置

建立 myprog 的最後一步有點複雜，但其概念是很簡單的。$(OBJS) 有了兩個物件檔案之後，你就可以按照接下來的這一行來執行 C 編譯器了（在這裡，$(CC) 展開成編譯器的名稱）：

```
	$(CC) -o myprog $(OBJS)
```

就像剛剛有提醒到的，$(CC) 前面的空格是 Tab 鍵，任何系統指令（system command）前面都「必須」要有 Tab 鍵。

小心遇到以下這種情況：

```
Makefile:7: *** missing separator.  Stop.
```

這種錯誤是說 Makefile 損壞了，Tab 鍵就是這裡提到的分隔符號（錯誤訊息中的 separator）。如果沒有分隔符號，或出現其他干擾，你就會看到這樣的錯誤提示。

15.2.4 更新依賴關係

make 的基礎知識還有最後一點，就是 target 需要跟它的依賴關係一同更新。此外，它的設計目的是「只採取必要的最少步驟」，這可以節省大量時間。如果你對上面的範例做了兩次的 make，那麼第一次會建置出 myprog，第二次則會給出這樣的資訊：

```
make: Nothing to be done for 'all'.
```

在第二次時，make 會發現規則中的 myprog 已經存在，而且自從上次建置之後，所有依賴關係都未曾改變，於是它就不會再次建置 myprog。要解決這個問題，可按以下步驟執行：

1. 執行 **touch aux.c**；
2. 再次執行 **make**。這次，make 發現 aux.c 比目錄中已有的 aux.o 更「新」，於是它就會再次編譯出 aux.o；
3. myprog 是依賴於 aux.o 的，而現在 aux.o 比已有的 myprog 更「新」，於是它就會再次建置出 myprog。

這是一種典型的反應鏈。

15.2.5 命令列參數與選項

熟悉 make 的命令列參數和選項的話，你會獲得很多便利。

最有用的選項之一就是在命令列上指定一個單獨的 target。對於上面的範例，如果你只想得到 aux.o 的話，可以執行 make aux.o。

你也可以在命令列定義一個巨集。例如，想使用 clang 編譯器的話，試試：

```
$ make CC=clang
```

這樣，make 就會使用你定義的 CC 來取代原本的編譯器 cc。命令列巨集對於測試「預處理器的定義和函式庫」是很有用的，尤其是有 CFLAGS 和 LDFLAGS 這兩個巨集時，這兩個我們很快就會講到。

實際上，執行 make 時不一定要有 Makefile。如果內建的 make 規則能完成 target，你可以直接讓 make 去產生這個 target。例如，你有一個簡單的程式原始碼，叫作 blah.c，試試 make blah，它會這樣處理：

```
$ make blah
cc    blah.o    -o blah
```

這種 make 只適用於最簡單的 C 程式。如果你的程式需要用到函式庫，或需要特別的 include 目錄，那麼你還是應該撰寫一個 Makefile。在你不理解編譯器的運作原理，而又想編譯一些例如 Fortran、Lex、Yacc 之類的東西時，確實可以直接 make 而不用 Makefile。為什麼不試著讓 make 幫你搞定呢？就算它做不到，它也會友善地提示你如何操作。

make 還有以下兩個好用的選項：

- **-n**：顯示單次建置所要用到的指令，但並不實際去執行它們。
- **-f *file***：告訴 make 使用 *Makefile* 和 *makefile* 以外的檔案。

15.2.6 標準巨集和變數

make 有很多特別的巨集和變數。**巨集**（**macro**）和**變數**（**variable**）的區別很難說清楚，所以，我們會把 make 開始建置 target 以後「不再改動的東西」叫作巨集。

如前文提到的，你可以在 Makefile 的開頭設定巨集。以下是最常見的一些巨集：

- **CFLAGS**：C 編譯器選項。make 會將這個選項作為參數，在將 .c 檔案變成 .o 的階段傳給編譯器。
- **LDFLAGS**：類似 CFLAGS，不過它是在將 .o 變成可執行程式的階段傳給連接器。
- **LDLIBS**：如果你用了 LDFLAGS，但不想函式庫名稱選項與尋找路徑混在一起，可以將函式庫名選項寫在這裡。
- **CC**：C 編譯器。預設是 cc。
- **CPPFLAGS**：**C 預處理器**選項。make 執行 C 預處理器時，將其作為參數。
- **CXXFLAGS**：GNU 使用這個巨集作為 C++ 編譯器選項。

make 變數會隨著 target 的建置而改變。變數基本上都是以 $ 符號開頭。有幾種方式可以設定變數，但大部分常用的變數都是 target 規則中自動設定的。這裡有一些是你可能會看到的：

- **$@**：當寫在規則裡時，該變數會擴展成目前的 target。
- **$<**：當寫在規則裡時，該變數會擴展成 target 的第一個依賴關係。
- **$***：該變數會擴展成目前 target 的**基礎名稱**（**basename**）。例如，在建置 blah.o 時，它會擴展成為 blah。

下面是一個範例，說明常見的模式——使用 myprog 從 .in 檔案產生出 .out 檔案的規則：

```
.SUFFIXES: .in
.in.out: $<
        myprog $< -o $*.out
```

在許多 Makefile 檔案中，你會遇到諸如 .c.o: 之類的規則，這定義了一種「執行 C 編譯器來建立一個物件檔案」的客製化方式。

最完整的 make 變數清單在 make 的說明手冊中。

NOTE 請注意，GNU 的 make 還有很多其他變體所沒有的擴充、內建規則和特性。如果你只在 Linux 上使用，那沒什麼問題，但如果是遇到 Solaris 或 BSD 系統的話，就不一定能產生相同的效果了。不過，好在我們有 GNU autotools 這類工具來解決跨平台的問題。

15.2.7 慣用的 target

大多數程式開發人員會在他們的 Makefile 檔案中納入幾個額外的通用 target，這些 target 主要是執行與「編譯」相關的輔助任務：

- **clean**：這個 target 無處不在；make clean 通常會把所有物件檔案和可執行程式都清掉，以便你重新建置或打包軟體。以下就是一個例子：

```
clean :
        rm -f $(OBJS) myprog
```

- **distclean**：GNU autotools 所產生的 Makefile 總會有這個 target。它能刪除原本套件以外的所有東西，包括 Makefile。在「第 16 章」你會學到更多。偶爾你會發現有些開發人員不喜歡用這個 target 來清除可執行程式，而更喜歡用類似 `realclean` 的 target。
- **install**：將檔案和編譯好的程式放到 Makefile 認為適當的地方。這可能會有風險，所以最好還是先用 `make -n install` 看看會放在哪裡。
- **test 或 check**：有些開發人員會加上 `test` 或 `check` 的 target 來幫忙測試「建置出的東西」是否可用。
- **depend**：透過編譯器的 `-M` 選項來檢查原始碼，以建立依賴關係。這是一個不常見的 target，因為它經常會更改 Makefile 本身的內容。這已經不是一種通用的做法了，但如果你遇到要求你這麼做的情況，那最好還是照著去做。
- **all**：如前所述，這通常是 Makefile 的第一個 target。經常有人寫 `all` 而不是寫「要建置的程式名稱」。

15.2.8 組織一個 Makefile

雖然 Makefile 的風格多樣，但有些規範是大多數程式設計師都遵守的。其中一條就是，在 Makefile 的第一部分（巨集定義）定義好不同用途的函式庫和 include：

```
MYPACKAGE_INCLUDES=-I/usr/local/include/mypackage
MYPACKAGE_LIB=-L/usr/local/lib/mypackage -lmypackage

PNG_INCLUDES=-I/usr/local/include
PNG_LIB=-L/usr/local/lib -lpng
```

於是各種編譯器和連接器的選項就由這些巨集組合而成：

```
CFLAGS=$(CFLAGS) $(MYPACKAGE_INCLUDES) $(PNG_INCLUDES)
LDFLAGS=$(LDFLAGS) $(MYPACKAGE_LIB) $(PNG_LIB)
```

物件檔案通常會根據可執行檔案來進行分組。例如，假設你的套件會建立出名為 `boring` 和 `trite` 的可執行程式，它們有各自的 .c 原始碼檔案，並且都需要用到 util.c 中的程式碼，則可以這樣定義：

```
UTIL_OBJS=util.o

BORING_OBJS=$(UTIL_OBJS) boring.o
TRITE_OBJS=$(UTIL_OBJS) trite.o

PROGS=boring trite
```

Makefile 的剩餘部分就會是這樣：

```
all: $(PROGS)

boring: $(BORING_OBJS)
	$(CC) -o $@ $(BORING_OBJS) $(LDFLAGS)

trite: $(TRITE_OBJS)
	$(CC) -o $@ $(TRITE_OBJS) $(LDFLAGS)
```

你可以把兩個產生可執行程式的 target 放在同一條規則裡面，但這不是一種好的做法，因為這樣會讓規則難以拆分和重用，甚至會造成錯誤的依賴關係：如果 `boring` 和 `trite` 處於同一條規則中，那麼它們都會依賴於對方的 .c 檔案，這樣的話，就算你只改動了其中一個 .c，也會使 `make` 重新建置 `boring` 和 `trite`。

NOTE 如果某個物件檔案有特別的規則，就將該規則置於「建置可執行程式的規則」之上。如果多個可執行程式用到相同的物件檔案，就將「該物件檔案的規則」置於「可執行程式的規則」之上。

15.3 Lex 和 Yacc

如果你要編譯的程式需要讀取設定檔案或指令，那你可能要用到 Lex 和 Yacc。這兩個工具是程式設計語言的建置工具：

- Lex 是一個**詞彙分析器**（**tokenizer**）的產生器，它能將文字內容轉換成一個個標記（label）。它的 GNU/Linux 版本叫作 `flex`。你可使用編譯器的 `-ll` 或 `-lfl` 連接器標記（linker flag）來連接 Lex 的函式庫。
- Yacc 是一個**語法分析器**（**parser**）的產生器，能根據文法（grammar）來讀取標記（token）。GNU 的分析器是 `bison`。為了讓「產生的語法分析器」與 Yacc 相容，你需要執行 `bison -y`。你可使用編譯器的 `-ly` 連接器標記來連接 Yacc 的函式庫。

15.4 腳本語言

很久以前，一般的 Unix 系統管理者不必擔心除了 Bourne shell 和 awk 之外的腳本語言。現在（「第 11 章」講到的）shell script 依然是 Unix 的重要組成部分，而 awk script 則逐漸沒落。但是，很多強大繼任者的出現也使得不少系統程式設計從 C 轉換到了腳本語言（如 `whois` 程式），現在我們來看一些基本的腳本程式設計。

首先你要知道的是，所有腳本語言的第一行跟 Bourne shell 的 shebang 是類似的。例如，Python script 的第一行大概是這樣的：

```
#!/usr/bin/python
```

或像下面這樣，這會直接執行在指令路徑中找到的「Python 的第一個版本」，而不會搜尋整個 /usr/bin：

```
#!/usr/bin/env python
```

像「第 11 章」看到的，在 Unix 中，所有「以 `#!` 開頭的可執行文字檔案」都是一個 script。其後的路徑是該 script 可執行的直譯器（interpreter）。當 Unix 嘗試執行「以 `#!` 開頭的可執行檔案」時，它會啟動 `#!` 後的直譯器，並將「檔案剩餘的內容」作為該直譯器的標準輸入。所以，下面的範例也是一個 script：

```
#!/usr/bin/tail -2
This program won't print this line,
but it will print this line...
and this line, too.
```

shell script 的第一行經常會出現這樣的錯誤：腳本語言直譯器的路徑無效。舉個例子，假設上面的 script 叫作 `myscript`，如果 `tail` 不在 /usr/bin 中，而在 /bin 中，那麼執行 `myscript` 將會產生以下回傳錯誤資訊：

```
bash: ./myscript: /usr/bin/tail: bad interpreter: No such file or directory
```

還有，不要期望直譯器能接受多個參數。上面例子中的 -2 是可行的，但如果再多加一個參數，系統就會將 -2 和第二個參數（包括空格）合為一個參數。不同的系統可能效果不一樣，但最好還是別這麼做。

現在，讓我們看看其中的幾種語言。

15.4.1 Python

腳本語言 Python 擁有一系列強大的功能，如文字處理、資料庫存取、網路程式設計、多執行緒等，而且支援者眾多。它還有強大的互動模式和一套組織有序的物件模型。

Python 的可執行程式是 python，通常在 /usr/bin 中。但是，Python 不僅僅用於 script 的命令列，從資料分析到 Web 應用程式，它無處不在。David M. Beazley 的《*Python Distilled*》（Addison-Wesley, 2021）是一本不錯的 Python 參考書。

15.4.2 Perl

Perl 是 Unix 上的較為老舊的第三方腳本語言之一，它是程式開發工具界的「瑞士軍刀」。雖然近年它被 Python 超越，但它仍是文字處理、轉換、檔案操作的利器，而且你會發現很多工具都是由它建置成的。Randal L. Schwartz、brian d foy 和 Tom Phoenix 的《*Learning Perl, 7th edition*》（O'Reilly, 2016）可當作教學指南來讀。想更詳細地了解 Perl，可參考 Chromatic 的《*Modern Perl, 4th edition*》（Onyx Neon Press, 2016）。

15.4.3 其他腳本語言

你可能還會見到以下這些腳本語言：

- **PHP**：它是超文字處理語言，常用於動態網頁程式設計，也有些人拿它當獨立執行的 script 使用。官網是 http://www.php.net/。
- **Ruby**：物件導向的愛好者和 Web 開發人員尤其喜歡這個語言（http://www.ruby-lang.org/）。
- **JavaScript**：這個語言主要是在瀏覽器中操作網頁動態內容。大部分資深的程式開發人員都覺得它缺點太多而不把它當作腳本語言，不過對於 Web 程式設計來說它幾乎是必不可少的。近幾年，它有一種實作叫作

Node.js，這在伺服器端程式設計與編寫 script 方面越來越普遍；可執行程式是 node。

- **Emacs Lisp**：它是 Lisp 語言的一個變形，在 Emacs 文字編輯器中使用。
- **MATLAB 和 Octave**：MATLAB 是一套商業的矩陣及數學程式設計語言和函式庫。Octave 是類似 Matlab 的免費軟體。
- **R**：這是一種流行的免費統計分析語言。詳見 http://www.r-project.org/ 和 Norman Matloff 的《*The Art of R Programming*》（No Starch Press, 2011）。
- **Mathematica**：這也是一套商業的數學程式設計語言和函式庫。
- **m4**：巨集處理語言，常見於 GNU autotools。
- **Tcl**：Tcl（tool command language，工具指令語言）是一種簡單的腳本語言，其擴充有「圖形使用者介面」的 Tk 和「自動化工具」的 Expect，雖然 Tcl 不再被廣泛使用，但不要小看它的能力。很多經驗豐富的開發人員喜歡用 Tk，尤其是喜歡用它做嵌入式開發。有關 Tk，詳見 http://www.tcl.tk/。

15.5 Java

Java 跟 C 一樣都是編譯型語言，它有更簡單的語法和強大的物件導向能力。它在 Unix 上也較為常用。例如，它多用於製作 Web 應用程式和一些特定的應用程式。Android 的應用程式就常常是用 Java 來開發的。儘管我們很少在 Linux 桌面系統看到它，但你還是應該懂得 Java 的運作，至少是理解它如何在一個獨立的應用程式上運作。

Java 編譯器分為兩種：用於產生機器碼供系統使用的「內建編譯器」（如 C 編譯器）以及位元組碼直譯器（bytecode interpreter，有時也叫虛擬機，但不是「第 17 章」講的那種虛擬機器）使用的「位元組碼編譯器」（bytecode compiler）。你在 Linux 上看到的 Java 程式都是位元組碼。

Java 位元組碼檔案以 .class 結尾。Java 執行時環境（Java Runtime Environment，JRE）包含了執行 Java 位元組碼所需的程式。想執行一個位元組碼檔案，可以這樣做：

```
$ java file.class
```

以 .jar 結尾的位元組碼檔案也是有的，它由一堆 .class 檔案打包而成。執行 .jar 檔案需要用這種語法：

```
$ java -jar file.jar
```

有時候，你可能需要將 Java 的安裝路徑設定到 JAVA_HOME 環境變數中，甚至可能還需要使 CLASSPATH 變數，來包含你程式需要的所有 class 的所在目錄。CLASSPATH 是一個以「冒號」分隔的目錄集合，看起來跟可執行程式所參考的 PATH 變數差不多。

你需要有 Java 開發工具（Java Development Kit，JDK）才能將 .java 檔案編譯成位元組碼。有了 JDK，你就可以執行其中的 javac 編譯器來建立 .class 檔案：

```
$ javac file.java
```

JDK 還包含 jar 程式，它能建立和拆分 .jar 檔案，用法類似 tar。

15.6 學習前導：編譯套件

編譯器和腳本語言的世界很龐大，而且正在不斷地擴張。就在本書成書之際，新的編譯型語言如 Go（golang）和 Rust 也已逐漸流行起來。

LLVM 編譯器基礎設施（LLVM Compiler Infrastructure，http://llvm.org/）能顯著地簡化編譯器的開發。如果你對設計和實作編譯器有興趣，這兩本書值得一看：

- Alfred V. Aho et al. 的《*Compilers: Principles, Techniques and Tools, 2nd edition*》（Addison-Wesley, 2006）
- Dick Grune et al. 的《*Modern Compiler Design, 2nd edition*》（Springer, 2012）

至於腳本語言，最好還是參考線上資源，因為腳本語言的實作五花八門。

掌握了程式設計工具的基礎，你就可以去看看它們能做什麼了。下一章講的就是如何從原始程式碼建置出套件包。

16

從 C 程式碼編譯出軟體

大部分非專利的第三方 Unix 軟體都是以原始程式碼的形式釋出，讓人們能夠自行建置並安裝。其中一個原因是，Unix（以及 Linux）版本繁多，架構各異，我們很難造出符合各平台的二進位程式的套件。另外，同樣重要的是，Unix 社群上放出的各式各樣原始程式碼「鼓勵」使用者為漏洞修復和功能新增做貢獻，這讓**開源**（**open source**）變得有意義。

Linux 系統上，幾乎所有的東西都有它的原始程式碼——從核心、C 函式庫，到網頁瀏覽器等等。你甚至可以使用原始程式碼來（重新）安裝你系統的某個部分，藉此更新和加強你的系統。但是，你不應該讓「所有東西」都從原始程式碼建置並安裝，除非你真的很享受這個過程或某些特殊原因使然。

Linux 發行版的核心部分，如 /bin 中的程式，一般都不難更新，而且，Linux 發行版其中一個很重要的特性就是安全問題通常修復得很快。然而，不要期望你的發行版能為你提供一切。以下這些原因就解釋了為何你需要自行安裝某些套件（package）：

- 你可以按自己的需要進行設定。
- 你可以自己決定安裝位置。甚至你還可以安裝同一個套件的不同版本。
- 你可以自行控制安裝的版本。發行版所維護的套件不一定會一直更新到最新版本，尤其是那些附屬的軟體套件（如 Python 的函式庫）。
- 你可以了解一個套件是如何運作的。

16.1 軟體的建置系統

Linux 上的程式設計環境有很多種：從傳統的 C 語言到如 Python 的直譯型腳本語言。它們各自都有至少一套「除了 Linux 發行版所提供的工具之外」的系統，來協助建置和安裝套件。

我們這一章會講解，如何透過其中的 GNU autotools 套件所產生的設定腳本（configuration script）來編譯和安裝 C 程式碼。大家都普遍認為這套系統是穩定的，而且實際上很多基本的 Linux 工具都使用到了它。因為它是基於 `make` 等現有的工具之上的，所以看完本章之後，你可以將這些知識套用在其他建置系統（build system）上。

從 C 程式碼安裝一個軟體，通常涉及這些步驟：

1. 將原始程式碼的歸檔解包（unpack）；
2. 對套件進行設定；
3. 執行 `make` 或其他建置指令來建置程式；
4. 執行 `make install` 或發行版特定的安裝指令來安裝該套件。

NOTE 在往下讀之前，你應該先弄懂「第 15 章」講的基礎知識。

16.2 解開 C 原始碼套件

一個軟體套件的原始碼套件（source package），通常是一個 .tar.gz、.tar.bz2 或 .tar.xz 檔案，你需要按照 2.18 節的做法來解開它。不過在此之前，還是先用 `tar tvf` 或 `tar ztvf` 來檢查一下裡面的內容，因為有些套件解開時不會建立自己的目錄。

如果輸出是這樣，那就可以解包了：

```
package-1.23/Makefile.in
package-1.23/README
package-1.23/main.c
package-1.23/bar.c
--snip--
```

不過，它也有可能沒有把檔案都放在同一個目錄裡面（如上例的 package-1.23）：

```
Makefile
README
main.c
--snip--
```

將上面這種歸檔（archive）直接解壓縮的話，會使你的目前目錄變得一團亂。為了避免這種情況，你要先建立一個目錄，並 `cd` 進去，再在裡面進行解壓縮。

最後一點，你還要留意那些包含絕對路徑名稱的檔案，例如這些：

```
/etc/passwd
/etc/inetd.conf
```

這種情況很少見，但如果你真的遇到了，請刪掉該歸檔。裡面可能包含木馬或一些惡意程式碼。

當你解開套件後，並看到一堆檔案出現時，要先對解包後的套件有一些基礎共識，最簡單的就是請先去找找「README 檔案」和「INSTALL 檔案」。無論如何，README 檔案都是要首先看的，因為裡面含有關於該套件的描述、說明手冊、安裝提示，以及其他有用的資訊。很多套件中都會提供 INSTALL 檔案，裡面會是指引你如何編譯和安裝軟體的有用內容。請注意其中特別的編譯器選項和定義。

除了 README 和 INSTALL，在套件中大致上你還會看到以下三類檔案：

- 與 `make` 系統相關的檔案，例如 Makefile、Makefile.in、configure、CMakeList.txt 等。有些老式軟體的 Makefile 可能需要你自己去修改，但現在大多都會用 GNU autoconf 或 CMake 之類的設定工具。這些工具有其 script 或設定檔案（如 configure 或 CMakeList.txt），可根據你的系統設定和設定選項來幫你從 Makefile.in 中產生 Makefile。
- 以 .c、.h 或 .cc 結尾的原始程式碼檔案。套件裡到處都會有 C 原始程式碼檔案，而 C++ 原始程式碼檔案則通常以 .cc、.C 或 .cxx 結尾。
- 以 .o 結尾的物件檔案，或二進位檔案。一般來說，原始碼套件中是沒有物件檔案的，但如果該原始碼套件的維護者無權釋放原始程式碼，而只能提供物件檔案的話，那麼你就要自己處理它們了。大多數情況下，原始碼套件裡含有物件檔案（或可執行的二進位檔案），就意味著該軟體打包有問題，你需要執行 `make clean` 來進行全新的編譯。

16.3 GNU autoconf

雖然 C 程式碼一般都是可移植的，但我們還是難以只靠一個 Makefile 來適應各平台的差異。早期的解決方法是為不同的作業系統提供不同的 Makefile，或是提供一個易於修改的 Makefile。這種做法後來演變成了使用 script 來分析其用來建置套件的系統，再產生出 Makefile。

GNU autoconf 是一套普遍用來自動產生 Makefile 的系統。使用這套系統的套件都會帶有 configure、Makefile.in 和 config.h.in 檔案。其中 .in 檔案是範本（template）。它的做法是，執行 `configure` script 來分析你系統的特性，然後在 .in 檔案的基礎上做一些替換，最後建立出真正的建置檔案。對於一般使用者來說，這個過程是簡單的，只需要像下面這樣執行 `configure` 就能從 Makefile.in 產生出 Makefile：

```
$ ./configure
```

因為該 script 會先檢查你的系統，所以它會輸出一大堆診斷資訊。如果一切正常，`configure` 就會建立出一個或多個 Makefile、一個 config.h 檔案以及一個快取檔案 config.cache。快取檔案能讓你下次 `configure` 時不必再做一次系統檢查。

現在你可以執行 `make` 來編譯那個套件了。雖然 `configure` 成功不代表 `make` 也能成功，但它作為第一步來說還是很重要的。（有關 `configure` 和編譯失敗的問題，請見 16.6 節。）

下面來親自體驗一下這個過程吧。

NOTE 現在你需要集齊一些必要的建置工具。對於 Debian 和 Ubuntu 來說，最簡單的做法就是安裝 `build-essential` 套件；而對於類 Fedora 系統，請用「第 15 章：開發工具」的 `groupinstall`。

16.3.1 一個 autoconf 的例子

在討論自行定義 autoconf 的行為之前，我們先看看一個普通的例子，這樣你才會知道你想要自行定義的是什麼。你需要先把 GNU coreutils 套件安裝在自己的家目錄裡面（以確保不會影響整個系統）。你可以在這裡獲取這個套件：http://ftp.gnu.org/gnu/coreutils/（通常最新的就是最好的），然後解開它，進入它的目錄中，進行以下設定：

```
$ ./configure --prefix=$HOME/mycoreutils
checking for a BSD-compatible install... /usr/bin/install -c
checking whether build environment is sane... yes
--snip--
config.status: executing po-directories commands
config.status: creating po/POTFILES
config.status: creating po/Makefile
```

接著 `make` 它：

```
$ make
  GEN      lib/alloca.h
  GEN      lib/c++defs.h
--snip--
make[2]: Leaving directory '/home/juser/coreutils-8.32/gnulib-tests'
make[1]: Leaving directory '/home/juser/coreutils-8.32'
```

下一步，試著執行某個剛剛建立的可執行檔案，如 ./src/ls，再試著執行 **make check**，來對該套件進行一系列的檢查。（這會花一些時間，但是很有趣。）

最後，可以安裝該套件了。先用 **-n** 選項試跑一次，看看它準備安裝些什麼：

```
$ make -n install
```

檢查一下輸出，如果沒有什麼異常（例如它準備安裝在 mycoreutils 目錄以外的地方），就開始真正的安裝：

```
$ make install
```

現在，你的家目錄裡面應該有一個子目錄叫作 mycoreutils，其中應該有了 bin、share 等子目錄。看看 bin 中的那些程式（你剛剛建好了「第 2 章」中提到的很多基本工具）。最後一點，因為你把 mycoreutils 放在了你的家目錄下，它與你系統的其他部分獨立開來，所以你可隨意把它刪掉，而不用擔心對系統造成損害。

16.3.2 使用打包工具來安裝

大部分 Linux 發行版都帶有套件工具程式，它建立出來的安裝套件，能對「由該套件安裝的軟體」進行後期維護。基於 Debian 的發行版（如 Ubuntu）或許是最簡單的，就像下面這樣，使用 `checkinstall`，而不單是使用 `make install`：

```
# checkinstall make install
```

執行這個指令會顯示出「與你將要建置的套件」有關的設定，並讓你有機會修改它們。當你繼續安裝時，`checkinstall` 會追蹤系統上要安裝的所有檔案，並將它們放入 .deb 檔案中。然後，你可以使用 `dpkg` 安裝（和刪除）新的套件。

建立 RPM 套件會更複雜一點，因為你得先建立一個目錄樹（directory tree），以便製作套件。你可以使用 `rpmdev-setuptree` 指令來實作，然後再用 `rpmbuild` 工具程式來完成剩下的工作。這部分最好還是按照網路上的教學來處理。

16.3.3 configure script 的選項

剛才你已看到了 configure script 最有用的選項之一：使用 --prefix 來指定安裝位置。autoconf 預設產生的 Makefile 中的 install target，都是使用 /usr/local 作為**前置（prefix）**：也就是說，二進位程式會去到 /usr/local/bin，函式庫會去到 /usr/local/lib，以此類推。若要更改前置，可執行如下指令：

```
$ ./configure --prefix=new_prefix
```

configure 的大多數版本都有 --help 選項，可以列出其他設定選項。不幸的是，該清單實在太長了，難以得知哪些是重點。以下我們特地列舉了一些必要的選項：

- **--bindir=*directory***：將可執行程式裝在 *directory* 目錄。
- **--sbindir=*directory***：將系統級的可執行程式裝在 *directory* 目錄。
- **--libdir=*directory***：將函式庫裝在 *directory* 目錄。
- **--disable-shared**：不建置共享函式庫（要看具體是什麼函式庫）。不建置的話，或許能避免一些後續的麻煩。（詳見 15.1.3 節。）
- **--with-*package*=*directory***：告訴 configure 需要用到 *directory* 目錄的套件（*package*）。當某個函式庫不在標準位置時，這個選項是比較好用的。但不幸的是，並非所有的 configure script 都能識別這個選項，而且，它的語法不明確。

> **使用不同的建置目錄**
>
> 如果你想試試上述這些選項的話，你可以在另一個目錄嘗試建置看看。首先在任意一個地方新建一個目錄，然後在新目錄執行原目錄的 configure script。這樣處理後，你會發現，configure 會在你的新目錄中產生一堆符號連結，這些連結都會指回到原本套件目錄中的檔案。（有些開發人員更希望你這麼做，因為這樣不僅不會更改原目錄的檔案，而且還有利於使用「相同的原始程式碼」為不同平台或使用不同設定選項進行建置。）

16.3.4 環境變數

你可以透過修改一些會被 configure script 當成 make 變數的「環境變數」來影響 configure 的行為。最重要的環境變數是 CPPFLAGS、CFLAGS 和 LDFLAGS。但要小心的是，configure 對環境變數是很挑剔的。舉例來說，對於表頭檔案目錄，你應該使用 CPPFLAGS 而不是 CFLAGS，因為 configure 經常會單獨執行預處理器。

在 bash 中，為 configure 設定環境變數的最簡單的做法就是在 ./configure 前放置變數的宣告。例如，以下的這個指令就為預處理器定義了巨集 DEBUG：

```
$ CPPFLAGS=-DDEBUG ./configure
```

你也可以用選項的方式來傳遞變數，例如：

```
$ ./configure CPPFLAGS=-DDEBUG
```

使用環境變數來指引 configure 尋找第三方 include 檔案和函式庫也是很方便的。例如，以下指令會讓預處理器到 *include_dir* 裡面尋找：

```
$ CPPFLAGS=-Iinclude_dir ./configure
```

如 15.2.6 節所述，要讓連接器到 *lib_dir* 裡面尋找，可用這個指令：

```
$ LDFLAGS=-Llib_dir ./configure
```

如果要用到 *lib_dir* 的共享函式庫（見 15.1.3 節），那麼上例是設定不了「執行時動態連接路徑」的。那麼除了 -L 選項之外，你還會需要用到連接器的 -rpath 選項：

```
$ LDFLAGS="-Llib_dir -Wl,-rpath=lib_dir" ./configure
```

設定變數時要謹慎。一點差錯就會使 configure 失敗。例如，假設你的 -I 寫少了一槓，像下面這樣：

```
$ CPPFLAGS=Iinclude_dir ./configure
```

就會產生這樣的回傳錯誤：

```
configure: error: C compiler cannot create executables
See 'config.log' for more details
```

查看這次失敗所產出的 config.log，你會發現下列資訊：

```
configure:5037: checking whether the C compiler works
configure:5059: gcc  Iinclude_dir  conftest.c  >&5
gcc: error: Iinclude_dir: No such file or directory
configure:5063: $? = 1
configure:5101: result: no
```

16.3.5 autoconf 的 target

若 configure 成功執行，你會發現它所產生的 Makefile 裡面除了有標準的 all 和 install 之外，還包含如下所列的一些有用的 target：

- **make clean**：如「第 15 章」所述，它會清除所有物件檔案、可執行程式和函式庫。
- **make distclean**：它與 make clean 很像，只不過它清除的是所有自動產生的東西，包括 Makefile、config.h、config.log 等等。也就是說，當執行完 make distclean 之後，它會使整個原始程式碼目錄就像剛解包出來一樣。
- **make check**：有些套件會內建一些用於檢查「所編譯出的程式」是否正確的測試；而 make check 就執行這些測試。
- **make install-strip**：它與 make install 很像，只不過是在安裝時，它會將可執行程式和函式庫內的符號表（symbol table）及其他除錯資訊都移除掉。移除之後，程式佔的空間會少很多。

16.3.6 autoconf 的記錄檔

如果 configure 的執行過程出了錯，但你卻看不出哪裡有錯，那麼你可以檢查一下 config.log。不幸的是，config.log 通常是很大的，不容易定位問題的根源。

一般的做法是去到config.log的底部（例如在less裡按大寫的G鍵），然後不斷往上翻頁，直到看見問題。然而，這也是很麻煩的，因為configure會將所有環境資訊包括輸出變數、快取變數和其他定義都寫在那裡。所以，與其從底部往上翻頁，不如從底部往上搜尋for more details之類的字串，或configure回傳錯誤的相關文字片段內容。（記住，你可在less中使用?指令來發起反向搜尋。）很有可能錯誤就在你搜到的內容中。

16.3.7 pkg-config

第三方的函式庫有很多，如果都放在同一個地方，那會顯得很亂。但是，如果各自放在單獨的地方，那麼在連接時又會出現麻煩。例如，假設你要編譯OpenSSH，它需要用到OpenSSL函式庫，那麼你該怎樣將OpenSSL函式庫的位置告知OpenSSH的configure呢？

現在很多函式庫都用pkg-config來解決問題，它不僅可以公告include檔案和函式庫的位置，還可以用於明確指定編譯和連接的選項。其語法如下：

```
$ pkg-config options package1 package2 ...
```

例如，尋找一般壓縮所需的函式庫，可用以下指令：

```
$ pkg-config --libs zlib
```

其輸出大概是這樣：

```
-lz
```

想查看pkg_config所知的全部函式庫，可用以下指令：

```
$ pkg-config --list-all
```

pkg-config 的運作方式

探究其內幕，你會發現 pkg_config 是透過讀取 .pc 設定檔案來獲取套件資訊的。例如，以下是 Ubuntu 中 OpenSSLsocket 函式庫的 openssl.pc（在 /usr/lib/x86_64-linux-gnu/pkgconfig 中）：

```
prefix=/usr
exec_prefix=${prefix}
libdir=${exec_prefix}/lib/x86_64-linux-gnu
includedir=${prefix}/include

Name: OpenSSL
Description: Secure Sockets Layer and cryptography libraries and tools
Version: 1.1.1f
Requires:
Libs: -L${libdir} -lssl -lcrypto
Libs.private: -ldl -lz
Cflags: -I${includedir} exec_prefix=${prefix}
```

你可以修改這個檔案，例如，替函式庫選項增加 -Wl,-rpath=${libdir}，以指定「執行時動態連接路徑」。但一個問題是，pkg-config 是怎麼找到 .pc 檔案的呢？預設情況下，pkg-config 會在其安裝位置前置的 lib/pkgconfig 目錄裡面尋找。舉例來說，如果安裝位置前置（installation prefix）是 /usr/local，那麼它就會去 /usr/local/lib/pkgconfig 裡面尋找。

NOTE 在很多套件中，你都不會看到 .pc 檔案，除非你有安裝開發用的套件。例如在 Ubuntu 系統上，你若是想得到 openssl.pc 檔案，你就需要安裝 libssl-dev 套件。

使用標準位置以外的 pkg-config 檔案

不幸的是，pkg-config 不會在標準位置以外的地方尋找 .pc 檔案。如果一個 .pc 檔案的所在位置不標準，如 /opt/openssl/lib/pkgconfig/openssl.pc，那麼常規安裝的 pkg-config 是不會讀取到它的。以 下是兩個基本的解決方法：

- 將 .pc 檔案的符號連結（或副本）集中到 pkgconfig 目錄中。
- 使環境變數 PKG_CONFIG_PATH 包含那些另外的 pkgconfig 目錄，但是該環境變數只在本 shell 及子 shell 內有效。

16.4 實踐安裝

知道如何建置和安裝軟體固然很好，但更重要的是知道在「何時」與「何處」安裝自己的軟體。Linux 發行版本身就會在安裝的時候帶有很多軟體，不過你最好看一下是否那些軟體你自己安裝會更好。以下是自行安裝的一些優點：

- 你可以進行一些自行定義套件的設定。
- 手動安裝的話，會更好地理解該軟體的用法。
- 想裝什麼版本，就裝什麼版本。
- 能更方便地對客製化過的套件進行備份。
- 能更方便地透過網路分享客製化過的套件（只要其架構是一致的且安裝位置是相對獨立的）。

以下是缺點：

- 如果你要安裝的套件已經安裝在你的系統中，那可能會覆蓋掉重要的檔案，進而導致問題。這點可以透過使用 /usr/local 安裝前置來避免這種情況，稍後會介紹。即使你的系統上沒有安裝該套件，你也應該檢查發行版是否有可用的套件。如果有，那你需要記住這部分，以防日後不小心安裝到發行版所提供的套件版本。
- 這樣比較花時間。
- 自行安裝的軟體套件不會自動更新，而發行版能毫不費力地管理軟體的自動更新。現在能與網路互動的套件越來越重要，因為這點可以確保「你的套件永遠都可以擁有最新的安全性更新」。
- 如果你不用該軟體，那麼安裝它只是浪費時間。
- 還是有一定的可能性：在安裝時將該套件設定錯誤。

就如早前建置 coreutils（`ls`、`cat` 等）時所見，安裝軟體沒有多少難點，除非你客製化得太多。不過，如果你對網路伺服器如 Apache 很有興趣，想完全掌控，那最好就是自行安裝了。

16.4.1 在哪裡安裝

GNU autoconf 及很多其他套件的預設前置都是 /usr/local，它是本地安裝軟體的傳統位置。作業系統不會更新 /usr/local 裡的軟體，所以自動更新不會使你那裡的東西遺失，也就是說，一些小型軟體的本地安裝不會對 /usr/local 有太大的影響。不過，如果你自行安裝的軟體太多，那就會導致混亂。裡面成千上萬的零散檔案，會使你無法理清它們各自屬於哪裡。

如果情況真的變得很糟糕，那麼你就應該按 16.3.2 節所述來建立自己的軟體套件了。

16.5 打補丁

現在，大多數的軟體原始程式碼修改，都可以透過開發人員的原始程式碼「線上版本」（如 Git 儲存庫（repository））的分支功能來實作。但我們偶爾還是會遇到打**補丁**（**patch**）的做法，即使用補丁檔案來修復漏洞和增加功能。你可能還聽說過，有人將 `diff` 等同於補丁檔案，因為補丁檔案是由 `diff` 程式產生的。

補丁檔案的開頭類似這樣：

```
--- src/file.c.orig     2015-07-17 14:29:12.000000000 +0100
+++ src/file.c   2015-09-18 10:22:17.000000000 +0100
@@ -2,16 +2,12 @@
```

補丁裡所記錄的改動可以來自多個檔案。你可以在補丁裡搜尋「三槓」（---）來得知修改了哪些檔案。你還應該注意補丁開頭所示的工作目錄。如上例所指的是 src/file.c，所以你應該在執行補丁之前先去到含有「src 目錄」的目錄，而非去到 src 目錄。

打補丁要用到 `patch` 指令：

```
$ patch -p0 < patch_file
```

如果一切順利，`patch` 就會將檔案都更新好，出現「被更新好的檔案」的清單，並正常結束。不過，如果出現這樣的提示：

```
File to patch:
```

那麼很有可能是你進錯了目錄，或是「該目錄裡的原始程式碼」與「補丁檔案裡的」不配對。這就有點棘手了：它可能會導致有些程式碼更新了，有些沒更新，使得接下來的編譯不成功。

在某些情況下，你可能會遇到類似下面這樣引用「套件版本」的補丁：

```
--- package-3.42/src/file.c.orig     2015-07-17 14:29:12.000000000 +0100
+++ package-3.42/src/file.c    2015-09-18 10:22:17.000000000 +0100
```

如果補丁開頭與你目前環境有一點點不同（例如你改了套件名稱），你可以讓 patch 忽略「路徑中的第一個目錄」。舉例來說，假設你現在處於一個含有「src 目錄」的目錄之中，但該目錄不叫 package-3.42，那麼你可以使用 -p1 來忽略這個開頭的目錄名稱：

```
$ patch -p1 < patch_file
```

16.6 編譯和安裝的問題排查

如果你懂得區分編譯器錯誤、編譯器警告、連接器錯誤和共享函式庫問題，那你應該能應付建置軟體時出現的很多問題。本節會介紹一些常見的問題，雖然用 autoconf 的話是不太可能遇到這些問題的，但了解一下也無妨。

在進入細節之前，先確認自己能讀懂幾種 make 輸出。學會區分「（真正的）錯誤」與「可以被忽略的錯誤」是很重要的。以下就是一個需要你檢查的「真正的錯誤」：

```
make: *** [target] Error 1
```

然而，有些錯誤提示則是 Makefile 懷疑出錯了，但即使出錯也無害。像這類提示你可以忽略：

```
make: *** [target] Error 1 (ignored)
```

還有，大型的套件中經常會出現 GNU make 多次呼叫自身的情況。這時，在錯誤訊息中每次 make 都會帶有一個 [N]，其中 N 是一個數字。通常你可以透過查看編譯器的錯誤訊息之後「直接出現的 make 錯誤」來快速找到問題所在，例如：

```
compiler error message involving file.c
make[3]: *** [file.o] Error 1
make[3]: Leaving directory '/home/src/package-5.0/src'
make[2]: *** [all] Error 2
make[2]: Leaving directory '/home/src/package-5.0/src'
make[1]: *** [all-recursive] Error 1
make[1]: Leaving directory '/home/src/package-5.0/'
make: *** [all] Error 2
```

前三行就能告訴你問題出在 /home/src/package-5.0/src 的 file.c，但麻煩的是，還有很多其他輸出資訊，使我們難以發現重點。所以，學會過濾以下所列舉的 make 錯誤，能極大地幫助我們發掘真正的問題。

16.6.1 具體錯誤

以下列舉了一些你可能會遇到的常見建置錯誤。

問題

編譯器錯誤訊息：

```
src.c:22: conflicting types for 'item'
/usr/include/file.h:47: previous declaration of 'item'
```

解釋與修復

src.c 的第 22 行有對 item 的重複宣告。一般來說，你將該行移除（使用註釋、#ifdef 等等），即可修復。

問題

編譯器錯誤訊息：

```
src.c:37: 'time_t' undeclared (first use this function)
--snip--
src.c:37: parse error before '...'
```

解釋與修復

程式開發人員忘記了一個必要的表頭檔案，最好是從說明手冊去獲知需要什麼表頭檔案。首先，看看出錯的那行（本例中是 src.c 的第 37 行）。它可能會是一個變數的宣告，類似這樣的：

```
time_t v1;
```

在程式中向下搜尋 `v1`，看它是怎麼與函數一起使用的，例如：

```
v1 = time(NULL);
```

現在執行 `man 2 time` 或 `man 3 time`，尋找名為 `time()` 的系統呼叫和函式庫呼叫。於是在這個案例中，在說明手冊的第 2 節內你找到了你所需要的內容，如下所示：

```
SYNOPSIS
       #include <time.h>

       time_t time(time_t *t);
```

這意味著 `time()` 需要 time.h，所以請把 `#include <time.h>` 置於 src.c 的開頭，再編譯一次。

問題

編譯器（預處理器）錯誤訊息：

```
src.c:4: pkg.h: No such file or directory
(long list of errors follows)
```

解釋與修復

編譯器對 src.c 執行 C 預處理器時，找不到 include 檔案 pkg.h。可能是有一個函式庫沒安裝好，或是 include 檔案在非常規位置，需要你指明。通常，你只需要為預處理器選項（`CPPFLAGS`）加上 `-I` 這一個 include 路徑選項。（你可能還需要一個連接器選項 `-L`。）

如果出錯原因不是找不到函式庫，那還有一種可能，即該作業系統不支援這個程式碼。你可以查看一下 Makefile 和 README 中關於平台的要求。

如果你的發行版是基於 Debian 的，試試用 apt-file 指令來尋找表頭檔案名稱：

```
$ apt-file search pkg.h
```

它可能會幫你找到你所需要的開發套件。而對於使用 yum 的系統，則可以這樣做：

```
$ yum provides */pkg.h
```

問題

make 錯誤訊息：

```
make: prog: Command not found
```

解釋與修復

你要有 *prog* 程式才能建置該軟體。如果 *prog* 是 cc、gcc 或 ld 之類的，那就說明你的系統上沒有安裝開發工具。而如果你覺得你已經安裝了，那就試試在 Makefile 中指明 *prog* 的完整路徑。

還有一種不常見的情況是原始碼檔案裡面的設定不夠明確，那麼 make 會即時地建置並使用 *prog*，並會假設目前目錄（.）是在你的指令路徑中。如果你的 $PATH 不包含目前目錄，你可以將 Makefile 的 *prog* 改成 ./*prog*，或暫時將 . 加到 $PATH 中。

16.7 學習前導

至此我們講解的還只是軟體建置的基礎。當你上手後，可繼續探索以下主題：

- 學習 autoconf 以外的建置系統，如 CMake 和 SCons。

- 為自己的軟體打造一套建置系統。如果你正在編寫軟體，那麼你就需要挑選一套建置系統，並學會使用它。如果選擇 GNU autoconf 的話，可參考 John Calcote 的著作《*Autotools, 2nd edition*》（No Starch Press, 2019）。

- 編譯 Linux 核心。核心的建置系統與別的工具完全不同。它有一套方便你自訂核心與模組的設定系統。不過，其過程是非常符合直覺的，而且，如果你理解「開機載入程式」的運作，那應該不難做到。然而，編譯核心還是要小心，要確保留有「舊的核心」，以防新的開不了機。

- 發行版專有的原始碼套件。Linux 發行版會各自持有軟體原始程式碼作為其特殊的原始碼套件，有時候，你可以從它們那裡獲得功能擴充或是漏洞修復的補丁。這些原始碼套件管理系統都包含了自動建置的工具，例如 Debian 有 `debuild`、RPM 有 `mock`。

建置軟體是學習程式設計和軟體開發的基礎。剛講完的這兩章內容揭示了你系統中「軟體」的來源。下一步你應該可以很輕鬆地查看原始程式碼、修改原始程式碼，並製作出屬於自己的軟體。

17

虛擬化

虛擬（virtual）這個詞的概念在電腦系統中可能是比較模糊的，它主要用於表示將「複雜或零散的底層」轉換為「可供多個使用者使用的簡易介面」的一個中間層。考慮一個我們已經看過的例子，即「虛擬記憶體」（virtual memory），它允許多個程序存取一個較大的記憶體空間，就好像每個都有自己「獨立的記憶體空間」一樣。

這個定義仍然有點令人不敢苟同，所以我們最好解釋一下「虛擬化」（virtualization）的典型目的：建立出獨立的環境，這樣你就可以讓多個系統執行而不會發生衝突。

因為「虛擬機器」（virtual machine）的概念從「比較容易理解的上層」來解釋會更清楚易懂，所以我們將從「比較上層的地方」開始我們的虛擬化之旅。但是，我們的討論仍將停留在更高的層面，因為我們的目的是先解釋清楚「使用虛擬機器時」你可能會遇到的其中一些術語，而不涉及大量的實作細節。

我們將介紹更多有關「容器」(container)的技術細節,它們是使用你在本書中已經看到的技術所搭建而成的,因此你可以了解如何整合這些元件。此外,以「互動式的方式」來探索容器會相對簡單一點。

17.1 虛擬機器

虛擬機器是基於與虛擬記憶體相同的概念,只是它的目的是所有機器的「硬體」而不僅僅是「記憶體」的部分。在這個模型中,你可以在軟體的協助下建立了一個全新的主機(處理器、記憶體、I/O 介面等),並在其中執行整個作業系統——包括一個核心。這種類型的虛擬機器被更具體地稱為**系統虛擬機(system virtual machine)**,它已經存在了幾十年。舉例來說,IBM 大型主機傳統上會使用「系統虛擬機」來建立一個多使用者環境;反過來,使用者也可以在一個自己的虛擬機器上執行 CMS(這是一個簡易的單一使用者作業系統)。

你可以完全使用「軟體」(通常稱為**模擬器(emulator)**)或盡可能利用「底層硬體」來建立虛擬機器,就像在虛擬記憶體中所做的那樣。我們的主題是 Linux,所以我們將研究後者,因為它具有卓越的效能,但請注意,許多流行的模擬器都支援早期的電腦和遊戲系統,例如 Commodore 64 和 Atari 2600。

虛擬機器的世界是各式各樣的,有大量的術語需要涉足。我們對虛擬機器的探索將主要集中在「這個術語」本身,以及它與「你身為典型 Linux 使用者的體驗」之間的關係。我們還將討論你在虛擬硬體中可能會遇到的一些差異。

NOTE 幸運的是,使用虛擬機器遠比描述它們要簡單得多。例如,在 VirtualBox 中,你可以使用 GUI 建立和執行虛擬機器,而如果你需要在 script 中將該過程自動化,你甚至可以使用命令列 VBoxManage 工具程式。雲端服務的 Web 介面也有助於「管理」。由於這種易用性,我們將更專注在理解虛擬機器的「技術」和「術語」,而不是操作細節。

17.1.1 hypervisor

監督電腦上一個或多個虛擬機器的,是一種被稱為 **hypervisor(虛擬機器管理程式)**或**虛擬機監視器(virtual machine monitor,VMM)**的軟體，其工作方式與「作業系統管理程序」的工作方式類似。有兩種類型的 hypervisor，其類型會影響到你使用虛擬機器的方式。對於大多數使用者來說，**類型 2（type 2）**的 hypervisor 是最熟悉的，因為它執行在 Linux 等一般的作業系統之上。例如，VirtualBox 就是一個「類型 2 的 hypervisor」，你可以在你的系統上執行它而無需進行大量修改。在閱讀本書時，你可能已經使用它來測試和探索不同類型的 Linux 系統。

另一方面，**類型 1（type 1）**的 hypervisor 更像是「本身即是作業系統」（尤其是核心），是專為快速有效地執行虛擬機器而產生的。這種 hypervisor 可能偶爾會使用一般搭配用的作業系統（例如 Linux）來協助完成管理任務。即使你可能永遠不會在自己的硬體上執行一個「類型 1 的 hypervisor」，但你始終都在與它進行互動。所有雲端運算服務都在 Xen 等「類型 1 的 hypervisor」之下作為虛擬機器執行。當你存取一個網站時，你幾乎一定會遇到在這種虛擬機器上執行的軟體。在 AWS 等雲端服務上產生一個作業系統的執行個體（instance），就是在「類型 1 的 hypervisor」上建立虛擬機器。

通常，帶有作業系統的虛擬機器被稱為 **guest**，而 **host** 則是負責執行 hypervisor 的任何東西。對於「類型 2 的 hypervisor」來說，host 就是你的本機系統。對於「類型 1 的 hypervisor」而言，host 是 hypervisor 本身，可能會與「專門與其搭配的作業系統」一起配合使用。

17.1.2 虛擬機器中的硬體

理論上，hypervisor 應該可以直接為 guest 系統所需的硬體提供介面。例如，要提供一個虛擬磁碟設備，你可以在 host 的某處建立一個大型檔案，並透過「標準的 I/O 模擬設備」來提供磁碟存取。這種方式是比較嚴謹的硬體虛擬機器；但是，它的效率會比較低下，若要讓虛擬機器能夠滿足各種需求，則需要進行一些更改。

你在「真實的硬體」和「虛擬的硬體」之間可能會遇到的大多數差異，都是橋接（bridging）後的結果（橋接允許 guest 更直接地存取 host 資源）。繞過「host 與 guest 之間的虛擬硬體」的方式被稱為**半虛擬化（paravirtualization）**。網路介面和區塊設備是最有可能接受這種處理方式的，例如，雲端運算執行個體上的一個 /dev/xvd 設備是 Xen 的虛擬磁碟，使用 Linux 核心的驅動程式來直接與 hypervisor 溝通。半虛擬化有時是為了方便而使用，舉例來說，像是在支援桌上型系統的 VirtualBox 上，驅動程式可用於協調「虛擬機器視窗」和「host 環境」之間的鼠標移動。

無論採用何種機制，虛擬化的目標始終是盡量減少問題，以便 guest 的作業系統可以像對待任何其他設備一樣對待虛擬硬體。這可以確保所有設備層頂端的部分都正常運作。例如，在 Linux 的 guest 系統上，你會希望核心能夠以區塊設備的形式存取到「虛擬磁碟」，以便你可以使用一般的工具程式對「虛擬磁碟」產生分割區，並在其之上建立檔案系統。

虛擬機器的 CPU 模式

大多數關於虛擬機器如何運作的細節都超出了本書的範圍，但是 CPU 值得一提，因為我們已經討論過「核心模式」和「使用者模式」之間的區別。這些模式的具體名稱因處理器而異（例如，x86 處理器使用名為 **privilege rings** 的系統），但概念始終是相同的。在核心模式下，處理器幾乎可以做任何事情；在使用者模式下，某些指令是不允許的，記憶體存取會受到限制。

x86 架構的第一批虛擬機器在「使用者模式」下執行，這帶來了一個問題，因為在虛擬機器內部執行的核心想要處於「核心模式」。為了解決這個問題，hypervisor 可以偵測並回應（「捕捉」（trap））來自虛擬機器的 CPU 內部的所有「受限指令」（restricted instructions）。只需做一些工作，hypervisor 就可以模擬「受限指令」，使虛擬機器能夠在「並非為其設計的架構」上以「核心模式」執行。因為核心執行的大多數指令都不受限制，所以它們執行正常，並且對效能的影響相當小。

在引入這種 hypervisor 後不久，處理器製造商就意識到處理器市場可以透過消除「對指令陷阱（trap）和模擬（emulation）的需求」來輔助 hypervisor。Intel 和 AMD 分別以 VT-x 和 AMD-V 的形式發布了這些功能集，現在大多數 hypervisor 都支援它們，在某些情況下，它們是必需的。

如果你想多了解虛擬機器相關的知識，可以從 Ravi Nair 的這本書開始：《*Virtual Machines: Versatile Platforms for Systems and Processes*》（Elsevier, 2005）。此書中也囊括了像是 Java 虛擬機器（JVM）這類的**程序虛擬機器**（**process virtual machine**），但我們不會在這裡討論這些。

17.1.3 虛擬機器一般的使用方式

在 Linux 環境中，一般虛擬機器都會在下面的幾種情況下被使用到：

- **測試和試用**：當你需要在「一般環境或已上線的系統環境之外」嘗試某些東西時，有許多虛擬機器的使用案例。例如，當你正在開發需要上線的軟體時，你必須移到與開發人員不同的機器上來測試軟體。另一個用途是在安全且「可拋棄式」的環境中測試新軟體，例如新的發行版。虛擬機器會允許你執行該操作而無需購買新硬體。

- **應用程式相容性**：當你需要在「一個不同於你一般運作的作業系統」之下執行某些東西時，虛擬機器是必不可少的。

- **伺服器和雲端服務**：如之前所述，所有的雲端服務都是建立在虛擬機器的技術之上。如果你需要執行一個在網際網路上的伺服器，例如 Web 伺服器，最快的方法是向雲端供應商支付「虛擬機器執行個體」的費用。雲端供應商還提供很多特殊用途的伺服器，例如資料庫，它們其實只是在虛擬機器上執行預先設定好的軟體套件。

17.1.4 虛擬機器的缺點

多年來，虛擬機器一直是隔離和拓展服務的首選方法，因為你可以只透過幾次的點擊或 API 就建立出虛擬機器，所以產生伺服器非常方便，無需安裝和維護硬體。不過在日常操作中，有些方面仍然很麻煩：

- **安裝或設定系統和應用程式，可能既麻煩又耗時。**像是 Ansible 這樣的工具程式可以自動執行此過程，但從頭開始建構系統仍需要大量時間。如果你使用虛擬機器來測試軟體，你可以預見花費的時間會越來越多。

- **儘管設定上都正確無誤，虛擬機器的啟動和重新開機還是會相對稍微慢一點。**有些方法可以試圖改善這個部分，但你依然是在虛擬機器上啟動了一個完整的 Linux 系統。

- **你所需要維護的是一個完整的 Linux 系統，最好是定期更新每一個虛擬機器及其安全性。**而且這些系統上都會有 systemd 和 sshd，以及你的應用程式所依賴的任何工具程式。

- **你的應用程式與虛擬機器上設定的標準軟體之間，可能會存在一些衝突。**一些應用程式有時候會有一些奇怪的依賴關係，它們不一定與運作中的系統軟體相處得很好。此外，像函式庫這樣的依賴關係可能會隨著系統的升級而改變，進而破壞曾經有效的東西。

- **將服務隔離在獨立的虛擬機器上，可能既浪費又昂貴。**一般的業界慣例是在一個系統上執行不超過一個應用程式服務，這是比較穩健且易於維護的。此外，一些服務可以進一步細分；如果你執行的是多個網站，最好將它們保存在不同的伺服器上。然而，這與降低成本是矛盾的，尤其是當你使用雲端服務時，它會按照虛擬機器執行個體的數目來進行收費。

這些問題真的和「你在真實的硬體上執行服務時會遇到的問題」沒有什麼不同。在一些運作量不大的情況下，不一定是問題。然而，一旦你開始執行更多服務，這些問題就會被放大很多倍，導致時間和金錢的耗損。這就是你可以考慮為你的服務使用「容器」的時候了。

17.2 容器

虛擬機器在將一整個作業系統抽離出來時是非常方便的，包含其運作中的所有應用程式，但有時候你會需要一個輕量級的替代方案，而容器（container）這個技術就是現在一個比較普遍可以滿足該條件的做法。在我們更深入這話題之前，我們先回頭看看它的演進歷史。

使用電腦網路的傳統方式是在同一台實體機器上執行多個服務；例如，名稱伺服器也可以充當電子郵件伺服器並執行其他任務。但是，你不應該完全的相信任何軟體（包括伺服器本身）是安全或穩定的。為了增強系統的安全性，並防止服務間的相互干擾，有一些基本的方法可以在伺服器常駐程式周圍設置障礙，尤其是當你不太信任其中一個時。

服務隔離（service isolation）的一種方法是使用 chroot() 系統呼叫，將「root 目錄」更改為實際系統 root 目錄以外的目錄。程式可以將其 root 目錄更改為 /var/spool/my_service 之類的東西，並且不再能夠存取該目錄之外的任何內容。 實際上，有一個名為 chroot 的程式可以讓你使用「新的 root 目錄」來執行程式。這種類型的隔離有時被稱為 **chroot jail（chroot 監牢）**，因為程序（通常）不能逃脫它。

另一種限制的方法就是透過核心的「資源限制」（resource limit，rlimit）這個功能，它可以限制像是一個程序使用 CPU 的時間或是它的檔案可以有多大。

這些是建置容器的想法：你正在改變環境並限制執行程序的資源。儘管沒有單一的定義功能，但我們可以將**容器**鬆散地定義為一組程序受限執行時的環境，這意味著這些程序無法觸及該環境之外的系統上的任何內容。通常，這被稱為**作業系統級虛擬化**（**operating system-level virtualization**）。

有一件事情很重要，就是當執行一個或數個容器時，實際上底層還是只有一個 Linux 的核心。不過，容器中的程序可以使用 Linux 發行版的使用者空間環境，這和底層的環境不同。

容器中的限制是由數個 Linux 功能所組合而成的。在容器中執行的程序，有些重要的方面這邊先提一下：

- 它們有自己的 cgroup。
- 它們有自己的設備和檔案系統。
- 它們沒辦法和系統中的其他程序相互溝通。
- 它們有自己的網路介面。

把所有這些東西放在一起是一項複雜的任務。我們可以手動更改所有內容，但這是相當具有挑戰性的；僅僅是掌握程序的 cgroup 就已經很棘手了。為了幫助你，許多工具可以幫忙執行「建立」和「管理」有效容器需要的所有零散工作。最受歡迎的兩個是 Docker 和 LXC。本章的重點會放在 Docker，但我們也會接觸 LXC，了解它的不同之處。

17.2.1 Docker、Podman 和權限

要嘗試本書中的範例，你會需要一個容器的工具。這裡的範例都是使用 Docker 建立出來的，因此你可以透過發行版的套件來安裝，一般不太會遇到問題。

Docker 有一個替代方案，稱為 Podman。這兩種工具的主要區別在於，Docker 在使用容器時需要執行伺服器，而 Podman 則不需要。這會影響兩個系統設定容器的方式。大多數 Docker 的設定需要「超級使用者」權

限才能存取其容器使用的核心功能，而 dockerd 常駐程式會執行相關工作。相比之下，你可以用一般使用者的身分執行 Podman，這被稱為 **rootless** 運作。當以這種方式執行時，它使用不同的技術來實現隔離。

你也可以用「超級使用者」的身分來執行 Podman，使其切換到「Docker 使用的一些隔離技術」。相對的，較新版本的 dockerd 也支援 rootless 模式。

幸運的是，Podman 和 Docker 在命令列是相容的，這意味著你可以在這邊所展示的範例中將 `podman` 替換為 `docker`，它們仍然可以運作。但是實際的運作會存在差異，尤其是當你在 rootless 模式下執行 Podman 時，所以我們將在適用的情況下說明。

17.2.2 Docker 範例

想要熟悉容器，最簡單的方法就是動手操作看看。這裡的 Docker 範例說明了「如何讓容器工作」的一些主要功能，但「提供更深入的使用者指南」則超出了本書的範圍。閱讀本章後，你應該可以毫無困難地理解線上的說明文件，而如果你需要尋找比較詳盡的指南，可以參考並閱讀 Nigel Poulton 的《*Docker Deep Dive*》（author, 2016）。

首先你必須先產生一個**映像檔**（image），它包含「檔案系統」和「其他一些定義好的功能」，讓容器執行時使用。你的映像檔基本上都會以來自網際網路儲存庫（repository）「預先建立好的映像檔」為基礎。

NOTE 「映像檔」和「容器」這兩個項目很容易搞混。你可以把「映像檔」看作是「容器的檔案系統」，程序並不會在映像檔上面執行，但它們都是在容器上面執行。儘管這敘述並不是完全精準（尤其是當你在 Docker 的容器中更改檔案時，你並不會更改到映像檔裡面的內容），但對目前來說已經足夠清楚。

先將 Docker 安裝在你的系統上（你的發行版提供的套件應該就可以用了），在某個地方建立一個新的目錄，移到該目錄下，接著產生一個叫作 **Dockerfile** 的檔案，並寫入下面這些內容：

```
FROM alpine:latest
RUN apk add bash
CMD ["/bin/bash"]
```

這裡的設定使用了輕量級 Alpine 發行版。唯一我們有更動的地方是加入了 bash shell：我們這樣做不僅僅是為了增加互動上（溝通上）的可用性，更是為了建立「一個獨特的映像檔」，了解這個過程是如何運作的。使用「公開的映像檔」並且不對其進行任何更改也是可行的（而且很常見），若是這樣的情況下，你就不需要 Dockerfile 這個檔案。

使用以下指令產生映像檔，該指令會讀取目前目錄中的 Dockerfile，並將識別碼（identifier）hlw_test 套用到該映像檔：

```
$ docker build -t hlw_test .
```

NOTE 你可以能會需要把你自己的帳號加入到系統的 docker 群組中，讓你可以用一般使用者的身分執行 Docker 需要用到的指令。

接下來，準備好迎接大量的輸出。不要去忽略它；第一次先認真地、慢慢地讀這些輸出，這樣可以幫助你理解 Docker 是如何運作的。讓我們把輸出拆解成與「Dockerfile 的行」對應的步驟（step）吧。第一個任務是從 Docker 註冊表（registry）中取出 latest 版本的 Alpine 發行版的容器：

```
Sending build context to Docker daemon  2.048kB
Step 1/3 : FROM alpine:latest
latest: Pulling from library/alpine
cbdbe7a5bc2a: Pull complete
Digest: sha256:9a839e63dad54c3a6d1834e29692c8492d93f90c59c978c1ed79109ea4b9a54
Status: Downloaded newer image for alpine:latest
 ---> f70734b6a266
```

你會注意到，這裡大量使用了 SHA256 摘要和一些比較短的識別碼。你需要習慣它們；Docker 需要追蹤許多小細節。在這一步驟中，Docker 為「基礎 Alpine 映像檔」建立了一個識別碼為 f70734b6a266 的新映像檔。你之後可以參考（refer）這個指定的映像檔，但你可能不需要，因為它不是最終的映像檔。Docker 稍後將在此基礎上建置更多內容。不打算成為最終產品的映像檔，我們稱之為**過渡映像檔（intermediate image）**。

NOTE 若你使用的是 Podman，那你看到的輸出可能會不一樣，但操作步驟是相同的。

我們的設定的下一個階段，是 Alpine 中 bash shell 套件的安裝過程。在下面的範例輸出中，你應該可以認出這些是 apk add bash 指令的結果（如粗體字所示的部分）：

```
Step 2/3 : RUN apk add bash
 ---> Running in 4f0fb4632b31
fetch http://dl-cdn.alpinelinux.org/alpine/v3.11/main/x86_64/APKINDEX.
tar.gz
fetch http://dl-cdn.alpinelinux.org/alpine/v3.11/community/x86_64/
APKINDEX.tar.gz
(1/4) Installing ncurses-terminfo-base (6.1_p20200118-r4)
(2/4) Installing ncurses-libs (6.1_p20200118-r4)
(3/4) Installing readline (8.0.1-r0)
(4/4) Installing bash (5.0.11-r1)
Executing bash-5.0.11-r1.post-install
Executing busybox-1.31.1-r9.trigger
OK: 8 MiB in 18 packages
Removing intermediate container 4f0fb4632b31
 ---> 12ef4043c80a
```

而你可能沒有注意到的問題是，**這些是怎麼發生的？**當你思考這個問題時，你會想到，你應該不是在你自己的主機上執行 Alpine。所以你是如何讓屬於 Alpine 的 apk 指令可以執行的呢？

關鍵是 Running in 4f0fb4632b31 這一行。你還沒有要求使用容器，但是 Docker 已經使用上一步驟中的「過渡 Alpine 映像檔」設置了一個新容器。容器也有識別碼；不幸的是，它們看起來與「映像檔的識別碼」並沒有什麼不同。更令人困惑的是，Docker 將臨時容器（temporary container）稱為**過渡容器（intermediate container）**，而這與過渡映像檔不同。過渡映像檔會在建立之後保留；過渡容器則不會。

在設置了「ID 為 4f0fb4632b31 的（過渡）容器」之後，Docker 在該容器內執行 apk 指令以安裝 bash，然後將「對檔案系統所做的更改」保存到「ID 為 12ef4043c80a 的新過渡映像檔」中。請注意，Docker 還會在完成之後刪除容器。

最後，Docker 在從「新的映像檔」啟動容器時，開始進行「執行 bash shell」所需的最終更改：

```
Step 3/3 : CMD ["/bin/bash"]
 ---> Running in fb082e6a0728
Removing intermediate container fb082e6a0728
 ---> 1b64f94e5a54
Successfully built 1b64f94e5a54
Successfully tagged hlw_test:latest
```

NOTE 使用 Dockerfile 中的 RUN 指令執行的任何操作，都發生在映像檔的建置期間，而不是之後（當你使用該映像檔啟動容器時）。CMD 指令用於容器「執行時」；這就是為什麼它出現在最後。

在這個範例中，你現在有一個 ID 為 1b64f94e5a54 的最終映像檔，但因為你標記了它（在兩個單獨的步驟中），所以你也可以稱它為 hlw_test 或 hlw_test:latest。執行 docker images 指令可以協助驗證「你的映像檔」和「Alpine 映像檔」是否存在：

```
$ docker images
REPOSITORY          TAG                 IMAGE ID            CREATED             SIZE
hlw_test            latest              1b64f94e5a54        1 minute ago        9.19MB
alpine              latest              f70734b6a266        3 weeks ago         5.61MB
```

執行 Docker 的容器

你現在已準備好啟動一個容器。使用 Docker 在容器中執行某些內容，有兩種基本的做法：你可以建立一個容器，然後在其中執行某些內容（分為兩個單獨的步驟），或者，你可以簡單地在一個步驟中直接建立出來並在其中執行。讓我們直接進行，並從你剛剛建立好的映像檔開始：

```
$ docker run -it hlw_test
```

你應該會先看到一個 bash shell 的提示字元出現，這讓你可以在容器中輸入指令。在該 shell 中你會以 root 的身分執行。

NOTE 如果你忘了 -it 選項（即 interactive（互動式）和 connect a terminal（連線到一個終端機）），你就不會得到提示字元符號，容器也將直接終止。這些選項在一般使用中不太常見（特別是 -t 選項）。

如果你真的很好奇，你可能會想看看容器到底是什麼樣子。你可以執行一些指令，例如 mount 和 ps，讓你大致看一下檔案系統。你很快就會注意到，雖然大多數東西看起來像典型的 Linux 系統，但其他東西卻不是。舉例來說，假設你執行了一個完整的程序清單，你只會得到兩個項目：

```
# ps aux
PID   USER     TIME  COMMAND
    1 root      0:00 /bin/bash
    6 root      0:00 ps aux
```

在容器中，因為某些原因，shell 的程序 ID 是 1（要記得，在一般的系統中，1 對應到的是 init），並且沒有任何其他執行中的程序是在這個程序清單中，只剩下你正在執行的程序清單指令。

在這一點上，重要的是要記住這些程序都是你在一般（host）系統上可以看到的程序。如果你是在 host 系統上打開另一個 shell 視窗，你會在清單中找到一個容器的程序，或許程序多到你需要稍微找一下，但它應該是長這樣的：

```
root     20189  0.2  0.0   2408  2104 pts/0    Ss+  08:36   0:00 /bin/bash
```

這是我們第一次遇到用於「容器」的核心功能之一：專門用於「程序 ID」的 **Linux 核心名稱空間**（**Linux kernel namespace**）。程序可以為自己及其子程序建立一組全新的程序 ID，從 PID 1 開始，然後它們只能看到這些程序 ID。

Overlay 檔案系統

接下來，我們來看一下容器的檔案系統。你會發現它有點小，因為它是基於 Alpine 發行版的。我們使用 Alpine 不僅僅是因為它很小，還因為它可能與你習慣的不同。不過，當你查看「root 檔案系統」的掛載方式時，你會發現它與一般基於「設備檔案」的掛載方式有很大不同：

```
overlay on / type overlay (rw,relatime,lowerdir=/var/lib/docker/overlay2/l/
C3D66CQYRP4SCXWFFY6HHF6X5Z:/var/lib/docker/overlay2/l/K4BLIOMNRROX3SS5GFPB
7SFISL:/var/lib/docker/overlay2/l/2MKIOXW5SUB2YDOUBNH4G4Y7KF❶,upperdir=/
var/lib/docker/overlay2/d064be6692c0c6ff4a45ba9a7a02f70e2cf5810a15bcb2b728b00
dc5b7d0888c/diff,workdir=/var/lib/docker/overlay2/d064be6692c0c6ff4a45ba9a7a02
f70e2cf5810a15bcb2b728b00dc5b7d0888c/work)
```

這是一個 **Overlay 檔案系統**（**Overlay filesystem**），一種核心功能（kernel feature），允許你透過將「現有目錄」整合為「層」的概念來建立一個檔案系統，並將變更儲存在一個位置。如果你查看你的 host 系統，你就會看到它（並且可以存取元件的目錄），你還會找到「Docker 連接到原始掛載」的位置。

NOTE 在 rootless 模式中，Podman 是使用 Overlay 檔案系統的 FUSE 版本。在這樣的情況下，你不會看到檔案系統掛載的詳細資訊，但是你可以在 host 系統中透過執行 fuse-overlayfs 的程序拿到一些相似的資訊。

在掛載的輸出中，你會看到 `lowerdir`、`upperdir` 和 `workdir` 三個和「目錄」相關的參數。下層目錄（lower directory）實際上是一系列以「冒號」分隔的目錄，如果你在 host 系統上尋找它們，你會發現「最後一個」❶ 是在建立映像檔的第一步驟中設定的「基礎 Alpine 發行版」（看看裡面；你會看到發行版的 root 目錄）。如果你遵循前面的兩個目錄，你會看到它們對應於其他另外兩個建置的步驟。因此，這些目錄按從右到左的順序「堆疊」在彼此之上。

上層目錄（upper directory）位於這些目錄之上，它也是對「已掛載的檔案系統」進行任何更改的地方。當你掛載它時，它不一定是空的，但是對於容器來說，開始的時候把任何東西放在那裡沒有多大意義。工作目錄（work directory）是檔案系統驅動程式在「要將更改寫入上層目錄之前」執行其工作的地方，並且在掛載時必須為空。

可以想像，具有許多建立步驟的容器映像檔有很多層，這有時是個問題。有多種策略可以將層數最小化，例如整合 `RUN` 指令和多階段來建立。我們不會在這裡詳細介紹這些。

網路

儘管你可以選擇讓容器與 host 機器在相同的網路中執行，但為了安全起見，你通常會希望在網路堆疊中進行某種隔離措施。在 Docker 中有幾種方法可以實現這一點，但預設的（也是最常見的）稱為「橋接網路」（bridge network），使用另一種名稱空間——網路名稱空間（network namespace，netns）。在執行任何東西之前，Docker 在 host 系統上會先建立一個新的網路介面（通常是 docker0），一般是分配給私有網路，例如 172.17.0.0/16，因此在這種情況下介面將被分配給 172.17.0.1。該網路是用於 host 與其容器之間的溝通。

然後，在建立容器時，Docker 會產生一個新的網路名稱空間，它幾乎是空的。起初，新的名稱空間（將是容器中的名稱空間）僅包含一個新的私有的「迴路介面」（loopback interface，lo）。為了準備實際使用的名稱空間，Docker 在 host 上建立了一個**虛擬介面**（**virtual interface**），它模擬了兩個實際的網路介面之間的鏈結（每個網路介面都有自己的設備檔案），並將其中一個設備檔案放置在新的名稱空間中。透過在新的名稱空間中的「設備」上使用 Docker 網路上的「位址」（在我們的例子中為 172.17.0.0/16）的網路設定，程序可以在該網路上發送封包，並在 host 上接收。這可能會造成混淆，因為不同名稱空間中的不同介面也可以具有相同的名稱（例如，容器可以是 eth0，host 主機也可以）。

因為它使用私有網路（網路管理者可能不想盲目地將任何東西都路由到這些容器或從這些容器路由出去），若是這樣的話，使用該名稱空間的「容器程序」將無法到達外部世界。為了能夠抵達外部 host，host 上的 Docker 網路設定了 NAT。

圖 17-1 顯示了一個典型的設定。它包括介面的實體層（physical layer），以及 Docker 子網路的網際網路層（internet layer），還有將此子網路連接到 host 機器其餘部分及其外部連線的 NAT。

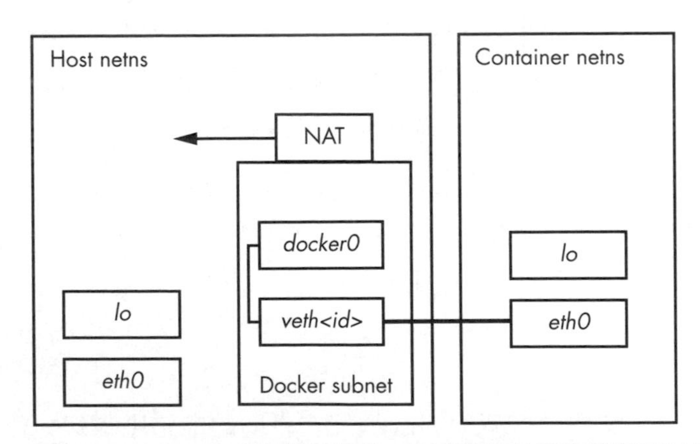

圖 17-1：Docker 中的橋接網路。中間連接的那條線代表了虛擬介面的配對。

NOTE 你或許會需要檢查 Docker 網路介面的子網路部分，它有可能會與電信公司的路由器硬體所指派的 NAT 網路設定有衝突。

rootless 的網路操作在 Podman 中是不一樣的，因為設定虛擬介面會需要「超級使用者」的權限。Podman 仍然採用新的網路名稱空間，但它需要一個可以被設定為「在使用者空間中運行」的介面，也就是所謂的 TAP 介面（通常在 tap0），與一個叫作 slirp4netns 的轉送常駐程式一起使用，這樣「容器程序」就可以到達外部世界。但這樣的能力會比較弱；例如，容器不能相互連接。

網路部分還有很多需要知道的，包括如何在容器的網路堆疊中公開連接埠，以供外部的服務使用，但網路拓撲是最重要的。

Docker 的操作

現在我們可以繼續討論，如何啟用 Docker 各種其他類型的隔離和限制，但你現在或許明白，這會需要很長的時間。容器不是來自一個特定的功能，而是許多功能的集合。結果是 Docker 必須追蹤我們在建立容器時做的所有事情，並且還必須能夠清理它們。

在 Docker 的定義中，只要有一個正在執行的程序，該容器就屬於「正在執行」（running）。你可以使用 `docker ps` 顯示目前正在執行的容器：

```
$ docker ps
CONTAINER ID   IMAGE      COMMAND       CREATED        STATUS        PORTS    NAMES
bda6204cecf7   hlw_test   "/bin/bash"   8 hours ago    Up 8 hours             boring_lovelace
8a48d6e85efe   hlw_test   "/bin/bash"   20 hours ago   Up 20 hours            awesome_elion
```

一旦所有的程序都終止，Docker 就會將它們置於「退出」（exit）狀態，但它仍會保留容器（除非你是以 `--rm` 選項啟動的）。這包括對檔案系統所做的更改。你可以使用 `docker export` 輕鬆地存取檔案系統。

你還需要注意接下來的這一點：因為預設情況下 `docker ps` 不會顯示「已退出的容器」，你必須使用 `-a` 選項，才能查看所有的內容。真的很容易會累積出一大堆「已退出的容器」，而如果在容器中執行的應用程式建立了大量的資料，你可能會連磁碟空間被用光了也不知道為什麼。這時候可以使用 `docker rm` 來刪除已終止的容器。

這個方法也適用於舊的映像檔。開發映像檔往往是一個重複的過程，當你使用與現有映像檔相同的標籤去標記某個映像檔時，Docker 不會刪除原本的映像檔。舊的映像檔只是失去了那個標籤（tag）。如果你執行 `docker images` 來顯示系統上的所有映像檔，你就可以看到全部的映像檔。下面這是一個範例，顯示了沒有標籤的映像檔的先前版本：

```
$ docker images
REPOSITORY          TAG                 IMAGE ID            CREATED             SIZE
hlw_test            latest              1b64f94e5a54        43 hours ago        9.19MB
<none>              <none>              d0461f65b379        46 hours ago        9.19MB
alpine              latest              f70734b6a266        4 weeks ago         5.61MB
```

使用 `docker rmi` 來刪除映像檔。不過，這也會刪除映像檔所基於的、任何不必要的過渡映像檔。如果你不刪除映像檔，它們會隨著時間而增加。根據映像檔中的內容以及它們的建立方式，這可能會佔用你系統上大量的儲存空間。

一般來說，Docker 做了很多細緻的版本控制和檢查點，與你很快就會看到的 LXC 等工具相比，這個管理層面反映了一種特定的理念。

Docker 的服務流程模式

Docker 容器一個可能令人感到困惑的地方是其中「程序」的生命週期。在一個程序完全終止之前，它的父程序應該透過 `wait()` 系統呼叫去收集（"reap"）它的結束碼（exit code）。然而在容器中，有些情況下，死掉的程序可能會被保留下來，因為它們的父程序不知道如何處理。連同許多映像檔的設定方式，這可能會讓你得出一個結論，就是你不應該在 Docker 容器內執行多個程序或服務。這是不正確的。

一個容器中可以有多個程序。當你執行指令時，我們在範例中執行的 shell 會啟動一個新的子程序。唯一真正重要的是，當你有子程序時，父程序會在它們退出時進行清理。大多數的父程序都這樣處理，但在某些情況下，你可能會遇到父程序不這樣做的情況，尤其是在不知道自己有子程序的情況下。當有多個級別的程序產生時，就會發生這種情況，而「容器內的 PID 1」最終會成為「不知道該子程序存在的父程序」。

為了解決這個問題，讓我們假設你有一個簡單的單一服務，它就是會產生一些程序，而即使在容器應該終止時，似乎也會留下揮之不去的程序，這時，你可以將 `--init` 選項加入到 `docker run`。這將建立一個非常簡單的 init 程序，它在容器中作為 PID 1 執行，並作為一個知道「當子程序終止時」該做什麼的父程序。

然而，假設你正在一個容器內執行多個服務或任務（例如某些作業伺服器（job server）裡的多個工作程序），而不是使用 script 啟動它們，你可能會考慮使用程序管理常駐程式，例如 Supervisor（supervisord）來啟動和監視它們。這不僅提供了必要的系統功能，也讓你能夠更好地控制服務流程。

關於這一點，如果你正在考慮容器的這種模式，你或許可以參考另一個不同的選項，它和 Docker 無關。

17.2.3 LXC

我們的討論是圍繞著 Docker 展開的，不僅因為它在「建立容器映像檔」這方面是最普及的系統，也因為它更好入門、更容易進入容器一般會提供的隔離層。但是，還有其他用於建立容器的套件，它們採用不同的做法。其中，LXC 是最古老的方式之一。事實上，Docker 的第一個版本就是基於 LXC 建置的。如果你了解有關 Docker 如何工作的討論，那麼你應該不會對 LXC 的技術概念感到困惑，因此我們不會練習任何的範例。相反的，我們將只探討一些實際差異。

LXC 這個術語有時會被用來指代一些用於實現容器的核心功能集，但大多數的人們使用它來專門指向函式庫和套件（其中包含許多用來建立和操作 Linux 容器的工具程式）。與 Docker 不同的是，LXC 涉及大量的手動設定。例如，你必須建立自己的容器網路介面，並且需要提供使用者 ID 來做對應。

最初，LXC 把重點放在「讓容器盡可能的做到類似整個 Linux 系統」—— init 和所有全部內容。安裝了一個特殊版本的發行版後，你就可以安裝所有在容器內執行需要的任何東西。這部分與你在 Docker 中看到的沒有太大區別，但是需要做更多的設定；使用 Docker，你只需下載一堆文件就可以開始了。

於是，你可能會發現 LXC 在「適應不同需求」這方面更加具有彈性。例如，預設情況下，LXC 不會使用你在 Docker 中看到的 Overlay 檔案系統，儘管你可以增加一個。因為 LXC 是建立在 C API 之上的，所以如果需要，你可以在自己的應用程式中套用這種方式。

其中有一個附帶的軟體，是一個叫作 LXD 的管理套件，它可以幫助你完成 LXC 一些更精細的手動操作（例如網路建立和映像檔的管理），並提供一個 REST API，讓你可以使用它（而不是 C API）來存取 LXC。

17.2.4 Kubernetes

談到管理層面，容器已經在多種 Web 伺服器中流行起來，因為你可以利用單一映像檔透過多台主機啟動一堆的容器，提供出色的可靠度。不幸的是，這可能難以管理，你會需要執行如下任務：

- 時時監控哪一台主機還有能力執行容器。
- 啟動、監控和重新啟動那些主機上的容器。
- 設定容器的啟動。
- 將容器的網路設定成所需的狀態。
- 載入容器映像檔的新版本，以及安全地更新所有執行中的容器。

這些還不是所有要做的事情，也沒有正確的表達出每項任務的複雜性。現在的軟體都在往這方面發展，在出現的解決方案中，Google 的 Kubernetes 已經佔據主導地位，也許對此的最大貢獻因素之一是它執行 Docker 容器映像檔的能力。

Kubernetes 基本上分為兩面，就像任何「用戶端－伺服器」應用程式的概念一樣。伺服器涉及可用於執行容器的機器，而用戶端主要是一組啟動和操作容器組合的命令列實用工具。容器（及其組成的群組）的設定檔案可能非常多，你很快就會發現，用戶端涉及的大部分工作都是在於建立「適當的設定」。

你可以自行探索一下這些設定檔案。如果你不想自己去設定這些伺服器，可以透過一個叫作 Minikube 的工具程式，在你自己的機器上安裝一個「執行著 Kubernetes 叢集環境」的虛擬機器。

17.2.5 容器的陷阱

若你仔細思考像 Kubernetes 這樣的服務是如何工作的，你應該也會意識到，使用容器的系統並非沒有成本。至少，你仍然需要一台或多台機器來執行你的容器，而且這必須是一台穩定的 Linux 機器，無論是在真實的硬體上還是在虛擬機器上。這裡仍然存在維護成本，儘管「維護這個核心基礎設施」可能比「需要安裝許多客製化軟體的設定」更簡單。

這項成本可以用不同的形式看待。如果你選擇「管理自己的基礎設施」，那將是一項重要的時間投資，並且仍然需要硬體、託管和維護成本。如果你選擇「使用像 Kubernetes 叢集這樣的容器服務」，你將付出的是讓其他人為你完成工作的金錢成本。

在考慮容器本身時，請記住以下幾點：

- **容器在儲存方面可能會造成浪費。**為了讓任何應用程式在容器內皆可執行，容器必須包含 Linux 作業系統的所有必要支援，例如共享函式庫。這可能會變得非常龐大，尤其是當你沒有特別留意「你為你的容器選擇了什麼基礎發行版」時。然後，考慮你的應用程式本身：它有多大？當你使用的是 Overlay 檔案系統時（它具有同一個容器的多個副本），這種情況會有所緩解，因為它們共享相同的基礎檔案。但是，如果你的應用程式在執行時建立了大量的資料，那麼所有這些 Overlay 的上層都會變得很大。
- **仍然需要考慮其他系統資源，例如 CPU 時間。**你可以設定「容器應該消耗多少」的限制，然而，你仍然受限於「底層系統可以處理多少」。還有一個核心和區塊設備，如果你的執行量超過負荷，那麼你的「容器」和「底層的系統」，或是兩者，都會受到影響。
- **你可能需要以不同的方式思考資料的存放位置。**在使用 Overlay 檔案系統的容器系統中（例如 Docker），在執行時「對檔案系統所做的更改」將在程序終止之後被丟棄。在許多應用程式中，所有使用者資料都會進入資料庫，然後這個問題就簡化為資料庫管理。但是你的日誌記錄呢？這些對於運行良好的伺服器應用程式來說是必須的，你仍然需要一種方法來儲存它們。一個獨立的記錄服務（log service，日誌服務）對於任何大規模的運行結構而言都是必不可少的。
- **大多數容器工具和操作模型都傾向 Web 伺服器。**如果你正在執行一個典型的 Web 伺服器，你會發現大量關於「在容器中執行 Web 伺服器」的支援和資訊。特別是 Kubernetes，有很多安全功能可以防止伺服器程式碼的失控。這可能是一個優勢，因為它彌補了大多數 Web 應用程式（坦白地說）編寫不佳的程度。但是，當你嘗試執行另一種服務時，可能會有一種格格不入的感覺。

- **若建立容器時不夠細心，很可能會導致膨脹、設定問題和故障。**即使你正在建立一個孤立的環境，但這一事實並不能避免你在該環境中犯下錯誤。你可能不必太擔心 systemd 的複雜性，但許多其他事情仍然可能出錯。當任何類型的系統出現問題時，沒有經驗的使用者往往會加入一些東西來試圖讓問題消失，通常是隨意的。這可以一直繼續下去（通常是盲目地），直到最後擁有了一個稍微可以運作的系統——但卻有許多額外的問題。你需要了解你做的所有變更。

- **版本控制可能會有問題。**我們在本書的範例中使用了 `latest` 標籤，這應該是容器的最新（穩定）版本，但這也意味著當你基於發行版或套件的「最新版本」建立容器時，底層的某些東西可能會改變並破壞你的應用程式。一種標準做法是使用基礎容器（base container）的特定版本標籤（a specific version tag）。

- **信任可能是一個問題。**這尤其適用於使用 Docker 建立的映像檔。當你的容器是基於 Docker 映像檔儲存庫中的容器時，你就信任了一個額外尚未被修改過的管理層，這會引入比平常更多的安全問題。這與 LXC 形成鮮明對比，在 LXC 中，你被鼓勵在一定程度上建立自己的容器。

在考慮這些問題時，你可能會認為與其他管理「系統環境」的方式相比，容器有很多缺點。然而，事實並非如此。無論你選擇哪一種方法，這些問題都會以某種程度和形式存在——其中一些在容器中更容易管理。請記住，容器並不能解決所有問題。舉例來說，如果你的應用程式在正常系統上需要很長的時間才能啟動（開機之後），它在容器中也會啟動緩慢。

17.3 執行中（Runtime-Based）虛擬化

我們要提及的最後一種虛擬化，是基於用來開發應用程式的「環境」類型的。這與我們目前看到的系統虛擬機器和容器不同，因為它並沒有使用「把應用程式放在不同機器上」的想法。反之，它是一種僅適用於特定應用程式的分離（separation）模式。

出現這些環境的原因是，同一個系統上的多個應用程式可以使用「相同的程式設計語言」，進而導致潛在的衝突。舉例來說，在標準發行版的多個地方都有使用 Python，並且可以包含許多額外的套件。如果你想在你自己的套件中使用「系統內建的 Python 版本」，那麼當你想要一個不同版本的外掛程式時，你就可能會遇到問題。

讓我們看看，Python 的虛擬環境功能如何建立一個「只包含你想要的套件」的 Python 版本。讓我們開始吧，先為環境建立一個新的目錄，如下所示：

```
$ python3 -m venv test-venv
```

NOTE 在你讀到這裡的當下，你可能只需要簡單的執行 `python`，而不需輸入 `python3`。

現在，你可以看一下新的 test-venv 目錄，你應該可以看到許多類似「系統」的目錄，例如 bin、include 和 lib。要將虛擬環境啟動，你會需要 source（類似採用、納入，而不是執行）`test-venv/bin/activate` 這個 script：

```
$ . test-venv/bin/activate
```

source ／ sourcing 這個動作的理由是因為「啟用」（activate）本質上就是在設定「環境變數」，這是你無法透過執行「可執行檔案」來完成的。此時，當你執行 Python 時，你會在 test-venv/bin 目錄（它本身只是一個符號連結）中獲得該版本，且 `VIRTUAL_ENV` 環境變數會被設定為環境的基準目錄。你可以執行 `deactivate` 退出到虛擬環境。

沒有比這更複雜的了。使用這樣的環境變數集，你將在 test-venv/lib 中取得一個新的空套件庫，此外，你在環境中安裝的「任何新的內容」都會到那裡去，而不是到主系統的套件庫中。

並非所有程式設計語言都像 Python 那樣支援虛擬環境，但為了消除一些對「虛擬」這個詞的混淆概念，還是值得去理解這個部分的。

參考文獻

- Abrahams, Paul W., and Bruce Larson, UNIX for the Impatient, 2nd ed. Boston: Addison-Wesley Professional, 1995.
- Aho, Alfred V., Brian W. Kernighan, and Peter J. Weinberger, The AWK Programming Language. Boston: Addison-Wesley, 1988.
- Aho, Alfred V., Monica S. Lam, Ravi Sethi, and Jeffery D. Ullman, Compilers: Principles, Techniques, and Tools, 2nd ed. Boston: Addison-Wesley, 2006.
- Aumasson, Jean-Philippe, Serious Cryptography: A Practical Introduction to Modern Encryption. San Francisco: No Starch Press, 2017.
- Barrett, Daniel J., Richard E. Silverman, and Robert G. Byrnes, SSH, The Secure Shell: The Definitive Guide, 2nd ed. Sebastopol, CA: O'Reilly, 2005.
- Beazley, David M., Python Distilled. Addison-Wesley, 2021.

- Beazley, David M., Brian D. Ward, and Ian R. Cooke, "The Inside Story on Shared Libraries and Dynamic Loading." Computing in Science & Engineering 3, no. 5 (September/October 2001): 90–97.
- Calcote, John, Autotools: A Practitioner's Guide to GNU Autoconf, Automake, and Libtool, 2nd ed. San Francisco: No Starch Press, 2019.
- Carter, Gerald, Jay Ts, and Robert Eckstein, Using Samba: A File and Print Server for Linux, Unix, and Mac OS X, 3rd ed. Sebastopol, CA: O'Reilly, 2007.
- Christiansen, Tom, brian d foy, Larry Wall, and Jon Orwant, Programming Perl: Unmatched Power for Processing and Scripting, 4th ed. Sebastopol, CA: O'Reilly, 2012.
- chromatic, Modern Perl, 4th ed. Hillsboro, OR: Onyx Neon Press, 2016.
- Davies, Joshua. Implementing SSL/TLS Using Cryptography and PKI. Hoboken, NJ: Wiley, 2011.
- Friedl, Jeffrey E. F., Mastering Regular Expressions, 3rd ed. Sebastopol, CA: O'Reilly, 2006.
- Gregg, Brendan, Systems Performance: Enterprise and the Cloud, 2nd ed. Boston: Addison-Wesley, 2020.
- Grune, Dick, Kees van Reeuwijk, Henri E. Bal, Ceriel J. H. Jacobs, and Koen Langendoen, Modern Compiler Design, 2nd ed. New York: Springer, 2012.
- Hopcroft, John E., Rajeev Motwani, and Jeffrey D. Ullman, Introduction to Automata Theory, Languages, and Computation, 3rd ed. Upper Saddle River, NJ: Prentice Hall, 2006.
- Kernighan, Brian W., and Rob Pike, The UNIX Programming Environment. Upper Saddle River, NJ: Prentice Hall, 1984.
- Kernighan, Brian W., and Dennis M. Ritchie, The C Programming Language, 2nd ed. Upper Saddle River, NJ: Prentice Hall, 1988.

- Kochan, Stephen G., and Patrick Wood, Unix Shell Programming, 3rd ed. Indianapolis: SAMS Publishing, 2003.
- Levine, John R., Linkers and Loaders. San Francisco: Morgan Kaufmann, 1999.
- Lucas, Michael W., SSH Mastery: OpenSSH, PuTTY, Tunnels, and Keys, 2nd ed. Detroit: Tilted Windmill Press, 2018.
- Matloff, Norman, The Art of R Programming: A Tour of Statistical Software Design. San Francisco: No Starch Press, 2011.
- Mecklenburg, Robert, Managing Projects with GNU Make, 3rd ed. Sebastopol, CA: O'Reilly, 2005.
- Peek, Jerry, Grace Todino-Gonguet, and John Strang, Learning the UNIX Operating System: A Concise Guide for the New User, 5th ed. Sebastopol, CA: O'Reilly, 2001.
- Pike, Rob, Dave Presotto, Sean Dorward, Bob Flandrena, Ken Thompson, Howard Trickey, and Phil Winterbottom, "Plan 9 from Bell Labs." Accessed February 1, 2020, https://9p.io/sys/doc/.
- Poulton, Nigel, Docker Deep Dive. Author, 2016.
- Quinlan, Daniel, Rusty Russell, and Christopher Yeoh, eds., "Filesystem Hierarchy Standard, Version 3.0." Linux Foundation, 2015, https://refspecs.linuxfoundation.org/fhs.shtml.
- Raymond, Eric S., ed., The New Hacker's Dictionary. 3rd ed. Cambridge, MA: MIT Press, 1996.
- Robbins, Arnold, sed & awk Pocket Reference, 2nd ed. Sebastopol, CA: O'Reilly, 2002.
- Robbins, Arnold, Elbert Hannah, and Linda Lamb, Learning the vi and Vim Editors: Unix Text Processing, 7th ed. Sebastopol, CA: O'Reilly, 2008.
- Salus, Peter H., The Daemon, the Gnu, and the Penguin. Tacoma, WA: Reed Media Services, 2008.

- Samar, Vipin, and Roland J. Schemers III. "Unified Login with Pluggable Authentication Modules (PAM)," October 1995, Open Software Foundation (RFC 86.0), http://www.opengroup.org/rfc/rfc86.0.html.
- Schwartz, Randal L., brian d foy, and Tom Phoenix, Learning Perl: Making Easy Things Easy and Hard Things Possible, 7th ed. Sebastopol, CA: O'Reilly, 2016.
- Shotts, William, The Linux Command Line, 2nd ed. San Francisco: No Starch Press, 2019.
- Silberschatz, Abraham, Peter B. Galvin, and Greg Gagne, Operating System Concepts, 10th ed. Hoboken, NJ: Wiley, 2018.
- Smith, Jim, and Ravi Nair, Virtual Machines: Versatile Platforms for Systems and Processes. Cambridge, MA: Elsevier, 2005.
- Stallman, Richard M., GNU Emacs Manual, 18th ed. Boston: Free Software Foundation, 2018.
- Stevens, W. Richard, Bill Fenner, and Andrew M. Rudoff, Unix Network Programming, Volume 1: The Sockets Networking API, 3rd ed. Boston: Addison-Wesley Professional, 2003.
- Tanenbaum, Andrew S., and Herbert Bos, Modern Operating Systems, 4th ed. Upper Saddle River, NJ: Prentice Hall, 2014.
- Tanenbaum, Andrew S., and David J. Wetherall, Computer Networks, 5th ed. Upper Saddle River, NJ: Prentice Hall, 2010.

NOTE

NOTE